泵体

臂

差动机构

铲斗

铲斗支撑架

车斗

齿轮泵

传动装配体

吹风机模型

大臂

弹簧

导流盖

阀

阀盖

阀门壳体

阀体

阀体

法兰盘

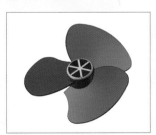
风叶

高速轴

⌐ 管接头

⌐ 花键轴

⌐ 机械臂

⌐ 健身器

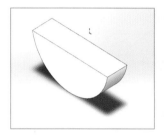

⌐ 键

⌐ 接口

⌐ 壳体

⌐ 裤形三通管

⌐ 连杆

⌐ 零件复制

⌐ 六角盒

⌐ 轮毂

⌐ 螺钉

⌐ 螺母

⌐ 暖气管道

⌐ 盘

⌐ 平键

⌐ 曲柄滑块机构

⌐ 曲面裁剪

⌐ 曲面切除

三通管

上阀瓣

手柄轴组件装配图

手轮

填充阵列

填料压盖

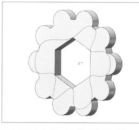
通过参考点的曲线

投影曲线

凸轮

托架

挖掘机 1

铣刀

下阀瓣

小臂

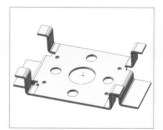
校准架

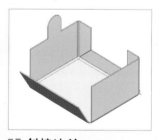
斜接法兰

斜接管

鞋架

旋转薄壁凸台基体

压紧螺母

叶轮

液压杆装配体

液压缸

液压缸

移动轮支架

异型孔零件

硬盘支架

圆柱齿轮

熨斗模型

支撑轴

制动器装配体

轴

轴承

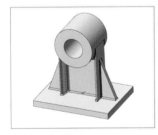
轴承支座

轴承座

主连接零件

柱塞

柱塞泵装配体

装配爆炸图

锥形齿轮

传动轴

清华社"视频大讲堂"大系

CAD/CAM/CAE技术视频大讲堂

SOLIDWORKS 2020 中文版机械设计从入门到精通

CAD/CAM/CAE 技术联盟　编著

清華大学出版社

北京

内 容 简 介

《SOLIDWORKS 2020中文版机械设计从入门到精通》详细介绍了SOLIDWORKS 2020在机械设计中的应用方法和技巧。全书共17章,主要包括SOLIDWORKS 2020概述、草图绘制、3D草图和3D曲线、参考几何体、草绘特征、放置特征、特征的复制、修改零件、装配体设计、动画制作、工程图设计、齿轮泵设计综合实例、曲面造型基础、钣金设计基础、焊接基础知识、有限元分析和运动仿真等内容。本书在叙述过程中突出实用性和技巧性,读者可以很快地掌握SOLIDWORKS 2020机械建模的方法,同时还可以了解SOLIDWORKS在行业领域中的应用。

另外,本书随书资源包中还配备了丰富的学习资源,具体内容如下。

1. 311集高清同步微课视频,可像看电影一样轻松学习,然后对照书中实例进行练习。

2. 39个经典中小型实例,用实例学习上手更快,更专业。

3. 30个实践练习,学以致用,动手会做才是硬道理。

4. 附赠5类共12个综合案例及同步视频演示,可以拓宽视野,增强实战能力。

5. 全书实例的源文件和素材,方便按照书中实例操作时直接调用。

全书实例丰富,讲解透彻,适合广大技术人员和机械工程专业的学生学习使用,也可以作为各高校的教学参考书,同时也适合学习者自学使用。

图书在版编目(CIP)数据

SolidWorks 2020中文版机械设计从入门到精通 / CAD/CAM/CAE技术联盟编著. —北京:清华大学出版社,2020.8 (2023.2重印)

(清华社"视频大讲堂"大系 CAD/CAM/CAE技术视频大讲堂)

ISBN 978-7-302-55749-4

Ⅰ. ①S… Ⅱ. ①C… Ⅲ. ①机械设计—计算机辅助设计—应用软件 Ⅳ. ①TH122

中国版本图书馆CIP数据核字(2020)第105119号

责任编辑:贾小红
封面设计:李志伟
版式设计:文森时代
责任校对:马军令
责任印制:朱雨萌

出版发行:清华大学出版社
　　　　　网　　址:http://www.tup.com.cn,http://www.wqbook.com
　　　　　地　　址:北京清华大学学研大厦A座　　　　　　　　　**邮　　编:**100084
　　　　　社 总 机:010-83470000　　　　　　　　　　　　　　　**邮　　购:**010-62786544
　　　　　投稿与读者服务:010-62776969,c-service@tup.tsinghua.edu.cn
　　　　　质量反馈:010-62772015,zhiliang@tup.tsinghua.edu.cn
印 装 者:三河市东方印刷有限公司
开　　本:203mm×260mm　　**印　张:**37.75　　**插　页:**2　　**字　　数:**1112千字
版　　次:2020年10月第1版　　　　　　　　　　　　　　　　　　**印　　次:**2023年2月第5次印刷
定　　价:99.80元

产品编号:085218-02

前 言
Preface

SOLIDWORKS 是世界上第一个基于 Windows 开发的三维实体设计软件,该软件以参数化特征造型为基础,具有功能强大、易学易用和技术创新等特点,使得 SOLIDWORKS 成为领先的、主流的三维 CAD 解决方案。因为 SOLIDWORKS 使用了 Windows OLE 技术、直观式设计技术、先进的 parasolid 内核以及良好的与第三方软件的集成技术,使 SOLIDWORKS 成为全球装机量最大、最好用的软件之一。SOLIDWORKS 能够提供不同的设计方案,减少设计过程中的错误并提高产品质量,使用户能在比较短的时间内完成更多的工作,能够更快地将高质量的产品投放市场。SOLIDWORKS 内容博大精深,涉及平面工程制图、三维造型、求逆运算、加工制造、工业标准交互传输、模拟加工过程、电缆布线和电子线路等多个应用领域。自从 1996 年 SOLIDWORKS 引入中国以来,受到了业界的广泛好评,许多高等院校也将 SOLIDWORKS 用作本科生制造专业教学和课程设计的首选软件。本书将以目前使用最广泛的 SOLIDWORKS 2020 版本为基础进行讲解。

一、编写目的

鉴于 SOLIDWORKS 强大的功能和深厚的工程应用底蕴,我们力图开发一本全方位介绍 SOLIDWORKS 在机械设计方面应用实际情况的书籍。我们不求将 SOLIDWORKS 知识点全面讲解清楚,而是针对机械设计行业需要,利用 SOLIDWORKS 大体知识脉络作为线索,以实例作为"抓手",帮助读者掌握利用 SOLIDWORKS 进行机械设计的基本技能和技巧。

二、本书特点

☑ **专业性强**

本书作者拥有多年计算机辅助设计领域的工作经验和教学经验,他们总结多年的设计经验以及教学的心得体会,历时多年精心编著,力求全面、细致地展现 SOLIDWORKS 2020 在机械设计方面的各种功能和使用方法。在具体讲解的过程中,严格遵守机械设计相关规范和国家标准,将这种一丝不苟的细致作风融入字里行间,目的是培养读者严谨细致的工程素养,传播规范的工程设计理念与应用知识。

☑ **实例经典**

全书包含近百个常见的、不同类型和大小的机械设计实例、实践,可让读者在学习案例的过程中快速了解 SOLIDWORKS 2020 在机械设计中的用途,并加深对知识点的掌握,力求通过实例的演练帮助读者找到一条学习 SOLIDWORKS 2020 的捷径。

☑ **涵盖面广**

本书在有限的篇幅内,包罗了 SOLIDWORKS 2020 在机械设计中常用的几乎全部的功能讲解,涵盖了草图绘制、草绘特征、放置特征、特征编辑、零件修改、装配体设计、工程图设计、钣金设计、焊接设计、曲面造型、动画制作、有限元分析和运动仿真等知识。可以说,读者只要有本书在手,SOLIDWORKS 知识全精通。

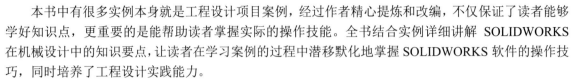

☑ **突出技能提升**

本书中有很多实例本身就是工程设计项目案例，经过作者精心提炼和改编，不仅保证了读者能够学好知识点，更重要的是能帮助读者掌握实际的操作技能。全书结合实例详细讲解 SOLIDWORKS 在机械设计中的知识要点，让读者在学习案例的过程中潜移默化地掌握 SOLIDWORKS 软件的操作技巧，同时培养了工程设计实践能力。

三、本书的配套资源

本书提供了极为丰富的学习配套资源，可扫描封底的"文泉云盘"二维码获取下载方式，以便读者朋友在最短的时间内学会并掌握这门技术。

1. 配套教学视频

针对本书实例专门制作了 311 集同步教学视频，读者可以扫描书中的二维码观看视频，像看电影一样轻松愉悦地学习本书内容，然后对照课本加以实践和练习，可以大大提高学习效率。

2. 附赠 5 类综合案例及同步视频演示

本书配套资源赠送了钣金、焊接、齿轮、曲面、特征 5 大类，共 12 个机械设计综合实战案例及其配套的源文件和同步视频演示，总时长达 150 分钟，可以拓宽读者视野，增强读者的实战能力。

3. 全书实例的源文件

本书配套资源中包含实例和练习实例的源文件和素材，读者可以安装 SOLIDWORKS 软件后，打开并使用它们。

四、关于本书的服务

1. "SOLIDWORKS 2020 简体中文版"安装软件的获取

按照本书上的实例进行操作练习，以及使用 SOLIDWORKS 2020 进行绘图，需要事先在计算机上安装 SOLIDWORKS 2020 软件，可以登录官方网站联系购买正版软件，或者使用其试用版。也可以在当地电脑城、软件经销商处购买。

2. 关于本书的技术问题或有关本书信息的发布

读者遇到有关本书的技术问题，可以扫描封底"文泉云盘"二维码查看是否已发布相关勘误/解疑文档。如果没有，可在文档下方找到联系方式，我们将及时回复。

3. 关于手机在线学习

扫描书后刮刮卡（需刮开涂层）二维码，即可获取书中二维码的读取权限，再扫描书中二维码，可在手机中观看对应教学视频。充分利用碎片化时间，随时随地提升。需要强调的是，书中给出的是实例的重点步骤，详细操作过程还需读者通过视频来学习并领会。

五、关于作者

本书由 CAD/CAM/CAE 技术联盟组织编写。CAD/CAM/CAE 技术联盟负责人由 Autodesk 中国认证考试中心首席专家担任，全面负责 Autodesk 中国官方认证考试大纲制定、题库建设、技术咨询等培训工作。其创作的很多教材成为国内具有引导性的旗帜作品，在国内相关专业方向图书创作领域具有举足轻重的地位。

编　者

2020 年 10 月

目　录

Contents

Note

SOLIDWORKS 2020 概述

本章简要介绍了 SOLIDWORKS 软件的基本知识，主要讲解软件的工作环境及视图显示，使读者基本了解用户界面，为后面绘图操作打下基础。

- ☑ SOLIDWORKS 2020 简介
- ☑ SOLIDWORKS 工作环境设置
- ☑ 文件管理
- ☑ 视图操作

任务驱动&项目案例

1.1　SOLIDWORKS 2020 简介

SOLIDWORKS 公司推出的 SOLIDWORKS 2020 在创新性、便捷性以及界面的人性化等方面都得到了增强，也对性能和质量进行了大幅度的完善，同时开发了更多 SOLIDWORKS 新设计功能，使产品开发流程发生了根本性的变革。另外，也支持全球性的协作和连接，大大缩短了产品设计的时间，提高了产品设计的效率。

SOLIDWORKS 2020 在用户界面、草图绘制、特征、成本、零件、装配体、SOLIDWORKS Enterprise PDM、Simulation、运动算例、工程图、出详图、钣金设计、输出和输入以及网络协同等方面都得到了增强，比原来的版本至少增强了 250 个用户功能，使用户可以更方便地使用该软件。本节将介绍 SOLIDWORKS 2020 的一些基本知识。

1.1.1　启动 SOLIDWORKS 2020

SOLIDWORKS 2020 安装完成后，即可启动该软件。在 Windows 操作环境下，选择"开始"→"所有程序"→SOLIDWORKS 2020 命令，或者双击桌面上 SOLIDWORKS 2020 的快捷方式图标，即可启动该软件。SOLIDWORKS 2020 的启动界面如图 1-1 所示。

启动界面消失后，系统进入 SOLIDWORKS 2020 的初始界面，初始界面中只有几个菜单栏和"标准"工具栏，如图 1-2 所示，用户可在设计过程中根据自己的需要打开其他工具栏。

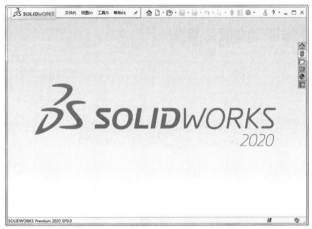

图 1-1　SOLIDWORKS 2020 的启动界面　　　　图 1-2　SOLIDWORKS 2020 的初始界面

1.1.2　新建文件

单击"标准"工具栏中的"新建"按钮，或者选择菜单栏中的"文件"→"新建"命令，根据个人习惯选择 SOLIDWORKS 所使用的单位制和标准，单击"确定"按钮，弹出"新建 SOLIDWORKS 文件"对话框，如图 1-3 所示，各按钮的功能如下。

- ☑　"零件"按钮：双击该按钮，可以生成单一的三维零部件文件。
- ☑　"装配体"按钮：双击该按钮，可以生成零件或其他装配体的排列文件。
- ☑　"工程图"按钮：双击该按钮，可以生成属于零件或装配体的二维工程图文件。

图 1-3 "新建 SOLIDWORKS 文件"对话框

单击"零件"按钮，再单击"确定"按钮，即进入完整的用户界面。

在 SOLIDWORKS 2020 中，"新建 SOLIDWORKS 文件"对话框有两个版本可供选择，一个是高级版本，一个是新手版本。

在如图 1-3 所示的新手版本的"新建 SOLIDWORKS 文件"对话框中单击"高级"按钮 高级，即进入高级版本的"新建 SOLIDWORKS 文件"对话框，如图 1-4 所示。

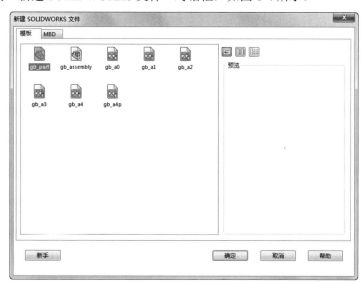

图 1-4 高级版本的"新建 SOLIDWORKS 文件"对话框

高级版本在各个标签上显示模板图标的对话框，当选择某一文件类型时，模板预览出现在预览框中。在该版本中，用户可以保存模板，添加自己的标签，也可以选择 MBD 标签来访问指导教程模板。

1.1.3 SOLIDWORKS 用户界面

新建一个零件文件后，进入 SOLIDWORKS 2020 用户界面，如图 1-5 所示，其中包括菜单栏、工具栏、特征管理区、绘图区和状态栏等。

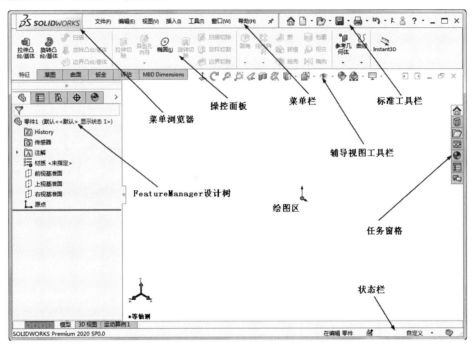

图 1-5　SOLIDWORKS 的用户界面

装配体文件和工程图文件与零件文件的用户界面类似，在此不再赘述。

菜单栏包含了所有 SOLIDWORKS 的命令，工具栏可根据文件类型（零件、装配体或工程图）来调整和放置，并设定其显示状态。SOLIDWORKS 用户界面底部的状态栏可以提供设计人员正在执行的功能的有关信息。下面介绍该用户界面的一些基本功能。

1. 菜单栏

菜单栏显示在标题栏的下方，默认情况下菜单栏是隐藏的，只显示"快速访问"工具栏，如图 1-6 所示。

图 1-6　"快速访问"工具栏

要显示菜单栏，需要将光标移动到 SOLIDWORKS 图标 上或单击，显示的菜单栏如图 1-7 所示。若要始终保持菜单栏可见，需要将"图钉"图标更改为钉住状态，其中最关键的功能集中在"插入"菜单和"工具"菜单中。

图 1-7　菜单栏

通过单击工具栏按钮旁边的下移方向键，可以打开带有附加功能的弹出菜单，这样可以通过工具栏访问更多的菜单命令。例如，"保存"按钮的下拉菜单包括"保存""另存为""保存所有""发布到 eDrawings 文件"命令，如图 1-8 所示。

SOLIDWORKS 的菜单项对应于不同的工作环境，其相应的菜单以及其中的命令也会有所不同。在以后的应用中会发现，当进行某些任务操作时，不起作用的菜单会临时变灰，此时将无法应用该菜单。

如果选择保存文档提示，则当文档在指定间隔（分钟或更改次数）内保存时，将出现"未保存的文档通知"对话框，如图 1-9 所示。其中，包含"保存文档"和"保存所有文档"命令，它将在几秒后淡化消失。

Note

图 1-8　"保存"按钮的下拉菜单　　　　　图 1-9　"未保存的文档通知"对话框

2．工具栏

SOLIDWORKS 中有很多可以按需要显示或隐藏的内置工具栏。选择菜单栏中的"视图"→"工具栏"命令，或者在工具栏区域右击，弹出"工具栏"菜单。选择"自定义"命令，在打开的"自定义"对话框中选中"视图"复选框，会出现浮动的"视图"工具栏，可以将其自由拖动以放置在需要的位置上，如图 1-10 所示。

图 1-10　调用"视图"工具栏

Note

此外，还可以设定哪些工具栏在没有文件打开时可显示，或者根据文件类型（零件、装配体或工程图）来放置工具栏并设定其显示状态（自定义、显示或隐藏）。例如，保持"自定义"对话框的打开状态，在 SOLIDWORKS 用户界面中，可对工具栏按钮进行如下操作。

☑ 从工具栏上一个位置拖动到另一位置。

☑ 从一个工具栏上拖动到另一个工具栏上。

☑ 从工具栏拖动到图形区中，即从工具栏上将之移除。

有关工具栏命令的各种功能和具体操作方法，将在后面的章节中做具体的介绍。

在使用工具栏或工具栏中的命令时，将指针移动到工具栏图标附近，会弹出消息提示，显示该工具的名称及相应的功能，如图 1-11 所示，显示一段时间后，该提示会自动消失。

图 1-11　消息提示

3．状态栏

状态栏位于 SOLIDWORKS 用户界面底端的水平区域，提供了当前窗口中正在编辑的内容的状态以及指针位置坐标、草图状态等信息，典型信息如下。

☑ 简要说明：将指针移到一个工具上时或单击一个菜单项目时的简要说明。

☑ "重建模型"图标 ⦿：在更改了草图或零件而需要重建模型时，"重建模型"图标会显示在状态栏中。

☑ 草图状态：在编辑草图过程中，状态栏中会出现 5 种草图状态，即完全定义、过定义、欠定义、没有找到解、发现无效的解。在零件完成之前，最好完全定义草图。

☑ 测量实体：为所选实体常用的测量，诸如边线长度。

☑ "重装"按钮 ⦿：在使用协作选项时用于访问"重装"对话框的图标。

☑ 显示或隐藏标签对话 ⦿：该标签用来将关键词添加到特征和零件中以方便搜索。

☑ 单位系统 ┃ MMGS ▲┃：可在状态栏中显示激活文档的单位系统，并可以更改或自定义单位系统。

4. FeatureManager 设计树

FeatureManager 设计树位于 SOLIDWORKS 用户界面的左侧，是 SOLIDWORKS 中比较常用的部分，提供了激活的零件、装配体或工程图的大纲视图，从而可以很方便地查看模型或装配体的构造情况，或者查看工程图中的不同图纸和视图。

FeatureManager 设计树和图形区是动态链接的。在使用时可以在任何窗格中选择特征、草图、工程视图和构造几何线。FeatureManager 设计树可以用来组织和记录模型中各个要素及要素之间的参数信息和相互关系，以及模型、特征和零件之间的约束关系等，几乎包含了所有设计信息，FeatureManager 设计树如图 1-12 所示。

FeatureManager 设计树的功能主要有以下几个方面。

- ☑ 以名称来选择模型中的项目，即可通过在模型中选择其名称来选择特征、草图、基准面及基准轴。SOLIDWORKS 在这一项中有很多功能与 Windows 操作界面类似，例如，在选择的同时按住 Shift 键，可以选取多个连续项目；在选择的同时按住 Ctrl 键，可以选取非连续项目。
- ☑ 确认和更改特征的生成顺序。在 FeatureManager 设计树中拖动项目可以重新调整特征的生成顺序，这将更改重建模型时特征重建的顺序。
- ☑ 通过双击特征的名称可以显示特征的尺寸。
- ☑ 如要更改项目的名称，在名称上缓慢单击两次以选择该名称，然后输入新的名称即可，如图 1-13 所示。

图 1-12　FeatureManager 设计树　　图 1-13　在 FeatureManager 设计树中更改项目名称

- ☑ 压缩和解除压缩零件特征和装配体零部件，在装配零件时是很常用的，同样，如要选择多个特征，在选择时按住 Ctrl 键。
- ☑ 右击清单中的特征，然后选择父子关系，以便查看父子关系。
- ☑ 右击，在设计树中还可显示如下项目：特征说明、零部件说明、零部件配置名称、零部件配置说明等。
- ☑ 将文件夹添加到 FeatureManager 设计树中。

对 FeatureManager 设计树的熟练操作是应用 SOLIDWORKS 的基础和重点，由于其功能强大，不能一一列举，在后面章节中会多次用到，只有在学习的过程中熟练应用设计树的功能，才能加快建模的速度和效率。

5. PropertyManager 标题栏

PropertyManager 标题栏一般会在初始化时使用，PropertyManager 为其定义命令时自动出现。编辑草图并选择草图特征时，所选草图特征的 PropertyManager 将自动出现。

激活 PropertyManager 时，FeatureManager 设计树会自动出现。欲扩展 FeatureManager 设计树，可以在其中单击文件名称左侧的"+"标签。FeatureManager 设计树是透明的，因此不影响对其下面模型的修改。

6. 控制面板

控制面板显示在绘图区域的上方，将鼠标放置在菜单栏中任意位置，然后单击鼠标右键（如图 1-14 所示），在弹出的菜单中选择"启用 CommandManager"命令，则"控制面板"显示在窗口中。如果取消选择"启用 CommandManager"命令，则关闭"控制面板"。

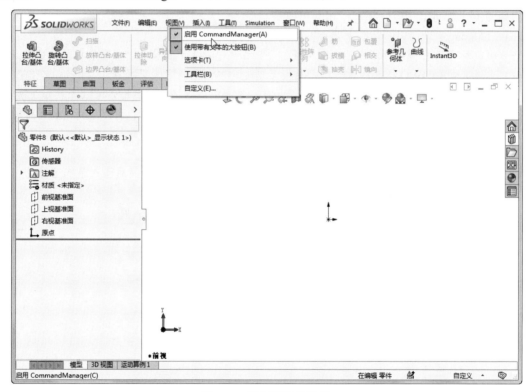

图 1-14　控制面板的调用

在默认情况下，控制面板包括"特征"选项卡、"草图"选项卡、"评估"选项卡，如图 1-15 所示。每个选项卡集成了相关的操作工具，方便了用户的使用。

图 1-15　默认情况下出现的选项卡

7. 设置控制面板

将光标放在任意选项卡名称上（如"特征"），单击鼠标右键，打开快捷菜单，将鼠标移动到"选项卡"处，打开如图 1-16 所示的列表。选择某一个未在功能区显示的选项卡名称，系统自动在功能区打开该选项卡。反之，关闭选项卡。选择快捷菜单上的所有选项，将显示所有选项卡的控制面板，如图 1-17 所示。

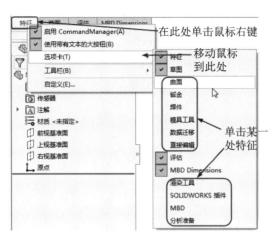

图 1-16 快捷菜单

图 1-17 所有的选项卡

8. 控制面板的"固定"与"浮动"

控制面板可以在绘图区"浮动",将鼠标放到任意选项卡名称的位置处,按住鼠标左键,然后拖动控制面板(如图 1-18 所示),使其在窗口中浮动,接下来继续拖动控制面板,将其放置在如图 1-19 所示的位置,松开鼠标左键,使它变为"固定"控制面板。

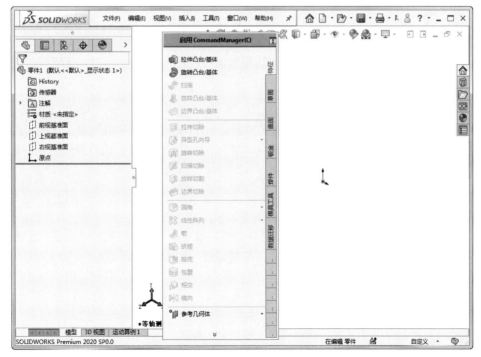

图 1-18 浮动控制面板

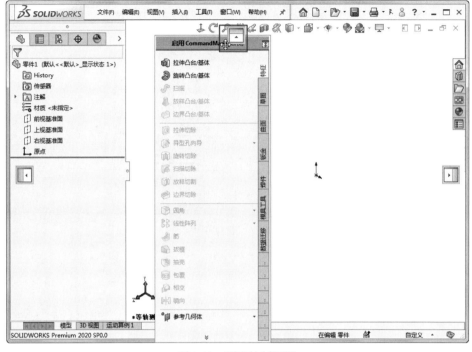

图 1-19　固定控制面板

1.2　SOLIDWORKS 工作环境设置

要熟练地使用一套软件，必须先认识软件的工作环境，然后设置适合自己的使用环境，这样可以使设计更加便捷。SOLIDWORKS 软件同其他软件一样，可以根据用户的需要显示或者隐藏工具栏，以及添加或者删除工具栏中的命令按钮，还可以根据需要设置零件、装配体和工程图的工作界面。

1.2.1　设置工具栏

SOLIDWORKS 系统默认的工具栏是比较常用的。SOLIDWORKS 中有很多工具栏，由于图形区的限制，不能显示所有的工具栏。在建模过程中，用户可以根据需要显示或者隐藏部分工具栏，其设置方法有两种，下面将分别介绍。

1. 利用菜单命令设置工具栏

利用菜单命令添加或者隐藏工具栏的操作步骤如下。

（1）选择菜单栏中的"工具"→"自定义"命令，或者在工具栏区域右击，在弹出的快捷菜单中选择"自定义"命令，此时系统弹出"自定义"对话框，如图 1-20 所示。

（2）选择对话框中的"工具栏"选项卡，此时会出现系统所有的工具栏，选中需要打开的工具栏复选框。

（3）确认设置。单击对话框中的"确定"按钮，在图形区中会显示选择的工具栏。

如果要隐藏已经显示的工具栏，取消选中工具栏复选框，然后单击"确定"按钮，此时在图形区中将会隐藏取消选中的工具栏。

Note

图 1-20　"自定义"对话框

2. 利用鼠标右键设置工具栏

利用鼠标右键添加或者隐藏工具栏的操作步骤如下。

（1）在工具栏区域右击，系统弹出快捷菜单，移动鼠标到"工具栏"处，系统会弹出"工具栏"下拉列表，如图 1-21 所示。

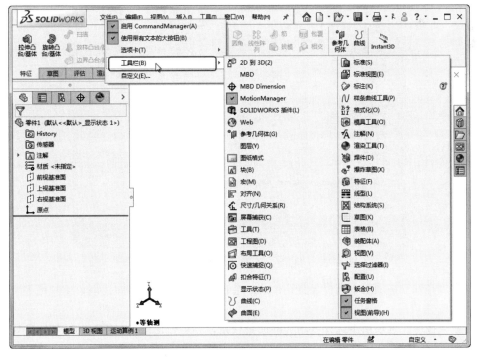

图 1-21　"工具栏"快捷菜单

（2）选择需要的工具栏，前面复选框的颜色会加深，则图形区中将显示选择的工具栏；如果选择已经显示的工具栏，前面复选框的颜色会变浅，则图形区中将隐藏选择的工具栏。

另外，隐藏工具栏还有一个简便的方法，即选择界面中不需要的工具栏，用鼠标将其拖到图形区中，此时工具栏上会出现标题栏。如图 1-22 所示是拖至图形区中的"注解"工具栏，单击"注解"工具栏右上角的"关闭"按钮，则图形区将隐藏该工具栏。

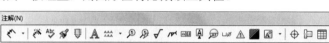

图 1-22　"注解"工具栏

1.2.2　设置工具栏命令按钮

系统默认工具栏中并没有包括平时所用的所有命令按钮，用户可以根据自己的需要添加或者删除命令按钮。

设置工具栏中命令按钮的操作步骤如下。

（1）选择菜单栏中的"工具"→"自定义"命令，或者在工具栏区域右击，在弹出的快捷菜单中选择"自定义"命令，此时系统弹出"自定义"对话框。

（2）选择该对话框中的"命令"选项卡，此时出现的"类别"选项组和"按钮"选项组如图 1-23 所示。

图 1-23　"自定义"对话框的"命令"选项卡

（3）在"类别"选项组中选择工具栏，此时会在"按钮"选项组中出现该工具栏中所有的命令按钮。

（4）在"按钮"选项组中选择要增加的命令按钮，然后按住鼠标左键拖动该按钮到要放置的工具栏上，松开鼠标左键。

（5）单击对话框中的"确定"按钮，则工具栏上会显示添加的命令按钮。

如果要删除无用的命令按钮，只要选择"自定义"对话框中的"命令"选项卡，然后用鼠标将要删除的按钮拖动到图形区，即可删除该工具栏中的命令按钮。

例如，在"草图"工具栏中添加"椭圆"命令按钮。先选择菜单栏中的"工具"→"自定义"命令，打开"自定义"对话框，然后选择"命令"选项卡，在"类别"选项组中选择"草图"工具栏。在"按钮"选项组中单击"椭圆"按钮⊘，按住鼠标左键将其拖动到"草图"工具栏中合适的位置，松开鼠标左键，该命令按钮即可添加到工具栏中。如图 1-24 所示为添加命令按钮前后"草图"工具栏的变化情况。

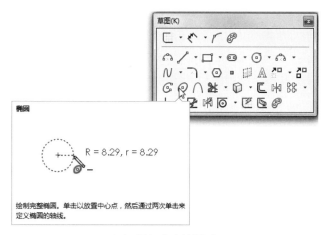

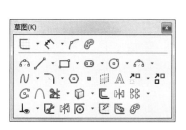

（a）添加命令按钮前　　　　　　　　　　　（b）添加命令按钮后

图 1-24　添加命令按钮

> 提示：在工具栏中添加或者删除命令按钮时，对工具栏的设置会应用到当前激活的 SOLIDWORKS
> 文件类型中。

1.2.3　设置快捷键

除了可以使用菜单栏和工具栏执行命令外，SOLIDWORKS 软件还允许用户通过自行设置快捷键的方式来执行命令，其操作步骤如下。

（1）选择菜单栏中的"工具"→"自定义"命令，或者在工具栏区域右击，在弹出的快捷菜单中选择"自定义"命令，此时系统弹出"自定义"对话框。

（2）选择对话框中的"键盘"选项卡，如图 1-25 所示。

（3）在"类别"下拉列表框中选择"文件"选项，然后在下面的"显示"下拉列表框中选择要设置快捷键的命令"带键盘快捷键的命令"。

（4）在"搜索"文本框中输入要搜索的快捷键，输入的快捷键就出现在"当前快捷键"选项中。

（5）单击对话框中的"确定"按钮，快捷键设置成功。

> 提示：
> （1）如果设置的快捷键已经使用过，则系统会提示该快捷键已被使用，必须更改要设置的快捷键。
> （2）如果要取消设置的快捷键，在"键盘"选项卡中选择"快捷键"选项中设置的快捷键，然后单击对话框中的"移除快捷键"按钮，则该快捷键就会被取消。

Note

图 1-25   "自定义"对话框中的"键盘"选项卡

1.2.4　设置背景

在 SOLIDWORKS 中，可以更改操作界面的背景及颜色，设置个性化的用户界面。设置背景的操作步骤如下。

（1）选择菜单栏中的"工具"→"选项"命令，此时系统弹出"系统选项-颜色"对话框。

（2）在对话框的"系统选项"选项卡的左侧列表框中选择"颜色"选项，如图 1-26 所示。

图 1-26   "系统选项-颜色"对话框

（3）在"颜色方案设置"列表框中选择"视区背景"选项，然后单击"编辑"按钮，此时系统弹出如图 1-27 所示的"颜色"对话框，在其中选择设置的颜色，然后单击"确定"按钮。可以使用该方式设置其他选项的颜色。

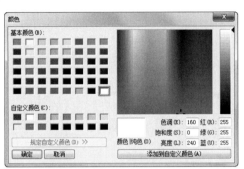

图 1-27　"颜色"对话框

（4）单击"系统选项-颜色"对话框中的"确定"按钮，系统背景颜色设置成功。

在如图 1-26 所示对话框的"背景外观"选项组中，选中下面 4 个不同的单选按钮，可以得到不同的背景效果，用户可以自行设置，在此不再赘述。如图 1-28 所示为一个设置好背景颜色的零件图。

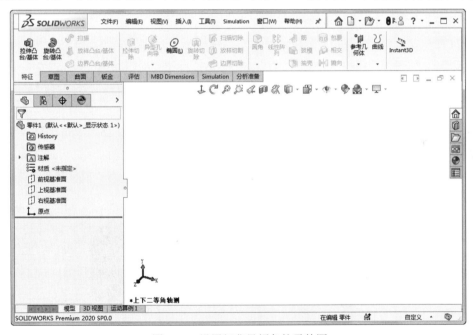

图 1-28　设置好背景颜色的零件图

1.2.5　设置单位

在三维实体建模前，需要设置好系统的单位，系统默认的单位为 MMGS（毫米、克、秒），可以使用自定义的方式设置其他类型的单位以及长度单位等。

下面以修改长度单位的小数位数为例，说明设置单位的操作步骤。

（1）打开源文件"1.2.5 设置单位"（本书中所有初始文件均在"源文件"文件夹中，后面不再赘述），选择菜单栏中的"工具"→"选项"命令。

（2）系统弹出"文档属性-单位"对话框，选择"文档属性"选项卡，然后在左侧列表框中选择"单位"选项，如图 1-29 所示。

图 1-29　"单位"选项

（3）将"基本单位"选项组中"长度"选项的"小数"设置为无，然后单击"确定"按钮。如图 1-30 所示为设置单位前后的图形比较。

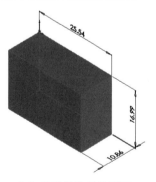 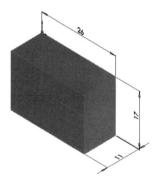

（a）设置单位前的图形　　　　　　　　　（b）设置单位后的图形

图 1-30　设置单位前后图形比较

1.3　文件管理

除了上面讲述的新建文件外，常见的文件管理工作还有打开文件、保存文件、退出系统等，下面简要介绍。

1.3.1　打开文件

在 SOLIDWORKS 2020 中，可以打开已存储的文件，对其进行相应的编辑和操作。打开文件的操作步骤如下。

（1）选择菜单栏中的"文件"→"打开"命令，或者单击"标准"工具栏中的"打开"按钮，执行打开文件命令。

（2）系统弹出如图 1-31 所示的"打开"对话框，在该对话框右下角的"文件类型"下拉列表框中选择文件的类型，在对话框中会显示文件夹中对应文件类型的文件。单击"显示预览窗格"按钮，选择的文件就会显示在对话框右侧的预览窗口中，但是并不打开该文件。

选取了需要的文件后，单击对话框中的"打开"按钮，即可打开选择的文件，然后可对其进行相应的编辑和操作。

在"文件类型"下拉列表框中，并不限于 SOLIDWORKS 类型的文件，还可以调用其他软件（如 ProE、CATIA、UG 等）所形成的图形并对其进行编辑。如图 1-32 所示是"文件类型"下拉列表。

图 1-31　"打开"对话框　　　　图 1-32　"文件类型"下拉列表

1.3.2　保存文件

已编辑的图形只有保存后，才能在需要时打开并对其进行相应的编辑和操作。保存文件的操作步骤如下。

选择菜单栏中的"文件"→"保存"命令，或者单击"标准"工具栏中的"保存"按钮，执行保存文件命令，此时系统弹出如图 1-33 所示的"另存为"对话框。在"保存在"下拉列表框中选择文件存放的文件夹，在"文件名"文本框中输入要保存的文件名称，在"保存类型"下拉列表框中选择所保存文件的类型。通常情况下，在不同的工作模式下系统会自动设置文件的保存类型。

在"保存类型"下拉列表框中，并不限于 SOLIDWORKS 类型的文件，如"*.sldprt""*.sldasm""*.slddrw"。也就是说，SOLIDWORKS 不但可以把文件保存为自身的类型，还可以保存为其他类型的文件，方便其他软件对其调用并进行编辑。

在如图 1-33 所示的"另存为"对话框中，可以将文件保存的同时备份一份。保存备份文件需要预先设置保存的文件目录，设置备份文件保存目录的步骤如下。

Note

图 1-33　"另存为"对话框

选择菜单栏中的"工具"→"选项"命令，系统弹出如图 1-34 所示的"系统选项-备份/恢复"对话框，选择"系统选项"选项卡中的"备份/恢复"选项，在"备份文件夹"文本框中可以修改保存备份文件的目录。

图 1-34　"系统选项-备份/恢复"对话框

1.3.3　退出 SOLIDWORKS 2020

在文件编辑并保存完成后，即可退出 SOLIDWORKS 2020 系统。选择菜单栏中的"文件"→"退出"命令，或者单击系统操作界面右上角的"退出"按钮退出(X)，可直接退出。

如果对文件进行了编辑而没有保存，或者在操作过程中不小心执行了"退出"命令，会弹出系统提示框，如图 1-35 所示。如果要保存对文件的修改，则单击"全部保存"按钮，系统会保存修改后的文件，并退出 SOLIDWORKS 系统；如果不保存对文件的修改，则单击"不保存"按钮，系统不保存修改后的文件，并退出 SOLIDWORKS 系统；单击"取消"按钮，则取消退出操作，回到原来的操作界面。

图 1-35　系统提示框

视 频 讲 解

1.4　视　图　操　作

在进行 SOLIDWORKS 实体模型绘制过程中，视图操作是不可或缺的一部分，本节将讲解视图的缩放、旋转等命令。

常见的视图操作方式有视图定向、整屏显示全图、局部放大、动态放大/缩小、旋转、平移、滚转、上一视图，在"视图"→"修改"菜单栏下显示的视图操作命令如图 1-36 所示。下面依次讲解这些常用命令。

图 1-36　"视图"→"修改"菜单命令

1．视图定向

打开源文件"挖掘机"，选择菜单栏中的"视图"→"修改"→"视图定向"命令；或右击，在弹出的快捷菜单中选择"视图定向"命令，如图 1-37 所示；或单击"标准视图"工具栏中的"视图定向"按钮 ，如图 1-38 所示；或按空格键。

选择"视图定向"命令后，弹出"方向"对话框，如图 1-39 所示。

在弹出的对话框中单击所需视图方向，实体模型转换到视图方向，如图 1-40 所示。

图 1-37　快捷菜单

图 1-38　"标准视图"工具栏

图 1-39　"方向"对话框

（a）旋转前视图

（b）等轴测方向

图 1-40　转换视图

2．整屏显示全图

缩放模型以套合窗口。

选择菜单栏中的"视图"→"修改"→"整屏显示全图"命令；或右击，在弹出的快捷菜单中选择"整屏显示全图"命令；或在"视图"工具栏中单击"整屏显示全图"按钮 。3 种方法都可打开"视图"工具栏，如图 1-41 所示。

图 1-41　"视图"工具栏

使用此命令可将模型全部显示在窗口中，如图 1-42 所示。

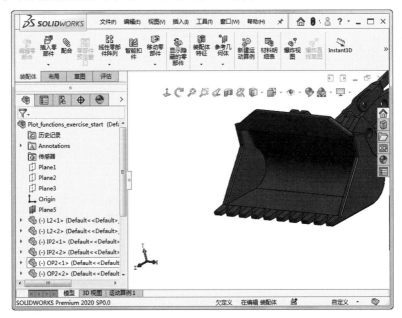

（a）部分显示模型

图 1-42　显示视图

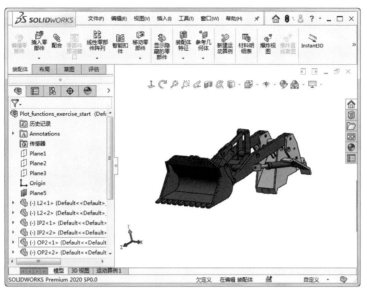

（b）全屏模型

图 1-42　显示视图（续）

3. 局部放大

以边界框放大到选择的区域。

选择菜单栏中的"视图"→"修改"→"局部放大"命令；或在绘图区上方单击"局部放大"按钮，如图 1-43 所示；或者右击，在弹出的快捷菜单中选择"局部放大"命令；或者在"视图"工具栏中单击"局部放大"按钮，都可放大局部模型，如图 1-44 所示。

图 1-43　视图显示

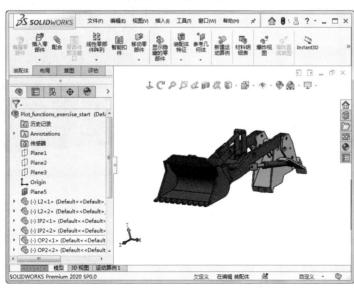

（a）放大前

图 1-44　局部放大

Note

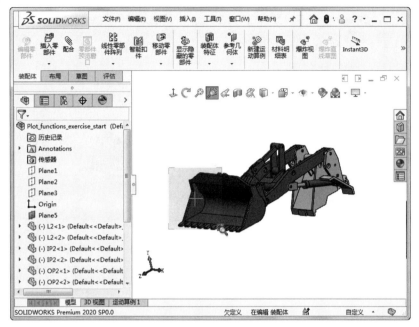

（b）选择放大区域

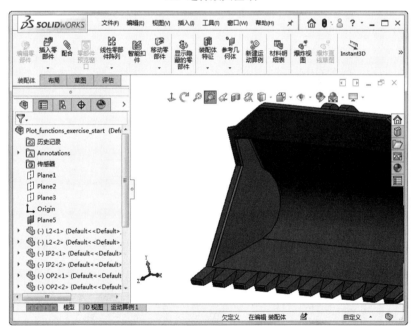

（c）放大后

图 1-44　局部放大（续）

4. 动态放大/缩小

动态地调整模型放大与缩小。

选择菜单栏中的"视图"→"修改"→"动态放大/缩小"命令，如图 1-36 所示。将图标置在模型上，按住鼠标左键，向下拖动可缩小模型，向上拖动可放大模型，如图 1-45 所示。

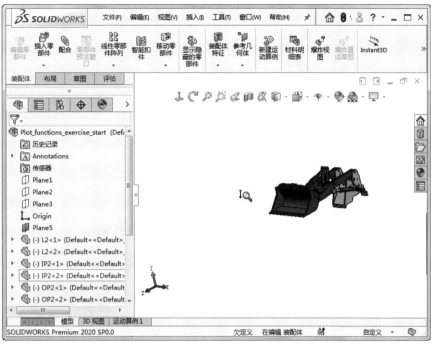

（a）缩小

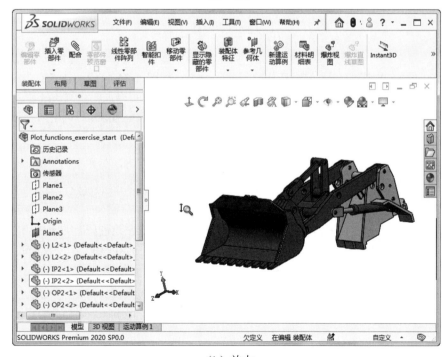

（b）放大

图 1-45　动态放大/缩小

5. 旋转

选择菜单栏中的"视图"→"修改"→"旋转"命令；或右击，在弹出的快捷菜单中选择"旋转视图"命令,在绘图区出现"旋转"图标 ,将图标放置在模型上,按住鼠标左键,向不同方向拖动鼠标,模型随之旋转,如图 1-46 所示。

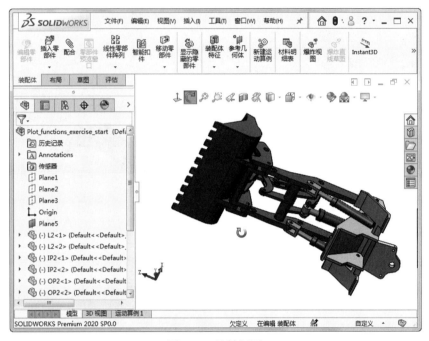

图 1-46　旋转视图

6. 平移

选择菜单栏中的"视图"→"修改"→"平移"命令,如图 1-36 所示;或者右击,在弹出的快捷菜单中选择"平移"命令,移动模型零件。

在绘图区出现 图标,将图标放置在模型上,按住鼠标左键,模型随着鼠标向不同方向拖动而移动。

7. 滚转

选择菜单栏中的"视图"→"修改"→"滚转"命令;或者右击,在弹出的快捷菜单中选择"翻滚视图"命令,可绕基点旋转模型。

8. 上一视图

选择菜单栏中的"视图"→"修改"→"上一视图"命令;或在绘图区上方单击"上一视图"按钮 ;或在"视图"工具栏中单击"上一视图"按钮 ,可将视图返回到上一个视图的显示中。

1.5　实践与操作

1.5.1　熟悉操作界面

操作提示:

(1)启动 SOLIDWORKS 2020,进入绘图界面。

(2)熟悉各部分工具栏的作用。

1.5.2　设置系统选项

操作提示：

（1）启动 SOLIDWORKS 2020，新建一文件，进入绘图界面。

（2）选择"工具"→"选项"命令，打开"系统选项"对话框。

（3）熟悉"系统选项""文件属性"的设置内容。

1.6　思　考　练　习

1．熟悉 SOLIDWORKS 2020 中各工具栏的作用以及自定义设置工具栏。

2．模型视图如何转换？有几种操作方式？

第 **2** 章

草图绘制

SOLIDWORKS 能够提供不同的设计方案、减少设计过程中的错误以及提高产品质量，操作简单方便、易学易用。最基本的操作方式是绘制草图、特征建模，草图是建模的基础，没有草图，建模只是空谈。

本章简要介绍了 SOLIDWORKS 草图的一些基本操作，包括草图工具及一些辅助操作，使草图绘制更精准。

☑ 草图绘制   ☑ 添加几何关系

☑ 草图编辑工具   ☑ 编辑约束

☑ 尺寸标注

任务驱动&项目案例

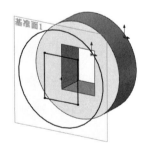

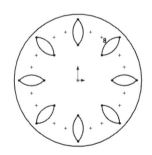

2.1 草图绘制的基本知识

本节主要介绍如何绘制草图，熟悉"草图"控制面板，认识绘图光标和锁点光标，以及退出草图绘制状态。

2.1.1 进入草图绘制

绘制二维草图，必须进入草图绘制状态。草图必须在平面上绘制，这个平面可以是基准面，也可以是三维模型上的平面。由于开始进入草图绘制状态时，没有三维模型，因此必须指定基准面。

绘制草图必须认识草图绘制的工具，如图 2-1 所示为常用的"草图"绘制工具。绘制草图可以先选择绘制的平面，也可以先选择草图绘制实体。下面通过案例分别介绍两种方式的操作步骤。

图 2-1 "草图"绘制工具

1. 选择草图绘制实体

以选择草图绘制实体的方式进入草图绘制状态的操作步骤如下。

（1）选择菜单栏中的"插入"→"草图绘制"命令，或者单击"草图"控制面板中的"草图绘制"按钮，或者直接单击"草图"工具栏中要绘制的草图实体，此时图形区显示的系统默认基准面如图 2-2 所示。

（2）单击选择图形区 3 个基准面中的一个，确定要在哪个平面上绘制草图实体。

（3）单击"前导视图"工具栏中的"正视于"按钮，旋转基准面，方便绘图。

2. 选择草图绘制基准面

以选择草图绘制基准面的方式进入草图绘制状态的操作步骤如下。

（1）先在特征管理区中选择要绘制的基准面，即前视基准面、右视基准面和上视基准面中的一个面。

（2）单击"前导视图"工具栏中的"正视于"按钮，旋转基准面。

（3）单击"草图"控制面板中的"草图绘制"按钮，或者单击要绘制的草图实体，进入草图绘制状态。

图 2-2 系统默认基准面

2.1.2 退出草图绘制

草图绘制完毕后，可立即建立特征，也可以退出草图绘制再建立特征。有些特征的建立需要多个草图，如扫描实体等，因此需要了解退出草图绘制的方法。退出草图绘制的方法主要有如下几种。

☑ 使用菜单方式：选择菜单栏中的"插入"→"退出草图"命令，退出草图绘制状态。

☑ 利用工具栏图标按钮方式：单击"快速访问"工具栏中的"重建模型"按钮⑧，或者单击"草图"控制面板中的"退出草图"按钮↳，退出草图绘制状态。

☑ 利用快捷菜单方式：在图形区右击，弹出如图 2-3 所示的快捷菜单，单击"退出草图"按钮↳，退出草图绘制状态。

☑ 利用图形区确认角落的图标：在绘制草图的过程中，图形区右上角会显示如图 2-4 所示的确认提示图标，单击上面的图标，退出草图绘制状态。

单击确认角落下面的✖图标，弹出系统提示框，提示用户是否保存对草图的修改，如图 2-5 所示，然后根据需要单击其中的按钮，退出草图绘制状态。

图 2-3 快捷菜单

图 2-4 确认提示图标

图 2-5 系统提示框

2.1.3 草图绘制工具

"草图"工具栏如图 2-1 所示，有些草图绘制按钮没有在该工具栏中显示，用户可以利用 1.2.2 节的方法设置相应的命令按钮。"草图"工具栏主要包括 4 大类，分别是草图绘制、实体绘制、标注几何关系和草图编辑工具。其中各命令按钮的名称与功能分别如表 2-1～表 2-4 所示。

表 2-1 草图绘制命令按钮

按 钮 图 标	名 称	功 能 说 明
▷	选择	用来选择草图实体、模型和特征的边线和面等，框选可以选择多个草图实体
⊞	网格线/捕捉	对激活的草图或工程图选择显示草图网格线，并可设定网格线显示和捕捉功能选项
⌐↳	草图绘制/退出草图	进入或者退出草图绘制状态
③D	3D 草图	在三维空间任意位置添加一个新的三维草图，或编辑一个现有三维草图
⑤₃D	基准面上的 3D 草图	在三维草图中添加基准面后，可添加或修改该基准面的信息
⑫	快速草图	可以选择平面或基准面，并在任意草图工具激活时开始绘制草图。在移动至各平面的同时，将生成面并打开草图。可以中途更改草图工具
⌐口	移动时不求解	在不解出尺寸或几何关系的情况下，从草图中移动草图实体
⌐口	移动实体	选择一个或多个草图实体和注解并将其移动，该操作不生成几何关系
口口	复制实体	选择一个或多个草图实体和注解并将其复制，该操作不生成几何关系
⊡	按比例缩放实体	选择一个或多个草图实体和注解并将其按比例缩放，该操作不生成几何关系
⌐◇	旋转实体	选择一个或多个草图实体和注解并将其旋转，该操作不生成几何关系
⌐⫶	伸展实体	在 PropertyManager 中要伸展的实体下，为草图项目或注解选择草图实体

Note

表 2-2　实体绘制工具命令按钮

按 钮 图 标	名 称	功 能 说 明
	直线	以起点、终点的方式绘制一条直线
	矩形	以对角线的起点和终点的方式绘制一个矩形，其一边为水平或竖直
	中心矩形	在中心点绘制矩形草图
	3 点边角矩形	以所选的角度绘制矩形草图
	3 点中心矩形	以所选的角度绘制带有中心点的矩形草图
	平行四边形	生成边不为水平或竖直的平行四边形及矩形
	直槽口	用两个端点绘制直槽口
	中心点直槽口	生成中心点槽口
	三点圆弧槽口	利用三点绘制圆弧槽口
	中心点圆弧槽口	通过移动指针指定槽口长度、宽度绘制圆弧槽口
	多边形	生成边数在 3～40 的等边多边形
	圆	以先指定圆心，然后拖动光标确定半径的方式绘制一个圆
	周边圆	以圆周直径的两点方式绘制一个圆
	圆心/起/终点画弧	以顺序指定圆心、起点以及终点的方式绘制一个圆弧
	切线弧	绘制一条与草图实体相切的弧线，可以根据草图实体自动确认是法向相切还是径向相切
	三点圆弧	以顺序指定起点、终点及中点的方式绘制一个圆弧
	椭圆	以先指定圆心，然后指定长、短轴的方式绘制一个完整的椭圆
	部分椭圆	以先指定中心点，然后指定起点及终点的方式绘制一部分椭圆
	抛物线	以先指定焦点，再拖动光标确定焦距，然后指定起点和终点的方式绘制一条抛物线
	样条曲线	以不同路径上的两点或者多点绘制一条样条曲线，可以在端点处指定相切
	曲面上样条曲线	在曲面上绘制一个样条曲线，可以沿曲面添加和拖动点生成
	方程式驱动曲线	通过定义曲线的方程式来生成曲线
	点	绘制一个点，可以在草图和工程图中绘制
	中心线	绘制一条中心线，可以在草图和工程图中绘制
	文字	在特征表面上添加文字草图，然后拉伸或者切除生成文字实体

表 2-3　标注几何关系命令按钮

按 钮 图 标	名 称	功 能 说 明
	添加几何关系	给选定的草图实体添加几何关系，即限制条件
	显示/删除几何关系	显示或者删除草图实体的几何限制条件
	自动几何关系	打开/关闭自动添加几何关系

表 2-4　草图编辑工具命令按钮

按 钮 图 标	名 称	功 能 说 明
	构造几何线	将草图中或者工程图中的草图实体转换为构造几何线,构造几何线的线型与中心线相同
	绘制圆角	在两个草图实体的交叉处倒圆角，从而生成一个切线弧

续表

按 钮 图 标	名 称	功 能 说 明
⌐	绘制倒角	此工具在二维和三维草图中均可使用。在两个草图实体交叉处按照一定角度和距离剪裁，并用直线相连，形成倒角
⊏	等距实体	按给定的距离等距一个或多个草图实体，可以是线、弧、环等草图实体
⬡	转换实体引用	将其他特征轮廓投影到草图平面上，形成一个或者多个草图实体
⬢	交叉曲线	在基准面和曲面或模型面、两个曲面、曲面和模型面、基准面和整个零件的曲面的交叉处生成草图曲线
◈	面部曲线	从面或者曲面提取 ISO 参数，形成三维曲线
⬤	剪裁实体	根据剪裁类型，剪裁或者延伸草图实体
T	延伸实体	将草图实体延伸以与另一个草图实体相遇
⌐	分割实体	将一个草图实体分割以生成两个草图实体
⋈	镜向实体	相对一条中心线生成对称的草图实体
⋈	动态镜向实体	适用于 2D 草图或在 3D 草图基准面上所生成的 2D 草图
⬚	线性草图阵列	沿一个轴或者同时沿两个轴生成线性草图排列
⬚	圆周草图阵列	生成草图实体的圆周排列
◯	制作路径	使用制作路径工具可以生成机械设计布局草图
◆	修改草图	使用该工具来移动、旋转或按比例缩放整个草图
🖾	草图图片	可以将图片插入草图基准面。将图片生成 2D 草图的基础。将光栅数据转换为向量数据

2.1.4　绘图光标和锁点光标

在绘制草图实体或者编辑草图实体时，光标会根据所选择的命令变为相应的图标，以方便用户了解绘制或者编辑该类型的草图。

绘图光标的类型与功能如表 2-5 所示。

表 2-5　绘图光标的类型与功能

光 标 类 型	功 能 说 明	光 标 类 型	功 能 说 明
↘	绘制一点	↘	绘制直线或者中心线
↘	绘制 3 点圆弧	↘	绘制抛物线
↘	绘制圆	↘	绘制椭圆
↘	绘制样条曲线	↘	绘制矩形
↘	标注尺寸	↘	绘制多边形
↘	绘制四边形	↘	延伸草图实体
↘	圆周阵列复制草图	↘	线性阵列复制草图

为了提高绘制图形的效率，SOLIDWORKS 软件提供了自动判断绘图位置的功能。在执行绘图命令时，光标会在图形区自动寻找端点、中心点、圆心、交点、中点以及其上任意点，这样提高了光标定位的准确性和快速性。

光标在相应的位置会变成相应的图形，成为锁点光标。锁点光标可以在草图实体上形成，也可以在特征实体上形成。需要注意的是，在特征实体上的锁点光标只能在绘图平面的实体边缘产生，在其他平面的边缘不能产生。

锁点光标的类型在此不再赘述，用户可以在实际使用中慢慢体会，利用好锁点光标可以提高绘图的效率。

2.2　草　图　绘　制

本节主要介绍"草图"控制面板中草图绘制工具的使用方法。由于 SOLIDWORKS 中大部分特征都需要先建立草图轮廓，因此本节的学习非常重要。

2.2.1　绘制点

执行点命令后，在图形区中的任何位置都可以绘制点，绘制的点不影响三维建模的外形，只起参考作用。

执行异型孔向导命令后，点命令用于决定产生孔的数量。

点命令可以生成草图中两条不平行线段的交点以及特征实体中两个不平行边缘的交点，产生的交点作为辅助图形，用于标注尺寸或者添加几何关系，并不影响实体模型的建立。下面分别介绍不同类型点的操作步骤。

1. 绘制一般点

（1）在草图绘制状态下，选择菜单栏中的"工具"→"草图绘制实体"→"点"命令，或者单击"草图"控制面板中的"点"按钮，光标变为绘图光标。

（2）在图形区单击，确认绘制点的位置，此时点命令继续处于激活位置，可以继续绘制点。

如图 2-6 所示为使用绘制点命令绘制的多个点。

2. 生成草图中两条不平行线段的交点

以图 2-7 所示为例，生成图中直线 1 和直线 2 的交点，其中图 2-7（a）为生成交点前的图形，图 2-7（b）为生成交点后的图形。

（1）打开源文件"生成草图中两条不平行线段的交点"，在草图绘制状态下按住 Ctrl 键，单击图 2-7（a）所示的直线 1 和直线 2。

（2）选择菜单栏中的"工具"→"草图绘制实体"→"点"命令，或者单击"草图"控制面板中的"点"按钮，此时生成交点后的图形如图 2-7（b）所示。

（a）生成交点前的图形　　　（b）生成交点后的图形

图 2-6　绘制多个点　　　　　　　　图 2-7　生成草图交点

3. 生成特征实体中两个不平行边缘的交点

以图 2-8 所示为例，生成面 A 中直线 1 和直线 2 的交点，其中图 2-8（a）为生成交点前的图形，图 2-8（b）为生成交点后的图形。

（1）打开源文件"生成特征实体中两个不平行边缘的交点"，选择如图 2-8（a）所示的面 A 作为绘图面，然后进入草图绘制状态。

（2）按住 Ctrl 键，选择如图 2-8（a）所示的边线 1 和边线 2。

（3）选择菜单栏中的"工具"→"草图绘制实体"→"点"命令，或者单击"草图"控制面板中的"点"按钮 ▪，此时生成交点后的图形如图 2-8（b）所示。

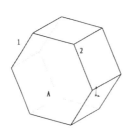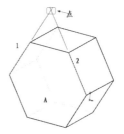

（a）生成交点前的图形　　　　　　　　（b）生成交点后的图形

图 2-8　生成特征边线交点

2.2.2　绘制直线与中心线

直线与中心线的绘制方法相同，执行不同的命令，按照类似的操作步骤在图形区绘制相应的图形即可。

直线分为 3 种类型，即水平直线、竖直直线和任意角度直线。在绘制过程中，不同类型的直线其显示方式不同，下面将分别介绍。

☑　水平直线：在绘制直线过程中，笔形光标附近会出现水平直线图标符号 ▬，如图 2-9 所示。

☑　竖直直线：在绘制直线过程中，笔形光标附近会出现竖直直线图标符号 ▮，如图 2-10 所示。

☑　任意角度直线：在绘制直线过程中，笔形光标附近会出现任意直线图标符号 ＼，如图 2-11 所示。

☑　45°角直线：在绘制直线过程中，笔形光标附近会出现 45°角直线图标符号 ◢，如图 2-12 所示。

图 2-9　绘制水平直线　　图 2-10　绘制竖直直线　　图 2-11　绘制任意角度直线　　图 2-12　绘制 45°角直线

在绘制直线的过程中，光标上方显示的参数为直线的长度，可供参考。一般在绘制中，首先绘制一条直线，然后标注尺寸，直线也随着改变长度和角度。

绘制直线的方式有两种：拖动式和单击式。拖动式就是在绘制直线的起点按住鼠标左键开始拖动鼠标，直到直线终点放开。单击式就是在绘制直线的起点处单击一下，然后在直线终点处单击一下。

下面以绘制如图 2-13 所示的中心线和直线为例，介绍中心线和直线的绘制步骤。

（1）在草图绘制状态下，选择菜单栏中的"工具"→"草图绘制实体"→"中心线"命令，或者单击"草图"控制面板中的"中心线"按钮 ✍，开始绘制中心线。

（2）在图形区单击确定中心线的起点 1，然后移动光标到图中合适的位置，由于图 2-13 中的中心线为竖直直线，所以当光标附近出现符号 ▮ 时，单击确定中心线的终点 2。

（3）按 Esc 键，或者在图形区右击，在弹出的快捷菜单中选择"选择"命令，退出中心线的绘制。

（4）选择菜单栏中的"工具"→"草图绘制实体"→"直线"命令，或者单击"草图"控制面板中的"直线"按钮 ✎，开始绘制直线。

（5）在图形区单击确定直线的起点 3，然后移动光标到图中合适的位置，由于直线 34 为水平直线，所以当光标附近出现符号 ━ 时，单击确定直线 34 的终点 4。

（6）重复以上绘制直线的步骤绘制其他直线段，在绘制过程中要注意光标的形状，以确定是水平、竖直或者任意直线段。

（7）按 Esc 键，或者在图形区右击，在弹出的快捷菜单中选择"选择"命令，退出直线的绘制，绘制的中心线和直线如图 2-13 所示。

在执行绘制直线命令时，系统弹出的"插入线条"属性管理器如图 2-14 所示，在"方向"选项组中有 4 个单选按钮，默认是选中"按绘制原样"单选按钮。选中不同的单选按钮，绘制直线的类型不一样。选中"按绘制原样"单选按钮以外的任意一项，均会要求输入直线的参数。如选中"角度"单选按钮，弹出的"插入线条"属性管理器如图 2-15 所示，要求输入直线的参数。设置好参数以后，单击直线的起点即可绘制所需要的直线。

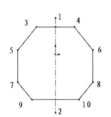

图 2-13　绘制中心线和直线　　　图 2-14　"插入线条"属性管理器 1　　　图 2-15　"插入线条"属性管理器 2

在"插入线条"属性管理器的"选项"选项组中有 4 个复选框，选中不同的复选框，可以分别绘制构造线、无限长直线、中点线和带尺寸的直线。

在"插入线条"属性管理器的"参数"选项组中有两个文本框，分别是"长度"文本框和"角度"文本框。通过设置这两个参数可以绘制一条直线。

2.2.3　绘制圆

当执行绘制圆命令时，系统弹出的"圆"属性管理器如图 2-16 所示。从属性管理器中可以知道，可以通过两种方式来绘制圆：一种是绘制基于中心的圆，另一种是绘制基于周边的圆。下面将分别介绍绘制圆的不同方法。

1．绘制基于中心的圆

（1）在草图绘制状态下，选择菜单栏中的"工具"→"草图绘制实体"→"圆"命令，或者单击"草图"控制面板中的"圆"按钮 ⊙，开始绘制圆。

图 2-16　"圆"属性管理器

（2）在图形区选择一点单击，确定圆的圆心，如图 2-17（a）所示。

（3）移动光标拖出一个圆，在合适位置单击，确定圆的半径，或在光标下文本框中输入尺寸，如图 2-17（b）所示。

（4）单击"圆"属性管理器中的"确定"按钮✔，完成圆的绘制，如图2-17（c）所示。

图2-17即为基于中心的圆的绘制过程。

（a）确定圆心　　　　　　（b）确定半径　　　　　　（c）确定圆

图2-17　基于中心的圆的绘制过程

2. 绘制基于周边的圆

（1）在草图绘制状态下，选择菜单栏中的"工具"→"草图绘制实体"→"周边圆"命令，或者单击"草图"控制面板中的"周边圆"按钮◯，开始绘制圆。

（2）在图形区单击，确定圆周边上的一点，如图2-18（a）所示。

（3）移动光标拖出一个圆，然后单击，确定周边上的另一点，如图2-18（b）所示。

（4）完成拖动时，光标变为如图2-18（b）所示，右击确定圆，如图2-18（c）所示。

（5）单击"圆"属性管理器中的"确定"按钮✔，完成圆的绘制。

图2-18即为基于周边的圆的绘制过程。

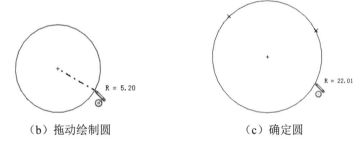

（a）确定周边圆上一点　　　　（b）拖动绘制圆　　　　　（c）确定圆

图2-18　基于周边的圆的绘制过程

圆绘制完成后，可以通过拖动修改圆草图。通过鼠标左键拖动圆的周边可以改变圆的半径，拖动圆的圆心可以改变圆的位置。同时，也可以通过如图2-16所示的"圆"属性管理器修改圆的属性，通过属性管理器中"参数"选项修改圆心坐标和圆的半径。

2.2.4　绘制圆弧

视频讲解

绘制圆弧的方法主要有4种，即圆心/起/终点画弧、切线弧、三点圆弧与"直线"命令绘制圆弧。下面分别介绍这4种绘制圆弧的方法。

1. 圆心/起/终点画弧

圆心/起/终点画弧方法是先指定圆弧的圆心，然后顺序拖动光标指定圆弧的起点和终点，确定圆弧的大小和方向。

（1）在草图绘制状态下，选择菜单栏中的"工具"→"草图绘制实体"→"圆心/起/终点画弧"命令，或者单击"草图"控制面板中的"圆心/起/终点画弧"按钮◯，开始绘制圆弧。

（2）在图形区单击，确定圆弧的圆心，如图2-19（a）所示。

（3）在图形区合适的位置单击，确定圆弧的起点，如图2-19（b）所示。

（4）拖动光标确定圆弧的角度和半径，并单击确认，如图2-19（c）所示。

（5）单击"圆弧"属性管理器中的"确定"按钮 ，完成圆弧的绘制。

图 2-19 即为用"圆心/起/终点"方法绘制圆弧的过程。

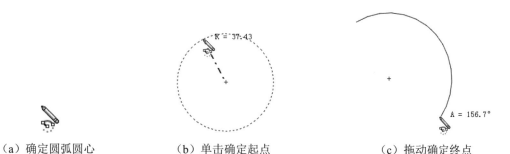

（a）确定圆弧圆心　　　　　（b）单击确定起点　　　　　（c）拖动确定终点

图 2-19　用"圆心/起/终点"方法绘制圆弧的过程

圆弧绘制完成后，可以在"圆弧"属性管理器中修改其属性。

2．切线弧

切线弧是指生成一条与草图实体相切的弧线。草图实体可以是直线、圆弧、椭圆和样条曲线等。

（1）在草图绘制状态下，选择菜单栏中的"工具"→"草图绘制实体"→"切线弧"命令，或者单击"草图"控制面板中的"切线弧"按钮 ，开始绘制切线弧。

（2）在已经存在草图实体的端点处单击，此时系统弹出"圆弧"属性管理器，如图 2-20 所示，光标变为 形状。

（3）拖动光标确定绘制圆弧的形状，并单击确认。

（4）单击"圆弧"属性管理器中的"确定"按钮 ，完成切线弧的绘制。如图 2-21 所示为绘制的直线切线弧。

在绘制切线弧时，系统可以从指针移动推理是需要画切线弧还是画法线弧。存在 4 个目的区，具有如图 2-22 所示的 8 种切线弧。沿相切方向移动指针将生成切线弧，沿垂直方向移动将生成法线弧。可以通过返回到端点，然后向新的方向移动以在切线弧和法线弧之间进行切换。

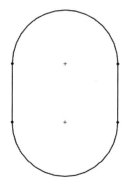

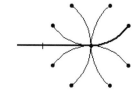

图 2-20　"圆弧"属性管理器　　　图 2-21　直线的切线弧　　　图 2-22　绘制的 8 种切线弧

提示： 绘制切线弧时，光标拖动的方向会影响绘制圆弧的样式，因此在绘制切线弧时，光标最好沿着产生圆弧的方向拖动。

3. 三点圆弧

三点圆弧是通过起点、终点与中点的方式绘制圆弧。

（1）在草图绘制状态下，选择菜单栏中的"工具"→"草图绘制实体"→"三点圆弧"命令，或者单击"草图"控制面板中的"三点圆弧"按钮，开始绘制圆弧，此时光标变为 形状。

（2）在图形区单击，确定圆弧的起点，如图 2-23（a）所示。

（3）拖动光标确定圆弧结束的位置，并单击确认，如图 2-23（b）所示。

（4）拖动光标确定圆弧的半径和方向，并单击确认，如图 2-23（c）所示。

（5）单击"圆弧"属性管理器中的"确定"按钮 ，完成三点圆弧的绘制。

图 2-23 即为绘制三点圆弧的过程。

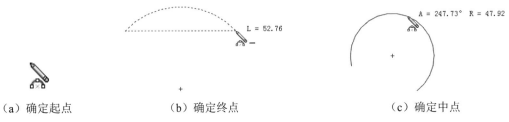

（a）确定起点　　　　　　　　（b）确定终点　　　　　　　　（c）确定中点

图 2-23　绘制三点圆弧的过程

选择绘制的三点圆弧，可以在"圆弧"属性管理器中修改其属性。

4. "直线"命令绘制圆弧

"直线"命令除了可以绘制直线外，还可以绘制连接在直线端点处的切线弧，使用该命令，必须首先绘制一条直线，然后才能绘制圆弧。

（1）在草图绘制状态下，选择菜单栏中的"工具"→"草图绘制实体"→"直线"命令，或者单击"草图"控制面板中的"直线"按钮 ，首先绘制一条直线。

（2）在不结束绘制直线命令的情况下，将光标稍微向旁边拖动，如图 2-24（a）所示。

（3）将光标拖回至直线的终点，开始绘制圆弧，如图 2-24（b）所示。

（4）拖动光标到图中合适的位置，并单击确定圆弧的大小，如图 2-24（c）所示。

图 2-24 即为使用"直线"命令绘制圆弧的过程。

要将直线转换为绘制圆弧的状态，必须先将光标拖回至所绘制直线的终点，然后拖出才能绘制圆弧。也可以在此状态下右击，此时系统弹出的快捷菜单如图 2-25 所示，选择"转到圆弧"命令即可绘制圆弧。同样在绘制圆弧的状态下，选择快捷菜单中的"转到直线"命令，绘制直线。

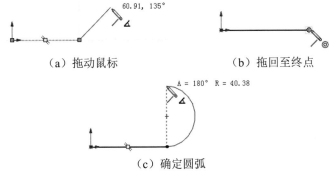

（a）拖动鼠标　　　　　　　　　　（b）拖回至终点

（c）确定圆弧

图 2-24　使用"直线"命令绘制圆弧的过程

图 2-25　快捷菜单

2.2.5　绘制矩形

绘制矩形的方法主要有 5 种：边角矩形、中心矩形、三点边角矩形、三点中心矩形以及平行四边形。下面分别介绍绘制矩形的不同方法。

1. "边角矩形"命令绘制矩形

"边角矩形"命令绘制矩形的方法是标准的矩形草图绘制方法，即指定矩形的左上与右下的端点确定矩形的长度和宽度。

以绘制如图 2-26 所示的矩形为例，说明采用"边角矩形"命令绘制矩形的操作步骤。

（1）在草图绘制状态下，选择菜单栏中的"工具"→"草图绘制实体"→"边角矩形"命令，或者单击"草图"控制面板中的"边角矩形"按钮口，此时光标变为 形状。

（2）在图形区单击，确定矩形的一个角点 1。

（3）移动光标，单击确定矩形的另一个角点 2，矩形绘制完毕。

在绘制矩形时，既可以移动光标确定矩形的角点 2，也可以在确定第一角点时不释放鼠标，直接拖动光标确定角点 2。

矩形绘制完毕后，按住鼠标左键拖动矩形的一个角点，可以动态地改变矩形的尺寸。"矩形"属性管理器如图 2-27 所示。

2. "中心矩形"命令绘制矩形

"中心矩形"命令绘制矩形的方法是指定矩形的中心与右上的端点确定矩形的中心和 4 条边线。

以绘制如图 2-28 所示的矩形为例，说明采用"中心矩形"命令绘制矩形的操作步骤。

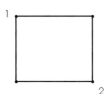

图 2-26　边角矩形

图 2-27　"矩形"属性管理器

图 2-28　中心矩形

（1）在草图绘制状态下，选择菜单栏中的"工具"→"草图绘制实体"→"中心矩形"命令，或者单击"草图"控制面板中的"中心矩形"按钮回，此时光标变为 形状。

（2）在图形区单击，确定矩形的中心点 1。

（3）移动光标，单击确定矩形的一个角点 2，矩形绘制完毕。

3. "三点边角矩形"命令绘制矩形

"三点边角矩形"命令是通过制定 3 个点来确定矩形，前面两个点定义角度和一条边，第三个点确定另一条边。

以绘制如图 2-29 所示的矩形为例，说明采用"三点边角矩形"命令绘制矩形的操作步骤。

（1）在草图绘制状态下，选择菜单栏中的"工具"→"草图绘制实体"→"三点边角矩形"命令，或者单击"草图"控制面板中的"三点边角矩形"按钮◇，此时光标变为 ▷ 形状。

（2）在图形区单击，确定矩形的边角点 1。

（3）移动光标，单击确定矩形的另一个边角点 2。

（4）继续移动光标，单击确定矩形的第三个边角点 3，矩形绘制完毕。

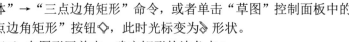

图 2-29　三点边角矩形

4. "三点中心矩形"命令绘制矩形

"三点中心矩形"命令是通过指定 3 个点来确定矩形。

以绘制如图 2-30 所示的矩形为例，说明采用"三点中心矩形"命令绘制矩形的操作步骤。

（1）在草图绘制状态下，选择菜单栏中的"工具"→"草图绘制实体"→"三点中心矩形"命令，或者单击"草图"控制面板中的"三点中心矩形"按钮◈，此时光标变为 ▷ 形状。

（2）在图形区单击，确定矩形的中心点 1。

（3）移动光标，单击确定矩形一条边线的一半长度的一个点 2。

（4）移动光标，单击确定矩形的一个角点 3，矩形绘制完毕。

5. "平行四边形"命令绘制矩形

"平行四边形"命令既可以生成平行四边形，也可以生成边线与草图网格线不平行或不垂直的矩形。

以绘制如图 2-31 所示的矩形为例，说明采用"平行四边形"命令绘制矩形的操作步骤。

（1）在草图绘制状态下，选择菜单栏中的"工具"→"草图绘制实体"→"平行四边形"命令，或者单击"草图"控制面板中的"平行四边形"按钮▱，此时光标变为 ▷ 形状。

（2）在图形区单击，确定矩形的第一个点 1。

（3）移动光标，在合适的位置单击，确定矩形的第二个点 2。

（4）移动光标，在合适的位置单击，确定矩形的第三个点 3，矩形绘制完毕。

矩形绘制完毕后，按住鼠标左键拖动矩形的一个角点，可以动态地改变平行四边形的尺寸。

在绘制完矩形的点 1 与点 2 后，按住 Ctrl 键，移动光标可以改变平行四边形的形状，然后在合适的位置单击，可以完成任意形状的平行四边形的绘制。如图 2-32 所示为绘制的任意形状的平行四边形。

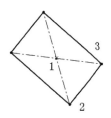

图 2-30　三点中心矩形

图 2-31　平行四边形之矩形

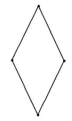

图 2-32　任意形状的平行四边形

2.2.6　绘制多边形

"多边形"命令用于绘制边数为 3～40 的等边多边形。

（1）在草图绘制状态下，选择菜单栏中的"工具"→"草图绘制实体"→"多边形"命令，或者单击"草图"控制面板中的"多边形"按钮◎，此时光标变为 形状，弹出的"多边形"属性管理器如图 2-33 所示。

（2）在"多边形"属性管理器中输入多边形的边数。也可以接受系统默认的边数，在绘制完多边形后再修改多边形的边数。

（3）在图形区单击，确定多边形的中心。

（4）移动光标，在合适的位置单击，确定多边形的形状。

（5）在"多边形"属性管理器中选择是内切圆模式还是外接圆模式，然后修改多边形辅助圆直径以及角度。

（6）如果还要绘制另一个多边形，单击属性管理器中的"新多边形"按钮，然后重复步骤（2）～（5）即可。

绘制的多边形如图 2-34 所示。

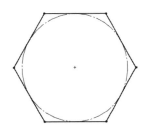

图 2-33　"多边形"属性管理器　　　　图 2-34　绘制的多边形

提示：多边形有内切圆和外接圆两种方式，两者的区别主要在于标注方法的不同。内切圆是表示圆中心到多边形各边的垂直距离，外接圆是表示圆中心到多边形端点的距离。

2.2.7　绘制椭圆与部分椭圆

椭圆是由中心点、长轴长度与短轴长度确定的，三者缺一不可。下面将分别介绍椭圆和部分椭圆的绘制方法。

1．绘制椭圆

绘制椭圆的操作步骤如下。

（1）在草图绘制状态下，选择菜单栏中的"工具"→"草图绘制实体"→"椭圆"命令，或者单击"草图"控制面板中的"椭圆"按钮◎，此时光标变为 形状。

（2）在图形区合适的位置单击，确定椭圆的中心。

（3）移动光标，在光标附近会显示椭圆的长半轴 R 和短半轴 r。在图中合适的位置单击，确定椭圆的长半轴 R。

（4）移动光标，在图中合适的位置单击，确定椭圆的短半轴 r，此时弹出"椭圆"属性管理器，如图 2-35 所示。

（5）在"椭圆"属性管理器中修改椭圆的中心坐标，以及长半轴和短半轴的大小。

（6）单击"椭圆"属性管理器中的"确定"按钮，完成椭圆的绘制，如图 2-36 所示。

视频讲解

Note

图 2-35 "椭圆"属性管理器

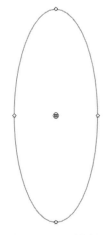

图 2-36 绘制的椭圆

椭圆绘制完毕后，按住鼠标左键拖动椭圆的中心和 4 个特征点，可以改变椭圆的形状。通过"椭圆"属性管理器可以精确地修改椭圆的位置和长、短半轴。

2. 绘制部分椭圆

部分椭圆即椭圆弧，绘制椭圆弧的操作步骤如下。

（1）在草图绘制状态下，选择菜单栏中的"工具"→"草图绘制实体"→"部分椭圆"命令，或者单击"草图"控制面板中的"部分椭圆"按钮 ，此时光标变为 形状。

（2）在图形区合适的位置单击，确定椭圆弧的中心。

（3）移动光标，在光标附近会显示椭圆的长半轴 R 和短半轴 r。在图中合适的位置单击，确定椭圆弧的长半轴 R。

（4）移动光标，在图中合适的位置单击，确定椭圆弧的短半轴 r。

（5）绕圆周移动光标，确定椭圆弧的范围，此时会弹出"椭圆"属性管理器，根据需要设定椭圆弧的参数。

（6）单击"椭圆"属性管理器中的"确定"按钮 ，完成椭圆弧的绘制。

如图 2-37 所示为绘制部分椭圆的过程。

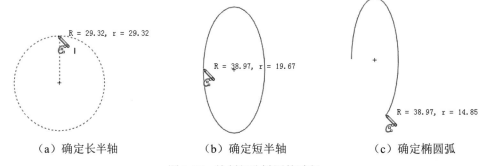

（a）确定长半轴   （b）确定短半轴   （c）确定椭圆弧

图 2-37 绘制部分椭圆的过程

2.2.8 绘制抛物线

抛物线的绘制方法是，先确定抛物线的焦点，然后确定抛物线的焦距，最后确定抛物线的起点和终点。

视 频 讲 解

（1）在草图绘制状态下，选择菜单栏中的"工具"→"草图绘制实体"→"抛物线"命令，或者单击"草图"控制面板中的"抛物线"按钮 ∪，此时光标变为 形状。

（2）在图形区中合适的位置单击，确定抛物线的焦点。

（3）移动光标，在图中合适的位置单击，确定抛物线的焦距。

（4）移动光标，在图中合适的位置单击，确定抛物线的起点。

（5）移动光标，在图中合适的位置单击，确定抛物线的终点，此时会弹出"抛物线"属性管理器，根据需要设置属性管理器中抛物线的参数。

（6）单击"抛物线"属性管理器中的"确定"按钮 ✔，完成抛物线的绘制。

如图 2-38 所示为绘制抛物线的过程。

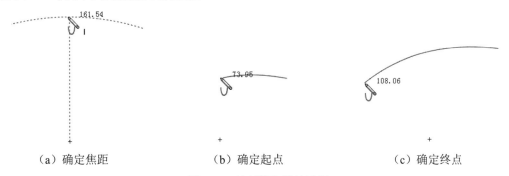

（a）确定焦距　　　　　　（b）确定起点　　　　　　（c）确定终点

图 2-38　绘制抛物线的过程

按住鼠标左键拖动抛物线的特征点，可以改变抛物线的形状。拖动抛物线的顶点，使其偏离焦点，可以使抛物线更加平缓；反之，抛物线会更加尖锐。拖动抛物线的起点或者终点，可以改变抛物线一侧的长度。

如果要改变抛物线的属性，在草图绘制状态下，选择绘制的抛物线，此时会弹出"抛物线"属性管理器，按照需要修改其中的参数，即可修改相应的属性。

2.2.9　绘制样条曲线

系统提供了强大的样条曲线绘制功能，样条曲线至少需要两个点，并且可以在端点指定相切。

（1）在草图绘制状态下，选择菜单栏中的"工具"→"草图绘制实体"→"样条曲线"命令，或者单击"草图"控制面板中的"样条曲线"按钮 ∩，此时光标变为 形状。

（2）在图形区单击，确定样条曲线的起点。

（3）移动光标，在图中合适的位置单击，确定样条曲线上的第二点。

（4）重复移动光标，确定样条曲线上的其他点。

（5）按 Esc 键，或者双击退出样条曲线的绘制。

如图 2-39 所示为绘制样条曲线的过程。

（a）确定第二点　　　　（b）确定第三点　　　　　　（c）确定其他点

图 2-39　绘制样条曲线的过程

样条曲线绘制完毕后，可以通过以下方式对样条曲线进行编辑和修改。

Note

视频讲解

1. "样条曲线"属性管理器

"样条曲线"属性管理器如图 2-40 所示,在"参数"选项组中可以对样条曲线的各种参数进行修改。

2. 样条曲线上的点

选择要修改的样条曲线,此时样条曲线上会出现点,按住鼠标左键拖动这些点即可实现对样条曲线的修改,如图 2-41 所示为样条曲线的修改过程,图 2-41 (a) 为修改前的图形,图 2-41 (b) 为修改后的图形。

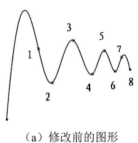

(a) 修改前的图形

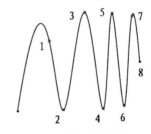

(b) 修改后的图形

图 2-40 "样条曲线"属性管理器   图 2-41 样条曲线的修改过程

3. 插入样条曲线型值点

确定样条曲线形状的点称为型值点,即除样条曲线端点以外的点。绘制样条曲线后,还可以插入一些型值点。右击样条曲线,在弹出的快捷菜单中选择"插入样条曲线型值点"命令,然后在需要添加的位置单击即可。

4. 删除样条曲线型值点

若要删除样条曲线上的型值点,则单击选择要删除的点,然后按 Delete 键即可。

样条曲线的编辑还有其他一些功能,如显示样条曲线控标、显示拐点、显示最小半径与显示曲率检查等,在此不一一介绍,用户可以右击,选择相应的功能进行练习。

提示:系统默认显示样条曲线的控标。单击"样条曲线"工具栏中的"显示样条曲线控标"按钮,可以隐藏或者显示样条曲线的控标。

2.2.10 绘制草图文字

草图文字可以在零件特征面上添加,用于拉伸和切除文字,形成立体效果。文字可以添加在任何连续曲线或边线组中，包括由直线、圆弧或样条曲线组成的圆或轮廓。

（1）在草图绘制状态下，选择菜单栏中的"工具"→"草图绘制实体"→"文字"命令，或者单击"草图"控制面板中的"文字"按钮Ⓐ，系统弹出"草图文字"属性管理器，如图 2-42 所示。

（2）在图形区中选择一边线、曲线、草图或草图线段，作为绘制文字草图的定位线，此时所选择的边线显示在"草图文字"属性管理器的"曲线"选项组中。

（3）在"草图文字"属性管理器的"文字"文本框中输入要添加的文字"SOLIDWORKS 2020"。此时，添加的文字显示在图形区曲线上。

（4）如果不需要系统默认的字体，则取消选中"使用文档字体"复选框，然后单击"字体"按钮，此时系统弹出"选择字体"对话框，如图 2-43 所示，按照需要进行设置。

图 2-42　"草图文字"属性管理器

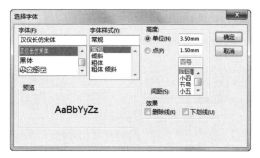

图 2-43　"选择字体"对话框

（5）设置好字体后，单击"选择字体"对话框中的"确定"按钮，然后单击"草图文字"属性管理器中的"确定"按钮✔️，完成草图文字的绘制。

提示：

（1）在草图绘制模式下，双击已绘制的草图文字，在系统弹出的"草图文字"属性管理器中，可以对其进行修改。

（2）如果曲线为草图实体或一组草图实体，而且草图文字与曲线位于同一草图内，那么必须将草图实体转换为几何构造线。

如图 2-44 所示为绘制的草图文字，如图 2-45 所示为拉伸后的草图文字。

图 2-44　绘制的草图文字　　　　　　图 2-45　拉伸后的草图文字

2.3　草图编辑工具

本节主要介绍草图编辑工具的使用方法，如圆角、倒角、等距实体、裁剪、延伸、镜向、阵列、

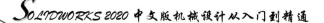

移动、复制、旋转与修改等。

2.3.1 绘制圆角

"绘制圆角"工具是将两个草图实体的交叉处剪裁掉角部，生成一个与两个草图实体都相切的圆弧，此工具在 2D 和 3D 草图中均可使用。

（1）打开源文件"绘制圆角"，在草图编辑状态下，选择菜单栏中的"工具"→"草图工具"→"圆角"命令，或者单击"草图"控制面板中的"绘制圆角"按钮￢，此时系统弹出"绘制圆角"属性管理器，如图 2-46 所示。

（2）在"绘制圆角"属性管理器中设置圆角的半径。如果顶点具有尺寸或几何关系，选中"保持拐角处约束条件"复选框，将保留虚拟交点。如果不选中该复选框，且顶点具有尺寸或几何关系，将会询问是否想在生成圆角时删除这些几何关系。

（3）设置好"绘制圆角"属性管理器后，选择如图 2-47（a）所示的直线 1 和直线 2、直线 2 和直线 3、直线 3 和直线 4、直线 4 和直线 5、直线 5 和直线 6、直线 6 和直线 1。

（4）选中"标注每个圆角的尺寸"复选框，单击"绘制圆角"属性管理器中的"确定"按钮✔，完成圆角的绘制，如图 2-47（b）所示。

图 2-46　"绘制圆角"属性管理器

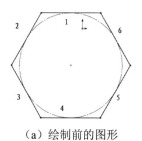
（a）绘制前的图形

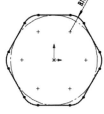
（b）绘制后的图形

图 2-47　绘制圆角过程

> 提示：SOLIDWORKS 可以将两个非交叉的草图实体进行倒圆角操作。执行完圆角命令后，草图实体将被拉伸，边角将被圆角处理。

2.3.2 绘制倒角

"绘制倒角"工具是将倒角应用到相邻的草图实体中，此工具在 2D 和 3D 草图中均可使用。倒角的选取方法与圆角相同。"绘制倒角"属性管理器提供了倒角的两种设置方式，分别是"角度距离"设置倒角方式和"距离-距离"设置倒角方式。

（1）在草图编辑状态下，选择菜单栏中的"工具"→"草图工具"→"倒角"命令，或者单击"草图"控制面板中的"绘制倒角"按钮￢，此时系统弹出"绘制倒角"属性管理器，如图 2-48 所示。

（2）在"绘制倒角"属性管理器中，选中"角度距离"单选按钮，按照如图 2-48 所示设置倒角方式和倒角参数，然后选择如图 2-49（a）所示的直线 1 和直线 4。

图 2-48　"绘制倒角"属性管理器

（3）在"绘制倒角"属性管理器中，选中"距离-距离"单选按钮，按照如图 2-50 所示设置倒角方式和倒角参数，然后选择如图 2-49（a）所示的直线 2 和直线 3。

（4）单击"绘制倒角"属性管理器中的"确定"按钮 ✓，完成倒角的绘制，如图 2-49（b）所示。

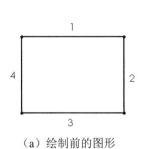

（a）绘制前的图形

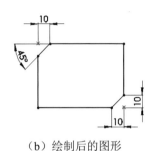

（b）绘制后的图形

图 2-49　绘制倒角的过程

图 2-50　"距离-距离"设置方式

以"距离-距离"设置方式绘制倒角时，如果设置的两个距离不相等，选择不同草图实体的次序不同，绘制的结果也不相同。如图 2-49 所示，设置 D1=10、D2=20，如图 2-51（a）所示为原始图形；如图 2-51（b）所示为先选取左侧的直线，后选择右侧的直线形成的倒角；如图 2-51（c）所示为先选取右侧的直线，后选择左侧的直线形成的倒角。

（a）原始图形

（b）先左后右的图形

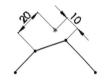

（c）先右后左的图形

图 2-51　选择直线次序不同形成的倒角

2.3.3　等距实体

"等距实体"工具是按特定的距离等距一个或者多个草图实体、所选模型边线、模型面，例如，样条曲线或圆弧、模型边线组、环等草图实体。

（1）在草图绘制状态下，选择菜单栏中的"工具"→"草图工具"→"等距实体"命令，或者单击"草图"控制面板中的"等距实体"按钮 ⊏。

（2）系统弹出"等距实体"属性管理器，按照实际需要进行设置。

（3）单击选择要等距的实体对象。

（4）单击"等距实体"属性管理器中的"确定"按钮 ✓，完成等距实体的绘制。

"等距实体"属性管理器中各选项的含义如下。

☑　"等距距离"文本框：设定数值以特定距离来等距草图实体。

☑　"添加尺寸"复选框：选中该复选框将在草图中添加等距距离的尺寸标注，这不会影响到包括在原有草图实体中的任何尺寸。

☑　"反向"复选框：选中该复选框将更改单向等距实体的方向。

☑　"选择链"复选框：选中该复选框将生成所有连续草图实体的等距。

☑　"双向"复选框：选中该复选框将在草图中双向生成等距实体。

☑　"顶端加盖"复选框：选中该复选框将通过选择双向并添加一个顶盖来延伸原有非相交草图实体。

☑ "基体几何体"复选框：选中该复选框将原有草图实体转换到构造型直线。

☑ "偏移几何体"复选框：选中该复选框将原有草图实体和生成的草图实体都转换到构造型直线。

打开源文件"等距实体"，如图 2-52 所示为按照如图 2-53 所示的"等距实体"属性管理器进行设置后，选取中间草图实体中任意一部分得到的图形。

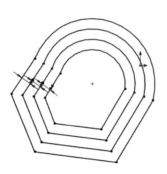

图 2-52　等距后的草图实体

图 2-53　"等距实体"属性管理器

打开源文件"等距实体 2"，如图 2-54 所示为在模型面上添加草图实体的过程，图 2-54（a）为原始图形，图 2-54（b）为等距实体后的图形。执行过程为：先选择如图 2-54（a）所示的模型的上表面，进入草图绘制状态，再执行等距实体命令，设置参数为单向等距距离，距离为 5mm。

（a）原始图形

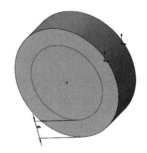

（b）等距实体后的图形

图 2-54　模型面等距实体

💡提示：在草图绘制状态下，双击等距距离的尺寸，然后更改数值，即可修改等距实体的距离。在双向等距中，修改单个数值即可更改两个等距的尺寸。

2.3.4　转换实体引用

"转换实体引用"是通过已有的模型或者草图，将其边线、环、面、曲线、外部草图轮廓线、一组边线或一组草图曲线投影到草图基准面上。通过这种方式，可以在草图基准面上生成一个或多个草图实体。使用该命令时，如果引用的实体发生更改，那么转换的草图实体也会相应地改变。

（1）打开源文件"转换实体引用"，在特征管理器的树状目录中，选择要添加草图的基准面，本例选择基准面 1，然后单击"草图"控制面板中的"草图绘制"按钮，进入草图绘制状态。

（2）按住 Ctrl 键，选取如图 2-55（a）所示的边线 1、2、3、4 以及圆弧 5。

（3）选择菜单栏中的"工具"→"草图工具"→"转换实体引用"命令，或者单击"草图"控制面板中的"转换实体引用"按钮，执行转换实体引用命令。

（4）退出草图绘制状态，转换实体引用后的图形如图 2-55（b）所示。

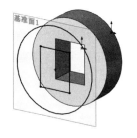

（a）转换实体引用前的图形　　　（b）转换实体引用后的图形

图 2-55　转换实体引用过程

2.3.5　草图剪裁

"草图剪裁"是常用的草图编辑命令。执行草图剪裁命令时，系统弹出的"剪裁"属性管理器如图 2-56 所示，根据剪裁草图实体的不同，可以选择不同的剪裁模式。下面将介绍不同类型的草图剪裁模式。

- ☑ 强劲剪裁：通过将光标拖过每个草图实体来剪裁草图实体。
- ☑ 边角：剪裁两个草图实体，直到它们在虚拟边角处相交。
- ☑ 在内剪除：选择两个边界实体，然后选择要裁剪的实体，剪裁位于两个边界实体外的草图实体。
- ☑ 在外剪除：剪裁位于两个边界实体内的草图实体。
- ☑ 剪裁到最近端：将一草图实体裁剪到最近端交叉实体。

以如图 2-57 所示为例说明剪裁实体的过程，图 2-57（a）为剪裁前的图形，图 2-57（b）为剪裁后的图形，其操作步骤如下。

（1）打开源文件"草图剪裁"，在草图编辑状态下，选择菜单栏中的"工具"→"草图工具"→"剪裁"命令，或者单击"草图"控制面板中的"剪裁实体"按钮，此时光标变为形状，并在左侧弹出"剪裁"属性管理器。

图 2-56　"剪裁"属性管理器

（2）在"剪裁"属性管理器中选择"剪裁到最近端"选项。

（3）依次单击如图 2-57（a）所示的 A 处和 B 处，剪裁图中的直线。

（4）单击"剪裁"属性管理器中的"确定"按钮，完成草图实体的剪裁，剪裁后的图形如图 2-57（b）所示。

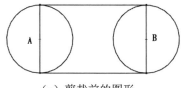

（a）剪裁前的图形　　　　　　　　（b）剪裁后的图形

图 2-57　剪裁实体的过程

2.3.6　草图延伸

"草图延伸"是常用的草图编辑工具。利用该工具可以将草图实体延伸至另一个草图实体。

以如图 2-58 所示为例说明草图延伸的过程，图 2-58（a）为延伸前的图形，图 2-58（b）为延伸后的图形，操作步骤如下。

（1）打开源文件"草图延伸"，在草图编辑状态下，选择菜单栏中的"工具"→"草图工具"→"延伸"命令，或者单击"草图"控制面板中的"延伸实体"按钮┰，此时光标变为┰形状，进入草图延伸状态。

（2）单击如图 2-58（a）所示的直线。

（3）按 Esc 键，退出延伸实体状态，延伸后的图形如图 2-58（b）所示。

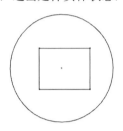

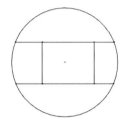

（a）延伸前的图形 　　　　　　　　　（b）延伸后的图形

图 2-58　草图延伸的过程

在延伸草图实体时，如果两个方向都可以延伸，而只需要单一方向延伸时，单击延伸方向一侧的实体部分即可实现，在执行该命令过程中，实体延伸的结果在预览时会以红色显示。

2.3.7　分割草图

"分割草图"是将一个连续的草图实体分割为两个草图实体，以方便进行其他操作。反之，也可以删除一个分割点，将两个草图实体合并成一个单一草图实体。

以图 2-59 所示为例说明分割实体的过程，图 2-59（a）为分割前的图形，图 2-59（b）为分割后的图形，其操作步骤如下。

（1）打开源文件"分割草图"，在草图编辑状态下，选择菜单栏中的"工具"→"草图工具"→"分割实体"命令，进入分割实体状态。

（2）单击如图 2-59（a）所示的圆弧的合适位置，添加一个分割点。

（3）按 Esc 键，退出分割实体状态，分割后的图形如图 2-59（b）所示。

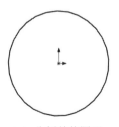
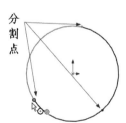

（a）分割前的图形 　　　　　　　　　（b）分割后的图形

图 2-59　分割实体的过程

在草图编辑状态下，如果欲将两个草图实体合并为一个草图实体，单击选中分割点，然后按 Delete 键即可。

2.3.8　镜向草图

在绘制草图时，经常要绘制对称的图形，这时可以使用"镜向实体"命令来实现，"镜向"属性管理器如图 2-60 所示。

在 SOLIDWORKS 2020 中，镜向点不再仅限于构造线，它可以是任意类型的直线。SOLIDWORKS 提供了两种镜向方式，一种是镜向现有草图实体，另一种是在绘制草图时动态镜向草图实体，下面将分别介绍。

1．镜向现有草图实体

以如图 2-61 所示为例说明镜向草图的过程，图 2-61（a）为镜向前的图形，图 2-61（b）为镜向后的图形，其操作步骤如下。

（1）打开源文件"镜向现有草图实体"，在草图编辑状态下，选择菜单栏中的"工具"→"草图工具"→"镜向"命令，或者单击"草图"控制面板中的"镜向实体"按钮岫，此时系统弹出"镜向"属性管理器。

（2）单击"镜向"属性管理器中的"要镜向的实体"列表框，使其变为蓝色，然后在图形区中框选如图 2-61（a）所示的直线左侧图形。

（3）单击"镜向"属性管理器中的"镜向点"列表框，使其变为蓝色，然后在图形区中选取如图 2-61（a）所示的直线。

（4）单击"镜向"属性管理器中的"确定"按钮，草图实体镜向完毕，镜向后的图形如图 2-61（b）所示。

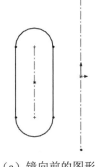

（a）镜向前的图形　　（b）镜向后的图形

图 2-60　"镜向"属性管理器　　　　　　　　　图 2-61　镜向草图的过程

2．动态镜向草图实体

以如图 2-62 所示为例说明动态镜向草图实体的过程，操作步骤如下。

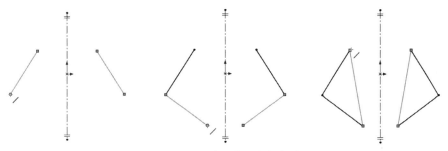

图 2-62　动态镜向草图实体的过程

（1）打开源文件"动态镜向草图实体"，在草图绘制状态下，先在图形区中绘制一条中心线，并选取该中心线。

（2）选择菜单栏中的"工具"→"草图工具"→"动态镜向"命令，单击中心线，此时对称符号出现在中心线的两端。

（3）单击"草图"控制面板中的"直线"按钮 ⁄，在中心线的一侧绘制草图，此时另一侧会动态地镜向出绘制的草图。

（4）草图绘制完毕后，再次单击"草图"控制面板中的"直线"按钮 ⁄，即可结束该命令的使用。

提示：镜向实体在三维草图中不可使用。

2.3.9　线性草图阵列

"线性草图阵列"是将草图实体沿一个或者两个轴复制生成多个排列图形。执行该命令时，系统弹出的"线性阵列"属性管理器如图2-63所示。

以如图2-64所示为例说明线性草图阵列的过程，图2-64（a）为阵列前的图形，图2-64（b）为阵列后的图形，其操作步骤如下。

（1）打开源文件"线性草图阵列"，如图2-64（a）所示，在草图编辑状态下，选择菜单栏中的"工具"→"草图工具"→"线性阵列"命令，或者单击"草图"控制面板中的"线性草图阵列"按钮 品。

（2）此时系统弹出"线性阵列"属性管理器，单击"要阵列的实体"列表框，然后在图形区中选取如图2-64（a）所示的直径为10mm的圆弧，其他设置如图2-63所示。

（3）单击"线性阵列"属性管理器中的"确定"按钮 ✓，阵列后的图形如图2-64（b）所示。

图2-63　"线性阵列"属性管理器

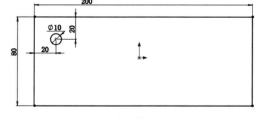

（a）阵列前的图形

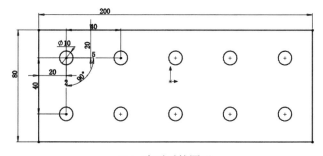

（b）阵列后的图形

图2-64　线性草图阵列的过程

2.3.10　圆周草图阵列

"圆周草图阵列"是指将草图实体沿一个指定大小的圆弧进行的环状阵列。执行该命令时，系统弹出的"圆周阵列"属性管理器如图2-65所示。

以如图 2-66 所示为例说明圆周草图阵列的过程，图 2-66（a）为阵列前的图形，图 2-66（b）为阵列后的图形，其操作步骤如下。

（1）打开源文件"圆周草图阵列"，在草图编辑状态下，选择菜单栏中的"工具"→"草图工具"→"圆周阵列"命令，或者单击"草图"控制面板中的"圆周草图阵列"按钮🔄，此时系统弹出"圆周阵列"属性管理器。

（2）单击"圆周阵列"属性管理器中的"要阵列的实体"列表框，然后在图形区中选取如图 2-66（a）所示的圆弧外的 3 条直线，在"参数"选项组的⭕列表框中选择圆弧的圆心，在"实例数"文本框✳中输入"8"。

（3）单击"圆周阵列"属性管理器中的"确定"按钮✓，阵列后的图形如图 2-66（b）所示。

图 2-65 "圆周阵列"属性管理器

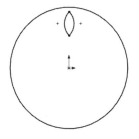
（a）阵列前的图形

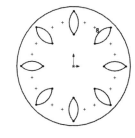
（b）阵列后的图形

图 2-66 圆周草图阵列的过程

2.3.11 移动草图

移动草图命令是将一个或者多个草图实体进行移动。执行该命令时，系统弹出的"移动"属性管理器如图 2-67 所示。

图 2-67 "移动"属性管理器

在"移动"属性管理器中，"要移动的实体"列表框用于选取要移动的草图实体；"参数"选项组中的"从/到"单选按钮用于指定移动的开始点和目标点，是一个相对参数；如果在"参数"选项组中选中"X/Y"单选按钮,则弹出新的对话框,在其中输入相应的参数即可以设定的数值生成相应的目标。

2.3.12　复制草图

复制草图命令是将一个或者多个草图实体进行复制。执行该命令时,系统弹出的"复制"属性管理器如图 2-68 所示。"复制"属性管理器中的参数与"移动"属性管理器中的参数意义相同,在此不再赘述。

图 2-68　"复制"属性管理器

2.3.13　旋转草图

旋转草图命令是通过选择旋转中心及要旋转的度数来旋转草图实体。执行该命令时,系统弹出的"旋转"属性管理器如图 2-69 所示。

以如图 2-70 所示为例说明旋转草图的过程,图 2-70（a）为旋转前的图形,图 2-70（b）为旋转后的图形,其操作步骤如下。

（1）打开源文件"旋转草图",如图 2-70（a）所示,在草图编辑状态下,选择菜单栏中的"工具"→"草图工具"→"旋转"命令,或者单击"草图"控制面板中的"旋转实体"按钮。

（2）此时系统弹出"旋转"属性管理器,单击"要旋转的实体"列表框,在图形区中选取如图 2-70（a）所示的椭圆形,在"基准点"列表框 中选取椭圆的下端点,在"角度"文本框 中输入"60"。

（3）单击"旋转"属性管理器中的"确定"按钮,旋转后的图形如图 2-70（b）所示。

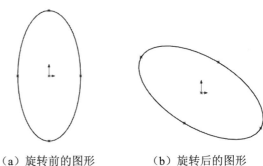

（a）旋转前的图形　　　　（b）旋转后的图形

图 2-69　"旋转"属性管理器　　　　　　图 2-70　旋转草图的过程

2.3.14　缩放草图

缩放比例命令是通过基准点和比例因子对草图实体进行缩放，也可以根据需要在保留原缩放对象的基础上缩放草图。执行该命令时，系统弹出的"比例"属性管理器如图 2-71 所示。

以如图 2-72 所示为例说明缩放草图的过程，图 2-72（a）为缩放比例前的图形，图 2-72（b）为比例因子为 0.8 不保留原图的图形，图 2-72（c）为保留原图，复制数为 4 的图形，其操作步骤如下。

（1）打开源文件"缩放草图"，在草图编辑状态下，选择菜单栏中的"工具"→"草图工具"→"缩放比例"命令，或者单击"草图"控制面板中的"缩放实体比例"按钮，此时系统弹出"比例"属性管理器。

（2）单击"比例"属性管理器中的"要缩放比例的实体"列表框，在图形区中选取如图 2-72（a）所示的圆形，在"基准点"列表框中选取圆形的左象限点，在"比例因子"文本框中输入"0.8"，缩放后的结果如图 2-72（b）所示。

图 2-71　"比例"属性管理器

（3）选中"复制"复选框，在"份数"文本框中输入"4"，结果如图 2-72（c）所示。

（a）缩放比例前的图形

（b）比例因子为 0.8 不保留原图的图形

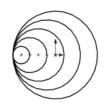

（c）保留原图，复制数为 4 的图形

图 2-72　缩放草图的过程

（4）单击"比例"属性管理器中的"确定"按钮，草图实体缩放完毕。

2.3.15　伸展草图

伸展实体命令是通过基准点和坐标点对草图实体进行伸展。执行该命令时，系统弹出的"伸展"属性管理器如图 2-73 所示。

以如图 2-74 所示为例说明伸展草图的过程，图 2-74（a）为伸展前的图形，图 2-74（b）为伸展后的图形，其操作步骤如下。

（1）打开源文件"伸展草图"，在草图编辑状态下，选择菜单栏中的"工具"→"草图工具"→"伸展实体"命令，或者单击"草图"控制面板中的"伸展实体"按钮，系统弹出"伸展"属性管理器。

（2）单击"伸展"属性管理器中的"要绘制的实体"列表框，在图形区中选取如图 2-74（a）所示的矩形的左右两边和下边，在"伸展点"列表框中选取矩形的左下端点，单击基点，然后单击草图设定基准点，拖动以伸展草图实体；当放开鼠标时，实体伸展到该点并且属性管理器将关闭。

图 2-73　"伸展"属性管理器

（3）选中"X/Y"单选按钮，为 ΔX 和 ΔY 设定值以伸展草图实体，如图 2-74（b）所示，单击"重复"按钮以相同距离伸展实体，伸展后的结果如图 2-74（c）所示。

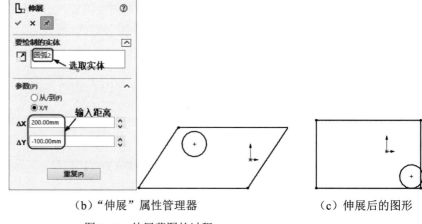

（a）伸展前的图形　　　　　　（b）"伸展"属性管理器　　　　　　（c）伸展后的图形

图 2-74　伸展草图的过程

（4）单击"伸展"属性管理器中的"确定"按钮✔，草图实体伸展完毕。

2.4　尺　寸　标　注

SOLIDWORKS 2020 是一种尺寸驱动式系统，用户可以指定尺寸及各实体间的几何关系，更改尺寸将改变零件的尺寸与形状。尺寸标注是草图绘制过程中的重要组成部分。SOLIDWORKS 虽然可以捕捉用户的设计意图，自动进行尺寸标注，但由于各种原因，有时自动标注的尺寸不理想，此时用户必须自己进行尺寸标注。

2.4.1　度量单位

在 SOLIDWORKS 2020 中可以使用多种度量单位，包括埃、纳米、微米、毫米、厘米、米、英寸、英尺。设置单位的方法在第 1 章已讲述，这里不再赘述。

2.4.2　线性尺寸的标注

线性尺寸用于标注直线段的长度或两个几何元素间的距离。

1. 标注直线长度尺寸的操作步骤

（1）打开源文件"标注直线长度尺寸"，单击"草图"控制面板中的"智能尺寸"按钮 ，此时光标变为 形状。

（2）将光标放到要标注的直线上，此时光标变为 形状，要标注的直线以红色高亮度显示。

（3）单击，则标注尺寸线出现并随着光标移动，如图 2-75（a）所示。

（4）将尺寸线移动到适当的位置后单击，则尺寸线被固定下来。

（5）系统弹出"修改"对话框，在其中输入要标注的尺寸值，如图 2-75（b）所示。

（6）在"修改"对话框中输入直线的长度，单击"确定"按钮✔，完成标注。

（7）在左侧出现"尺寸"属性管理器，如图 2-76 所示，可在"主要值"选项组中输入尺寸大小。

视频讲解

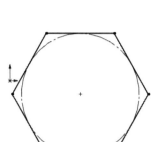

（a）拖动尺寸线　　　（b）修改尺寸值

图 2-75　直线标注

图 2-76　"尺寸"属性管理器

2. 标注两个几何元素间距离的操作步骤

（1）单击"草图"控制面板中的"智能尺寸"按钮，此时光标变为形状。

（2）单击拾取第一个几何元素。

（3）标注尺寸线出现，继续单击拾取第二个几何元素。

（4）这时标注尺寸线显示为两个几何元素之间的距离，移动光标到适当的位置，如图 2-77（a）所示。

（5）单击标注尺寸线，将尺寸线固定下来，弹出"修改"对话框，如图 2-77（b）所示。

（6）在"修改"对话框中输入两个几何元素间的距离，单击"确定"按钮，完成标注，如图 2-77（c）所示。

（a）拖动尺寸线　　　（b）修改尺寸值　　　（c）标注结果

图 2-77　距离标注

2.4.3　直径和半径尺寸的标注

默认情况下，SOLIDWORKS 对圆标注的直径尺寸、对圆弧标注的半径尺寸如图 2-78 所示。

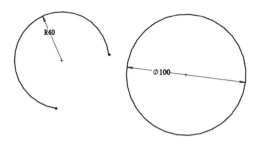

图 2-78　直径和半径尺寸的标注

1．对圆进行直径尺寸标注的操作步骤

（1）打开源文件"直径和半径尺寸的标注"，单击"草图"控制面板中的"智能尺寸"按钮，此时光标变为形状。

（2）将光标放到要标注的圆上，此时光标变为形状，要标注的圆以红色高亮度显示。

（3）单击，则标注尺寸线出现，并随着光标移动。

（4）将尺寸线移动到适当的位置后，单击将尺寸线固定下来。

（5）在"修改"对话框中输入圆的直径，单击"确定"按钮，完成标注。

2．对圆弧进行半径尺寸标注的操作步骤

（1）打开源文件"直径和半径尺寸的标注"，单击"草图"控制面板中的"智能尺寸"按钮，此时光标变为形状。

（2）将光标放到要标注的圆弧上，此时光标变为形状，要标注的圆弧以红色高亮度显示。

（3）单击需要标注的圆弧，则标注尺寸线出现，并随着光标移动。

（4）将尺寸线移动到适当的位置后，单击将尺寸线固定下来。

（5）在"修改"对话框中输入圆弧的半径，单击"确定"按钮，完成标注。

2.4.4　角度尺寸的标注

角度尺寸标注用于标注两条直线的夹角或圆弧的圆心角。

1．标注两条直线夹角的操作步骤

（1）打开源文件"两条直线夹角标注"，绘制两条相交的直线。

（2）单击"草图"控制面板中的"智能尺寸"按钮，此时光标变为形状。

（3）单击拾取第一条直线。

（4）标注尺寸线出现，继续单击拾取第二条直线。

（5）这时标注尺寸线显示为两条直线之间的角度，随着光标的移动，系统会显示 4 种不同的夹角角度，如图 2-79 所示。

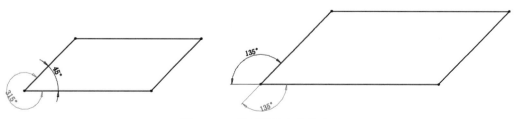

图 2-79　4 种不同的夹角角度

（6）单击，将尺寸线固定下来。

（7）在"修改"对话框中输入夹角的角度值，单击"确定"按钮，完成标注。

2．标注圆弧圆心角的操作步骤

（1）打开源文件"圆弧圆心角标注"，单击"草图"控制面板中的"智能尺寸"按钮，此时光标变为形状。

（2）单击拾取圆弧的一个端点。

（3）单击拾取圆弧的另一个端点，此时标注尺寸线显示这两个端点间的距离。

（4）继续单击拾取圆心点，此时标注尺寸线显示圆弧两个端点间的圆心角。

（5）将尺寸线移到适当的位置后，单击将尺寸线固定下来，标注圆弧的圆心角，如图 2-80 所示。

（6）在"修改"对话框中输入圆弧的角度值，单击"确定"按钮，完成标注。

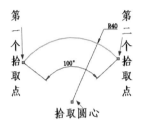

图 2-80　标注圆弧的圆心角

（7）如果在步骤（4）中拾取的不是圆心点而是圆弧，则将标注两个端点间圆弧的长度。

2.5　添加几何关系

几何关系为草图实体之间或草图实体与基准面、基准轴、边线或顶点之间的几何约束。

表 2-6 说明了可为几何关系选择的实体以及所产生的几何关系的特点。

表 2-6　几何关系说明

几 何 关 系	要执行的实体	所产生的几何关系
水平或竖直	一条或多条直线，两个或多个点	直线会变成水平或竖直（由当前草图的空间定义），而点会水平或竖直对齐
共线	两条或多条直线	实体位于同一条无限长的直线上
全等	两个或多个圆弧	实体会共用相同的圆心和半径
垂直	两条直线	两条直线相互垂直
平行	两条或多条直线	实体相互平行
相切	圆弧、椭圆和样条曲线，直线和圆弧，直线和曲面或三维草图中的曲面	两个实体保持相切
同心	两个或多个圆弧，一个点和一个圆弧	圆弧共用同一圆心
中点	一个点和一条直线	点位于线段的中点
交叉	两条直线和一个点	点位于直线的交叉点处
重合	一个点和一直线、圆弧或椭圆	点位于直线、圆弧或椭圆上
相等	两条或多条直线，两个或多个圆弧	直线长度或圆弧半径保持相等
对称	一条中心线和两个点、直线、圆弧或椭圆	实体保持与中心线相等距离，并位于一条与中心线垂直的直线上
固定	任何实体	实体的大小和位置被固定
穿透	一个草图点和一个基准轴、边线、直线或样条曲线	草图点与基准轴、边线或曲线在草图基准面上穿透的位置重合
合并点	两个草图点或端点	两个点合并成一个点

选择菜单栏中的"工具"→"关系"→"添加"命令，或单击"草图"控制面板"显示/删除几何关系"下拉列表中的"添加几何关系"按钮 ⊥，如图 2-81 所示，系统弹出"添加几何关系"属性管理器，如图 2-82 所示。

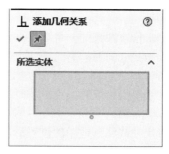

图 2-81　"添加几何关系"按钮　　　　图 2-82　"添加几何关系"属性管理器

在弹出的"添加几何关系"属性管理器中对草图实体添加几何约束，设置几何关系。

利用"添加几何关系"工具 ⊥ 可以在草图实体之间或草图实体与基准面、基准轴、边线或顶点之间生成几何关系。下面各小节中将依次介绍常用的约束关系。

2.5.1　水平约束

水平约束是指为对象（直线或两点）添加一种约束，使直线（或两点所组成的直线）与 X 轴方向成 0°夹角，成平行关系。

1. 利用"添加几何关系"属性管理器添加水平约束

打开源文件"利用'添加几何关系'属性管理器添加水平约束"，或在草绘平面中绘制平行四边形，如图 2-83（a）所示，单击"草图"控制面板"显示/删除几何关系"下拉列表中的"添加几何关系"按钮 ⊥，弹出"添加几何关系"属性管理器，如图 2-83（b）所示，在"所选实体"选项组中选择"直线 1"，在"添加几何关系"选项组中选择"水平"；如图 2-83（c）所示为添加几何关系后的图形。

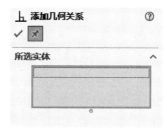
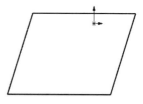

（a）几何图形　　　　　　　（b）添加几何关系　　　　　　（c）添加几何关系结果

图 2-83　利用"添加几何关系"属性管理器添加水平约束

2. 利用"线条属性"属性管理器添加水平约束

打开源文件"利用'线条属性'属性管理器添加水平约束"，或在绘制草图过程中，完成一段直线绘制后，单击以直接选择该直线，直线变为蓝色，显示被选中，同时在左侧弹出"线条属性"属性管理器，如图 2-84（a）所示，在"添加几何关系"选项组中选择"水平"，完成"水平"几何约束的添加，如图 2-84（b）所示，单击 ✔ 按钮，关闭左侧属性管理器。

Note

（a）"线条属性"属性管理器　　　　　（b）添加几何关系结果

图 2-84　利用"线条属性"属性管理器添加水平约束

2.5.2　竖直约束

竖直约束是指为对象（一条直线或两点）添加一种约束，使直线（或两点所组成的直线）与 Y 轴方向成 0°夹角，成平行关系。

1. 利用"添加几何关系"属性管理器添加竖直约束

打开源文件"利用'添加几何关系'属性管理器添加竖直约束"，或在草绘平面中绘制平行四边形，如图 2-85（a）所示，单击"草图"控制面板"显示/删除几何关系"下拉列表中的"添加几何关系"按钮，弹出"添加几何关系"属性管理器，如图 2-85（b）所示，在"所选实体"选项组中选择"直线1"，在"添加几何关系"选项组中选择"竖直"；如图 2-85（c）所示为添加几何关系后的图形。

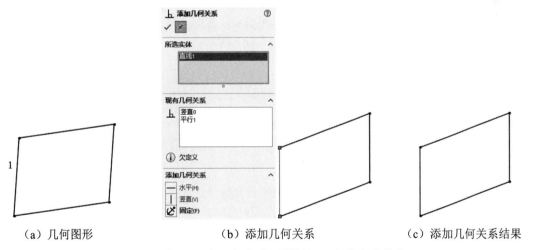

（a）几何图形　　　　　（b）添加几何关系　　　　　（c）添加几何关系结果

图 2-85　利用"添加几何关系"属性管理器添加竖直约束

2. 利用"线条属性"属性管理器添加竖直约束

打开源文件"利用'线条属性'属性管理器添加竖直约束"，或在绘制草图过程中，完成一段直线绘制后，单击以直接选择该直线，直线变为蓝色，显示被选中，同时在左侧弹出"线条属性"属性管理器，如图 2-86（a）所示，在"添加几何关系"选项组中选择"竖直"，完成"竖直"几何约束的添加，如图 2-86（b）所示，单击 ✔ 按钮，关闭左侧属性管理器。

（a）"线条属性"属性管理器 （b）添加几何关系结果

图 2-86　利用"线条属性"属性管理器添加竖直约束

2.5.3　共线约束

共线约束是指为对象（两条或多条直线）添加一种约束，使所有直线在统一无限长直线上，两两直线夹角为 $0°$。

1．两条直线

打开源文件"两条直线共线约束"，或在草绘平面中绘制几何图形，如图 2-87（a）所示，单击"草图"控制面板"显示/删除几何关系"下拉列表中的"添加几何关系"按钮 ⊥，弹出"添加几何关系"属性管理器，在"所选实体"选项组中选择两水平直线，如图 2-87（b）所示，在"添加几何关系"选项组中选择"共线"，所有直线共线，如图 2-87（c）所示。

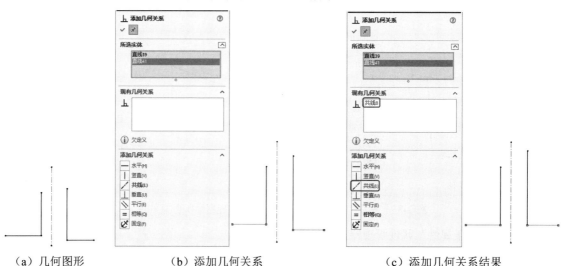

（a）几何图形　　　　（b）添加几何关系　　　　（c）添加几何关系结果

图 2-87　两条直线共线约束

2. 多条直线

打开源文件"多条直线共线约束"，或在草绘平面中绘制几何图形，如图 2-88（a）所示，单击"草图"控制面板"显示/删除几何关系"下拉列表中的"添加几何关系"按钮 ⊥，弹出"添加几何关系"属性管理器，在"所选实体"选项组中选择多条直线，选中直线显示蓝色，且两端点分别用小矩形框表示，如图 2-88（b）所示，在"添加几何关系"选项组中选择"共线"，所有选择直线共线，如图 2-88（c）所示。

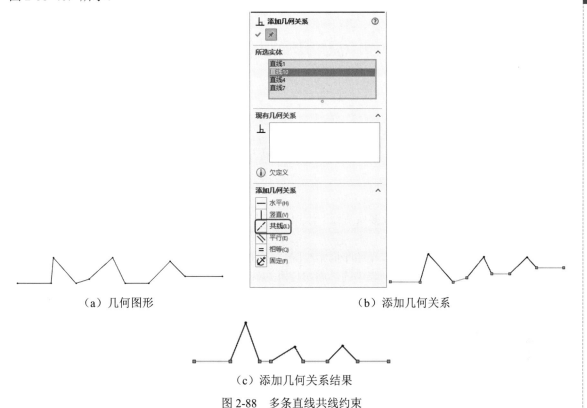

（a）几何图形　　　　　　　　　　　　　（b）添加几何关系

（c）添加几何关系结果

图 2-88　多条直线共线约束

2.5.4　垂直约束

垂直约束是指为对象（两条直线）添加一种约束，使两条直线成垂直关系，两直线夹角为 90°。

打开源文件"垂直约束"，或在草绘平面中绘制几何图形，如图 2-89（a）所示，单击"草图"控制面板"显示/删除几何关系"下拉列表中的"添加几何关系"按钮 ⊥，弹出"添加几何关系"属性管理器，在"所选实体"选项组中选择相交直线，如图 2-89（b）所示，在"添加几何关系"选项组中选择"垂直"，两直线垂直，"现有几何关系"选项组中显示"垂直5"，如图 2-89（c）所示。

（a）几何图形

图 2-89　垂直约束

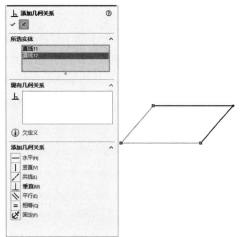

（b）添加几何关系　　　　　　　　　　（c）添加几何关系结果

图 2-89　垂直约束（续）

2.5.5　平行约束

平行约束是指为对象（两条或多条直线）添加一种约束，使直线成平行关系，所有直线或延长线永不相交，两两直线夹角为 0°。

打开源文件"平行约束"，或在草绘平面中绘制几何图形，如图 2-90（a）所示，单击"草图"控制面板"显示/删除几何关系"下拉列表中的"添加几何关系"按钮 ⊥，弹出"添加几何关系"属性管理器，在"所选实体"选项组中选择多条直线，选中直线显示蓝色，且两端点分别用小矩形框表示，如图 2-90（b）所示，在"添加几何关系"选项组中选择"平行"，使所有直线平行，如图 2-90（c）所示。

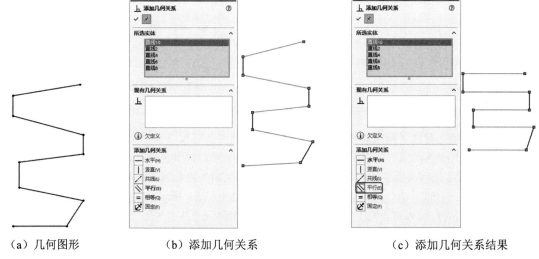

（a）几何图形　　　　　　　（b）添加几何关系　　　　　　　（c）添加几何关系结果

图 2-90　平行约束

2.5.6　相等约束

相等约束是指为对象（两条或多条直线，两个或多个圆弧）添加一种约束，使直线（圆弧）保持相等关系，保证直线长度或圆弧半径相等。

1. 为圆弧添加相等约束

打开源文件"相等约束",或在草绘平面中绘制几何图形,如图 2-91(a)所示,单击"草图"控制面板"显示/删除几何关系"下拉列表中的"添加几何关系"按钮 ⊥,弹出"添加几何关系"属性管理器,在"所选实体"选项组中选择多条圆弧,选中圆弧显示蓝色,且圆弧两端点分别用小矩形框表示,如图 2-91(b)所示,在"添加几何关系"选项组中选择"相等",使所有圆弧半径相等,如图 2-91(c)所示。

（a）几何图形

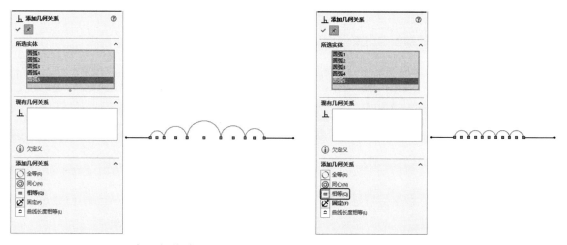

（b）添加几何关系 （c）添加几何关系结果

图 2-91 为圆弧添加相等约束

2. 为直线添加相等约束

在左侧属性管理器"所选实体"选项组中选择其中一个选项,右击,在弹出的快捷菜单中选择"消除选择"命令,删除所有选项,如图 2-92(a)所示。同时,选择圆弧两端水平直线,如图 2-92(b)所示,在"所选实体"选项组中显示选择直线,选择"添加几何关系"选项组中的"相等",绘图区显示两直线长度相等,如图 2-92(c)所示。

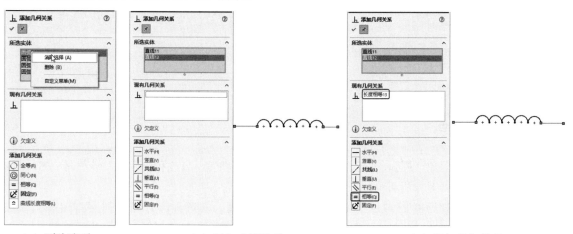

（a）删除选项 （b）添加直线选项 （c）添加几何关系

图 2-92 为直线添加相等约束

2.5.7　固定约束

固定约束是指为对象（任何实体）添加一种约束，使实体对象大小及位置固定不变，不因尺寸定位或其他操作而发生变化。

1. 利用"添加几何关系"属性管理器添加固定约束

在草绘平面中分别绘制点、直线、圆弧等图形，单击"草图"控制面板"显示/删除几何关系"下拉列表中的"添加几何关系"按钮⊥，弹出"添加几何关系"属性管理器，在"所选实体"选项组中分别选择点、直线、圆弧，在"添加几何关系"选项组中选择"固定"。

2. 利用属性管理器添加固定约束

在绘制草图过程中，单击以直接选择点、直线、圆弧，所选对象变为蓝色，显示被选中，同时在左侧弹出对应属性对话框，如图 2-93 所示，在"添加几何关系"选项组中选择"固定"，完成固定几何约束的添加，单击✔按钮，关闭左侧属性管理器。

（a）点　　　　　　　　　　（b）直线　　　　　　　　　　（c）圆弧

图 2-93　属性管理器

2.5.8　相切约束

相切约束是指为对象（圆弧、椭圆和样条曲线，直线和圆弧，直线和曲面或三维草图中的曲面）添加一种约束，使实体对象两两相切，如图 2-94 所示。

打开源文件"相切约束"，或单击"草图"控制面板"显示/删除几何关系"下拉列表中的"添加几何关系"按钮⊥，弹出"添加几何关系"属性管理器，在草图中单击要添加几何关系的实体。

此时所选实体会在"添加几何关系"属性管理器的"所选实体"选项组中显示，如图 2-95 所示。

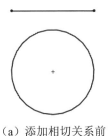
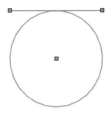

（a）添加相切关系前　　　（b）添加相切关系后

图 2-94　添加相切关系前后的两实体　　　　图 2-95　　"添加几何关系"属性管理器

📢 注意：

（1）信息栏 ⓘ 显示所选实体的状态（完全定义或欠定义等）。

（2）如果要移除一个实体，在"所选实体"选项组的列表框中右击该项目，在弹出的快捷菜单中选择"消除选择"命令即可。

（3）在"添加几何关系"选项组中单击要添加的几何关系类型（相切或固定等），这时添加的几何关系类型就会显示在"现有几何关系"列表框中。

（4）如果要删除添加了的几何关系，在"现有几何关系"列表框中右击该几何关系，在弹出的快捷菜单中选择"删除"命令即可。

（5）单击"确定"按钮 ✔ 后，几何关系添加到草图实体间。

2.6　自动添加几何关系

视频讲解

使用 SOLIDWORKS 自动添加几何关系后，在绘制草图时光标会改变形状以显示可以生成哪些几何关系。如图 2-96 所示显示了不同几何关系对应的光标指针形状。

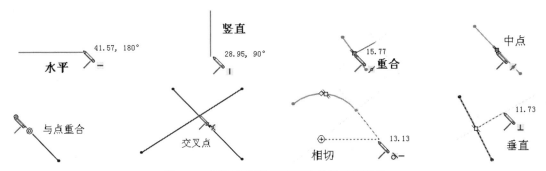

图 2-96　不同几何关系对应的光标指针形状

将自动添加几何关系作为系统的默认设置，其操作步骤如下。

（1）选择菜单栏中的"工具"→"选项"命令，打开"系统选项"对话框。

（2）在"系统选项"选项卡的左侧列表框中选择"几何关系/捕捉"选项，然后在右侧的区域中选中"自动几何关系"复选框，如图 2-97 所示。

图 2-97　自动添加几何关系

（3）单击"确定"按钮，关闭对话框。

> **提示**：所选实体中至少要有一个项目是草图实体，其他项目可以是草图实体，也可以是一条边线、面、顶点、原点、基准面、轴或从其他草图的线或圆弧映射到此草图平面所形成的草图曲线。

2.7　编辑约束

利用"显示/删除几何关系"工具可以显示手动和自动应用到草图实体的几何关系，查看有疑问的特定草图实体的几何关系，并可以删除不再需要的几何关系。此外，还可以通过替换列出的参考引用来修正错误的实体。

如果要显示/删除几何关系，其操作步骤如下。

（1）单击"草图"控制面板"显示/删除几何关系"下拉列表中的"显示/删除几何关系"按钮 ⊥⊚，或选择菜单栏中的"工具"→"关系"→"显示/删除几何关系"命令。

（2）在弹出的"显示/删除几何关系"属性管理器的列表框中执行显示几何关系的准则，如图 2-98（a）所示。

（3）在"几何关系"选项组中执行要显示的几何关系。在显示每个几何关系时，高亮显示相关的草图实体，同时还会显示其状态。在"实体"选项组中也会显示草图实体的名称、状态，如图 2-98（b）所示。

（4）选中"压缩"复选框，压缩或解除压缩当前的几何关系。

（5）单击"删除"按钮，删除当前的几何关系；单击"删除所有"按钮，删除当前执行的所有几何关系。

（a）显示的几何关系　　　　　（b）存在几何关系的实体状态

图 2-98　"显示/删除几何关系"属性管理器

2.8　综合实例

本节主要通过具体实例讲解草图编辑工具的综合使用方法。

2.8.1　气缸体截面草图

在本实例中，将利用草图绘制工具绘制如图 2-99 所示的气缸体截面草图。

由于图形关于两坐标轴对称，所以先绘制关于轴对称部分的实体图形，再利用镜向或阵列方式进行复制，完成整个图形的绘制，绘制流程如图 2-100 所示。

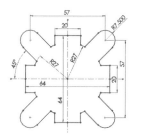

图 2-99　气缸体截面草图

视频讲解

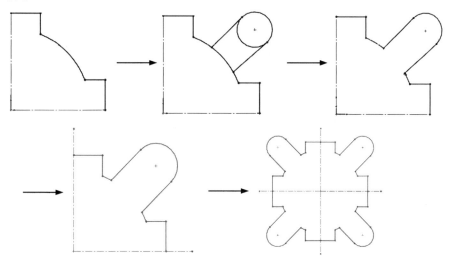

图 2-100　流程图

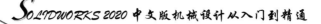

操作步骤如下：

（1）新建文件。启动 SOLIDWORKS 2020，选择菜单栏中的"文件"→"新建"命令，或单击工具栏中的"新建"按钮□，在打开的"新建 SOLIDWORKS 文件"对话框中，单击"零件"按钮，再单击"确定"按钮。

（2）绘制截面草图。在设计树中选择前视基准面，单击"草图"控制面板中的"草图绘制"按钮，新建一张草图。单击"草图"控制面板中的"中心线"按钮和"圆心/起/终点画弧"按钮，绘制线段和圆弧。

（3）标注尺寸。单击"草图"控制面板中的"智能尺寸"按钮，标注尺寸 1，如图 2-101 所示。

（4）绘制圆和直线段。单击"草图"控制面板中的"圆"按钮⊙和"直线"按钮，绘制一个圆和两条线段。

（5）添加几何关系。按住 Ctrl 键选择其中一条线段和圆，几何关系添加为"相切"，两线段均与圆相切，如图 2-102 所示。

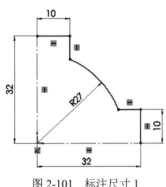
图 2-101　标注尺寸 1

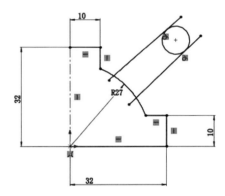
图 2-102　绘制圆和直线段

（6）裁剪图形。单击"草图"控制面板中的"剪裁实体"按钮，修剪多余圆弧，裁剪图形如图 2-103 所示。

（7）标注尺寸。单击"草图"控制面板中的"智能尺寸"按钮，标注尺寸 2，如图 2-104 所示。

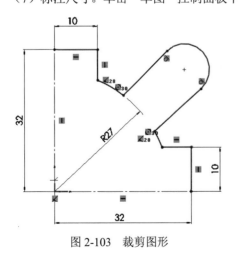
图 2-103　裁剪图形

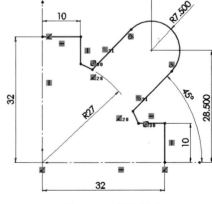
图 2-104　标注尺寸 2

（8）阵列草图实体。单击"草图"控制面板中的"圆周草图阵列"按钮，选择草图实体进行阵列，阵列数目为 4，阵列草图实体，如图 2-105 所示。

（9）保存草图。单击"退出草图"按钮，单击"快速访问"工具栏中的"保存"按钮，将文件保存为"气缸体截面草图.sldprt"，最终生成的气缸体截面草图如图 2-106 所示。

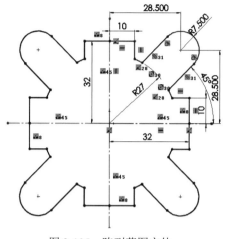

图 2-105 阵列草图实体

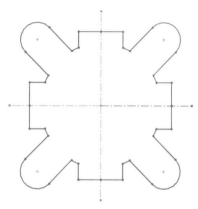

图 2-106 最终生成的气缸体截面草图

2.8.2 连接片截面草图

在本实例中，将利用草图绘制工具绘制如图 2-107 所示的连接片截面草图。

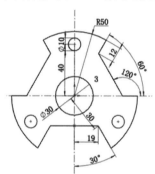

图 2-107 连接片截面草图

由于图形关于竖直坐标轴对称，所以先绘制除圆以外的关于轴对称部分的实体图形，利用镜向方式进行复制，调用"圆"命令绘制大圆和小圆，再将均匀分布的小圆进行环形阵列，尺寸的约束在绘制过程中完成，绘制流程如图 2-108 所示。

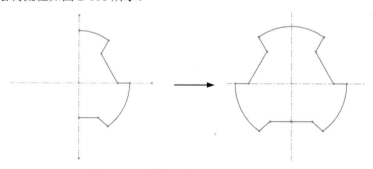

图 2-108 连接片截面草图的绘制流程

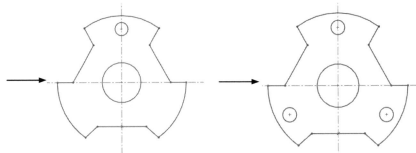

图 2-108　连接片截面草图的绘制流程（续）

操作步骤如下：

（1）新建文件。启动 SOLIDWORKS 2020，选择菜单栏中的"文件"→"新建"命令，或单击工具栏中的"新建"按钮，在弹出的"新建 SOLIDWORKS 文件"对话框中单击"零件"按钮，再单击"确定"按钮，进入零件设计状态。

（2）设置基准面。在特征管理器中选择前视基准面，此时前视基准面变为绿色。

（3）绘制中心线。选择菜单栏中的"插入"→"草图绘制"命令，或者单击"草图"控制面板中的"草图绘制"按钮，进入草图绘制界面。选择菜单栏中的"工具"→"草图绘制实体"→"中心线"命令，或者单击"草图"控制面板中的"中心线"按钮，绘制水平和竖直的中心线。

（4）绘制草图 1。单击"草图"控制面板中的"直线"按钮和"圆"按钮，绘制如图 2-109 所示的草图。

（5）标注尺寸。单击"草图"控制面板中的"智能尺寸"按钮，进行尺寸约束。单击"草图"控制面板中的"剪裁实体"按钮，修剪掉多余的圆弧线，尺寸标注如图 2-110 所示。

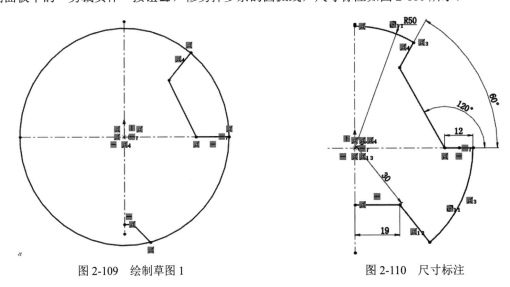

图 2-109　绘制草图 1　　　　　　　　　　图 2-110　尺寸标注

（6）镜向图形。单击"草图"控制面板中的"镜向实体"按钮，选择竖直轴线右侧的实体图形作为复制对象，镜向点为竖直中心线段，进行实体镜向，镜向实体图形如图 2-111 所示。

（7）绘制草图 2。选择菜单栏中的"工具"→"草图绘制实体"→"圆"命令，或者单击"草图"控制面板中的"圆"按钮，绘制直径分别为 10 和 30 的圆，并单击"智能尺寸"按钮，确定位置尺寸，如图 2-112 所示。

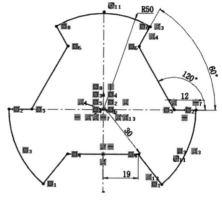

图 2-111　镜向实体图形

（8）圆周阵列草图。单击"草图"控制面板中的"圆周草图阵列"按钮，选择直径为 10mm 的小圆，阵列数目为 3，圆周阵列草图如图 2-113 所示。

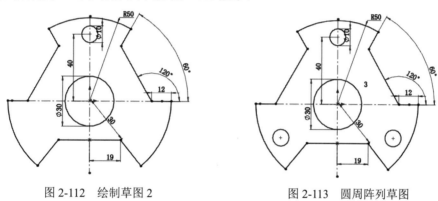

图 2-112　绘制草图 2　　　　　　　　　　　图 2-113　圆周阵列草图

（9）保存草图。单击"快速访问"工具栏中的"保存"按钮，保存文件。

2.9　实践与操作

2.9.1　绘制角铁草图

操作提示：

（1）选择零件图标，进入零件图模式。

（2）选择前视基准面，单击"草图绘制"按钮，进入草图绘制模式。

（3）利用"直线""圆角"命令，绘制如图 2-114 所示的草图。

（4）利用"智能尺寸"命令标注尺寸，如图 2-114 所示。

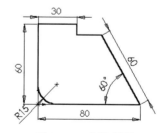

图 2-114　角铁草图

2.9.2　绘制底座草图

操作提示：

（1）在新建文件对话框中选择零件图标，进入零件图模式。

（2）选择前视基准面，单击"草图绘制"按钮□，进入草图绘制模式。

（3）利用"中心线"命令，过原点绘制如图 2-115 所示的中心轴；单击 按钮分别绘制图中两段圆弧 R130mm 和 R80mm；选择"圆"命令，绘制两个 Φ75 的圆弧；利用"直线"命令，绘制直线连接圆弧 R130mm 和 R80mm。利用"圆角"命令，绘制 R20mm 的圆角。

（4）利用"几何关系"命令，选择图示圆弧、直线，保证其同心、相切的关系。

（5）利用"智能尺寸"命令标注尺寸，如图 2-115 所示。

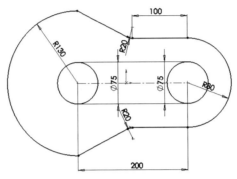

图 2-115　底座草图

2.10　思　考　练　习

1．绘制如图 2-116 所示的卡槽草图。

2．绘制如图 2-117 所示的旋转草图轮廓。

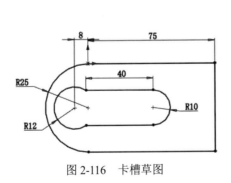

图 2-116　卡槽草图

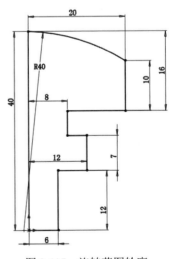

图 2-117　旋转草图轮廓

3．使用"边角矩形"工具、"中心矩形"工具、"3 点边角矩形"工具和"3 点中心矩形"工具绘制矩形的异同有哪些？

4．在使用"多边形"命令绘制多边形时，应注意什么？

5．剪裁实体的几种工具有什么异同？

第3章

3D 草图和 3D 曲线

草图绘制包括二维草图和 3D 草图，3D 草图是空间草图，有别于一般平面直线，不但拓宽了草图的绘制范围，同时更进一步地增强与 SOLIDWORKS 软件的模型建立功能。3D 草图功能为扫描、放样生成 3D 草图路径，或为管道、电缆、线和管线生成路径。

本章简要介绍了 3D 草图的一些基本操作，3D 直线、3D 曲线都是重点阐述对象，是对一般草图的升级，在绘制复杂的不规则模型时发挥着重要作用。

☑ 3D 草图
☑ 创建曲线

任务驱动&项目案例

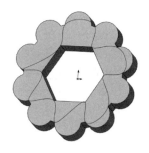

视频讲解

3.1 3D 草图

在学习曲线生成方式之前，首先要了解 3D 草图的绘制，它是生成空间曲线的基础。

SOLIDWORKS 可以直接在基准面上或者在三维空间的任意点绘制 3D 草图实体，绘制的 3D 草图可以作为扫描路径、扫描的引导线，也可以作为放样路径、放样中心线等。

3.1.1 绘制 3D 空间直线

（1）新建一个文件。单击"前导视图"工具栏中的"等轴测"按钮 ，设置视图方向为等轴测方向。在该视图方向下，坐标 X、Y、Z 的 3 个方向均可见，可以比较方便地绘制 3D 草图。

（2）选择菜单栏中的"插入"→"3D 草图"命令，或者单击"草图"控制面板中的"3D 草图"按钮 ，进入 3D 草图绘制状态。

（3）单击"草图"控制面板中需要的草图工具，本例单击"直线"按钮 ，开始绘制 3D 空间直线，注意此时在绘图区中出现了空间控标，如图 3-1 所示。

图 3-1 空间控标

（4）以原点为起点绘制草图，基准面为控标提示的基准面，方向由光标拖动决定，如图 3-2 所示为在 XY 基准面上绘制草图。

（5）步骤（4）是在 XY 基准面上绘制直线，当继续绘制直线时，控标会显示出来。按 Tab 键可以改变绘制的基准面，依次为 XY、YZ、ZX 基准面。如图 3-3 所示为在 YZ 基准面上绘制草图。按 Tab 键依次绘制其他基准面上的草图，绘制完的 3D 草图如图 3-4 所示。

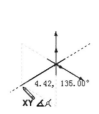

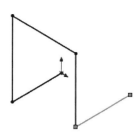

图 3-2 在 XY 基准面上绘制草图　　图 3-3 在 YZ 基准面上绘制草图　　图 3-4 绘制完的 3D 草图

（6）再次单击"草图"控制面板中的"3D 草图"按钮 ，或者在绘图区右击，在弹出的快捷菜单中选择"退出草图"命令，退出 3D 草图绘制状态。

💡提示：在绘制 3D 草图时，绘制的基准面要以控标显示为准，不要主观判断，通过按 Tab 键，变换视图的基准面。

2D 草图和 3D 草图既有相似之处，又有不同之处。在绘制 3D 草图时，2D 草图中的所有圆、弧、矩形、直线、样条曲线和点等工具都可用，曲面上的样条曲线工具只能用在 3D 草图中。在添加几何关系时，2D 草图中大多数几何关系都可用于 3D 草图中，但是对称、阵列、等距和等长线例外。

另外需要注意的是，对于 2D 草图，其绘制的草图实体是所有几何体在草绘基准面上的投影，而 3D 草图是空间实体。

在绘制 3D 草图时，除了使用系统默认的坐标系外，用户还可以定义自己的坐标系，此坐标系将同测量、质量特性等工具一起使用。

3.1.2　建立坐标系

（1）打开源文件"建立坐标系"，或选择菜单栏中的"插入"→"参考几何体"→"坐标系"命令，或者单击"特征"控制面板"参考几何体"下拉列表中的"坐标系"按钮↳，系统弹出"坐标系"属性管理器。

（2）单击↳图标右侧的"顶点"列表框，然后单击如图 3-5 所示的点 A，设置 A 点为新坐标系的原点；单击"X 轴"下面的"X 轴参考方向"列表框，然后单击如图 3-5 所示的边线 1，设置边线 1 为 X 轴；依次设置如图 3-5 所示的边线 2 为 Y 轴，边线 3 为 Z 轴，"坐标系"属性管理器设置如图 3-5 所示。

（3）单击"确定"按钮✔，完成坐标系的设置，添加坐标系后的图形如图 3-6 所示。

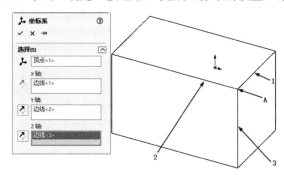

图 3-5　"坐标系"属性管理器

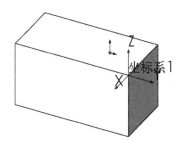

图 3-6　添加坐标系后的图形

> 💡提示：在设置坐标系的过程中，如果坐标轴的方向不是用户想要的方向，可以单击"坐标系"属性管理器中设置轴左侧的"反转方向"按钮进行设置。

在设置坐标系时，X 轴、Y 轴和 Z 轴的参考方向可为以下实体。

- ☑ 顶点、点或者中点：将轴向的参考方向与所选点对齐。
- ☑ 线性边线或者草图直线：将轴向的参考方向与所选边线或者直线平行。
- ☑ 非线性边线或者草图实体：将轴向的参考方向与所选实体上的所选位置对齐。
- ☑ 平面：将轴向的参考方向与所选面的垂直方向对齐。

3.2　创 建 曲 线

曲线是构建复杂实体的基本要素，SOLIDWORKS 提供专用的曲线工具，如图 3-7 所示。

单击"特征"控制面板中的"曲线"按钮，系统会弹出"曲线"操控板，SOLIDWORKS 创建曲线的方式主要有分割线、投影曲线、组合曲线、通过 XYZ 点的曲线、通过参考点的曲线与螺旋线/涡状线等。本节主要介绍各种不同曲线的创建方式。

图 3-7　"曲线"操控板

3.2.1　投影曲线

在 SOLIDWORKS 中，投影曲线主要有两种创建方式。一种方式是将绘制的曲线投影到模型面

视频讲解

上，生成一条 3D 曲线；另一种方式是在两个相交的基准面上分别绘制草图，此时系统会将每一个草图沿所在平面的垂直方向投影得到一个曲面，这两个曲面在空间中相交，生成一条 3D 曲线。下面将分别介绍采用两种方式创建曲线的操作步骤。

（1）利用绘制曲线投影到模型面上生成投影曲线。

❶ 打开源文件"利用绘制曲线投影到模型面上生成投影曲线"，或新建一个文件，在左侧的 FeatureManager 设计树中选择"前视基准面"作为草绘基准面。

❷ 单击"草图"控制面板中的"样条曲线"按钮 N，绘制样条曲线。

❸ 单击"曲面"控制面板中的"拉伸曲面"按钮，系统弹出"曲面-拉伸"属性管理器。在"深度"文本框中输入"120"，单击"确定"按钮，生成拉伸曲面。

❹ 单击"特征"控制面板"参考几何体"下拉列表中的"基准面"按钮，系统弹出"基准面"属性管理器。选择"上视基准面"作为参考面，单击"确定"按钮，添加基准面 1。

❺ 在新平面上绘制样条曲线，如图 3-8 所示。绘制完毕退出草图绘制状态。

❻ 选择菜单栏中的"插入"→"曲线"→"投影曲线"命令，或者单击"特征"控制面板"曲线"下拉列表中的"投影曲线"按钮，系统弹出"投影曲线"属性管理器。

❼ 选中"面上草图"单选按钮，在"要投影的草图"列表框中，选择如图 3-8 所示的样条曲线 1；在"投影面"列表框中，选择如图 3-8 所示的曲面 2；在视图中观察投影曲线的方向是否投影到曲面，选中"反转投影"复选框，使曲线投影到曲面上。"投影曲线"属性管理器设置如图 3-9 所示。

❽ 单击"确定"按钮，生成的投影曲线 1 如图 3-10 所示。

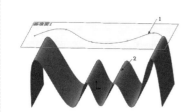  

图 3-8　绘制样条曲线 1　　　　图 3-9　"投影曲线"属性管理器 1　　　　图 3-10　投影曲线 1

（2）利用两个相交的基准面上的曲线生成投影曲线。

❶ 打开源文件"利用两个相交的基准面上的曲线生成投影曲线"，或新建一个文件，在左侧的 FeatureManager 设计树中选择"前视基准面"作为草绘基准面。

❷ 选择菜单栏中的"工具"→"草图绘制实体"→"样条曲线"命令，在步骤❶中设置的基准面上绘制一条样条曲线，如图 3-11 所示，然后退出草图绘制状态。

❸ 在左侧的 FeatureManager 设计树中选择"上视基准面"作为草绘基准面。

❹ 选择菜单栏中的"工具"→"草图绘制实体"→"样条曲线"命令，在步骤❸中设置的基准面上绘制一条样条曲线，如图 3-12 所示，然后退出草图绘制状态。

❺ 选择菜单栏中的"插入"→"曲线"→"投影曲线"命令，系统弹出"投影曲线"属性管理器。

❻ 选中"草图上草图"单选按钮，在"要投影的草图"列表框中，选择如图 3-12 所示的两条样条曲线，如图 3-13 所示。

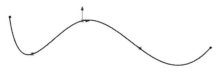

图 3-11　绘制样条曲线 2

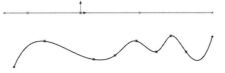

图 3-12　绘制样条曲线 3

❼ 单击"确定"按钮 ✓，生成的投影曲线如图 3-14 所示。

图 3-13　"投影曲线"属性管理器 2

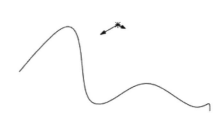

图 3-14　投影曲线 2

💡提示：如果在执行"投影曲线"命令之前，先选择了生成投影曲线的草图，则在执行"投影曲线"命令后，"投影曲线"属性管理器会自动选择合适的投影类型。

3.2.2　组合曲线

组合曲线是指将曲线、草图几何和模型边线组合为一条单一曲线，生成的该组合曲线可以作为生成放样或扫描的引导曲线、轮廓线。

下面结合实例介绍创建组合曲线的操作步骤。

（1）打开源文件"组合曲线"，选择菜单栏中的"插入"→"曲线"→"组合曲线"命令，或者单击"特征"控制面板"曲线"下拉列表中的"组合曲线"按钮 ⌐ᵤ，系统弹出"组合曲线"属性管理器。

（2）在"要连接的实体"选项组中，选择如图 3-15 所示的边线 1、边线 2、边线 3、边线 4、边线 5 和边线 6，选择完成后，边线会自动添加到"组合曲线"属性管理器的列表框内，如图 3-16 所示。

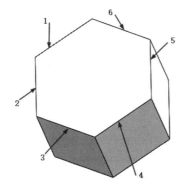

图 3-15　打开的文件实体

图 3-16　"组合曲线"属性管理器

（3）单击"确定"按钮 ✓，生成所需要的组合曲线。生成组合曲线后的图形及其 FeatureManager 设计树如图 3-17 所示。

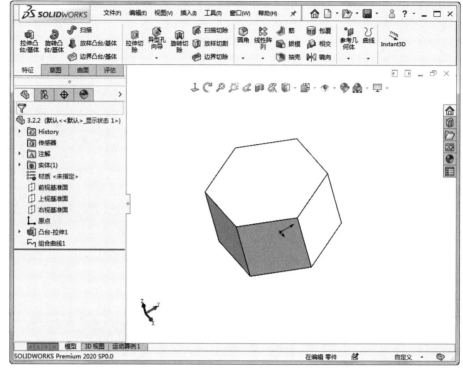

图 3-17　生成组合曲线后的图形及其 FeatureManager 设计树

> **提示：**在创建组合曲线时，所选择的曲线必须是连续的，因为所选择的曲线要生成一条曲线。生成的组合曲线可以是开环的，也可以是闭合的。

3.2.3　螺旋线和涡状线

螺旋线和涡状线通常在零件中生成，这种曲线可以被当成一个路径或者引导曲线使用在扫描的特征上，或作为放样特征的引导曲线，通常用来生成螺纹、弹簧和发条等零件。下面将分别介绍绘制这两种曲线的操作步骤。

1. 创建螺旋线

（1）打开源文件"螺旋线"，或新建一个文件，在左侧的 FeatureManager 设计树中选择"前视基准面"作为草绘基准面。

（2）单击"草图"控制面板中的"圆"按钮 ⊙，在步骤（1）中设置的基准面上绘制一个圆，然后单击"草图"控制面板中的"智能尺寸"按钮 ，标注绘制圆的尺寸，如图 3-18 所示。

（3）选择菜单栏中的"插入"→"曲线"→"螺旋线/涡状线"命令，或者单击"特征"控制面板"曲线"下拉列表中的"螺旋线/涡状线"按钮 ，系统弹出"螺旋线/涡状线"属性管理器。

（4）在"定义方式"选项组中选择"螺距和圈数"选项，选中"恒定螺距"单选按钮，在"螺距"文本框中输入"15"，在"圈数"文本框中输入"6"，在"起始角度"文本框中输入"135"，其他设置如图 3-19 所示。

（5）单击"确定"按钮 ，生成所需要的螺旋线。

（6）右击，在弹出的快捷菜单中选择"旋转视图"命令，将视图以合适的方向显示。生成的螺旋线及其 FeatureManager 设计树如图 3-20 所示。

Note

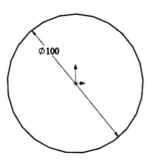

图 3-18　标注尺寸 1　　　　　图 3-19　"螺旋线/涡状线"属性管理器 1

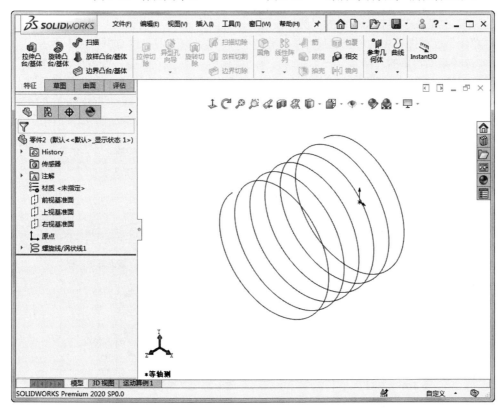

图 3-20　生成的螺旋线及其 FeatureManager 设计树

使用该命令还可以生成锥形螺纹线，如果要绘制锥形螺纹线，则在如图 3-19 所示的"螺旋线/涡状线"属性管理器中选中"锥形螺纹线"复选框。

如图 3-21 所示为取消选中"锥度外张"复选框后生成的内张锥形螺纹线。如图 3-22 所示为选中"锥度外张"复选框后生成的外张锥形螺纹线。

图 3-21 内张锥形螺纹线

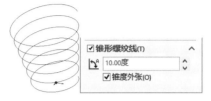

图 3-22 外张锥形螺纹线

在创建螺纹线时，有螺距和圈数、高度和圈数、高度和螺距等几种定义方式，这些定义方式可以在"螺旋线/涡状线"属性管理器的"定义方式"选项组中进行选择。下面简单介绍这几种方式的意义。

- ☑ 螺距和圈数：创建由螺距和圈数所定义的螺旋线，选择该选项时，参数相应发生改变。
- ☑ 高度和圈数：创建由高度和圈数所定义的螺旋线，选择该选项时，参数相应发生改变。
- ☑ 高度和螺距：创建由高度和螺距所定义的螺旋线，选择该选项时，参数相应发生改变。

2. 创建涡状线

（1）打开源文件"涡状线"，或新建一个文件，在左侧的 FeatureManager 设计树中选择"前视基准面"作为草绘基准面。

（2）单击"草图"控制面板中的"圆"按钮⊙，在步骤（1）中设置的基准面上绘制一个圆，然后单击"草图"控制面板中的"智能尺寸"按钮◁，标注绘制圆的尺寸，如图 3-23 所示。

（3）选择菜单栏中的"插入"→"曲线"→"螺旋线/涡状线"命令，或者单击"特征"控制面板"曲线"下拉列表中的"螺旋线/涡状线"按钮，系统弹出"螺旋线/涡状线"属性管理器。

（4）在"定义方式"选项组中，选择"涡状线"选项；在"螺距"文本框中输入"15"，在"圈数"文本框中输入"6"，在"起始角度"文本框中输入"135"，其他设置如图 3-24 所示。

图 3-23 标注尺寸 2

图 3-24 "螺旋线/涡状线"属性管理器 2

（5）单击"确定"按钮，生成的涡状线及其 FeatureManager 设计树如图 3-25 所示。

SOLIDWORKS 既可以生成顺时针涡状线，也可以生成逆时针涡状线。在执行命令时，系统默认的生成方式为顺时针方式，顺时针涡状线如图 3-26 所示。在如图 3-24 所示的"螺旋线/涡状线"属性管理器中选中"逆时针"单选按钮，即可生成逆时针方向的涡状线，如图 3-27 所示。

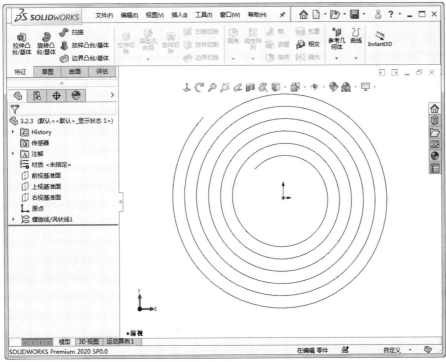

图 3-25　生成的涡状线及其 FeatureManager 设计树

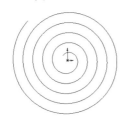

图 3-26　顺时针涡状线

图 3-27　逆时针涡状线

3.2.4　分割线

分割线工具将草图投影到曲面或平面上，可以将所选的面分割为多个分离的面，从而可以选择操作其中一个分离面，也可将草图投影到曲面实体生成分割线。利用分割线可用创建拔模特征、混合面圆角，并可延展曲面来切除模具，创建分割线有以下几种方式。

    ☑　投影：将一条草图线投影到一个表面上创建分割线。

    ☑　侧影轮廓线：在一个圆柱形零件上生成一条分割线。

    ☑　交叉：以交叉实体、曲面、面、基准面或曲面样条曲线分割面。

下面介绍以投影方式创建分割线的操作步骤。

（1）打开源文件"分割线"，或新建一个文件，在左侧的 FeatureManager 设计树中选择"前视基准面"作为草绘基准面。

（2）单击"草图"控制面板中的"多边形"按钮⊙，在步骤（1）中设置的基准面上绘制一个圆，然后单击"草图"控制面板中的"智能尺寸"按钮⟨，标注绘制矩形的尺寸，如图 3-28 所示。

（3）选择菜单栏中的"插入"→"凸台/基体"→"拉伸"命令，系统弹出"凸台-拉伸"属性管理器。在"终止条件"下拉列表框中选择"给定深度"选项，在"深度"文本框⟨中输入"60"，如

图 3-29 所示，单击"确定"按钮 ✔。

（4）单击"前导视图"工具栏中的"等轴测"按钮 🔲，将视图以等轴测方向显示，创建的拉伸特征如图 3-30 所示。

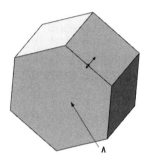

图 3-28　标注尺寸　　　　图 3-29　"凸台-拉伸"属性管理器　　　　图 3-30　创建拉伸特征

（5）选择菜单栏中的"插入"→"参考几何体"→"基准面"命令，系统弹出"基准面"属性管理器。在"参考实体"列表框 🔲 中，选择如图 3-30 所示的面 A；在"偏移距离"文本框 ⟨⟩ 中输入"30"，并调整基准面的方向，"基准面"属性管理器设置如图 3-31 所示。单击"确定"按钮 ✔，添加一个新的基准面，添加基准面后的图形如图 3-32 所示。

（6）单击步骤（5）中添加的基准面，然后单击"前导视图"工具栏中的"正视于"按钮 ⬇，将该基准面作为草绘基准面。

（7）选择菜单栏中的"工具"→"草图绘制实体"→"样条曲线"命令，在步骤（6）中设置的基准面上绘制一条样条曲线，如图 3-33 所示，然后退出草图绘制状态。

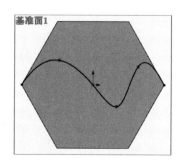

图 3-31　"基准面"属性管理器　　　　图 3-32　添加基准面　　　　图 3-33　绘制样条曲线

（8）单击"前导视图"工具栏中的"等轴测"按钮，将视图以等轴测方向显示，如图 3-34 所示。

（9）选择菜单栏中的"插入"→"曲线"→"分割线"命令，或者单击"特征"控制面板"曲线"下拉列表中的"分割线"按钮，系统弹出"分割线"属性管理器。

（10）在"分割类型"选项组中，选中"投影"单选按钮；在"要投影的草图"列表框中选择如图 3-34 所示的草图 2；在"要分割的面"列表框中，选择如图 3-34 所示的面 1，具体设置如图 3-35 所示。

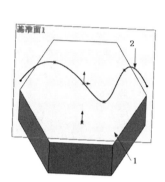

图 3-34　等轴测视图

图 3-35　"分割线"属性管理器

（11）单击"确定"按钮✔，生成的分割线及其 FeatureManager 设计树如图 3-36 所示。

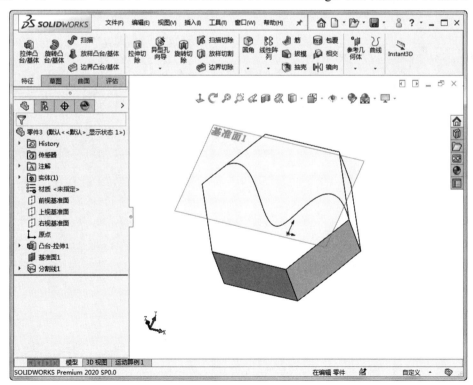

图 3-36　生成的分割线及其 FeatureManager 设计树

提示：在使用投影方式绘制投影草图时，绘制的草图在投影面上的投影必须穿过要投影的面，否则系统会提示错误而不能生成分割线。

3.2.5 通过参考点的曲线

通过参考点的曲线是指生成一个或者多个平面上点的曲线。

下面结合实例介绍创建通过参考点的曲线的操作步骤。

（1）选择菜单栏中的"插入"→"曲线"→"通过参考点的曲线"命令，或者单击"特征"控制面板"曲线"下拉列表中的"通过参考点的曲线"按钮 ，系统弹出"通过参考点的曲线"属性管理器。

（2）在"通过点"选项组中，依次选择如图 3-37 所示的点，其他设置如图 3-38 所示。

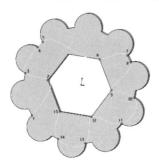

图 3-37　打开的文件实体　　　　　　　图 3-38　"通过参考点的曲线"属性管理器

（3）单击"确定"按钮 ，生成通过参考点的曲线。生成曲线后的图形及其 FeatureManager 设计树如图 3-39 所示。

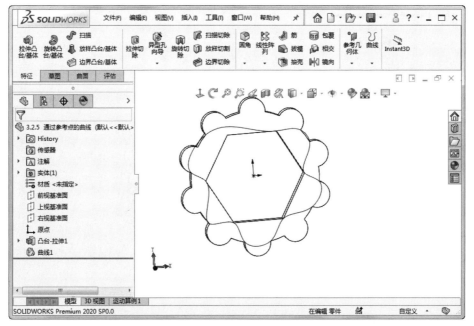

图 3-39　生成曲线后的图形及其 FeatureManager 设计树

在生成通过参考点的曲线时，系统默认生成的为开环曲线，如图 3-40 所示。如果在"通过参考

Note

点的曲线"属性管理器中选中"闭环曲线"复选框，则执行命令后，会自动生成闭环曲线，如图 3-41 所示。

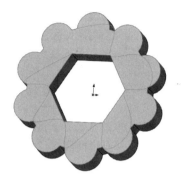

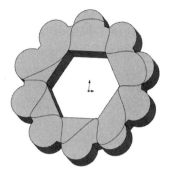

图 3-40　通过参考点的开环曲线　　　　　图 3-41　通过参考点的闭环曲线

3.2.6　通过 XYZ 点的曲线

通过 XYZ 点的曲线是指生成通过用户定义的点的样条曲线。在 SOLIDWORKS 中，用户既可以自定义样条曲线通过的点，也可以利用点坐标文件生成样条曲线。

下面介绍创建通过 XYZ 点的曲线的操作步骤。

（1）选择菜单栏中的"插入"→"曲线"→"通过 XYZ 点的曲线"命令，或者单击"特征"控制面板"曲线"下拉列表中的"通过 XYZ 的曲线"按钮 ♂，系统弹出"曲线文件"对话框，如图 3-42 所示。

（2）单击 X、Y 和 Z 坐标列各单元格，并在每个单元格中输入一个点坐标。

（3）在最后一行的单元格中双击时，系统会自动增加一个新行。

图 3-42　"曲线文件"对话框

（4）如果要在行的上面插入一个新行，只要单击该行，然后单击"曲线文件"对话框中的"插入"按钮即可；如果要删除某一行的坐标，单击该行，然后按 Delete 键即可。

（5）设置好的曲线文件可以保存下来。单击"曲线文件"对话框中的"保存"按钮或者"另存为"按钮，系统弹出"另存为"对话框，选择合适的路径，输入文件名称，单击"保存"按钮即可。

（6）如图 3-43 所示为一个设置好的"曲线文件"对话框，单击"确定"按钮，即可生成需要的曲线，如图 3-44 所示。

图 3-43　设置好的"曲线文件"对话框　　　　图 3-44　通过 XYZ 点的曲线

保存曲线文件时，SOLIDWORKS 默认文件的扩展名称为"*.sldcrv"，如果没有指定扩展名，SOLIDWORKS 应用程序会自动添加扩展名".sldcrv"。

在 SOLIDWORKS 中，除了在"曲线文件"对话框中输入坐标来定义曲线外，还可以通过文本编辑器、Excel 等应用程序生成坐标文件，将其保存为"*.txt"文件，然后导入系统即可。

💡提示：在使用文本编辑器、Excel 等应用程序生成坐标文件时，文件中必须只包含坐标数据，而不能是 X、Y 或 Z 的标号及其他无关数据。

下面介绍通过导入坐标文件创建曲线的操作步骤。

（1）选择菜单栏中的"插入"→"曲线"→"通过 XYZ 点的曲线"命令，或者单击"特征"控制面板"曲线"下拉列表中的"通过 XYZ 的曲线"按钮♈，系统弹出"曲线文件"对话框。

（2）单击"曲线文件"对话框中的"浏览"按钮，弹出"打开"对话框，在其中查找需要输入的文件名称，然后单击"打开"按钮。

（3）插入文件后，文件名称显示在"曲线文件"对话框中，并且在图形区中可以预览显示效果，如图 3-45 所示。双击其中的坐标可以修改坐标值，直到满意为止。

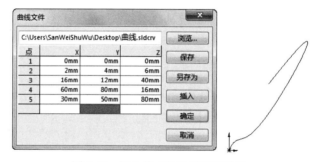

图 3-45　插入的文件及其预览效果

（4）单击"曲线文件"对话框中的"确定"按钮，生成需要的曲线。

3.3　综合实例——暖气管道

本实例绘制的暖气管道如图 3-46 所示。本例基本绘制方法是根据房间暖气管道接线图，结合"3D 草图"命令和"扫描"命令（将在后面章节中进行讲解）来完成模型创建。暖气管道流程图如图 3-47 所示。

图 3-46　暖气管道

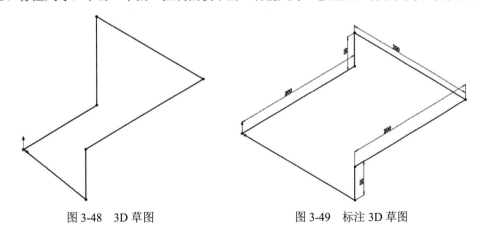

图 3-47 流程图

操作步骤如下：

（1）新建文件。启动 SOLIDWORKS 2020，选择菜单栏中的"文件"→"新建"命令，或者单击"快速访问"工具栏中的"新建"按钮 🗋，在弹出的"新建 SOLIDWORKS 文件"对话框中单击"零件"按钮 🦪，然后单击"确定"按钮，创建一个新的零件文件。

（2）绘制 3D 草图。选择菜单栏中的"插入"→"3D 草图"命令，或者单击"草图"控制面板中的"3D 草图"按钮 🔳，进入 3D 草图绘制状态。选择"草图"控制面板中需要的草图工具，单击"直线"按钮 ✐，开始绘制 3D 空间直线。注意此时在绘图区出现了空间控标，以原点为起点绘制草图，基准面为控标提示的基准面，方向由光标拖动决定，如图 3-48 所示。

（3）标注尺寸。单击"草图"控制面板中的"智能尺寸"按钮 ✎，标注尺寸，如图 3-49 所示。

图 3-48 3D 草图   图 3-49 标注 3D 草图

（4）圆角操作。单击"草图"控制面板中的"绘制圆角"按钮 🗂，或选择"工具"→"草图工具"→"圆角"命令，弹出"绘制圆角"属性管理器，并在图 3-50 中依次选择圆角端点。

（5）基准面设置。单击"特征"控制面板"参考几何体"下拉列表中的"基准面"按钮 🗐，或选择"插入"→"参考几何体"→"基准面"命令，弹出"基准面"属性管理器，在"第一参考"选项组中选择"右视基准面"，并输入距离值为 20，如图 3-51 所示。

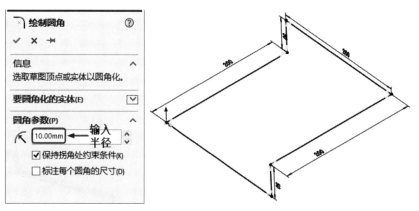

图 3-50　选择圆角边

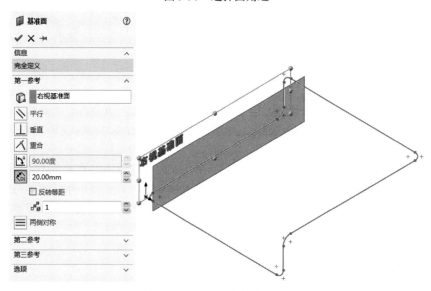

图 3-51　"基准面"属性管理器

（6）绘制草图。在设计树中选择步骤（5）创建的"基准面 1"，单击"草图"控制面板中的"草图绘制"按钮◻，新建一张草图。

（7）绘制圆和直线段。单击"草图"控制面板中的"圆"按钮⊙，绘制一个圆。

（8）标注尺寸。单击"草图"控制面板中的"智能尺寸"按钮❮，标注尺寸，如图 3-52 所示。

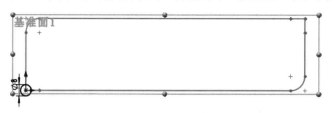

图 3-52　草图标注

（9）扫描设置。单击"特征"控制面板中的"扫描"按钮🖋，或选择菜单栏中的"插入"→"凸台/基体"→"扫描"命令，弹出"扫描"属性管理器，同时在右侧的图形区中显示生成的扫描特征，如图 3-53 所示。

Note

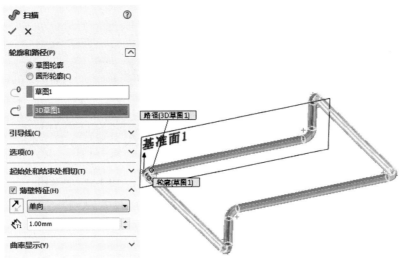

图 3-53 "扫描"属性管理器

（10）隐藏基准面。在绘图区选择基准面 1，右击，在弹出的快捷菜单中单击"隐藏"按钮，
如图 3-54 所示，最终结果如图 3-55 所示。

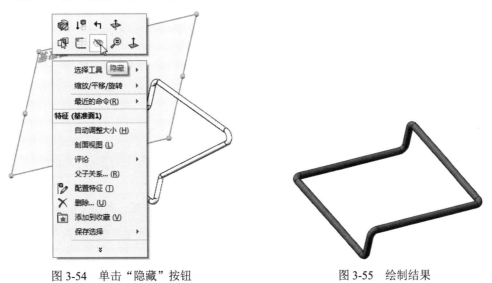

图 3-54 单击"隐藏"按钮   图 3-55 绘制结果

3.4 实践与操作

3.4.1 绘制弹簧

本实践将绘制如图 3-56 所示的弹簧。

操作提示：

（1）选择零件图标，进入零件图模式。

（2）选择前视基准面，单击"草图绘制"按钮，进入草图绘制模式。

（3）利用"圆"命令，绘制如图 3-57 所示的圆。

图 3-56　弹簧

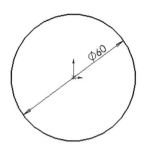

图 3-57　圆草图

（4）生成螺旋线，如图 3-58 所示。

（5）利用"圆"命令，绘制如图 3-59 所示的轮廓草图。

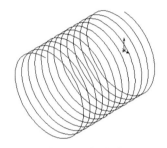

图 3-58　螺旋线

图 3-59　绘制路径草图

（6）扫描实体，生成弹簧。

3.4.2　绘制平移台丝杠

本实践将绘制如图 3-60 所示的平移台丝杠。

操作提示：

（1）利用"圆"命令绘制半径为 10 的圆，绘制丝杠主体轮廓草图，利用"拉伸"命令，输入拉伸距离为 325，创建拉伸体，如图 3-61 所示。

（2）利用螺旋线绘制丝杠的螺纹，绘制草图，如图 3-62 所示。

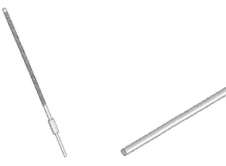

图 3-60　平移台丝杠　　　　　　图 3-61　拉伸实体　　　　　　　图 3-62　绘制螺纹草图

（3）利用"直线"命令，绘制扫描路径，如图 3-63 所示。

（4）利用"扫描"命令，扫描螺旋线，结果如图 3-64 所示。

Note

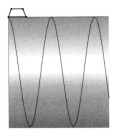

图 3-63 绘制路径草图

图 3-64 扫描实体

（5）利用"拉伸"命令，拉伸另一侧实体。

3.5 思 考 练 习

1．"草图"控制面板中的草图绘制命令和 3D 草图绘制命令有何区别？

2．练习各种曲线的绘制，如投影曲线、通过参考点的曲线、通过 XYZ 点的曲线、组合曲线、分割线、从草图投影到平面或曲面的曲线、螺旋线和涡状线。

3．绘制如图 3-65 所示的传动轴。

4．绘制如图 3-66 所示的螺母。

5．绘制如图 3-67 所示的花键轴。

图 3-65 传动轴

图 3-66 螺母

图 3-67 花键轴

第 **4** 章

参考几何体

在模型创建过程中不可避免地需要一些辅助操作，如参考几何体，和实体结果无直接关系，却是不可或缺的操作桥梁。

本章主要介绍参考几何体的分类，参考几何体主要包括基准面、基准轴、坐标系、点与配合参考 5 个部分。

☑ 基准面与基准轴   ☑ 参考点

☑ 坐标系

任务驱动&项目案例

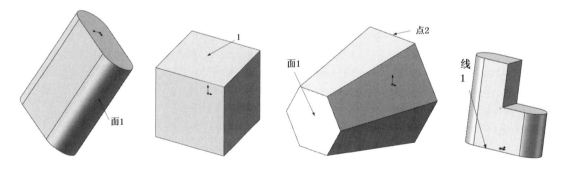

4.1 基 准 面

基准面是"参考几何体"操控板（见图4-1）的组成部分之一，主要应用于零件图和装配图中，可以利用基准面来绘制草图，生成模型的剖面视图，用于拔模特征中的中性面等。

SOLIDWORKS 提供了前视基准面、上视基准面和右视基准面3个默认的相互垂直的基准面。通常情况下，用户在这3个基准面上绘制草图，然后使用特征命令创建实体模型即可绘制需要的图形。但是对于一些特殊的特征，例如扫描特征和放样特征，需要在不同的基准面上绘制草图，才能完成模型的构建，这就需要创建新的基准面。

图4-1 "参考几何体"操控板

创建基准面有6种方式，分别是通过直线/点方式、点和平行面方式、夹角方式、等距距离方式、垂直于曲线方式与曲面切平面方式。下面详细介绍这几种创建基准面的方式。

4.1.1 通过直线/点方式

通过直线/点方式创建的基准面有 3 种：通过边线、轴，通过草图线及点，通过三点。下面介绍该方式的操作步骤。

（1）打开源文件"直线点方式创建基准面"，执行"基准面"命令。选择菜单栏中的"插入"→"参考几何体"→"基准面"命令，或者单击"特征"控制面板"参考几何体"下拉列表中的"基准面"按钮▥，此时系统弹出"基准面"属性管理器。

（2）设置属性管理器。在"第一参考"选项组中，选择如图4-2所示的边线1。在"第二参考"选项组中，选择如图4-2所示的边线2的中点。"基准面"属性管理器设置如图4-3所示。

（3）确认创建的基准面。单击"基准面"属性管理器中的"确定"按钮✔，创建的基准面1如图4-4所示。

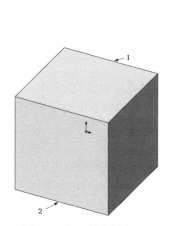

图4-2 打开的文件实体

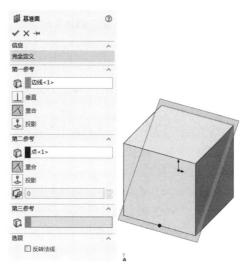

图4-3 "基准面"属性管理器1

图4-4 创建的基准面1

4.1.2　点和平行面方式

点和平行面方式用于创建通过点且平行于基准面或者面的基准面。下面介绍该方式的操作步骤。

（1）打开源文件"点和平行面方式创建基准面"，执行"基准面"命令。选择菜单栏中的"插入"→"参考几何体"→"基准面"命令，或者单击"特征"控制面板"参考几何体"下拉列表中的"基准面"按钮，此时系统弹出"基准面"属性管理器。

（2）设置属性管理器。在"第一参考"选项组中，选择如图 4-5 所示的边线 1 的中点。在"第二参考"选项组中，选择如图 4-5 所示的面 2，"基准面"属性管理器设置如图 4-6 所示。

（3）确认创建的基准面。单击"基准面"属性管理器中的"确定"按钮，创建的基准面 2 如图 4-7 所示。

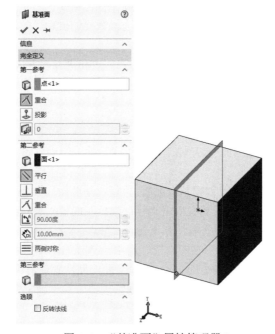

图 4-5　打开的文件实体　　　　图 4-6　"基准面"属性管理器 2　　　　图 4-7　创建的基准面 2

4.1.3　夹角方式

夹角方式用于创建通过一条边线、轴线或者草图线，并与一个面或者基准面成一定角度的基准面，下面介绍该方式的操作步骤。

（1）打开源文件"夹角方式创建基准面"，执行"基准面"命令。选择菜单栏中的"插入"→"参考几何体"→"基准面"命令，或者单击"特征"控制面板"参考几何体"下拉列表中的"基准面"按钮，此时系统弹出"基准面"属性管理器。

（2）设置属性管理器。在"第一参考"选项组中，选择如图 4-8 所示的面 1。在"第二参考"选项组中，选择如图 4-8 所示的边线 2。"基准面"属性管理器设置如图 4-9 所示，夹角为 60°。

（3）确认创建的基准面。单击"基准面"属性管理器中的"确定"按钮，创建的基准面 3 如图 4-10 所示。

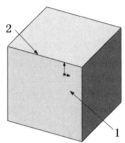

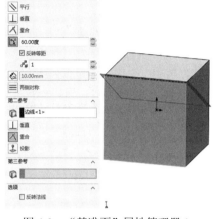

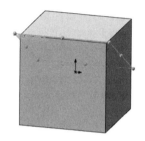

图 4-8 打开的文件实体　　　　图 4-9 "基准面"属性管理器 3　　　　图 4-10 创建的基准面 3

4.1.4 等距距离方式

等距距离方式用于创建平行于一个基准面或者面，并等距指定距离的基准面，下面介绍该方式的操作步骤。

（1）打开源文件"等距距离方式创建基准面"，执行"基准面"命令。选择菜单栏中的"插入"→"参考几何体"→"基准面"命令，或者单击"特征"控制面板"参考几何体"下拉列表中的"基准面"按钮 ，此时系统弹出"基准面"属性管理器。

（2）设置属性管理器。在"第一参考"选项组中，选择如图 4-11 所示的面 1。"基准面"属性管理器设置如图 4-12 所示，距离为 20。选中"基准面"属性管理器中的反转复选框可以设置生成基准面相对于参考面的方向。

（3）确认创建的基准面。单击"基准面"属性管理器中的"确定"按钮 ，创建的基准面 4 如图 4-13 所示。

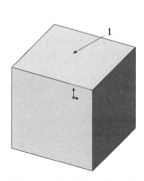

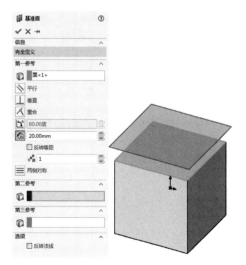

图 4-11 打开的文件实体　　　　图 4-12 "基准面"属性管理器 4　　　　图 4-13 创建的基准面 4

4.1.5 垂直于曲线方式

垂直于曲线方式用于创建通过一个点且垂直于一条边线或者曲线的基准面，下面介绍该方式的操作步骤。

（1）打开源文件"垂直于曲线方式"，执行"基准面"命令。选择菜单栏中的"插入"→"参考几何体"→"基准面"命令，或者单击"特征"控制面板"参考几何体"下拉列表中的"基准面"按钮🗐，此时系统弹出"基准面"属性管理器。

（2）设置属性管理器。在"第一参考"选项组中，选择如图4-14所示的点A。在"第二参考"选项组中，选择如图4-14所示的线1。"基准面"属性管理器设置如图4-15所示。

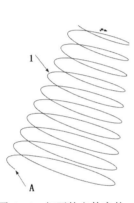

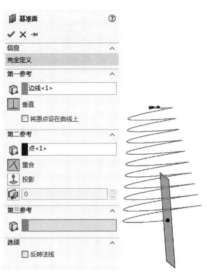

图 4-14　打开的文件实体　　　　　　图 4-15　"基准面"属性管理器 5

（3）确认创建的基准面。单击"基准面"属性管理器中的"确定"按钮✔，则创建通过点A且与螺旋线垂直的基准面5，如图4-16所示。

（4）右击，在弹出的快捷菜单中选择"旋转视图"命令ᗕ，将视图以合适的方向显示，如图4-17所示。

图 4-16　创建的基准面 5　　　　　　图 4-17　旋转视图后的图形

4.1.6　曲面切平面方式

曲面切平面方式用于创建一个与空间面或圆形曲面相切于一点的基准面，下面介绍该方式的操作步骤。

（1）打开源文件"曲面切平面方式"，执行"基准面"命令。选择菜单栏中的"插入"→"参考几何体"→"基准面"命令，或者单击"特征"控制面板"参考几何体"下拉列表中的"基准面"按钮🗐，此时系统弹出"基准面"属性管理器。

（2）设置属性管理器。在"第一参考"选项组中，选择如图 4-18 所示的面 1。在"第二参考"选项组中，选择右视基准面。"基准面"属性管理器设置如图 4-19 所示。

（3）确认创建的基准面。单击"基准面"属性管理器中的"确定"按钮✔，则创建与圆柱体表面相切且垂直于上视基准面的基准面 6，如图 4-20 所示。

本实例是以参照平面方式生成的基准面，生成的基准面垂直于参考平面。另外，也可以参考点方式生成基准面，生成的基准面是与点距离最近且垂直于曲面的基准面。如图 4-21 所示为参考点方式生成的基准面。

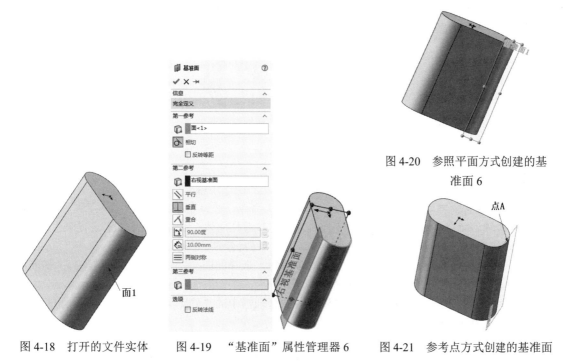

图 4-18　打开的文件实体　　图 4-19　"基准面"属性管理器 6　　图 4-20　参照平面方式创建的基准面 6　　图 4-21　参考点方式创建的基准面

4.2　基　准　轴

基准轴通常在草图几何体或者圆周阵列中使用。每一个圆柱和圆锥面都有一条轴线。临时轴是由模型中的圆锥和圆柱隐含生成的，可以选择菜单栏中的"视图"→"临时轴"命令来隐藏或显示所有的临时轴。

创建基准轴有 5 种方式，分别是一直线/边线/轴方式、两平面方式、两点/顶点方式、圆柱/圆锥面方式与点和面/基准面方式。下面详细介绍这几种创建基准轴的方式。

4.2.1 一直线/边线/轴方式

选择一草图的直线、实体的边线或者轴，创建所选直线所在的轴线，下面介绍该方式的操作步骤。

（1）打开源文件"一直线边线轴方式"，执行"基准轴"命令。选择菜单栏中的"插入"→"参考几何体"→"基准轴"命令，或者单击"特征"控制面板"参考几何体"下拉列表中的"基准轴"按钮，此时系统弹出"基准轴"属性管理器。

（2）设置属性管理器。在"第一参考"选项组中，选择如图 4-22 所示的线 1。"基准轴"属性管理器设置如图 4-23 所示。

（3）确认创建的基准轴。单击"基准轴"属性管理器中的"确定"按钮，创建的边线 1 所在的基准轴 1 如图 4-24 所示。

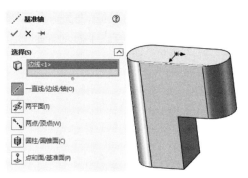

图 4-22　打开的文件实体　　　图 4-23　"基准轴"属性管理器 1　　　图 4-24　创建的基准轴 1

4.2.2 两平面方式

将所选两平面的交线作为基准轴，下面介绍该方式的操作步骤。

（1）打开源文件"两平面方式"，执行"基准轴"命令。选择菜单栏中的"插入"→"参考几何体"→"基准轴"命令，或者单击"特征"控制面板"参考几何体"下拉列表中的"基准轴"按钮，此时系统弹出"基准轴"属性管理器。

（2）设置属性管理器。在"第一参考"选项组中，选择如图 4-25 所示的面 1、面 2。"基准轴"属性管理器设置如图 4-26 所示。

（3）确认创建的基准轴。单击"基准轴"属性管理器中的"确定"按钮，以两平面的交线创建的基准轴 2 如图 4-27 所示。

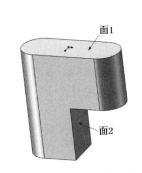
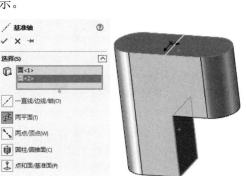

图 4-25　打开的文件实体　　　图 4-26　"基准轴"属性管理器 2　　　图 4-27　创建的基准轴 2

4.2.3　两点/顶点方式

将两个点或者两个顶点的连线作为基准轴，下面介绍该方式的操作步骤。

（1）打开源文件"两点顶点方式"，执行"基准轴"命令。选择菜单栏中的"插入"→"参考几何体"→"基准轴"命令，或者单击"特征"控制面板"参考几何体"下拉列表中的"基准轴"按钮，此时系统弹出"基准轴"属性管理器。

（2）设置属性管理器。在"第一参考"选项组中，选择如图 4-28 所示的点 1。在"第二参考"选项组中，选择如图 4-28 所示的点 2。"基准轴"属性管理器设置如图 4-29 所示。

（3）确认创建的基准轴。单击"基准轴"属性管理器中的"确定"按钮，以两顶点的交线创建的基准轴 3 如图 4-30 所示。

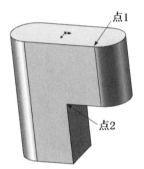
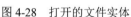
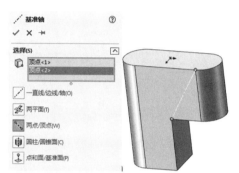

图 4-28　打开的文件实体　　　图 4-29　"基准轴"属性管理器 3　　　图 4-30　创建的基准轴 3

4.2.4　圆柱/圆锥面方式

选择圆柱面或者圆锥面，将其临时轴确定为基准轴，下面介绍该方式的操作步骤。

（1）打开源文件"圆柱圆锥面方式"，执行"基准轴"命令。选择菜单栏中的"插入"→"参考几何体"→"基准轴"命令，或者单击"特征"控制面板"参考几何体"下拉列表中的"基准轴"按钮，此时系统弹出"基准轴"属性管理器。

（2）设置属性管理器。在"第一参考"选项组中，选择如图 4-31 所示的面 3。"基准轴"属性管理器设置如图 4-32 所示。

（3）确认创建的基准轴。单击"基准轴"属性管理器中的"确定"按钮，将圆柱体临时轴确定为基准轴 4，如图 4-33 所示。

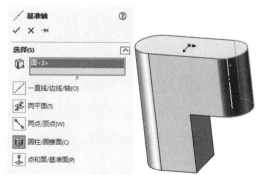

图 4-31　打开的文件实体　　　图 4-32　"基准轴"属性管理器 4　　　图 4-33　创建的基准轴 4

4.2.5　点和面/基准面方式

选择一曲面或者基准面以及顶点、点或者中点，创建一个通过所选点并且垂直于所选面的基准轴。下面介绍该方式的操作步骤。

（1）打开源文件"点和面基准面方式"，执行"基准轴"命令。选择菜单栏中的"插入"→"参考几何体"→"基准轴"命令，或者单击"特征"控制面板"参考几何体"下拉列表中的"基准轴"按钮 ，此时系统弹出"基准轴"属性管理器。

（2）设置属性管理器。在"第一参考"选项组中，选择如图4-34所示的面1。在"第二参考"选项组中，选择如图4-34所示的边线的中点2，"基准轴"属性管理器设置如图4-35所示。

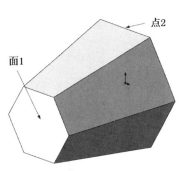

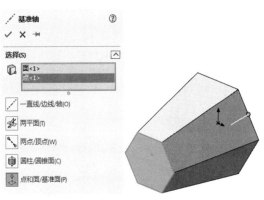

图4-34　打开的文件实体　　　　　图4-35　"基准轴"属性管理器5

（3）确认创建的基准轴。单击"基准轴"属性管理器中的"确定"按钮 ，创建通过边线的中点2且垂直于面1的基准轴。

（4）旋转视图。右击，在弹出的快捷菜单中选择"旋转视图"命令或按住鼠标中键，在绘图区出现 按钮，旋转视图，将视图以合适的方向显示，创建的基准轴5如图4-36所示。

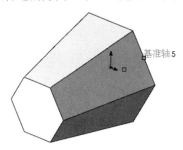

图4-36　创建的基准轴5

4.3　坐　标　系

"坐标系"命令主要用来定义零件或装配体的坐标系。此坐标系与测量和质量属性工具一同使用，可用于将SOLIDWORKS文件输出至IGES、STL、ACIS、STEP、Parasolid、VRML和VDA文件。下面介绍创建坐标系的操作步骤。

（1）打开源文件"坐标系"，执行"坐标系"命令。选择菜单栏中的"插入"→"参考几何体"→

"坐标系"命令，或者单击"特征"控制面板"参考几何体"下拉列表中的"坐标系"按钮，此时系统弹出"坐标系"属性管理器。

（2）设置属性管理器。在"原点"选项中，选择如图 4-37 所示的点 A；在"X 轴"选项中，选择如图 4-37 所示的边线 1；在"Y 轴"选项中，选择如图 4-37 所示的边线 2；在"Z 轴"选项中，选择如图 4-37 所示的边线 3。"坐标系"属性管理器设置如图 4-38 所示。

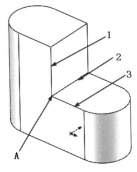

图 4-37　打开的文件实体

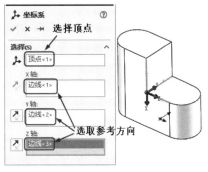

图 4-38　"坐标系"属性管理器

（3）确认创建的坐标系。单击"坐标系"属性管理器中的"确定"按钮，创建的新坐标系 1 如图 4-39 所示。此时所创建的坐标系 1 也会出现在 FeatureManager 设计树中，如图 4-40 所示。

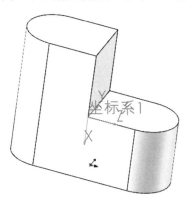

图 4-39　创建的坐标系 1

图 4-40　FeatureManager 设计树

4.4　参　考　点

在 SOLIDWORKS 中，可生成数种类型的参考点来构造对象，还可以在指定距离分割的曲线上生成多个参考点。

4.4.1　圆弧中心参考点

在所选圆弧或圆的中心生成参考点，下面介绍该方式的操作步骤。

（1）打开源文件"圆弧中心参考点"，执行"基准面"命令。选择菜单栏中的"插入"→"参考几何体"→"点"命令，或者单击"特征"控制面板"参考几何体"下拉列表中的（点）按钮，此时系统弹出"点"属性管理器。

视 频 讲 解

（2）设置属性管理器。单击"圆弧中心"按钮，设置点的创建方式为通过圆弧方式。在"参考实体"列表框中选择如图 4-41 所示的圆弧边线。"点"属性管理器设置如图 4-42 所示。

（3）确认创建的基准面。单击"点"属性管理器中的"确定"按钮，创建的点 1 如图 4-43 所示。

图 4-41　选择圆弧边线　　　　图 4-42　"点"属性管理器　　　　图 4-43　创建的点 1

4.4.2　面中心参考点

在所选面的引力中心生成一个参考点，下面介绍该方式的操作步骤。

（1）打开源文件"面中心参考点"，执行"基准面"命令。选择菜单栏中的"插入"→"参考几何体"→"点"命令，或者单击"特征"控制面板"参考几何体"下拉列表中的 ● （点）按钮，此时系统弹出"点"属性管理器。

（2）设置属性管理器。单击"面中心"按钮，设置点的创建方式为通过平面方式。在"参考实体"列表框中选择如图 4-44 所示的面 1，"点"属性管理器设置如图 4-45 所示。

（3）确认创建的基准面。单击"点"属性管理器中的"确定"按钮，创建的点 2 如图 4-46 所示。

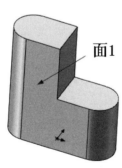
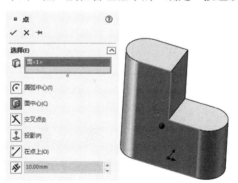

图 4-44　打开的文件实体　　　　图 4-45　"点"属性管理器　　　　图 4-46　创建的点 2

4.4.3　交叉点

在两个所选实体的交点处生成一参考点，下面介绍该方式的操作步骤。

（1）打开源文件"交叉点"，执行"点"命令。选择菜单栏中的"插入"→"参考几何体"→"点"命令，或者单击"特征"控制面板"参考几何体"下拉列表中的 ● （点）按钮，此时系统弹出"点"属性管理器。

（2）设置属性管理器。单击"交叉点"按钮，设置点的创建方式为通过线方式。在"参考实体"列表框 中选择如图 4-47 所示的边 1 和边 2。"点"属性管理器设置如图 4-48 所示。

（3）确认创建的基准面。单击"点"属性管理器中的"确定"按钮 ，创建的点 3 如图 4-49 所示。

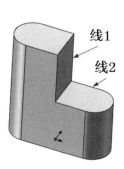

图 4-47 实体

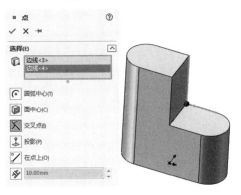

图 4-48 "点"属性管理器

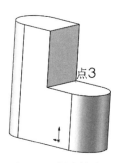

图 4-49 创建的点 3

4.4.4 投影点

生成一个从一实体投影到另一实体的参考点，下面介绍该方式的操作步骤。

（1）打开源文件"投影点"，执行"点"命令。选择菜单栏中的"插入"→"参考几何体"→"点"命令，或者单击"特征"控制面板"参考几何体"下拉列表中的 （点）按钮，此时系统弹出"点"属性管理器。

（2）设置属性管理器。单击"投影"按钮 ，设置点的创建方式为投影方式。在"参考实体"列表框 中选择如图 4-50 所示的顶点 1 和面 2，"点"属性管理器设置如图 4-51 所示。

（3）确认创建的基准面。单击"点"属性管理器中的"确定"按钮 ，创建的点 4 如图 4-52 所示。

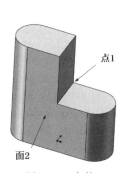

图 4-50 实体

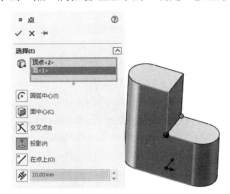

图 4-51 "点"属性管理器

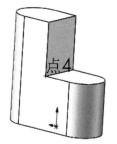

图 4-52 创建的点 4

4.4.5 创建多个参考点

沿边线、曲线或草图线段生成一组参考点，下面介绍该方式的操作步骤。

（1）打开源文件"创建多个参考点"，执行"点"命令。选择菜单栏中的"插入"→"参考几何体"→"点"命令，或者单击"特征"控制面板"参考几何体"下拉列表中的 （点）按钮，此时系统弹出"点"属性管理器。

（2）设置属性管理器。单击"沿曲线距离或多个参考点"按钮 ，设置点的创建方式为曲线方式。在"参考实体"列表框 中选择如图 4-53 所示的线 1。"点"属性管理器设置如图 4-54 所示，在属性管理器中选择分布类型。

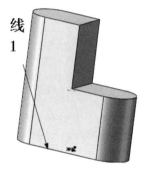

图 4-53 实体

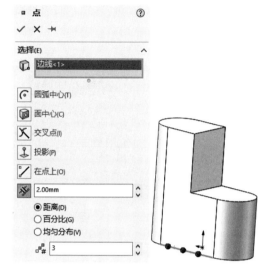

图 4-54 "点"属性管理器

☑ 输入距离/百分比数值：设定用来生成参考点的距离或百分比数值。

☑ 距离：按设定的距离生成参考点数。

☑ 百分比：按设定的百分比生成参考点数。

☑ 均匀分布：在实体上均匀分布的参考点数。

☑ 参考点数 ：设定要沿所选实体生成的参考点数。

（3）确认创建的基准面。单击"点"属性管理器中的"确定"按钮 ，创建的点 5、点 6 和点 7 如图 4-55 所示。

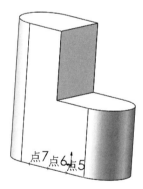

图 4-55 创建的多点

4.5 实践与操作

4.5.1 创建基准面

本实践利用"基准面"命令，采用不同的方式创建基准面。

操作提示：

（1）选择零件，进入零件图模式。

（2）选择"基准面"命令，在打开的属性管理器中选择不同的方式来创建基准面。

4.5.2 创建坐标系

本实践利用"坐标系"命令，在实体不同位置创建坐标系。

操作提示：

（1）利用"拉伸"命令创建简单圆柱体。

（2）利用"坐标系"命令在不同位置创建坐标系。

（3）利用"拉伸切除"命令在不同的坐标原点创建孔。

4.6 思考练习

1. 创建基准面有几种方式？练习并熟悉这几种创建方式。

2. 在同一实体上使用不同方式创建参考点。

3. 联系并对比基准轴、基准点、基准面的几种创建方法。

第5章

草绘特征

SOLIDWORKS提供了无与伦比的、基于特征的实体建模功能，通过拉伸、旋转、薄壁特征以及打孔等操作来实现产品的设计。

☑ 拉伸凸台/基体特征　　　　☑ 放样凸台/基体特征

☑ 旋转凸台/基体特征　　　　☑ 切除特征

☑ 扫描特征

任务驱动&项目案例

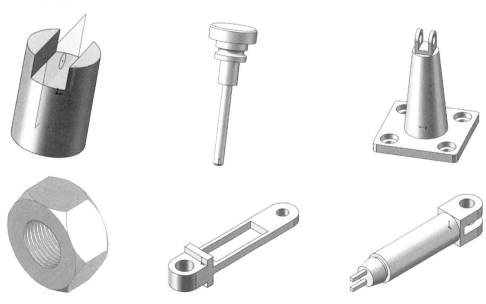

5.1　拉伸凸台/基体特征

拉伸特征由截面轮廓草图经过拉伸而成，适用于构造等截面的实体特征。如图 5-1 所示展示了利用拉伸基体/凸台特征生成的零件。

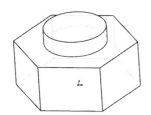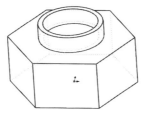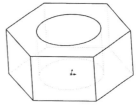

图 5-1　利用拉伸基体/凸台特征生成的零件

5.1.1　拉伸凸台/基体

拉伸特征是将一个二维平面草图按照给定的数值，沿与平面垂直的方向拉伸一段距离形成的特征。下面介绍创建拉伸特征的操作步骤。

（1）打开源文件"拉伸凸台基体"。保持草图处于激活状态，如图 5-2 所示，单击"特征"控制面板中的"拉伸凸台/基体"按钮，或选择菜单栏中的"插入"→"凸台/基体"→"拉伸"命令。

（2）此时系统弹出"凸台-拉伸"属性管理器，各选项的注释如图 5-3 所示。

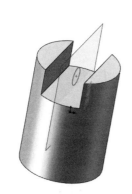

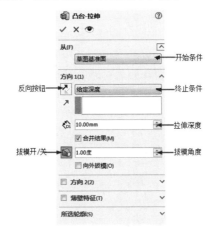

图 5-2　打开的文件实体　　　　图 5-3　"凸台-拉伸"属性管理器

（3）在"方向 1"选项组的"终止条件"下拉列表框中选择拉伸的终止条件，有以下几种。

☑　给定深度：从草图的基准面拉伸到指定的距离平移处，以生成特征，如图 5-4（a）所示。

☑　完全贯穿：从草图的基准面拉伸直到贯穿所有现有的几何体，如图 5-4（b）所示。

☑　成形到下一面：从草图的基准面拉伸到下一面（隔断整个轮廓），以生成特征，如图 5-4（c）所示。下一面必须在同一零件上。

☑　成形到一面：从草图的基准面拉伸到所选的曲面以生成特征，如图 5-4（d）所示。

☑　到离指定面指定的距离：从草图的基准面拉伸到离某面或曲面的特定距离处，以生成特征，如图 5-4（e）所示。

☑ 两侧对称：从草图基准面向两个方向对称拉伸，如图 5-4（f）所示。

☑ 成形到一顶点：从草图基准面拉伸到一个平面，这个平面平行于草图基准面且穿越指定的顶点，如图 5-4（g）所示。

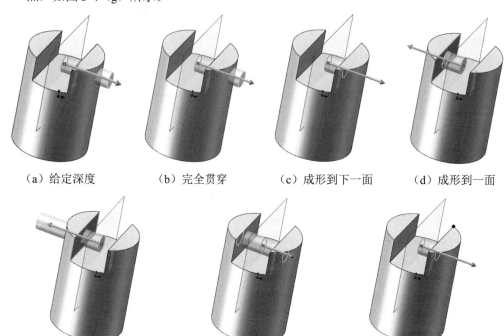

（a）给定深度　　　　（b）完全贯穿　　　　（c）成形到下一面　　　　（d）成形到一面

（e）到离指定面指定的距离　　　　（f）两侧对称　　　　（g）成形到一顶点

图 5-4　拉伸的终止条件

（4）在右面的图形区中检查预览。如果需要，单击"反向"按钮，向另一个方向拉伸。

（5）在"深度"文本框中输入拉伸的深度。

（6）如果要给特征添加一个拔模，单击"拔模开/关"按钮，然后输入一个拔模角度。如图 5-5 所示说明了拔模特征。

无拔模　　　　向内拔模　　　　向外拔模
　　　　　　　　10°　　　　　　10°

图 5-5　拔模说明

（7）如有必要，选中"方向 2"复选框，将拉伸应用到第二个方向。

（8）保持"薄壁特征"复选框没有被选中，单击"确定"按钮，完成基体/凸台的创建。

5.1.2　拉伸薄壁特征

SOLIDWORKS 可以对闭环和开环草图进行薄壁拉伸，如图 5-6 所示。所不同的是，如果草图本身是一个开环图形，则"拉伸凸台/基体"工具只能将其拉伸为薄壁；如果草图是一个闭环图形，则既可以选择将其拉伸为薄壁特征，也可以选择将其拉伸为实体特征。

图 5-6 开环和闭环草图的薄壁拉伸

下面介绍创建拉伸薄壁特征的操作步骤。

（1）打开源文件"拉伸薄壁特征"，或单击"快速访问"工具栏中的"新建"按钮 ，进入零件绘图区域。

（2）绘制一个圆。

（3）保持草图处于激活状态，单击"特征"控制面板中的"拉伸凸台/基体"按钮 ，或选择菜单栏中的"插入"→"凸台/基体"→"拉伸"命令。

（4）在弹出的"拉伸"属性管理器中选中"薄壁特征"复选框，如果草图是开环系统则只能生成薄壁特征。

（5）在 右侧的"拉伸类型"下拉列表框中选择拉伸薄壁特征的方式。

☑ 单向：使用指定的壁厚向一个方向拉伸草图。

☑ 两侧对称：在草图的两侧各以指定壁厚的一半向两个方向拉伸草图。

☑ 双向：在草图的两侧各使用不同的壁厚向两个方向拉伸草图。

（6）在"厚度"文本框 中输入薄壁的厚度。

（7）默认情况下，壁厚加在草图轮廓的外侧。单击"反向"按钮 ，可以将壁厚加在草图轮廓的内侧。

（8）对于薄壁特征基体拉伸，还可以指定以下附加选项。

☑ 如果生成的是一个闭环的轮廓草图，可以选中"顶端加盖"复选框，此时将为特征的顶端加上封盖，形成一个中空的零件，如图 5-7（a）所示。

☑ 如果生成的是一个开环的轮廓草图，可以选中"自动加圆角"复选框，此时自动在每一个具有相交夹角的边线上生成圆角，如图 5-7（b）所示。

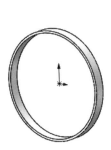
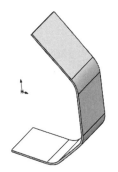

（a）中空零件　　　　　　（b）带有圆角的薄壁

图 5-7 薄壁

（9）单击"确定"按钮 ✅，完成拉伸薄壁特征的创建。

5.1.3 实例——大臂

本例绘制的大臂如图 5-8 所示。

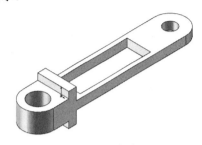

图 5-8 大臂

首先拉伸绘制大臂的外形轮廓，然后切除大臂局部轮廓，最后进行圆角处理，绘制的流程如图5-9所示。

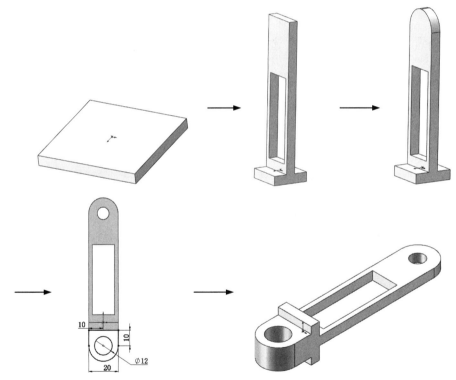

图 5-9 流程图

操作步骤如下：

（1）新建文件。启动 SOLIDWORKS 2020，选择菜单栏中的"文件"→"新建"命令，或者单击"快速访问"工具栏中的"新建"按钮 🗋，在弹出的"新建 SOLIDWORKS 文件"对话框中单击"零件"按钮 🧊，然后单击"确定"按钮，创建一个新的零件文件。

（2）绘制草图。在左侧的 FeatureManager 设计树中选择"前视基准面"作为绘制图形的基准面。

单击"草图"控制面板中的"中心矩形"按钮回，在坐标原点绘制正方形，单击"草图"控制面板中的"智能尺寸"按钮，标注尺寸后的结果如图 5-10 所示。

（3）拉伸实体。选择菜单栏中的"插入"→"凸台/基体"→"拉伸"命令，或者单击"特征"控制面板中的"拉伸凸台/基体"按钮，此时系统弹出如图 5-11 所示的"凸台-拉伸"属性管理器。设置拉伸终止条件为"给定深度"，输入拉伸距离为 5mm，然后单击"确定"按钮，结果如图 5-12 所示。

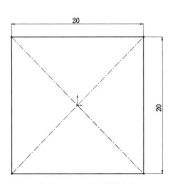

图 5-10　绘制草图

图 5-11　"凸台-拉伸"属性管理器 1

图 5-12　拉伸后的图形

（4）绘制草图。在左侧的 FeatureManager 设计树中选择"上视基准面"作为绘制图形的基准面。单击"草图"控制面板中的"直线"按钮，绘制如图 5-13 所示的草图并标注尺寸。

（5）拉伸实体。选择菜单栏中的"插入"→"凸台/基体"→"拉伸"命令，或者单击"特征"控制面板中的"拉伸凸台/基体"按钮，此时系统弹出如图 5-14 所示的"凸台-拉伸"属性管理器。设置拉伸终止条件为"两侧对称"，输入拉伸距离为 5mm，然后单击"确定"按钮，结果如图 5-15 所示。

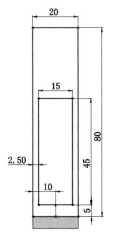

图 5-13　草图绘制结果

图 5-14　"凸台-拉伸"属性管理器 2

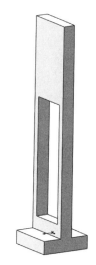

图 5-15　拉伸后的图形

（6）圆角实体。选择菜单栏中的"插入"→"特征"→"圆角"命令，或者单击"特征"控制面板中的"圆角"按钮，此时系统弹出如图 5-16 所示的"圆角"属性管理器。在"半径"一栏中输入值 10mm，然后用鼠标选取图 5-16 中的两条边线。接着单击属性管理器中的"确定"按钮，结果如图 5-17 所示。

（7）绘制草图。在视图中用鼠标选择如图 5-17 所示的面 1 作为绘制图形的基准面。单击"草图"控制面板中的"圆"按钮，绘制如图 5-18 所示的草图并标注尺寸。

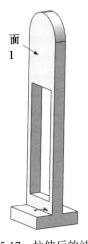

图 5-16　"圆角"属性管理器　　　　图 5-17　拉伸后的结果　　图 5-18　草图尺寸标注

（8）拉伸切除实体。选择菜单栏中的"插入"→"切除"→"拉伸"命令，或者单击"特征"控制面板中的"拉伸切除"按钮，此时系统弹出如图 5-19 所示的"切除-拉伸"属性管理器。设置拉伸终止条件为"完全贯穿"，然后单击"确定"按钮，结果如图 5-20 所示。

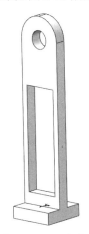

图 5-19　"切除-拉伸"属性管理器　　　　图 5-20　切除结果

（9）绘制草图。在左侧的 FeatureManager 设计树中选择"上视基准面"作为绘制图形的基准面。单击"草图"控制面板中的"直线"按钮✎、"圆"按钮⊙和"剪裁实体"按钮⊁，绘制如图 5-21 所示的草图并标注尺寸。

（10）拉伸实体。选择菜单栏中的"插入"→"凸台/基体"→"拉伸"命令，或者单击"特征"控制面板中的"拉伸凸台/基体"按钮🐝，此时系统弹出如图 5-22 所示的"凸台-拉伸"属性管理器。设置拉伸终止条件为"两侧对称"，输入拉伸距离为 12mm，然后单击"确定"按钮✔，结果如图 5-23 所示。

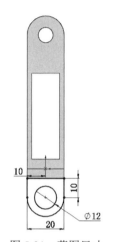

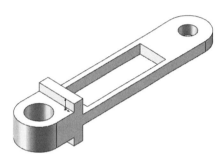

图 5-21　草图尺寸　　图 5-22　"凸台-拉伸"属性管理器　　　　图 5-23　拉伸结果

5.2　旋转凸台/基体特征

旋转特征是由特征截面绕中心线旋转而成的一类特征，适于构造回转体零件。如图 5-24 所示是一个由旋转特征形成的零件。

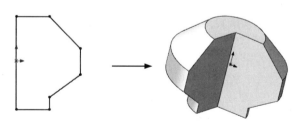

图 5-24　由旋转特征形成的零件

5.2.1　旋转凸台/基体

实体旋转特征的草图可以包含一个或多个闭环的非相交轮廓。对于包含多个轮廓的基体旋转特征，其中一个轮廓必须包含所有其他轮廓。如果草图包含一条以上的中心线，则选择一条中心线用作旋转轴。

下面介绍创建旋转的基体/凸台特征的操作步骤。

视频讲解

（1）打开源文件"旋转凸台/基体"。单击"特征"控制面板中的"旋转凸台/基体"按钮，或选择菜单栏中的"插入"→"凸台/基体"→"旋转"命令。

（2）弹出"旋转"属性管理器，选择如图 5-25 所示的闭环旋转草图及基准轴，同时在右侧的图形区中显示生成的旋转特征，如图 5-26 所示。

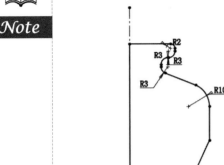

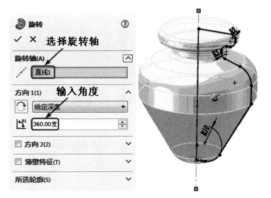

图 5-25　旋转草图　　　　　　　　　　图 5-26　"旋转"属性管理器

（3）在"角度"文本框中输入旋转角度。

（4）在"反向"按钮后的"类型"下拉列表框中选择旋转类型。

☑　给定深度：设定角度，从草图的基准面以指定的角度旋转特征，如图 5-27（a）所示。

☑　成形到一顶点：在图形区域选择一个顶点，从草图基准面旋转特征到一个平面，这个平面将平行于草图基准面且穿越指定的顶点。

☑　成形到一面：在图形区域选择一个要延伸到的面或基准面作为面/基准面，从草图的基准面旋转特征到所选的曲面以生成特征。

☑　到离指定面指定的距离：在图形区域选择一个面或基准面作为面/基准面，然后输入等距距离。选择转化曲面可以使旋转结束在参考曲面转化处，而非实际的等距。必要时，选择反向等距以便以反方向等距移动。

☑　两侧对称：草图以所在平面为中面分别向两个方向旋转相同的角度，在"方向 1"选项组下，选择"两侧对称"类型，在"角度"文本框中输入所需角度，如图 5-27（b）所示，角度为 120°。

（5）双向：草图以所在平面为中面分别向两个方向旋转指定的角度，分别在"方向 1""方向 2"选项组的"角度"文本框中设置对应角度，这两个角度可以分别指定，角度均为 120°，如图 5-27（c）所示。

（6）单击"确定"按钮，完成旋转凸台/基体特征的创建。

旋转特征应用比较广泛，是比较常用的特征建模工具，主要应用在以下零件的建模中。

☑　环形零件，如图 5-28 所示。

☑　球形零件，如图 5-29 所示。

☑　轴类零件，如图 5-30 所示。

☑　形状规则的轮毂类零件，如图 5-31 所示。

（a）单向旋转　　　　　（b）两侧对称旋转　　　　　（c）双向旋转

图 5-27　旋转特征

图 5-28　环形零件　　　　　　　　　图 5-29　球形零件

图 5-30　轴类零件　　　　　　　　　图 5-31　轮毂类零件

5.2.2　旋转薄壁凸台/基体

　　薄壁或曲面旋转特征的草图只能包含一个开环或闭环的非相交轮廓。轮廓不能与中心线交叉。如果草图包含一条以上的中心线，则选择一条中心线用作旋转轴。

　　下面介绍创建旋转的薄壁基体/凸台特征的操作步骤。

　　（1）打开源文件"旋转薄壁凸台基体"。单击"特征"控制面板中的"旋转凸台/基体"按钮 ，或选择菜单栏中的"插入"→"凸台/基体"→"旋转"命令。

　　（2）弹出"旋转"属性管理器，选择图 5-32 所示的旋转草图及基准轴，由于草图是开环，属性管理器自动选中"薄壁特征"复选框，设置薄壁厚度为 1mm，同时在右侧的图形区中显示生成的旋转特征，如图 5-33 所示。

　　（3）在"角度"文本框 中输入旋转角度。

　　（4）在"反向"按钮 后的"类型"下拉列表框中选择旋转类型。

　　☑　给定深度：设定角度 ，从草图的基准面以指定的角度旋转特征。如图 5-34（a）所示，角度为 120°。

　　☑　成形到一顶点：在图形区域选择一个顶点，从草图基准面旋转特征到一个平面，这个平面将平行于草图基准面且穿越指定的顶点。

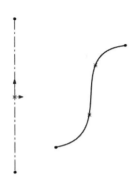

图 5-32　旋转草图

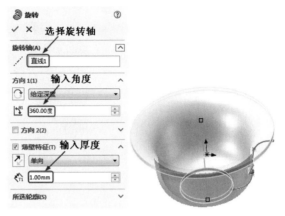

图 5-33　"旋转"属性管理器

☑　成形到一面：在图形区域选择一个要延伸到的面或基准面作为面/基准面，从草图的基准面旋转特征到所选的曲面以生成特征。

☑　到离指定面指定的距离：在图形区域选择一个面或基准面作为面/基准面，然后输入等距距离。选择转化曲面可以使旋转结束在参考曲面转化处，而非实际的等距。必要时，选择反向等距以便以反方向等距移动。

☑　两侧对称：草图以所在平面为中面分别向两个方向旋转相同的角度，在"方向1"选项组下，选择"两侧对称"类型，在"角度"文本框 中输入所需角度，如图5-34（b）所示，角度为100°。

（5）双向：草图以所在平面为中面分别向两个方向旋转指定的角度，分别在"方向1""方向2"选项组的"角度"文本框 中设置对应角度，这两个角度可以分别指定，角度均为100°，如图5-34（c）所示。

　　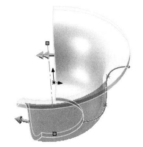

（a）单向旋转　　　　　　　　（b）两侧对称旋转　　　　　　　　（c）双向旋转

图 5-34　旋转特征

（6）如果草图是闭环草图，准备生成薄壁旋转，则选中"薄壁特征"复选框，然后在"薄壁特征"选项组的下拉列表框中选择拉伸薄壁类型。这里的类型与在旋转类型中的含义完全不同，这里的方向是指薄壁截面上的方向。

☑　单向：使用指定的壁厚向一个方向拉伸草图，默认情况下，壁厚加在草图轮廓的外测。

☑　两侧对称：在草图的两侧各以指定壁厚的一半向两个方向拉伸草图。

☑　双向：在草图的两侧各使用不同的壁厚向两个方向拉伸草图。

（7）在"厚度"文本框 中指定薄壁的厚度。单击"反向"按钮 ，可以将壁厚加在草图轮廓的内侧。如图5-35所示为壁厚加在外侧的旋转实体。

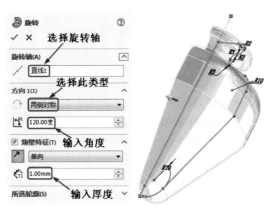

图 5-35　薄壁实体

（8）单击"确定"按钮 ✅，完成薄壁旋转凸台/基体特征的创建。

5.2.3　实例——油标尺

本例绘制油标尺，如图 5-36 所示。

绘制草图时通过旋转创建油标尺，绘制油标尺的流程如图 5-37 所示。

图 5-36　油标尺

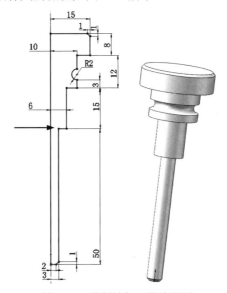

图 5-37　绘制油标尺的流程图

操作步骤如下：

（1）新建文件。启动 SOLIDWORKS 2020，选择菜单栏中的"文件"→"新建"命令，或单击"快速访问"工具栏中的"新建"按钮 🗋，在打开的"新建 SOLIDWORKS 文件"对话框中单击"零件"按钮 🦴，然后单击"确定"按钮，创建一个新的零件文件。

（2）新建草图。在左侧的 FeatureManager 设计树中选择"上视基准面"作为绘图基准面。单击"草图绘制"按钮 ⌐，新建一张草图。

（3）绘制草图。单击"草图"控制面板中的"中心线"按钮 ✍、"直线"按钮 ✏ 和"三点圆弧"按钮 ⌒，绘制草图。

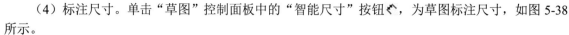

Note

（4）标注尺寸。单击"草图"控制面板中的"智能尺寸"按钮 ⚓，为草图标注尺寸，如图 5-38 所示。

（5）旋转实体。选择菜单栏中的"插入"→"凸台/基体"→"旋转"命令，或者单击"特征"控制面板中的"旋转凸台/基体"按钮 ⚙，弹出如图 5-39 所示的"旋转"属性管理器。设定旋转的终止条件为"给定深度"，输入旋转角度为 360°，保持其他选项的系统默认值不变。单击"旋转"属性管理器中的"确定"按钮 ✅，结果如图 5-40 所示。

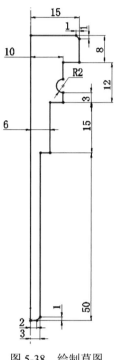

图 5-38　绘制草图　　　　　图 5-39　"旋转"属性管理器　　　　　图 5-40　旋转实体

5.3　扫　描　特　征

扫描特征是指由二维草绘平面沿一平面或空间轨迹线扫描而成的一类特征。沿着一条路径移动轮廓（截面）可以生成基体、凸台、切除或曲面，如图5-41所示。

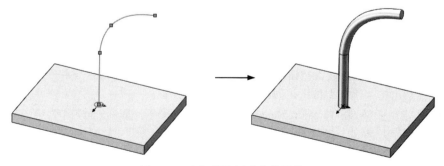

图 5-41　由扫描特征形成的零件

5.3.1 凸台/基体扫描

凸台/基体扫描特征属于叠加特征。下面介绍创建凸台/基体扫描特征的操作步骤。

（1）打开源文件"凸台基体扫描"。在一个基准面上绘制一个闭环的非相交轮廓。使用草图、现有的模型边线或曲线生成轮廓将遵循的路径，如图 5-42 所示。

图 5-42　扫描草图

（2）单击"特征"控制面板中的"扫描"按钮 ，或选择菜单栏中的"插入"→"凸台/基体"→"扫描"命令。

（3）系统弹出"扫描"属性管理器，同时在右侧的图形区中显示生成的扫描特征，如图 5-43 所示。

图 5-43　"扫描"属性管理器

（4）单击"轮廓"按钮 ，然后在图形区中选择轮廓草图。

（5）单击"路径"按钮 ，然后在图形区中选择路径草图。如果预先选择了轮廓草图或路径草图，则草图将显示在对应的属性管理器文本框中。

（6）在"轮廓方位"下拉列表框中选择以下选项之一。

☑　随路径变化：草图轮廓随路径的变化而变换方向，其法线与路径相切，如图 5-44（a）所示。

☑　保持法向不变：草图轮廓保持法线方向不变，如图 5-44（b）所示。

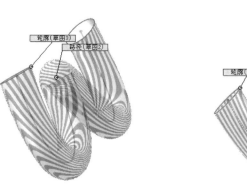

（a）随路径变化　　　　　　（b）保持法向不变

图 5-44　扫描特征

（7）如果要生成薄壁特征扫描，则选中"薄壁特征"复选框，从而激活薄壁选项。

☑　选择薄壁类型（单向、两侧对称或双向）。

☑　设置薄壁厚度。

（8）扫描属性设置完毕，单击"确定"按钮 ✔。

5.3.2　引导线扫描

SOLIDWORKS 2020 不仅可以生成等截面的扫描，还可以生成随着路径变化截面也发生变化的扫描——引导线扫描。如图 5-45 所示展示了引导线扫描效果。

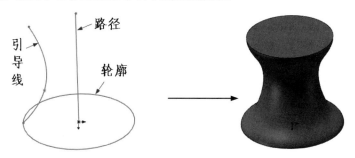

图 5-45　引导线扫描效果

在利用引导线生成扫描特征之前，应该注意以下几点。

☑　应该先生成扫描路径和引导线，然后生成截面轮廓。

☑　引导线必须要和轮廓相交于一点，作为扫描曲面的顶点。

☑　最好在截面草图上添加引导线上的点和截面相交处之间的穿透关系。

下面介绍利用引导线生成扫描特征的操作步骤。

（1）打开源文件"引导线扫描"，如图 5-46 所示。在轮廓草图中引导线与轮廓相交处添加穿透几何关系。穿透几何关系将使截面沿着路径改变大小、形状或者两者均改变。截面受曲线的约束，但曲线不受截面的约束。

（2）单击"特征"控制面板中的"扫描"按钮 ✔，或选择菜单栏中的"插入"→"基体/凸台"→"扫描"命令。如果要生成切除扫描特征，则选择菜单栏中的"插入"→"切除"→"扫描"命令。

（3）弹出"扫描"属性管理器，同时在右侧的图形区中显示生成的基体或凸台扫描特征。

（4）单击"轮廓"按钮 ⌒ ，然后在图形区中选择轮廓草图。

（5）单击"路径"按钮 ⌒ ，然后在图形区中选择路径草图。如果选中了"显示预览"复选框，此时在图形区中将显示不随引导线变化截面的扫描特征。

（6）在"引导线"选项组中单击"引导线"按钮 ⌒ ，然后在图形区中选择引导线。此时在图形区中将显示随引导线变化截面的扫描特征，如图 5-47 所示。

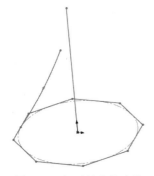

图 5-46　打开的实体文件

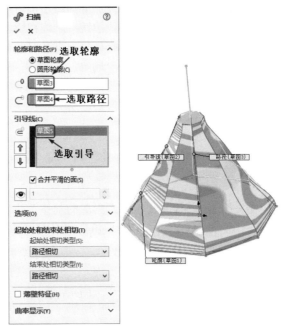

图 5-47　引导线扫描

（7）如果存在多条引导线，可以单击"上移"按钮 ↑ 或"下移"按钮 ↓ ，改变使用引导线的顺序。

（8）单击"显示截面"按钮 ● ，然后单击"微调"按钮 ↕ ，根据截面数量查看并修正轮廓。

（9）在"选项"选项组的"方向/扭转类型"下拉列表框中可以选择以下选项。

☑　随路径变化：草图轮廓随路径的变化而变换方向，其法线与路径相切。

☑　保持法向不变：草图轮廓保持法线方向不变。

☑　随路径和第一引导线变化：如果引导线不只一条，选择该选项将使扫描随第一条引导线变化，如图 5-48（a）所示。

☑　随第一和第二引导线变化：如果引导线不只一条，选择该选项将使扫描随第一条和第二条引导线同时变化，如图 5-48（b）所示。

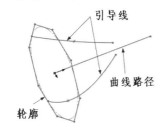

（a）随路径和第一条引导线变化

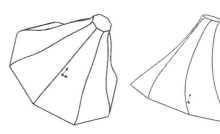

（b）随第一条和第二条引导线变化

图 5-48　随路径和引导线扫描

Note

（10）如果要生成薄壁特征扫描，则选中"薄壁特征"复选框，从而激活薄壁选项。

☑ 选择薄壁类型（单向、两侧对称或双向）。

☑ 设置薄壁厚度。

（11）在"起始处/结束处相切"选项组中可以设置起始或结束处的相切选项。

☑ 无：不应用相切。

☑ 路径相切：扫描在起始处和终止处与路径相切。

☑ 方向向量：扫描与所选的直线边线或轴线相切，或与所选基准面的法线相切。

☑ 所有面：扫描在起始处和终止处与现有几何的相邻面相切。

（12）扫描属性设置完毕，单击"确定"按钮 ✔，完成引导线扫描。

扫描路径和引导线的长度可能不同，如果引导线比扫描路径长，扫描将使用扫描路径的长度；如果引导线比扫描路径短，扫描将使用最短的引导线长度。

5.4 放样凸台/基体特征

所谓放样是指连接多个剖面或轮廓形成的基体、凸台或切除，通过在轮廓之间进行过渡来生成特征。如图 5-49 所示是放样特征实例。

5.4.1 放样凸台/基体

视频讲解

通过使用空间上两个或两个以上的不同平面轮廓，可以生成最基本的放样特征。

下面介绍创建空间轮廓的放样特征的操作步骤。

（1）打开源文件"放样凸台基体"，如图 5-50 所示。单击"特征"控制面板中的"放样凸台/基体"按钮 ♨，或选择菜单栏中的"插入"→"凸台"→"放样"命令。如果要生成切除放样特征，则选择"插入"→"切除"→"放样"命令。

（2）此时弹出"放样"属性管理器，单击每个轮廓上相应的点，按顺序选择空间轮廓和其他轮廓的面，此时被选择轮廓显示在"轮廓"选项组中，在右侧的图形区中显示生成的放样特征，如图 5-51 所示。

图 5-50　打开的实体文件

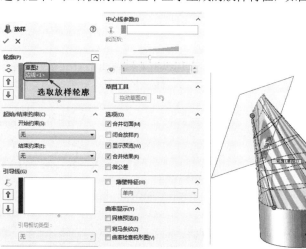

图 5-51　"放样"属性管理器

（3）单击"上移"按钮➕或"下移"按钮➖，改变轮廓的顺序。此项只针对两个以上轮廓的放样特征。

（4）如果要在放样的开始和结束处控制相切，则设置"起始/结束约束"选项组，图 5-52 所示分别显示"开始约束"与"结束约束"两个下拉列表框中的选项。

图 5-52　"起始/结束约束"选项组

下面分别介绍常用选项。

☑　无：不应用相切。

☑　垂直于轮廓：放样在起始和终止处与轮廓的草图基准面垂直。

☑　方向向量：放样与所选的边线或轴相切，或与所选基准面的法线相切。

☑　与面相切：使相邻面在所选开始或结束轮廓处相切。

☑　与面的曲率：在所选开始或结束轮廓处应用平滑、具有美感的曲率连续放样。

如图 5-53 所示说明了相切选项的差异。

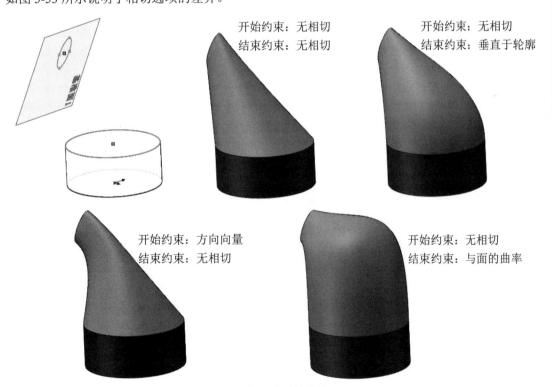

图 5-53　相切选项的差异

（5）如果要生成薄壁放样特征，则选中"薄壁特征"复选框，从而激活薄壁选项。

☑　选择薄壁类型（单向、两侧对称或双向）。

☑   设置薄壁厚度。

（6）放样属性设置完毕，单击"确定"按钮✔，完成放样。

5.4.2　引导线放样

同生成引导线扫描特征一样，SOLIDWORKS 2020 也可以生成引导线放样特征。通过使用两个或多个轮廓并使用一条或多条引导线来连接轮廓，生成引导线放样特征。通过引导线可以帮助控制所生成的中间轮廓。如图 5-54 所示展示了引导线放样效果。

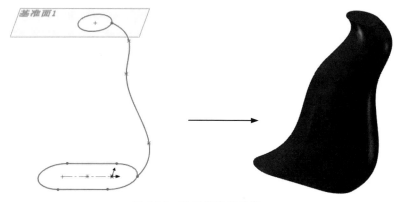

图 5-54　引导线放样效果

在利用引导线生成放样特征时，应该注意以下几点。

☑   引导线必须与轮廓相交。

☑   引导线的数量不受限制。

☑   引导线之间可以相交。

☑   引导线可以是任何草图曲线、模型边线或曲线。

☑   引导线可以比生成的放样特征长，放样将终止于最短的引导线的末端。

下面介绍创建引导线放样特征的操作步骤。

（1）打开源文件"引导线放样"，如图 5-55 所示。在轮廓所在的草图中为引导线和轮廓顶点添加穿透几何关系或重合几何关系。

（2）单击"特征"控制面板中的"放样凸台/基体"按钮🍗，或选择菜单栏中的"插入"→"凸台"→"放样"命令，如果要生成切除特征，则选择菜单栏中的"插入"→"切除"→"放样"命令。

（3）弹出"放样"属性管理器，单击每个轮廓上相应的点，按顺序选择空间轮廓和其他轮廓的面，此时被选择轮廓显示在"轮廓"选项组中。

（4）单击"上移"按钮⬆或"下移"按钮⬇，改变轮廓的顺序，此项只针对两个以上轮廓的放样特征。

（5）在"引导线"选项组中单击"引导线框"按钮，然后在图形区中选择引导线。此时在图形区中将显示随引导线变化的放样特征，如图 5-56 所示。

（6）如果存在多条引导线，可以单击"上移"按钮⬆或"下移"按钮⬇，改变使用引导线的顺序。

（7）通过"起始/结束约束"选项组中可以控制草图、面或曲面边线之间的相切量和放样方向。

（8）如果要生成薄壁特征，则选中"薄壁特征"复选框，从而激活薄壁选项，设置薄壁特征。

（9）放样属性设置完毕，单击"确定"按钮✔，完成放样。

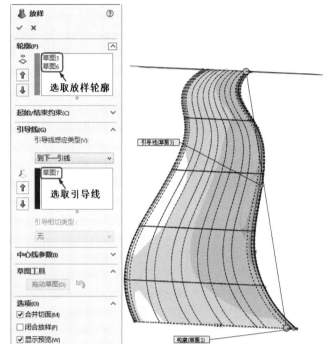

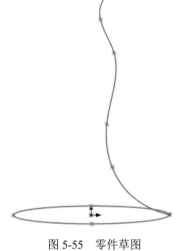

图 5-55　零件草图　　　　　　　　　　　　图 5-56　"放样"属性管理器

提示：绘制引导线放样时，草图轮廓必须与引导线相交。

5.4.3　中心线放样

SOLIDWORKS 2020 还可以生成中心线放样特征。中心线放样是指将一条变化的引导线作为中心线进行的放样，在中心线放样特征中，所有中间截面的草图基准面都与此中心线垂直。

中心线放样特征的中心线必须与每个闭环轮廓的内部区域相交，而不是像引导线放样那样，引导线必须与每个轮廓线相交。如图 5-57 所示展示了中心线放样效果。

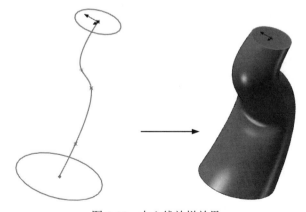

图 5-57　中心线放样效果

下面介绍创建中心线放样特征的操作步骤。

（1）打开源文件"中心线放样"，打开的实体文件如图 5-58 所示。单击"特征"控制面板中的"放样凸台/基体"按钮，或选择菜单栏中的"插入"→"凸台"→"放样"命令。如果要生成切除特征，则选择菜单栏中的"插入"→"切除"→"放样"命令。

（2）弹出"放样"属性管理器，单击每个轮廓上相应的点，按顺序选择空间轮廓和其他轮廓的面，此时被选择轮廓显示在"轮廓"选项组中。

（3）单击"上移"按钮或"下移"按钮，改变轮廓的顺序，此项只针对两个以上轮廓的放样特征。

（4）在"中心线参数"选项组中单击"中心线框"按钮，然后在图形区中选择中心线，此时在图形区中将显示随着中心线变化的放样特征，如图 5-59 所示。

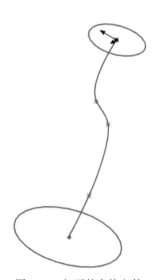

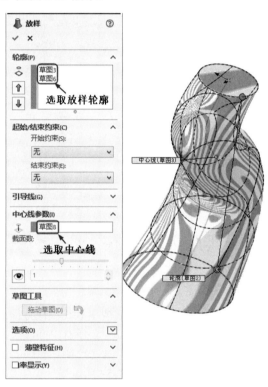

图 5-58　打开的实体文件　　　　图 5-59　"放样"属性管理器

（5）调整"截面数"滑竿来更改在图形区显示的预览数。

（6）单击"显示截面"按钮，然后单击"微调"按钮，根据截面数量查看并修正轮廓。

（7）如果要在放样的开始和结束处控制相切，则设置"起始/结束约束"选项组。

（8）如果要生成薄壁特征，则选中"薄壁特征"复选框，并设置薄壁特征。

（9）放样属性设置完毕，单击"确定"按钮，完成放样。

提示：绘制中心线放样时，中心线必须与每个闭环轮廓的内部区域相交。

5.4.4　用分割线放样

要生成一个与空间曲面无缝连接的放样特征，就必须用到分割线放样。分割线放样可以将放样中的空间轮廓转换为平面轮廓，从而使放样特征进一步扩展到空间模型的曲面上。如图 5-60 所示说明了分割线放样效果。

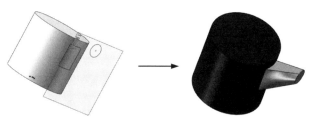

图 5-60　分割线放样效果

下面介绍创建分割线放样的操作步骤。

（1）打开源文件"分割线放样"。单击"特征"控制面板中的"放样凸台/基体"按钮 ，或选择菜单栏中的"插入"→"凸台"→"放样"命令。如果要生成切除特征，则选择菜单栏中的"插入"→"切除"→"放样"命令，弹出"放样"属性管理器。

（2）单击每个轮廓上相应的点，按顺序选择空间轮廓和其他轮廓的面，此时被选择轮廓显示在"轮廓"选项组中。此时，分割线也是一个轮廓。

（3）单击"上移"按钮 或"下移"按钮 ，改变轮廓的顺序，此项只针对两个以上轮廓的放样特征。

（4）如果要在放样的开始和结束处控制相切，则设置"起始/结束约束"选项组。

（5）如果要生成薄壁特征，则选中"薄壁特征"复选框，并设置薄壁特征。

（6）放样属性设置完毕，单击"确定"按钮 ，完成放样。

利用分割线放样不仅可以生成普通的放样特征，还可以生成引导线或中心线放样特征。其操作步骤基本一样，这里不再赘述。

5.5　切　除　特　征

如图 5-61 所示展示了利用拉伸切除特征生成的几种零件效果。下面介绍创建拉伸切除特征的操作步骤。

切除拉伸

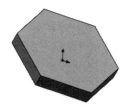
反侧切除

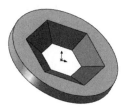
拔模切除

薄壁切除

图 5-61　利用拉伸切除特征生成的几种零件效果

5.5.1　拉伸切除特征

（1）打开源文件"拉伸切除特征"，在图 5-62 中保持草图处于激活状态，单击"特征"控制面板中的"拉伸切除"按钮 ，或选择菜单栏中的"插入"→"切除"→"拉伸"命令。

（2）此时弹出"切除-拉伸"属性管理器，如图 5-63 所示。

视 频 讲 解

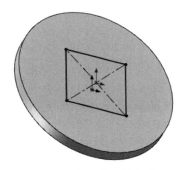

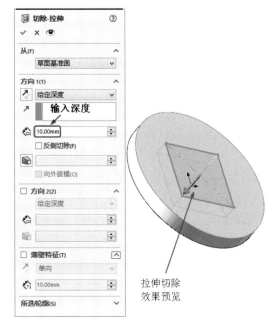

拉伸切除
效果预览

图 5-62　打开的实体文件　　　　　　　图 5-63　"切除-拉伸"属性管理器

（3）在"方向 1"选项组中执行如下操作。

☑　在右侧的"终止条件"下拉列表框中选择"切除-拉伸"。

☑　如果选中了"反侧切除"复选框，则将生成反侧切除特征。

☑　单击"反向"按钮，可以向另一个方向切除。

☑　单击"拔模开/关"按钮，可以给特征添加拔模效果。

（4）如果有必要，选中"方向 2"复选框，将拉伸切除应用到第二个方向。

（5）如果要生成薄壁切除特征，选中"薄壁特征"复选框，然后执行如下操作。

☑　在右侧的下拉列表框中选择切除类型：单向、两侧对称或双向。

☑　单击"反向"按钮，可以以相反的方向生成薄壁切除特征。

☑　在"厚度"文本框中输入切除的厚度。

（6）单击"确定"按钮，完成拉伸切除特征的创建。

提示：下面以如图 5-64 所示为例，说明"反侧切除"复选框对拉伸切除特征的影响。如图 5-64（a）所示为绘制的草图轮廓，如图 5-64（b）所示为取消选中"反侧切除"复选框后的拉伸切除特征；如图 5-64（c）所示为选中"反侧切除"复选框的拉伸切除特征。

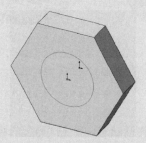
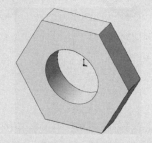
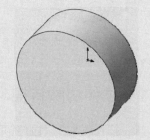

（a）绘制的草图轮廓　　　（b）未选中复选框的特征图形　　　（c）选中复选框的特征图形

图 5-64　"反侧切除"复选框对拉伸切除特征的影响

5.5.2 实例——小臂

本例绘制的小臂如图 5-65 所示。

图 5-65 小臂

首先利用"拉伸"命令依次绘制小臂的外形轮廓，然后切除小臂局部实体，最后旋转剩余草图，绘制的流程如图 5-66 所示。

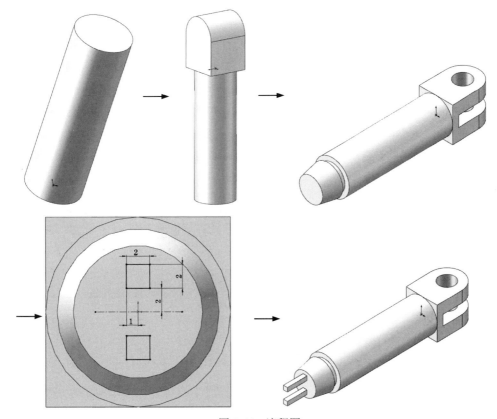

图 5-66 流程图

操作步骤如下：

（1）新建文件。启动 SOLIDWORKS 2020，选择菜单栏中的"文件"→"新建"命令，或者单击"快速访问"工具栏中的"新建"按钮，在弹出的"新建 SOLIDWORKS 文件"对话框中单击"零件"按钮，然后单击"确定"按钮，创建一个新的零件文件。

（2）绘制草图。在左侧的 FeatureManager 设计树中选择"前视基准面"作为绘制图形的基准面。

Note

单击"草图"控制面板中的"圆"按钮⊙，在坐标原点绘制直径为 16mm 的圆，标注尺寸后的结果如图 5-67 所示。

（3）拉伸实体。选择菜单栏中的"插入"→"凸台/基体"→"拉伸"命令，或者单击"特征"控制面板中的"拉伸凸台/基体"按钮⑩，此时系统弹出如图 5-68 所示的"凸台-拉伸"属性管理器。设置拉伸终止条件为"给定深度"，输入拉伸距离为 50mm，然后单击"确定"按钮✔，结果如图 5-69 所示。

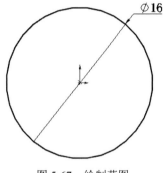

图 5-67　绘制草图　　　　　图 5-68　"凸台-拉伸"属性管理器 1　　　　图 5-69　拉伸后的图形 1

（4）绘制草图。在左侧的 FeatureManager 设计树中选择"上视基准面"作为绘制图形的基准面。单击"草图"控制面板中的"直线"按钮✏和"三点圆弧"按钮♪，绘制草图标注尺寸后的结果如图 5-70 所示。

（5）拉伸实体。选择菜单栏中的"插入"→"凸台/基体"→"拉伸"命令，或者单击"特征"控制面板中的"拉伸凸台/基体"按钮⑩，此时系统弹出如图 5-71 所示的"凸台-拉伸"属性管理器。设置拉伸终止条件为"两侧对称"，输入拉伸距离为 16mm，然后单击"确定"按钮✔，结果如图 5-72 所示。

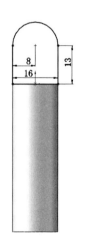

图 5-70　拉伸后的图形 2　　　　图 5-71　"凸台-拉伸"属性管理器 2　　　图 5-72　拉伸后的图形 3

（6）绘制草图。在左侧的 FeatureManager 设计树中选择"上视基准面"作为绘制图形的基准面。

单击"草图"控制面板中的"边角矩形"按钮□，绘制草图标注尺寸后的结果如图 5-73 所示。

（7）拉伸切除实体。选择菜单栏中的"插入"→"切除"→"拉伸"命令，或者单击"特征"控制面板中的"切除拉伸"按钮⬚，此时系统弹出如图 5-74 所示的"切除-拉伸"属性管理器。设置拉伸终止条件为"给定深度"，输入拉伸距离为 5mm，然后单击"确定"按钮✔，结果如图 5-75 所示。

图 5-73　标注草图 1　　　　图 5-74　"切除-拉伸"属性管理器 1　　　　图 5-75　拉伸切除后的结果 1

（8）绘制草图。在视图中用鼠标选择如图 5-75 所示的面 1 作为绘制图形的基准面。单击"草图"控制面板中的"圆"按钮⊙，绘制如图 5-76 所示的草图并标注尺寸。

（9）拉伸切除实体。选择菜单栏中的"插入"→"切除"→"拉伸"命令，或者单击"特征"控制面板中的"切除拉伸"按钮⬚，此时系统弹出如图 5-77 所示的"切除-拉伸"属性管理器。设置拉伸终止条件为"完全贯穿"，然后单击"确定"按钮✔，结果如图 5-78 所示。

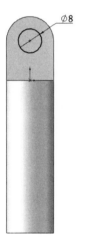

图 5-76　标注草图 2　　　　图 5-77　"切除-拉伸"属性管理器 2　　　　图 5-78　拉伸切除后的结果 2

（10）绘制草图。在左侧的 FeatureManager 设计树中用鼠标选择"上视基准面"作为绘制图形的基准面。单击"草图"控制面板中的"直线"按钮╱，绘制草图标注尺寸后的结果如图 5-79 所示。

（11）旋转实体。选择菜单栏中的"插入"→"凸台/基体"→"旋转"命令，或者单击"特征"控制面板中的"旋转凸台/基体"按钮🍥，此时系统弹出如图 5-80 所示的"旋转"属性管理器。采用默认设置，然后单击"确定"按钮✔，结果如图 5-81 所示。

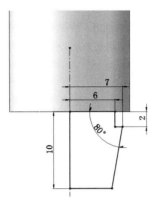

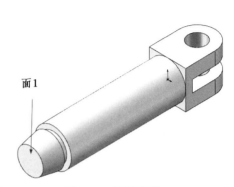

图 5-79　草图标注尺寸 1　　　　图 5-80　"旋转"属性管理器　　　　图 5-81　旋转结果

（12）绘制草图。在视图中选择如图 5-81 所示的面 1 作为绘制图形的基准面。单击"草图"控制面板中的"中心线"按钮⌇、"边角矩形"按钮□和"镜向实体"按钮附，绘制如图 5-82 所示的草图并标注尺寸。

（13）拉伸实体。选择菜单栏中的"插入"→"凸台/基体"→"拉伸"命令，或者单击"特征"控制面板中的"拉伸凸台/基体"按钮⬛，此时系统弹出如图 5-83 所示的"凸台-拉伸"属性管理器。设置拉伸终止条件为"给定深度"，输入拉伸距离为 10mm，然后单击"确定"按钮✔，结果如图 5-84 所示。

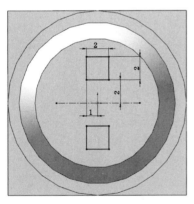

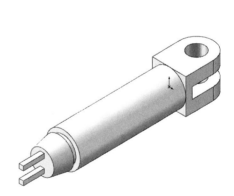

图 5-82　草图标注尺寸 2　　　　图 5-83　"凸台-拉伸"属性管理器 3　　　　图 5-84　拉伸结果

5.5.3　旋转切除

与旋转凸台/基体特征不同的是，旋转切除特征用来产生切除特征，即用来去除材料。图 5-85 所示展示了旋转切除的几种效果。

下面介绍创建旋转切除特征的操作步骤。

（1）打开源文件"旋转切除"，选择图 5-86 中模型面上的一个草图轮廓和一条中心线。

（2）单击"特征"控制面板中的"旋转切除"按钮⬛，或选择菜单栏中的"插入"→"切除"→

Note

"旋转"命令。

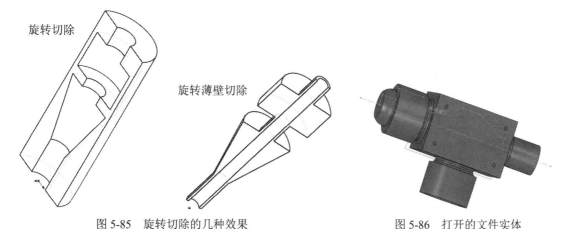

图 5-85　旋转切除的几种效果　　　　　　　图 5-86　打开的文件实体

（3）弹出"切除-旋转"属性管理器，同时在右侧的图形区中显示生成的切除旋转特征，如图 5-87 所示。

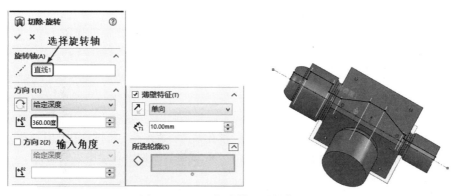

图 5-87　"切除-旋转"属性管理器

（4）在"旋转参数"选项组的下拉列表框中选择旋转类型（给定深度、成形到一顶点、成形到一面、到离指定面指定的距离、两侧对称）。其含义同"旋转凸台/基体"属性管理器中的"旋转类型"。

（5）在"角度"文本框 中输入旋转角度。

（6）如果准备生成薄壁旋转，则选中"薄壁特征"复选框，设定薄壁旋转参数。

（7）单击"确定"按钮 ，完成旋转切除特征的创建。

5.5.4　切除扫描

切除扫描特征属于切割特征。下面结合实例介绍创建切除扫描特征的操作步骤。

（1）打开源文件"切除扫描"，在一个基准面上绘制一个闭环的非相交轮廓。

（2）使用草图、现有的模型边线或曲线生成轮廓将遵循的路径，绘制结果如图 5-88 所示。

（3）选择菜单栏中的"插入"→"切除"→"扫描"命令。

（4）此时弹出"切除-扫描"属性管理器，同时在右侧的图形区中显示生成的切除扫描特征，如图 5-89 所示。

（5）单击"轮廓"按钮 ，然后在图形区中选择轮廓草图。

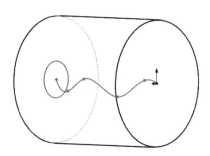

图 5-88　打开的文件实体

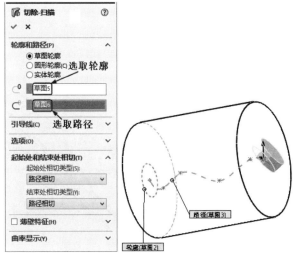

图 5-89　"切除-扫描"属性管理器

（6）单击"路径"按钮 ⌒，然后在图形区中选择路径草图。如果预先选择了轮廓草图或路径草图，则草图将显示在对应的属性管理器方框内。

（7）在"选项"选项组的"方向/扭转类型"下拉列表框中选择扫描方式。

（8）其余选项同凸台/基体扫描。

（9）切除扫描属性设置完毕，单击"确定"按钮 ✓。

5.5.5　异型孔向导

异型孔即具有复杂轮廓的孔，主要包括柱孔、锥孔、孔、螺纹孔、管螺纹孔、旧制孔、柱形槽口、锥形槽口和槽口 9 种。异型孔的类型和位置都是在"孔规格"属性管理器中完成的。

下面介绍异型孔创建的操作步骤。

（1）打开源文件"异型孔向导"，或创建一个新的零件文件。

（2）在左侧的 FeatureManager 设计树中选择"前视基准面"作为绘制图形的基准面。

（3）选择菜单栏中的"工具"→"草图绘制实体"→"矩形"命令，以原点为一角点绘制一个矩形，并标注尺寸，如图 5-90 所示。

（4）选择菜单栏中的"插入"→"凸台/基体"→"拉伸"命令，将步骤（3）中绘制的草图拉伸成深度为 10mm 的实体，拉伸的实体如图 5-91 所示。

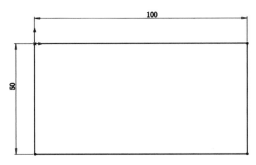

图 5-90　绘制的草图

图 5-91　拉伸实体

（5）单击选择如图 5-91 所示的表面 1，选择菜单栏中的"插入"→"特征"→"孔向导"命令，或者单击"特征"控制面板中的"异型孔向导"按钮 ，此时系统弹出"孔规格"属性管理器。

（6）将"孔类型"选项组按照图 5-92 进行设置，然后选择"位置"选项卡，单击 3D草图 按钮，此时光标处于"绘制点"状态，在如图 5-91 所示的表面 1 上添加 6 个点。

（7）选择菜单栏中的"工具"→"尺寸"→"智能尺寸"命令，标注添加 4 个点的定位尺寸，如图 5-93 所示。

图 5-92 "孔规格"属性管理器

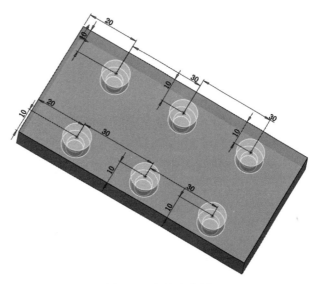

图 5-93 标注孔位置

（8）单击"孔规格"属性管理器中的"确定"按钮 ✔，添加的孔如图 5-94 所示。

（9）右击，在弹出的快捷菜单中选择"旋转视图"命令或按住鼠标中键，在绘图区出现 按钮，旋转视图，将视图以合适的方向显示，旋转视图后的图形如图 5-95 所示。

图 5-94 添加孔

图 5-95 旋转视图后的图形

5.5.6 实例——螺母

本例绘制螺母，如图 5-96 所示。

图 5-96 螺母

首先绘制螺母外形轮廓草图并拉伸实体；然后旋转切除边缘的倒角，最后绘制内侧的螺纹，绘制流程图如图 5-97 所示。

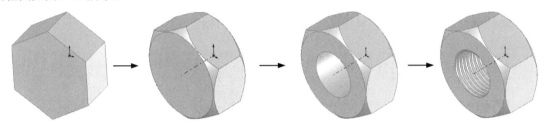

图 5-97 流程图

操作步骤如下：

1. 绘制螺母外形轮廓

（1）新建文件。启动 SOLIDWORKS 2020，选择菜单栏中的"文件"→"新建"命令，或者单击"快速访问"工具栏中的"新建"按钮，在弹出的"新建 SOLIDWORKS 文件"对话框中先单击"零件"按钮，再单击"确定"按钮，创建一个新的零件文件。

（2）绘制草图。在左侧的 FeatureManager 设计树中选择"前视基准面"作为绘制图形的基准面。单击"草图"控制面板中的"多边形"按钮，以原点为圆心绘制一个正六边形，其中多边形的一个角点在原点的正上方。

（3）标注尺寸。选择菜单栏中的"工具"→"尺寸"→"智能尺寸"命令，或者单击"草图"控制面板中的"智能尺寸"按钮，标注步骤（2）绘制草图的尺寸，结果如图 5-98 所示。

（4）拉伸实体。选择菜单栏中的"插入"→"凸台/基体"→"拉伸"命令，或者单击"特征"控制面板中的"拉伸凸台/基体"按钮，此时系统弹出"凸台-拉伸"属性管理器。在"深度"一栏中输入值为 30mm，然后单击"确定"按钮。

（5）设置视图方向。单击"前导视图"工具栏中的"等轴测"按钮，将视图以等轴测方向显示，结果如图 5-99 所示。

2. 绘制边缘倒角

（1）设置基准面。在左侧的 FeatureManager 设计树中选择"右视基准面"，然后单击"前导视图"工具栏中的"正视于"按钮，将该基准面作为绘制图形的基准面。

（2）绘制草图。单击"草图"控制面板中的"中心线"按钮，绘制一条通过原点的水平中心线；单击"草图"控制面板中的"直线"按钮，绘制螺母两侧的两个三角形。

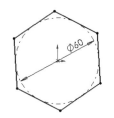

图 5-98　标注的草图　　　　　　　图 5-99　拉伸后的图形

Note

（3）标注尺寸。单击"草图"控制面板中的"智能尺寸"按钮，标注步骤（2）中绘制草图的尺寸，结果如图 5-100 所示。

（4）旋转切除实体。选择菜单栏中的"插入"→"切除"→"旋转"命令，或者单击"特征"控制面板中的"旋转切除"按钮，此时系统弹出"切除-旋转"属性管理器，如图 5-101 所示。在"旋转轴"选项组中，选择绘制的水平中心线，然后单击"确定"按钮。

（5）设置视图方向。单击"前导视图"工具栏中的"等轴测"按钮，将视图以等轴测方向显示，结果如图 5-102 所示。

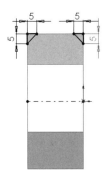

图 5-100　标注的草图　　　图 5-101　"切除-旋转"属性管理器　　　图 5-102　旋转切除后的图形

3. 绘制内侧螺纹

（1）设置基准面。单击图 5-102 中的表面 1，然后单击"前导视图"工具栏中的"正视于"按钮，将该表面作为绘制图形的基准面。

（2）绘制草图。单击"草图"控制面板中的"圆"按钮，以原点为圆心绘制一个圆。

（3）标注尺寸。单击"草图"控制面板中的"智能尺寸"按钮，标注圆的直径，结果如图 5-103 所示。

（4）拉伸切除实体。选择菜单栏中的"插入"→"切除"→"拉伸"命令，或者单击"特征"控制面板中的"拉伸切除"按钮，此时系统弹出"切除-拉伸"属性管理器。在"终止条件"一栏的下拉列表框中选择"完全贯穿"选项，然后单击"确定"按钮。

（5）设置视图方向。单击"前导视图"工具栏中的"等轴测"按钮，将视图以等轴测方向显示，结果如图 5-104 所示。

（6）设置基准面。单击图 5-104 中的表面 1，然后单击"前导视图"工具栏中的"正视于"按钮，将该表面作为绘制图形的基准面。

（7）绘制草图。单击"草图"控制面板中的"圆"按钮，以原点为圆心绘制一个圆。

（8）标注尺寸。单击"草图"控制面板中的"智能尺寸"按钮，标注圆的直径，结果如图 5-105 所示。

Note

图 5-103　标注的草图

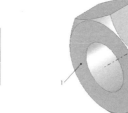

图 5-104　拉伸切除后的图形

图 5-105　标注的草图

（9）生成螺旋线。选择菜单栏中的"插入"→"曲线"→"螺旋线/涡状线"命令，或者单击"曲线"工具栏中的"螺旋线和涡状线"按钮，此时系统弹出如图 5-106 所示的"螺旋线/涡状线"属性管理器。按照图示进行设置后，单击属性管理器中的"确定"按钮。

（10）设置视图方向。单击"前导视图"工具栏中的"等轴测"按钮，将视图以等轴测方向显示，结果如图 5-107 所示。

（11）设置基准面。在左侧的 FeatureManager 设计树中选择"右视基准面"，然后单击"前导视图"工具栏中的"正视于"按钮，将该基准面作为绘制图形的基准面。

（12）绘制草图。单击"草图"控制面板中的"多边形"按钮，以螺旋线右上端点为圆心绘制一个正三角形。

（13）标注尺寸。单击"草图"控制面板中的"智能尺寸"按钮，标注步骤（12）中绘制的正三角形的内切圆直径，结果如图 5-108 所示，然后退出草图绘制状态。

（14）扫描切除实体。单击"特征"控制面板中的"扫描切除"按钮，此时系统弹出"切除-扫描"属性管理器。在"轮廓"一栏中，选择图 5-108 中的正三角形；在"路径"一栏中，选择图 5-107 中的螺旋线。单击属性管理器中的"确定"按钮，结果如图 5-109 所示。

（15）设置视图方向。单击"前导视图"工具栏中的"等轴测"按钮，将视图以等轴测方向显示，结果如图 5-109 所示。

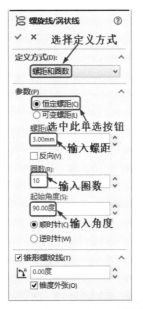

图 5-106　"螺旋线/涡状线"属性管理器

图 5-107　生成的螺旋线

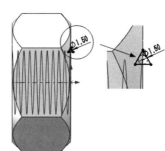

图 5-108　标注的草图

图 5-109　扫描切除后的图形

5.6　综合实例——基座

本例绘制的基座如图 5-110 所示。

图 5-110　基座

首先绘制基座的外形轮廓草图，然后旋转成为基座主体轮廓，最后进行倒角处理，绘制的流程如图 5-111 所示。

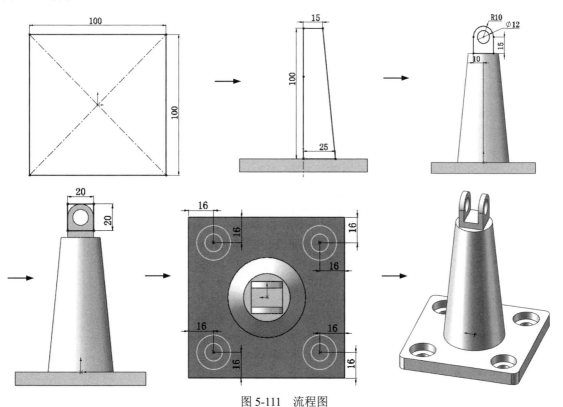

图 5-111　流程图

操作步骤如下：

（1）新建文件。启动 SOLIDWORKS 2020，选择菜单栏中的"文件"→"新建"命令，或者单

击"快速访问"工具栏中的"新建"按钮 □,在弹出的"新建 SOLIDWORKS 文件"对话框中单击"零件"按钮 📎,然后单击"确定"按钮,创建一个新的零件文件。

（2）绘制草图。在左侧的 FeatureManager 设计树中选择"前视基准面"作为绘制图形的基准面。单击"草图"控制面板中的"中心矩形"按钮 □,在坐标原点绘制边长为 100 的正方形,标注尺寸后的结果如图 5-112 所示。

（3）拉伸实体。选择菜单栏中的"插入"→"凸台/基体"→"拉伸"命令,或者单击"特征"控制面板中的"拉伸凸台/基体"按钮 🕮,此时系统弹出如图 5-113 所示的"凸台-拉伸"属性管理器。设置拉伸终止条件为"给定深度",输入拉伸距离为 10mm,然后单击"确定"按钮 ✔,结果如图 5-114 所示。

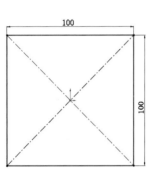

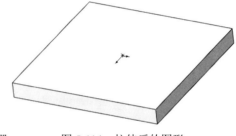

图 5-112　绘制草图　　　图 5-113　"凸台-拉伸"属性管理器　　　图 5-114　拉伸后的图形

（4）绘制草图。在左侧的 FeatureManager 设计树中选择"上视基准面"作为绘制图形的基准面。单击"草图"控制面板中的"中心线"按钮 📏 和"直线"按钮 📏,绘制如图 5-115 所示的草图并标注尺寸。

（5）旋转实体。选择菜单栏中的"插入"→"凸台/基体"→"旋转"命令,或者单击"特征"控制面板中的"旋转凸台/基体"按钮 ⑧,此时系统弹出如图 5-116 所示的"旋转"属性管理器。采用默认设置,然后单击"确定"按钮 ✔,结果如图 5-117 所示。

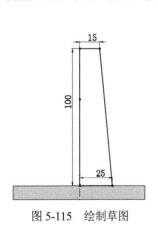

图 5-115　绘制草图　　　图 5-116　"旋转"属性管理器　　　图 5-117　绘制结果

（6）绘制草图。在左侧的 FeatureManager 设计树中选择"上视基准面"作为绘制图形的基准面。单击"草图"控制面板中的"直线"按钮 📏、"圆"按钮 ⊙ 和"剪裁实体"按钮 ⏚,绘制如图 5-118 所示的草图并标注尺寸。

（7）拉伸实体。选择菜单栏中的"插入"→"凸台/基体"→"拉伸"命令，或者单击"特征"控制面板中的"拉伸凸台/基体"按钮 📦，此时系统弹出如图 5-119 所示的"凸台-拉伸"属性管理器。设置拉伸终止条件为"两侧对称"，输入拉伸距离为 20mm，然后单击"确定"按钮 ✓，结果如图 5-120 所示。

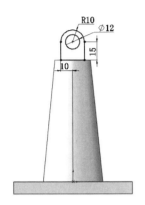
图 5-118　绘制草图尺寸

图 5-119　"凸台-拉伸"属性管理器

图 5-120　拉伸结果

（8）绘制草图。在左侧的 FeatureManager 设计树中选择"上视基准面"作为绘制图形的基准面。单击"草图"控制面板中的"边角矩形"按钮 🔲，绘制如图 5-121 所示的草图并标注尺寸。

（9）拉伸切除实体。选择菜单栏中的"插入"→"切除"→"拉伸"命令，或者单击"特征"控制面板中的"切除拉伸"按钮 📦，此时系统弹出如图 5-122 所示的"切除-拉伸"属性管理器。设置拉伸终止条件为"两侧对称"，输入拉伸距离为 12mm，然后单击"确定"按钮 ✓，结果如图 5-123 所示。

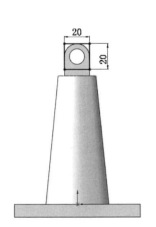
图 5-121　绘制草图尺寸

图 5-122　"切除-拉伸"属性管理器

图 5-123　拉伸结果

（10）创建沉头孔。选择菜单栏中的"插入"→"特征"→"孔向导"命令，或者单击"特征"控制面板中的"异型孔向导"按钮 🔘，此时系统弹出如图 5-124 所示的"孔规格"属性管理器，选择"六角螺栓等级 C ISO 4016"类型，"M10"大小，设置终止条件为"完全贯穿"，选择"位置"选项卡，单击"3D 草图"按钮。依次在绘图基准面上放置孔，单击"草图"控制面板中的"智能尺寸"按钮 ✎，标注绘制的孔，然后单击"确定"按钮 ✓，结果如图 5-125 所示。

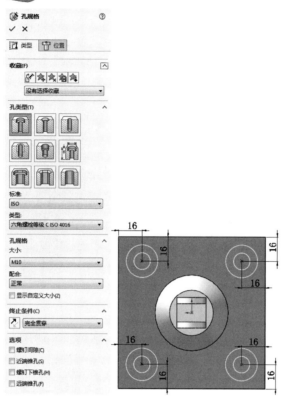

图 5-124 "孔规格"属性管理器

图 5-125 绘制孔结果

（11）圆角实体。选择菜单栏中的"插入"→"特征"→"圆角"命令，或者单击"特征"控制面板中的"圆角"按钮 ，此时系统弹出如图 5-126 所示的"圆角"属性管理器。在"半径"一栏中输入值为 5mm，然后选取图 5-127 中的边线。单击属性管理器中的"确定"按钮 ，结果如图 5-128 所示。

图 5-126 "圆角"属性管理器

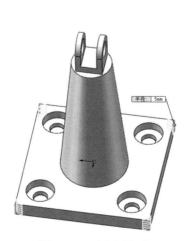

图 5-127 选择圆角边

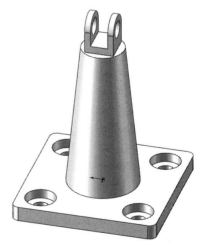

图 5-128 倒圆角结果

5.7 实践与操作

5.7.1 绘制封油圈

本实践将绘制如图 5-129 所示的封油圈。

操作提示：

（1）利用"草图绘制"命令，绘制如图 5-130 所示的草图。

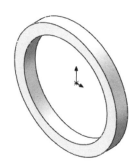

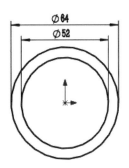

图 5-129 封油圈　　　　　　　　　图 5-130 绘制草图

（2）利用"拉伸"命令，设置拉伸距离为 7mm。

5.7.2 绘制液压杆

本实践将绘制如图 5-131 所示的液压杆。

操作提示：

（1）选择"前视基准面"，利用"草图绘制"命令，绘制如图 5-132 所示的草图。利用"拉伸"命令，设置拉伸距离为 175mm。

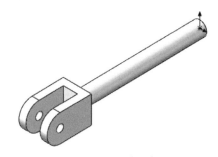

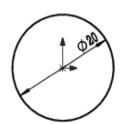

图 5-131 液压杆　　　　　　　　　图 5-132 绘制草图

（2）选择"右视基准面"，利用"直线"按钮✐、"圆"按钮◉和"三点圆弧"按钮⌒，绘制草图并标注尺寸，如图 5-133 所示。利用"拉伸凸台"命令，设置拉伸终止条件为"两侧对称"，输入拉伸距离为 40mm。

（3）选择"上视基准面"，利用"草图绘制"命令，绘制如图 5-134 所示的草图，利用"拉伸切除"命令，设置"方向 1"和"方向 2"的终止条件均为"完全贯穿"。

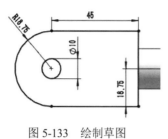

图 5-133　绘制草图

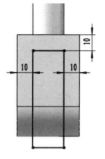

图 5-134　绘制草图

5.8　思考练习

1. 拉伸凸台与拉伸切除的拉伸终止条件有哪些区别？
2. 引导线放样和中心线参数放样的区别是什么？
3. 绘制如图 5-135 所示的阶梯轴。
4. 绘制如图 5-136 所示的叶轮。

图 5-135　阶梯轴

图 5-136　叶轮

第6章

放置特征

SOLIDWORKS中除了提供基础特征的实体建模功能外，还可通过高级抽壳、圆顶、筋特征以及倒角等操作来实现产品的辅助设计。这些功能使模型创建更精细化，能更广泛地应用于各行业。

- ☑ 圆角特征
- ☑ 倒角特征
- ☑ 圆顶特征
- ☑ 抽壳特征

- ☑ 拔模特征
- ☑ 筋特征
- ☑ 包覆

任务驱动&项目案例

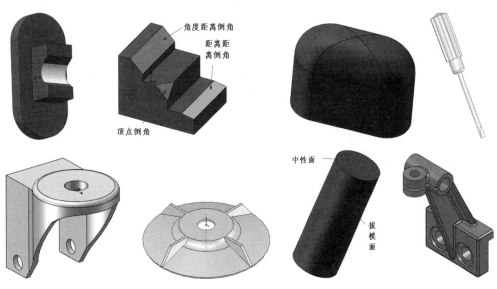

6.1 圆 角 特 征

使用圆角特征可以在一个零件上生成内圆角或外圆角。圆角特征在零件设计中起着重要作用。大多数情况下，如果能在零件特征上加入圆角，则有助于造型上的变化，或是产生平滑的效果。

SOLIDWORKS 2020 可以为一个面上的所有边线、多个面、多个边线或边线环创建圆角特征。在 SOLIDWORKS 2020 中有以下几种圆角特征。

☑ 恒定大小圆角：对所选边线以相同的圆角半径进行倒圆角操作。

☑ 多半径圆角：可以为每条边线选择不同的圆角半径值。

☑ 圆形角圆角：通过控制角部边线之间的过渡，消除或平滑两条边线汇合处的尖锐接合点。

☑ 逆转圆角：可以在混合曲面之间沿着零件边线进入圆角，生成平滑过渡。

☑ 变量大小圆角：可以为边线的每个顶点指定不同的圆角半径。

☑ 完整圆角：可以将不相邻的面混合起来。

如图 6-1 所示展示了几种圆角特征效果。

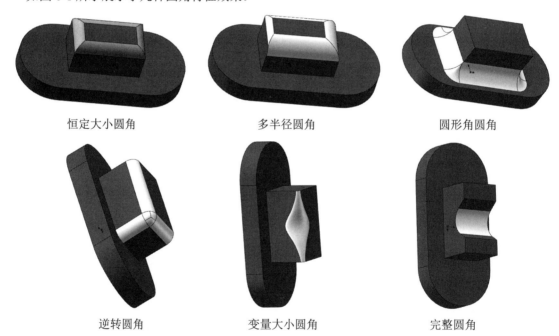

恒定大小圆角　　　　　　　　多半径圆角　　　　　　　　圆形角圆角

逆转圆角　　　　　　　　变量大小圆角　　　　　　　　完整圆角

图 6-1　圆角特征效果

6.1.1 恒定大小圆角特征

恒定大小圆角特征是指对所选边线以相同的圆角半径进行倒圆角操作。下面结合实例介绍创建等半径圆角特征的操作步骤。

（1）打开源文件"恒定大小圆角 1"，如图 6-2 所示。单击"特征"控制面板中的"圆角"按钮，或选择菜单栏中的"插入"→"特征"→"圆角"命令。

（2）在弹出的"圆角"属性管理器的"圆角类型"选项组中，选中"恒定大小圆角"按钮，如图 6-3 所示。

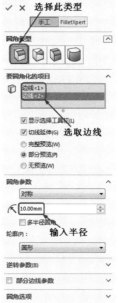

图 6-2　打开的文件实体　　　　　　　　图 6-3　"圆角"属性管理器

（3）在"圆角参数"选项组的"半径"文本框 ⌒ 中设置圆角的半径。

（4）在"要圆角化的项目"选项组中单击"边线、面、特征和环"按钮 右侧的列表框，然后在右侧的图形区中选择要进行圆角处理的模型边线、面或环。

（5）如果选中"切线延伸"复选框，则圆角将延伸到与所选面或边线相切的所有面，切线延伸效果如图 6-4 所示。

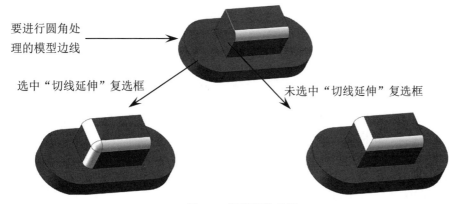

要进行圆角处理的模型边线

选中"切线延伸"复选框

未选中"切线延伸"复选框

图 6-4　切线延伸效果

（6）打开源文件"恒定大小圆角 2"。在"圆角选项"选项组的"扩展方式"组中选择一种扩展方式，如图 6-5 所示，显示扩展方式。

☑　默认：系统根据几何条件（进行圆角处理的边线凸起和相邻边线等）默认选择"保持边线"或"保持曲面"选项。

☑　保持边线：系统将保持邻近的直线形边线的完整性，但圆角曲面断裂成分离的曲面。在许多情况下，圆角的顶部边线中会有沉陷，如图 6-6（a）所示。

☑ 保持曲面：使用相邻曲面来剪裁圆角。因此圆角边线是连续且光滑的，但是相邻边线会受到影响，如图 6-6（b）所示。

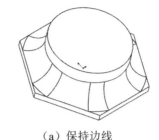

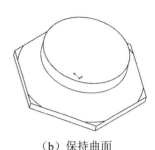

（a）保持边线　　　　　（b）保持曲面

图 6-5　扩展方式　　　　　　　　　图 6-6　保持边线与曲面

（7）圆角属性设置完毕，单击"确定"按钮✔，生成等半径圆角特征。

6.1.2　多半径圆角特征

使用多半径圆角特征可以为每条所选边线选择不同的半径值，还可以为不具有公共边线的面指定多个半径。下面介绍创建多半径圆角特征的操作步骤。

（1）单击"特征"控制面板中的"圆角"按钮🗐，或选择菜单栏中的"插入"→"特征"→"圆角"命令。

（2）在弹出的"圆角"属性管理器的"圆角类型"选项组中，选中"恒定大小圆角"按钮🗐。

（3）在"圆角参数"选项组中，选中"多半径圆角"复选框。

（4）单击"边线、面、特征和环"按钮🗐右侧的列表框，然后在右侧的图形区中选择要进行圆角处理的第一条模型边线、面或环。

（5）在"圆角参数"选项组的"半径"文本框🗐中设置圆角半径。

（6）重复步骤（4）～（5）的操作，对多条模型边线、面或环分别指定不同的圆角半径，直到设置完所有要进行圆角处理的边线。

（7）圆角属性设置完毕，单击"确定"按钮✔，生成多半径圆角特征。

6.1.3　圆形角圆角特征

使用圆形角圆角特征可以控制角部边线之间的过渡，圆形角圆角将混合连接的边线，从而消除或平滑两条边线汇合处的尖锐接合点。

下面介绍创建圆形角圆角特征的操作步骤。

（1）打开源文件"圆形角圆角特征"。单击"特征"控制面板中的"圆角"按钮🗐，或选择菜单栏中的"插入"→"特征"→"圆角"命令。

（2）在弹出的"圆角"属性管理器的"圆角类型"选项组中，选中"恒定大小圆角"按钮🗐。

（3）在"圆角项目"选项组中取消选中"切线延伸"复选框。

（4）在"圆角参数"选项组的"半径"文本框🗐中设置圆角半径。

（5）单击"边线、面、特征和环"按钮🗐右侧的列表框，然后在右侧的图形区（如图 6-7 所示）中选择两个或更多相邻的模型边线、面或环。

（6）在"圆角选项"选项组中选中"圆形角"复选框。

（7）圆角属性设置完毕，单击"确定"按钮✔，生成圆形角圆角特征，如图 6-8 所示。

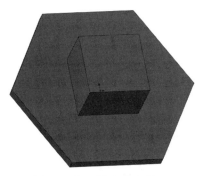
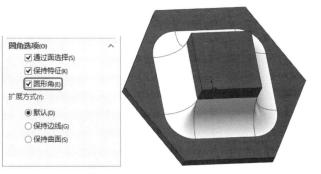

图 6-7　打开的文件实体　　　　　　　　图 6-8　生成的圆角特征

6.1.4　逆转圆角特征

使用逆转圆角特征可以在混合曲面之间沿着零件边线生成圆角，从而进行平滑过渡。如图 6-9 所示说明了应用逆转圆角特征的效果。

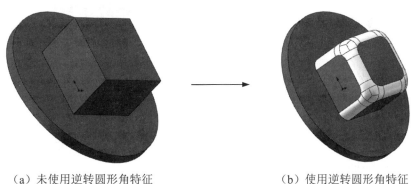

（a）未使用逆转圆形角特征　　　　　　（b）使用逆转圆形角特征

图 6-9　逆转圆角效果

下面介绍创建逆转圆角特征的操作步骤。

（1）打开源文件"逆转圆角特征"。单击"特征"控制面板中的"圆角"按钮⬡，或选择菜单栏中的"插入"→"特征"→"圆角"命令，系统弹出"圆角"属性管理器。

（2）在"圆角类型"选项组中选中"恒定大小圆角"按钮🔲。

（3）在"圆角参数"选项组中选中"多半径圆角"复选框。

（4）单击"边线、面、特征和环"按钮🔲右侧的列表框，然后在右侧的图形区中选择 3 个或更多具有共同顶点的边线。

（5）在"逆转参数"选项组的"距离"文本框╳中设置距离。

（6）单击"逆转顶点"按钮🔲右侧的列表框，然后在右侧的图形区中选择一个或多个顶点作为逆转顶点。

（7）单击"设定所有"按钮，将相等的逆转距离应用到通过每个顶点的所有边线。逆转距离将显示在"逆转距离"▼右侧的列表框和图形区的标注中，如图 6-10 所示。

（8）如果要对每一条边线分别设定不同的逆转距离，则进行如下操作。

☑　单击"逆转顶点"按钮🔲右侧的列表框，在右侧的图形区中选择多个顶点作为逆转顶点。

☑　在"距离"文本框╳中为每一条边线设置逆转距离。

☑　在"逆转距离"列表框▼中会显示每条边线的逆转距离。

（9）圆角属性设置完毕，单击"确定"按钮✔，生成逆转圆角特征，如图 6-9（b）所示。

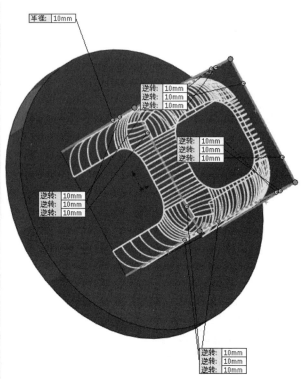

图 6-10　生成逆转圆角特征

6.1.5　变量大小圆角特征

变量大小圆角特征通过对边线上的多个点（变量大小控制点）指定不同的圆角半径来生成圆角，可以制造出另类的效果，变半径圆角特征如图 6-11 所示。

（a）有控制点　　　　　　　　　　　　　　　（b）无控制点

图 6-11　变半径圆角特征

下面介绍创建变量大小圆角特征的操作步骤。

（1）打开源文件"变量大小圆角特征"。单击"特征"控制面板中的"圆角"按钮，或选择菜单栏中的"插入"→"特征"→"圆角"命令。

（2）在弹出的"圆角"属性管理器的"圆角类型"选项组中选中"变量大小圆角"按钮。

（3）单击"边线、面、特征和环"按钮右侧的列表框，然后在右侧的图形区中选择要进行变半径圆角处理的边线。此时，在右侧的图形区中系统会默认使用 3 个变量大小控制点，分别位于沿边线 25%、50% 和 75% 的等距离处，如图 6-12 所示。

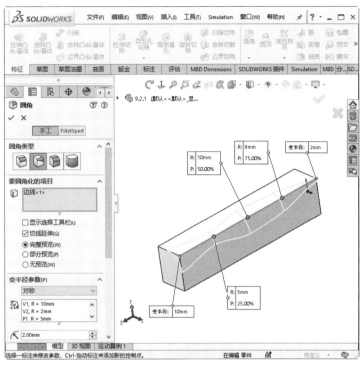

图6-12 默认的变量大小控制点

（4）在"变半径参数"选项组🔧按钮右侧的列表框中选择变半径控制点，然后在"半径"文本框中输入圆角半径值。如果要更改变半径控制点的位置，可以通过光标拖动控制点到新的位置。

（5）如果要改变控制点的数量，可以在🔧按钮右侧的文本框中设置控制点的数量。

（6）选择过渡类型。

☑ 平滑过渡：生成一个圆角，当一个圆角边线与一个邻面结合时，圆角半径从一个半径平滑地变化为另一个半径。

☑ 直线过渡：生成一个圆角，圆角半径从一个半径线性地变化为另一个半径，但是不与邻近圆角的边线相结合。

（7）圆角属性设置完毕，单击"确定"按钮✔，生成变半径圆角特征。

💡提示：

如果在生成变半径控制点的过程中，只指定两个顶点的圆角半径值，而不指定中间控制点的半径，则可以生成平滑过渡的变半径圆角特征。

在生成圆角时，要注意以下几点。

（1）在添加小圆角之前先添加较大的圆角。当有多个圆角汇聚于一个顶点时，先生成较大的圆角。

（2）如果要生成具有多个圆角边线及拔模面的铸模零件，在大多数情况下，应在添加圆角之前先添加拔模特征。

（3）应该最后添加装饰用的圆角。在大多数其他几何体定位后再尝试添加装饰圆角。如果先添加装饰圆角，则系统需要花费很长的时间重建零件。

（4）尽量使用一个"圆角"命令来处理需要相同圆角半径的多条边线，这样会加快零件重建的速度。但是，当改变圆角的半径时，在同一操作中生成的所有圆角都会改变。

此外，还可以通过为圆角设置边界或包络控制线来决定混合面的半径和形状。控制线可以是要生出圆角的零件边线或投影到一个面上的分割线。

6.1.6 实例——三通管

本例创建的三通管如图 6-13 所示。

图 6-13 三通管

三通管常用于管线的连接处，将水平方向和垂直方向的管线连通成一条管路。本例利用"拉伸"工具的薄壁特征和圆角特征进行零件建模，最终生成三通管零件模型，流程图如图 6-14 所示。

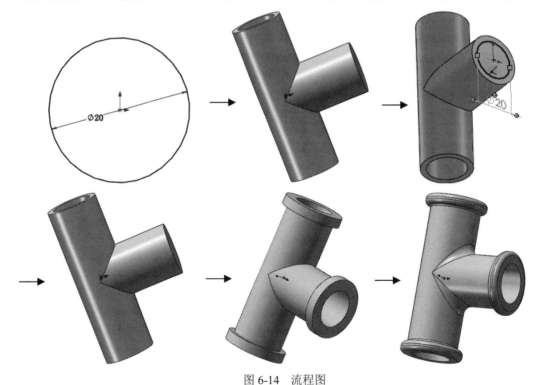

图 6-14 流程图

操作步骤如下：

1. 创建三通管主体部分

（1）新建文件。启动 SOLIDWORKS 2020，选择菜单栏中的"文件"→"新建"命令，或单击"快速访问"工具栏中的"新建"按钮□，在弹出的"新建 SOLIDWORKS 文件"对话框中先单击"零件"按钮◎，再单击"确定"按钮，新建一个零件文件。

（2）新建草图。在 FeatureManager 设计树中选择"前视基准面"作为草图绘制基准面，单击"草图"控制面板中的"草图绘制"按钮，新建一张草图。

（3）绘制圆。单击"草图"控制面板中的"圆"按钮，以原点为圆心绘制一个直径为 20mm 的圆作为拉伸轮廓草图，如图 6-15 所示。

（4）拉伸实体 1。单击"特征"控制面板中的"拉伸凸台/基体"按钮，或选择菜单栏中的"插入"→"凸台/基体"→"拉伸"命令，在弹出的"凸台-拉伸"属性管理器中设置拉伸终止条件为"两侧对称"，在"深度"文本框中输入"80"，并选中"薄壁特征"复选框，设定薄壁类型为"单向"、薄壁的厚度为 3mm，如图 6-16 所示，单击"确定"按钮，生成薄壁特征。

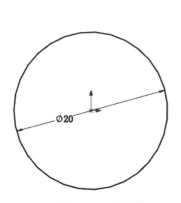

图 6-15　绘制圆

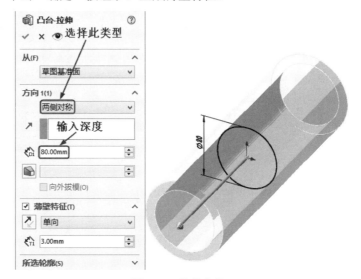

图 6-16　拉伸实体 1

（5）创建基准面。在 FeatureManager 设计树中选择"右视基准面"作为草图绘制基准面，选择菜单栏中的"插入"→"参考几何体"→"基准面"命令，或单击"特征"控制面板"参考几何体"下拉列表中的"基准面"按钮，在"基准面"属性管理器的"偏移距离"文本框中输入"40"，如图 6-17 所示。单击"确定"按钮，生成基准面 1。

（6）新建草图。选择基准面 1，单击"草图"控制面板中的"草图绘制"按钮，在基准面 1 上新建一张草图。单击"前导视图"工具栏中的"正视于"按钮，正视于基准面 1。

（7）绘制凸台轮廓。单击"草图"控制面板中的"圆"按钮，以原点为圆心，绘制一个直径为 26mm 的圆作为凸台轮廓，如图 6-18 所示。

（8）拉伸实体 2。单击"特征"控制面板中的"拉伸凸台/基体"按钮，在弹出的"凸台-拉伸"属性管理器中设置拉伸终止条件为"成形到一面"，如图 6-19 所示。单击"确定"按钮，生成凸台拉伸特征。

（9）设置视图方向。单击"前导视图"工具栏中的"等轴测"按钮，以等轴测视图观看模型。

（10）隐藏基准面。选择菜单栏中的"视图"→"基准面"命令，将基准面 1 隐藏起来。在 FeatureManager 设计树中选择基准面 1 并右击，在弹出的快捷菜单中单击"隐藏"按钮，将基准面 1 隐藏，此时的模型如图 6-20 所示。

（11）新建草图。选择生成的凸台面，单击"草图"控制面板中的"草图绘制"按钮，在其上新建一张草图。

（12）绘制拉伸切除轮廓。单击"草图"控制面板中的"圆"按钮，以原点为圆心，绘制一个直径为 20mm 的圆作为拉伸切除的轮廓，如图 6-21 所示。

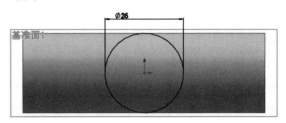

图 6-18 绘制凸台轮廓

图 6-17 创建基准面 1

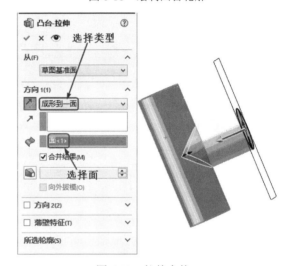

图 6-19 拉伸实体 2

图 6-20 隐藏基准面 1

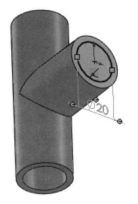

图 6-21 绘制拉伸切除轮廓

（13）切除实体。单击"特征"控制面板中的"拉伸切除"按钮📦，在弹出的"切除-拉伸"属性管理器中设置切除的终止条件为"给定深度"，设置切除深度为 40mm，单击"确定"按钮✔，生成切除特征，如图 6-22 所示。

2．创建接头

（1）新建草图。选择基体特征的顶面，单击"草图"控制面板中的"草图绘制"按钮└，在其上新建一张草图。

（2）生成等距圆。选择圆环的外侧边缘，单击"草图"控制面板中的"等距实体"按钮 ，在弹出的"等距实体"属性管理器中设置等距距离为 3mm，方向向外，单击"确定"按钮 ，生成等距圆，如图 6-23 所示。

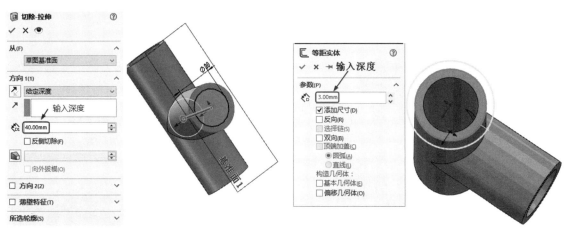

图 6-22　切除实体　　　　　　　　　　图 6-23　生成等距圆环

（3）拉伸生成薄壁特征。单击"特征"控制面板中的"拉伸凸台/基体"按钮 ，在弹出的"凸台-拉伸"属性管理器中设定拉伸的终止条件为"给定深度"，拉伸深度为 5mm，方向向下，选中"薄壁特征"复选框，并设置薄壁厚度为 4mm，薄壁的拉伸方向向内，如图 6-24 所示。单击"确定"按钮 ，生成薄壁拉伸特征。

（4）生成另外两个端面上的薄壁特征。仿照上面的步骤，在模型的另外两个端面生成薄壁特征，特征参数与第一个薄壁特征相同，生成的模型如图 6-25 所示。

图 6-24　拉伸生成薄壁特征　　　　　图 6-25　生成另外两个端面上的薄壁特征

（5）创建圆角。单击"特征"控制面板中的"圆角"按钮 ，在弹出的"圆角"属性管理器中设置圆角类型为"恒定大小圆角"，在"半径"文本框 中输入"2"，单击 按钮右侧的列表框，然后在绘图区选择一个端面拉伸薄壁特征的两条边线，如图 6-26 所示。单击"确定"按钮 ，生成恒

Note

定大小圆角特征。

　　（6）创建其他圆角特征。仿照步骤（5），在"半径"文本框 中输入"1"，单击 按钮右侧的列表框，然后在绘图区选择 3 条边线，如图 6-27 所示。继续创建管接头圆角，圆角半径为 5，如图 6-28 所示，倒圆角最终效果如图 6-29 所示。

　　图 6-26　创建圆角　　　　　　　　　　　图 6-27　创建其他圆角特征

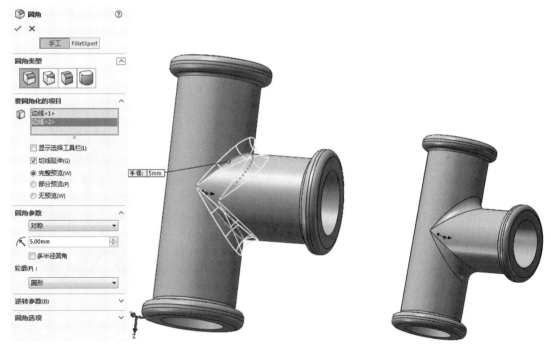

　　图 6-28　选择圆角边　　　　　　　　　　图 6-29　最终结果

　　（7）单击"快速访问"工具栏中的"保存"按钮 ，将零件保存为"三通管.sldprt"。

6.2　倒　角　特　征

6.1 节介绍了圆角特征，本节将介绍倒角特征。在零件设计过程中，通常对锐利的零件边角进行倒角处理，以防止伤人和避免应力集中，便于搬运、装配等。此外，有些倒角特征也是机械加工过程中不可缺少的工艺。与圆角特征类似，倒角特征是对边或角进行倒角。如图 6-30 所示是应用倒角特征后的零件实例。

视频讲解

图 6-30　倒角特征零件实例

6.2.1　创建倒角特征

下面介绍在零件模型上创建倒角特征的操作步骤。

（1）打开源文件"倒角特征"。单击"特征"控制面板中的"倒角"按钮，或选择菜单栏中的"插入"→"特征"→"倒角"命令，系统弹出"倒角"属性管理器。

（2）在"倒角"属性管理器中选择倒角类型。

- ☑　角度距离：在所选边线上指定距离和倒角角度来生成倒角特征，如图 6-31（a）所示。
- ☑　距离-距离：在所选边线的两侧分别指定两个距离值来生成倒角特征，如图 6-31（b）所示。
- ☑　顶点：在与顶点相交的 3 个边线上分别指定距顶点的距离来生成倒角特征，如图 6-31（c）所示。
- ☑　等距面：通过偏移选定边线旁边的面来求解等距面倒角特征，如图 6-31（d）所示。
- ☑　面-面：混合非相邻、非连续的面，如图 6-31（e）所示。

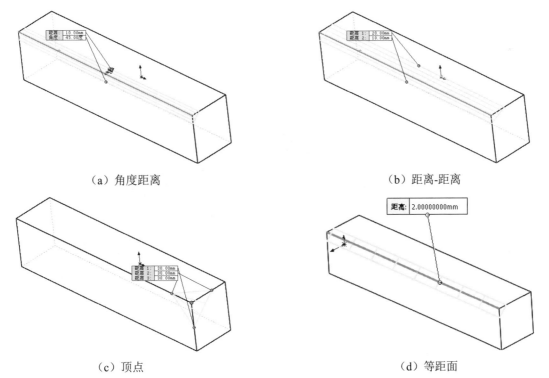

（a）角度距离　　　　　　　　　　　　　　　（b）距离-距离

（c）顶点　　　　　　　　　　　　　　　（d）等距面

图 6-31　倒角类型

Note

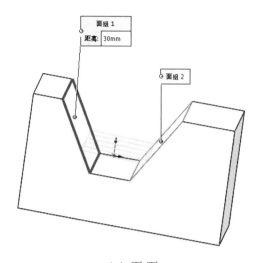

（e）面-面

图 6-31 倒角类型（续）

（3）单击"边线、面或顶点"按钮 右侧的列表框，然后在图形区选择边线、面或顶点，设置倒角参数，如图 6-32 所示。

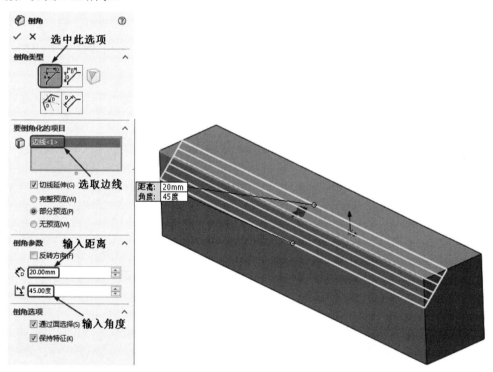

图 6-32 设置倒角参数

（4）在对应的文本框中指定距离或角度值。

（5）如果选中"保持特征"复选框，则当应用倒角特征时，会保持零件的其他特征，如图 6-33 所示。

（6）倒角参数设置完毕，单击"确定"按钮 ，生成倒角特征。

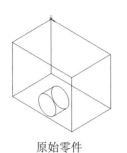

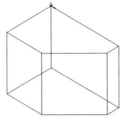

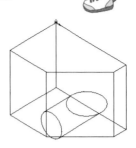

原始零件　　　　　　　　　未选中"保持特征"复选框效果　　　　选中"保持特征"复选框效果

图 6-33　倒角特征

6.2.2　实例——法兰盘

本实例绘制的法兰盘如图 6-34 所示。

图 6-34　法兰盘

首先绘制法兰盘的底座草图并拉伸，然后绘制法兰盘轴部并拉伸切除轴孔，最后对法兰盘相应的部分进行倒角处理，绘制流程如图 6-35 所示。

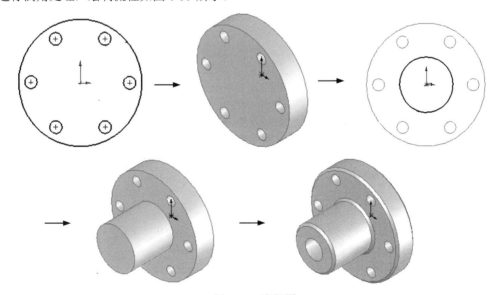

图 6-35　流程图

操作步骤如下：

（1）新建文件。启动 SOLIDWORKS 2020，选择菜单栏中的"文件"→"新建"命令或单击"快速访问"工具栏中的"新建"按钮，创建一个新的零件文件。

Note

（2）绘制法兰盘底座的草图。在 FeatureManager 设计树中选择"前视基准面"作为绘制图形的基准面。单击"草图"控制面板中的"圆"按钮⊙，以原点为圆心绘制一个大圆，并在圆点水平位置的左侧绘制一个小圆。

（3）标注尺寸。单击"草图"控制面板中的"智能尺寸"按钮❤️，标注步骤（2）中绘制圆的直径以及定位尺寸，如图 6-36 所示。

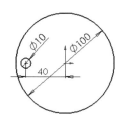

图 6-36　标注尺寸 1

（4）添加几何关系。选择菜单栏中的"工具"→"关系"→"添加"命令，此时系统弹出"添加几何关系"属性管理器。选择两个圆的圆心，然后单击属性管理器中的"水平"按钮━。设置好几何关系后，单击"确定"按钮✔️。

（5）圆周阵列草图。选择菜单栏中的"工具"→"草图工具"→"圆周阵列"命令，或者单击"草图"控制面板中的"圆周草图阵列"按钮❖，此时系统弹出"圆周阵列"属性管理器。在"要阵列的实体"选项组中，选择如图 6-36 所示的小圆。按照图 6-37 进行设置后，单击"确定"按钮✔️，阵列草图如图 6-38 所示。

（6）拉伸实体。选择菜单栏中的"插入"→"凸台/基体"→"拉伸"命令，或者单击"特征"控制面板中的"拉伸凸台/基体"按钮🗐，此时系统弹出"凸台-拉伸"属性管理器。在"深度"文本框🗘中输入"20"，然后单击"确定"按钮✔️。

（7）设置视图方向。单击"前导视图"工具栏中的"等轴测"按钮🟦，将视图以等轴测方向显示，创建的拉伸 1 特征如图 6-39 所示。

（8）设置基准面。选择如图 6-39 所示的表面 1，然后单击"前导视图"工具栏中的"正视于"按钮↧，将该表面作为绘制图形的基准面。

图 6-37　"圆周阵列"属性管理器

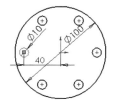

图 6-38　圆环阵列草图

图 6-39　创建拉伸 1 特征

（9）绘制草图。单击"草图"控制面板中的"圆"按钮⊙，以原点为圆心绘制一个圆。

（10）标注尺寸。单击"草图"控制面板中的"智能尺寸"按钮❤️，标注步骤（8）中绘制圆的直径，如图 6-40 所示。

（11）拉伸实体。单击"特征"控制面板中的"拉伸凸台/基体"按钮🗐，此时系统弹出"凸台-拉伸"属性管理器。在"深度"文本框🗘中输入"45"，然后单击"确定"按钮✔️。

（12）设置视图方向。单击"前导视图"工具栏中的"等轴测"按钮🟦，将视图以等轴测方向显示，创建的拉伸 2 特征如图 6-41 所示。

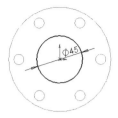

图 6-40　标注尺寸 2　　　　　　　图 6-41　创建拉伸 2 特征

（13）设置基准面。选择图 6-41 所示的表面 1，然后单击"前导视图"中的"正视于"按钮 ⬚，将该表面作为绘制图形的基准面。

（14）绘制草图。单击"草图"控制面板中的"圆"按钮 ⊙，以原点为圆心绘制一个圆。

（15）标注尺寸。单击"草图"控制面板中的"智能尺寸"按钮 ⬚，标注步骤（14）中绘制圆的直径，如图 6-42 所示。

（16）拉伸实体。单击"特征"控制面板中的"拉伸切除"按钮 ⬚，此时系统弹出"切除-拉伸"属性管理器。在"深度"文本框 ⬚ 中输入"45"，然后单击"确定"按钮 ✔。

（17）设置视图方向。单击"前导视图"工具栏中的"等轴测"按钮 ⬚，将视图以等轴测方向显示，创建的拉伸 3 特征如图 6-43 所示。

（18）倒角实体。选择菜单栏中的"插入"→"特征"→"圆角"命令，或者单击"特征"控制面板中的"圆角"按钮 ⬚，此时系统弹出"圆角"属性管理器。在"距离"文本框 ⬚ 中输入"2"，然后选择如图 6-43 所示的边线 1、边线 2、边线 3 和边线 4。单击"确定"按钮 ✔，倒角后的图形如图 6-44 所示。

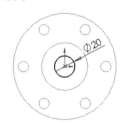

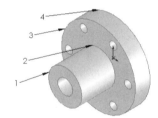

图 6-42　标注尺寸 3　　　　　图 6-43　创建拉伸 3 特征　　　　图 6-44　倒角后的图形

6.3　圆顶特征

圆顶特征是对模型的一个面进行变形操作，生成圆顶型凸起特征。

如图 6-45 所示展示了圆顶特征的几种效果。

图 6-45　圆顶特征效果

6.3.1 创建圆顶特征

下面介绍创建圆顶特征的操作步骤。

（1）打开源文件"圆顶特征"，或创建一个新的零件文件。

（2）在左侧的 FeatureManager 设计树中选择"前视基准面"作为绘制图形的基准面。

（3）选择菜单栏中的"工具"→"草图绘制实体"→"直槽口"命令，以原点为圆心绘制一个多边形并标注尺寸，如图 6-46 所示。

（4）选择菜单栏中的"插入"→"凸台/基体"→"拉伸"命令，将步骤（3）中绘制的草图拉伸成深度为 60mm 的实体，拉伸后的图形如图 6-47 所示。

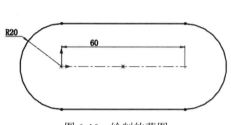

图 6-46 绘制的草图

图 6-47 拉伸图形

（5）选择菜单栏中的"插入"→"特征"→"圆顶"命令，或者单击"特征"控制面板中的"圆顶"按钮，此时系统弹出"圆顶"属性管理器。

（6）在"参数"选项组中选择如图 6-47 所示的表面 1，在"距离"文本框中输入"30"，选中"连续圆顶"复选框，"圆顶"属性管理器设置如图 6-48 所示。

（7）单击属性管理器中的"确定"按钮，并调整视图的方向，连续圆顶的图形如图 6-49 所示。如图 6-50 所示为不选中"连续圆顶"复选框生成的圆顶图形。

图 6-48 "圆顶"属性管理器

图 6-49 连续圆顶的图形

图 6-50 不连续圆顶的图形

> 提示：在圆柱和圆锥模型上，可以将"距离"设置为 0，此时系统会使用圆弧半径作为圆顶的基础来计算距离。

6.3.2 实例——螺丝刀

本实例绘制的螺丝刀如图 6-51 所示。

图 6-51　螺丝刀

　　首先绘制螺丝刀的手柄部分，然后绘制圆顶，再绘制螺丝刀的端部，并拉伸切除生成"一字"头部，最后对相应部分进行圆角处理，绘制流程如图 6-52 所示。

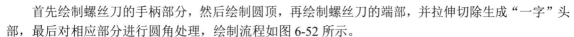

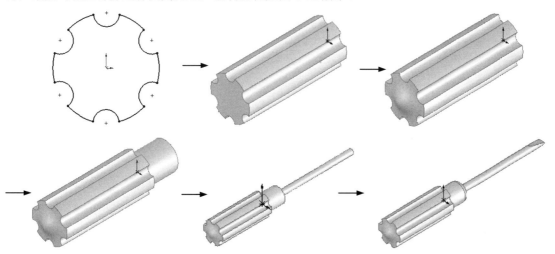

图 6-52　螺丝刀的绘制流程

操作步骤如下：

　　（1）新建文件。启动 SOLIDWORKS 2020，选择菜单栏中的"文件"→"新建"命令，创建一个新的零件文件。

　　（2）绘制螺丝刀手柄草图。在左侧的 FeatureManager 设计树中选择"前视基准面"作为绘图基准面。单击"草图"控制面板中的"圆"按钮⊙，以原点为圆心绘制一个大圆，并以原点正上方的大圆处为圆心绘制一个小圆。

　　（3）标注尺寸。选择菜单栏中的"工具"→"尺寸"→"智能尺寸"命令，或者单击"草图"控制面板中的"智能尺寸"按钮✎，标注步骤（2）中绘制圆的直径，如图 6-53 所示。

图 6-53　标注尺寸 1

　　（4）圆周阵列草图。选择菜单栏中的"工具"→"草图工具"→"圆周阵列"命令，或者单击"草图"控制面板中的"圆周草图阵列"按钮❖，此时系统弹出"圆周阵列"属性管理器。按照图 6-54 进行设置后，单击"确定"按钮✔，阵列后的草图如图 6-55 所示。

　　（5）剪裁实体。选择菜单栏中的"工具"→"草图工具"→"剪裁"命令，或者单击"草图"控制面板中的"剪裁实体"按钮᛭，剪裁图中相应的圆弧处，剪裁后的草图如图 6-56 所示。

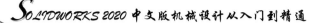

Note

（6）拉伸实体。选择菜单栏中的"插入"→"凸台/基体"→"拉伸"命令，或者单击"特征"控制面板中的"拉伸凸台/基体"按钮🗔，此时系统弹出"凸台-拉伸"属性管理器。在"深度"文本框🗘中输入"50"，然后单击"确定"按钮✔。

（7）设置视图方向。单击"前导视图"工具栏中的"等轴测"按钮🧊，将视图以等轴测方向显示，创建的拉伸 1 特征如图 6-57 所示。

图 6-54　"圆周阵列"属性管理器

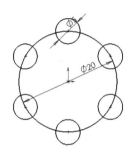

图 6-55　阵列后的草图

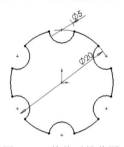

图 6-56　剪裁后的草图

图 6-57　创建拉伸 1 特征

（8）圆顶实体。选择菜单栏中的"插入"→"特征"→"圆顶"命令，或者单击"特征"控制面板中的"圆顶"按钮🥚，此时系统弹出"圆顶"属性管理器。在"参数"选项组中选择如图 6-57 所示的表面 1。按照图 6-58 进行设置后，单击"确定"按钮✔，圆顶实体如图 6-59 所示。

（9）设置基准面。选择如图 6-59 所示后表面，然后单击"前导视图"工具栏中的"正视于"按钮↧，将该表面作为绘制图形的基准面。

（10）绘制草图。单击"草图"控制面板中的"圆"按钮⊙，以原点为圆心绘制一个圆。

（11）标注尺寸。单击"草图"控制面板中的"智能尺寸"按钮⌢，标注刚绘制的圆的直径，如图 6-60 所示。

图 6-58　"圆顶"属性管理器

图 6-59　圆顶实体

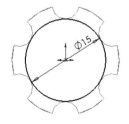

图 6-60　标注尺寸 2

（12）拉伸实体。选择菜单栏中的"插入"→"凸台/基体"→"拉伸"命令，或者单击"特征"

Note

控制面板中的"拉伸凸台/基体"按钮 ，此时系统弹出"凸台-拉伸"属性管理器。在"深度"文本框 中输入"16"，然后单击"确定"按钮 。

（13）设置视图方向。单击"前导视图"工具栏中的"等轴测"按钮 ，将视图以等轴测方向显示，创建的拉伸 2 特征如图 6-61 所示。

（14）设置基准面。选择如图 6-61 所示后表面，然后单击"前导视图"工具栏中的"正视于"按钮 ，将该表面作为绘制图形的基准面。

（15）绘制草图。单击"草图"控制面板中的"圆"按钮 ，以原点为圆心绘制一个圆。

（16）标注尺寸。单击"草图"控制面板中的"智能尺寸"按钮 ，标注刚绘制的圆的直径，如图 6-62 所示。

（17）拉伸实体。单击"特征"控制面板中的"拉伸凸台/基体"按钮 ，此时系统弹出"凸台-拉伸"属性管理器。在"深度"文本框 中输入"75"，然后单击"确定"按钮 。

（18）设置视图方向。单击"前导视图"工具栏中的"等轴测"按钮 ，将视图以等轴测方向显示，创建的拉伸 3 特征如图 6-63 所示。

图 6-61　创建拉伸 2 特征

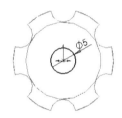
图 6-62　标注尺寸 3

图 6-63　创建拉伸 3 特征

（19）设置基准面。在左侧的 FeatureManager 设计树中选择"右视基准面"，然后单击"前导视图"工具栏中的"正视于"按钮 ，将该基准面作为绘制图形的基准面。

（20）绘制草图。单击"草图"控制面板中的"直线"按钮 ，绘制两个三角形。

（21）标注尺寸。单击"草图"控制面板中的"智能尺寸"按钮 ，标注步骤（20）中绘制草图的尺寸，如图 6-64 所示。

（22）拉伸切除实体。选择菜单栏中的"插入"→"切除"→"拉伸"命令，或者单击"特征"控制面板中的"拉伸切除"按钮 ，此时系统弹出"切除-拉伸"属性管理器。在"方向 1"选项组的"终止条件"下拉列表框中选择"两侧对称"选项，然后单击"确定"按钮 。

（23）设置视图方向。单击"前导视图"工具栏中的"等轴测"按钮 ，将视图以等轴测方向显示，创建的拉伸 4 特征如图 6-65 所示。

（24）倒圆角。单击"特征"控制面板中的"圆角"按钮 ，此时系统弹出"圆角"属性管理器。在"半径"文本框 中输入"3"，然后选择如图 6-65 所示的边线 1，单击"确定"按钮 。

（25）设置视图方向。单击"前导视图"工具栏中的"等轴测"按钮 ，将视图以等轴测方向显示，倒圆角后的图形如图 6-66 所示。

图 6-64　标注尺寸 4

图 6-65　创建拉伸 4 特征

图 6-66　倒圆角后的图形

Note

6.4 抽壳特征

抽壳特征是零件建模中的重要特征，能使一些复杂工作变得简单化。当在零件的一个面上抽壳时，系统会掏空零件的内部，使所选择的面敞开，在剩余的面上生成薄壁特征。如果没有选择模型上的任何面，而直接对实体零件进行抽壳操作，则会生成一个闭合、掏空的模型。通常抽壳时各个表面的厚度相等，也可以对某些表面的厚度进行单独指定，这样抽壳特征完成之后，各个零件表面的厚度就不相等了。

如图 6-67 所示是对零件创建抽壳特征后建模的实例。

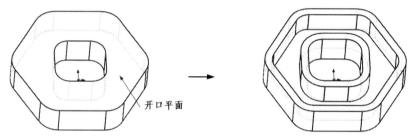

图 6-67　抽壳特征实例

6.4.1 等厚度抽壳特征

下面介绍生成等厚度抽壳特征的操作步骤。

（1）打开源文件"等厚度抽壳"。单击"特征"控制面板中的"抽壳"按钮🗐，或选择菜单栏中的"插入"→"特征"→"抽壳"命令，系统弹出"抽壳"属性管理器。

（2）在"参数"选项组的"厚度"文本框🗐中指定抽壳的厚度。

（3）单击"要移除的面"按钮🗐右侧的列表框，然后从右侧的图形区中选择一个或多个开口面作为要移除的面。此时在列表框中显示所选的开口面，如图 6-68 所示。

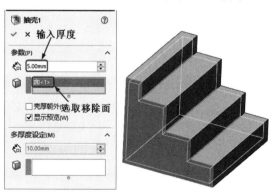

图 6-68　选择要移除的面

（4）如果选中了"壳厚朝外"复选框，则会增加零件外部尺寸，从而生成抽壳。

（5）抽壳属性设置完毕，单击"确定"按钮✔，生成等厚度抽壳特征。

💡提示：如果在步骤（3）中没有选择开口面，则系统会生成一个闭合、掏空的模型。

6.4.2 多厚度抽壳特征

下面介绍生成具有多厚度面抽壳特征的操作步骤。

（1）打开源文件"多厚度抽壳"。单击"特征"控制面板中的"抽壳"按钮，或选择菜单栏中的"插入"→"特征"→"抽壳"命令，系统弹出"抽壳"属性管理器。

（2）单击"参数"选项组中"要移除的面"按钮右侧的列表框，在图形区中选择开口面 1，如图 6-69 所示，这些面会在该列表框中显示出来。

（3）单击"多厚度设定"选项组中"多厚度面"按钮右侧的列表框，激活多厚度设定。

（4）在列表框中选择多厚度面，然后在"多厚度设定"选项组的"厚度"文本框中输入对应的壁厚。

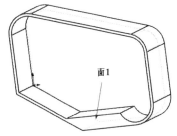

面1

图 6-69 多厚度抽壳

（5）重复步骤（4），直到为所有选择的多厚度面指定了厚度。

（6）如果要使壁厚添加到零件外部，则选中"壳厚朝外"复选框。

（7）抽壳属性设置完毕，单击"确定"按钮，生成多厚度抽壳特征，其剖视图如图 6-69 所示。

💡提示：如果想在零件上添加圆角特征，应当在生成抽壳之前对零件进行圆角处理。

6.4.3 实例——移动轮支架

首先拉伸实体轮廓，再利用"抽壳"命令完成实体框架操作，再多次拉伸切除局部实体，最后进行倒圆角操作，对实体进行最后完善，如图 6-70 所示。

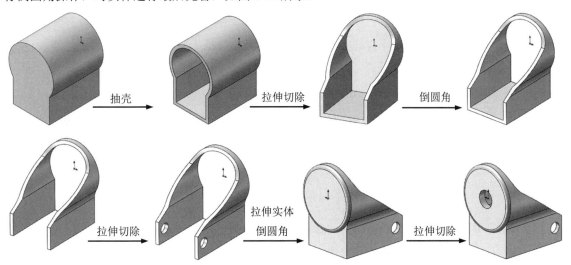

图 6-70 绘制流程图

操作步骤如下：

（1）新建文件。单击"快速访问"工具栏中的"新建"按钮，在弹出的"新建 SOLIDWORKS 文件"对话框中单击"零件"按钮，然后单击"确定"按钮，创建一个新的零件文件。

（2）绘制草图。在左侧的 FeatureManager 设计树中选择"前视基准面"作为绘制图形的基准面。

单击"草图"控制面板中的"圆"按钮⊙，以原点为圆心绘制一个直径为 58 的圆；单击"草图"控制面板中的"直线"按钮✔，在相应的位置绘制 3 条直线。单击"草图"控制面板中的"智能尺寸"按钮✔，标注绘制草图的尺寸。单击"草图"控制面板中的"剪裁实体"按钮☒，裁剪直线之间的圆弧，结果如图 6-71 所示。

（3）拉伸实体。单击"特征"控制面板中的"拉伸凸台/基体"按钮⑩，此时系统弹出如图 6-72 所示的"凸台-拉伸"属性管理器。输入深度值为 65mm，其他采用默认设置，然后单击"确定"按钮✔，结果如图 6-73 所示。

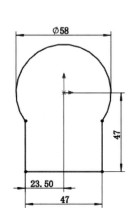

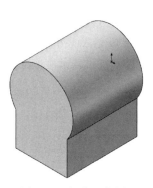

图 6-71　裁剪的草图　　　　　图 6-72　"凸台-拉伸"属性管理器　　　　　图 6-73　拉伸后的图形

（4）抽壳操作。单击"特征"控制面板中的"抽壳"按钮⑩，此时系统弹出如图 6-74 所示的"抽壳"属性管理器。输入厚度值为 3.5mm，选取如图 6-74 所示的面为移除面。单击"确定"按钮✔，结果如图 6-75 所示。

图 6-74　"抽壳"属性管理器　　　　　　　　　图 6-75　抽壳后的图形

（5）绘制草图。在左侧的 FeatureManager 设计树中选择"右视基准面"，然后单击"前导视图"工具栏中的"正视于"按钮↓，将该基准面作为绘制图形的基准面。单击"草图"控制面板中的"直线"按钮✔，绘制 3 条直线；单击"草图"控制面板中的"三点圆弧"按钮⌒绘制一个圆弧。单击"草图"控制面板中的"智能尺寸"按钮✔，标注绘制的草图尺寸，结果如图 6-76 所示。

（6）切除实体。单击"特征"控制面板中的"拉伸切除"按钮⑩，此时系统弹出"切除-拉伸"属性管理器。设置"方向 1"和"方向 2"的终止条件为"完全贯穿"，如图 6-77 所示。单击"确定"按钮✔，结果如图 6-78 所示。

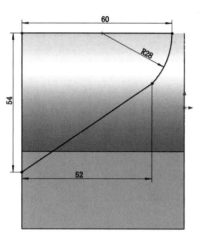

图 6-76 标注的草图

图 6-77 "切除-拉伸"属性管理器

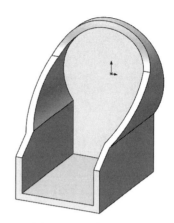

图 6-78 切除后的图形

（7）圆角处理。单击"特征"控制面板上的"圆角"按钮，此时系统弹出"圆角"属性管理器。输入半径值为 15mm，然后选择图 6-79 中的边线 1 和边线 2。单击"确定"按钮，结果如图 6-80 所示。

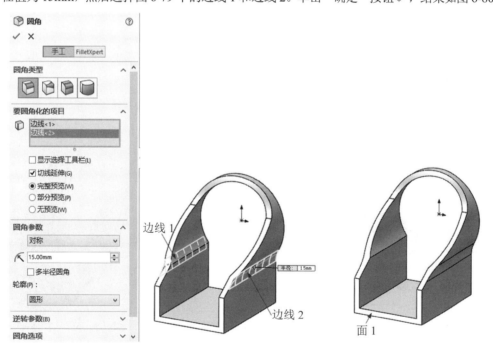

图 6-79 "圆角"属性管理器   图 6-80 圆角处理后的图形

（8）绘制草图。单击图 6-80 中的表面 1，然后单击"前导视图"工具栏中的"正视于"按钮，将该表面作为绘制图形的基准面。单击"草图"控制面板中的"边角矩形"按钮，绘制一个矩形。单击"草图"控制面板中的"智能尺寸"按钮，标注本步骤中绘制的草图尺寸，结果如图 6-81 所示。

（9）切除实体。单击"特征"控制面板中的"拉伸切除"按钮，此时系统弹出"切除-拉伸"属性管理器。输入深度值为 61.5mm，其他采用默认设置，如图 6-82 所示，然后单击"确定"按钮，结果如图 6-83 所示。

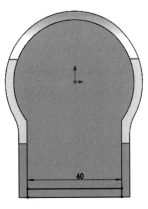

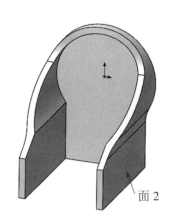

图 6-81　标注的草图　　　　图 6-82　"切除-拉伸"属性管理器　　　图 6-83　拉伸切除后的图形

（10）绘制草图。单击图 6-83 中的表面 2，然后单击"前导视图"工具栏中的"正视于"按钮，将该表面作为绘制图形的基准面。单击"草图"控制面板中的"圆"按钮，在设置的基准面上绘制一个圆。单击"草图"控制面板中的"智能尺寸"按钮，标注绘制圆的直径及其定位尺寸，结果如图 6-84 所示。

（11）切除实体。单击"特征"控制面板中的"拉伸切除"按钮，此时系统弹出"切除-拉伸"属性管理器。设置"终止条件"为"完全贯穿"，如图 6-85 所示。单击"确定"按钮，结果如图 6-86 所示。

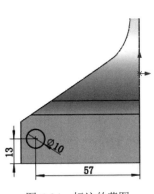

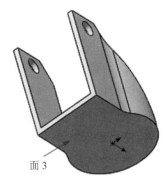

图 6-84　标注的草图　　　　图 6-85　"切除-拉伸"属性管理器　　　图 6-86　拉伸切除后的图形

（12）绘制草图。单击图 6-86 中的表面 3，然后单击"前导视图"工具栏中的"正视于"按钮，将该表面作为绘制图形的基准面。单击"草图"控制面板中的"圆"按钮，在设置的基准面上绘制一个直径为 58mm 的圆。

（13）拉伸实体。单击"特征"控制面板中的"拉伸凸台/基体"按钮，此时系统弹出"凸台-拉伸"属性管理器。输入深度值为 3mm，其他采用默认设置，如图 6-87 所示，然后单击"确定"按钮，结果如图 6-88 所示。

（14）圆角处理。单击"特征"控制面板上的"圆角"按钮，此时系统弹出"圆角"属性管理器。输入半径值为 3mm，然后选择图 6-89 中的边线 1。单击"确定"按钮，结果如图 6-90 所示。

Note

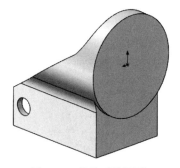

图 6-87　"凸台-拉伸"属性管理器　　　　图 6-88　拉伸后的图形

（15）绘制草图。单击图 6-90 中的表面 4，然后单击"前导视图"工具栏中的"正视于"按钮，将该表面作为绘制图形的基准面。单击"草图"控制面板中的"圆"按钮，在设置的基准面上绘制一个直径为 16mm 的圆。

（16）切除实体。单击"特征"控制面板中的"拉伸切除"按钮，此时系统弹出"切除-拉伸"属性管理器。设置"终止条件"为"完全贯穿"。单击"确定"按钮，结果如图 6-91 所示。

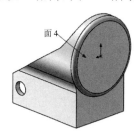

图 6-90　圆角后的图形

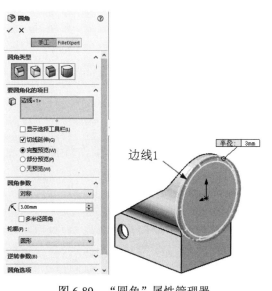

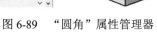

图 6-89　"圆角"属性管理器

图 6-91　移动轮支架

6.5　拔　模　特　征

　　拔模是零件模型上常见的特征，是以指定的角度斜削模型中所选的面。经常应用于铸造零件，由于拔模角度的存在可以使型腔零件更容易脱出模具，SOLIDWORKS 提供了丰富的拔模功能。用户既可以在现有的零件上插入拔模特征，也可以在拉伸特征的同时进行拔模。本节主要介绍在现有的零件上插入拔模特征。

下面对与拔模特征有关的术语进行说明。

☑ 拔模面：选取的零件表面，此面将生成拔模斜度。

☑ 中性面：在拔模的过程中大小不变的固定面，用于指定拔模角的旋转轴。如果中性面与拔模面相交，则相交处即为旋转轴。

☑ 拔模方向：用于确定拔模角度的方向。

图 6-92 所示是一个拔模特征的应用实例。

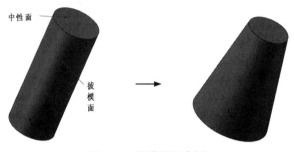

图 6-92　拔模特征实例

要在现有的零件上插入拔模特征，从而以特定角度斜削所选的面，可以使用中性面拔模、分型线拔模和阶梯拔模。

6.5.1　中性面拔模特征

下面介绍使用中性面在模型面上生成拔模特征的操作步骤。

（1）打开源文件"中性面拔模"。单击"特征"控制面板中的"拔模"按钮，或选择菜单栏中的"插入"→"特征"→"拔模"命令，系统弹出"拔模"属性管理器。

（2）在"拔模类型"选项组中选中"中性面"单选按钮。

（3）在"拔模角度"选项组的"角度"文本框中设定拔模角度。

（4）单击"中性面"选项组中的列表框，然后在图形区中选择面或基准面作为中性面，如图 6-93 所示。

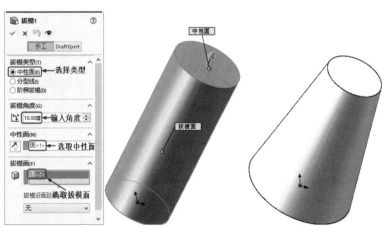

图 6-93　中性面拔模

（5）图形区中的控标会显示拔模的方向，如果要向相反的方向生成拔模，单击"反向"按钮。

（6）单击"拔模面"选项组中"拔模面"按钮右侧的列表框，然后在图形区中选择拔模面。

（7）如果要将拔模面延伸到额外的面，从"拔模沿面延伸"下拉列表框中选择以下选项。

☑ 沿切面：将拔模延伸到所有与所选面相切的面。

☑ 所有面：对所有从中性面拉伸的面都进行拔模。

☑ 内部的面：对所有与中性面相邻的内部面都进行拔模。

☑ 外部的面：对所有与中性面相邻的外部面都进行拔模。

☑ 无：拔模面不进行延伸。

（8）拔模属性设置完毕，单击"确定"按钮 ，完成中性面拔模特征。

6.5.2 分型线拔模特征

利用分型线拔模可以对分型线周围的曲面进行拔模。下面介绍插入分型线拔模特征的操作步骤。

（1）打开源文件"分型线拔模"。单击"特征"控制面板中的"拔模"按钮 ，或选择菜单栏中的"插入"→"特征"→"拔模"命令，系统弹出"拔模"属性管理器。

（2）在"拔模类型"选项组中选中"分型线"单选按钮。

（3）在"拔模角度"选项组的"角度"文本框 中指定拔模角度。

（4）单击"拔模方向"选项组中的列表框，然后在图形区中选择一条边线或一个面来指示拔模方向。

（5）如果要向相反的方向生成拔模，单击"反向"按钮 。

（6）单击"分型线"选项组中"分型线"按钮 右侧的列表框，在图形区中选择分割线或现有的模型边线，如图 6-94（a）所示，在生成分割线时，选择"插入"→"曲线"→"分割线"命令，选择指定的草图和分割面，完成分割线操作。

（7）如果要为分型线的每一线段指定不同的拔模方向，单击"分型线"选项组中"分型线"按钮 右侧列表框中的边线名称，然后单击"其他面"按钮。

（8）在"拔模沿面延伸"下拉列表框中选择拔模沿面延伸类型。

☑ 无：只在所选面上进行拔模。

☑ 沿切面：将拔模延伸到所有与所选面相切的面。

（9）拔模属性设置完毕，单击"确定"按钮 ，完成分型线拔模特征，如图 6-94（b）所示。

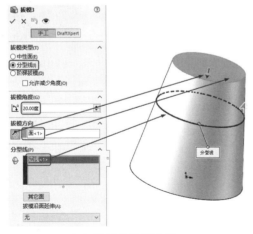 

（a）设置分型线拔模　　　　　　（b）分型线拔模效果

图 6-94 分型线拔模

💡提示：拔模分型线必须满足以下条件：❶ 在每个拔模面上至少有一条分型线段与基准面重合；❷ 其他所有分型线段处于基准面的拔模方向；❸ 没有分型线段与基准面垂直。

6.5.3 阶梯拔模特征

除了中性面拔模和分型线拔模以外，SOLIDWORKS 还提供了阶梯拔模。阶梯拔模为分型线拔模的变体，它的分型线可以不在同一平面内，如图 6-95 所示。

下面介绍插入阶梯拔模特征的操作步骤。

（1）打开源文件"阶梯拔模"。单击"特征"控制面板中的"拔模"按钮，或选择菜单栏中的"插入"→"特征"→"拔模"命令，系统弹出"拔模"属性管理器。

（2）在"拔模类型"选项组中，选中"阶梯拔模"单选按钮。

（3）如果想使曲面与锥形曲面一样生成，则选中"锥形阶梯"复选框；如果想使曲面垂直于原主要面，则选中"垂直阶梯"复选框。

（4）在"拔模角度"选项组的"角度"文本框中指定拔模角度。

（5）单击"拔模方向"选项组中的列表框，然后在图形区中选择一基准面指示拔模方向。

（6）如果要向相反的方向生成拔模，则单击"反向"按钮。

（7）单击"分型线"选项组中"分型线"按钮右侧的列表框，然后在图形区中选择分型线，如图 6-96（a）所示。

（8）如果要为分型线的每一线段指定不同的拔模方向，则在"分型线"选项组中"分型线"按钮右侧的列表框中选择边线名称，然后单击"其他面"按钮。

（9）在"拔模沿面延伸"下拉列表框中选择拔模沿面延伸类型。

（10）拔模属性设置完毕，单击"确定"按钮，完成阶梯拔模特征，如图 6-96（b）所示。

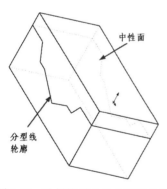

图 6-95　阶梯拔模中的分型线轮廓

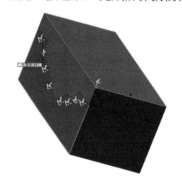

（a）选择分型线

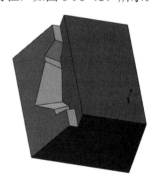

（b）阶梯拔模效果

图 6-96　创建分型线拔模

6.5.4 实例——圆锥销

绘制如图 6-97 所示的圆锥销。

操作步骤如下：

（1）新建文件。启动 SOLIDWORKS 2020，单击"快速访问"工具栏中的"新建"按钮，在弹出的"新建 SOLIDWORKS 文件"对话框中单击"零件"按钮，然后单击"确定"按钮。

（2）绘制草图。选择"前视基准面"作为草图绘制平面，单击"前导视图"工具栏中的"正视于"按钮，使绘图平面转为正视方向。单击"草图"控制面板中的"圆"按钮，以系统坐标原点

图 6-97　圆锥销

为圆心，绘制圆锥销小端底圆草图，并设置其直径尺寸为6mm。

（3）创建拉伸特征。单击"特征"控制面板中的"拉伸凸台/基体"按钮🗿，系统弹出"凸台-拉伸"属性管理器，设置拉伸的终止条件为"给定深度"，并在"深度"文本框🔁中输入深度值为20mm，如图6-98所示。单击"确定"按钮✓，结果如图6-99所示。

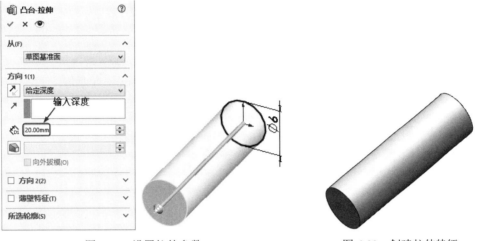

图6-98　设置拉伸参数　　　　　　　　　图6-99　创建拉伸特征

（4）创建拔模特征。单击"特征"控制面板中的"拔模"按钮🗿，系统弹出"拔模"属性管理器，在"拔模角度"文本框🔁中输入角度值为1°，选择外圆柱面为拔模面，一端端面为中性面，如图6-100所示。单击"确定"按钮✓，结果如图6-101所示。

图6-100　设置拔模参数　　　　　　　　　图6-101　创建拔模特征

（5）生成圆锥销倒角特征。单击"特征"控制面板中的"倒角"按钮🗿，系统弹出"倒角"属性管理器。设置"倒角类型"为"角度距离"，在"距离"文本框🔁中输入倒角的距离值为1mm，在"角度"文本框🔁中输入角度值为45°。选择生成倒角特征的圆锥销棱边，如图6-102所示。单击"确定"按钮✓，完成后的圆锥销如图6-97所示。

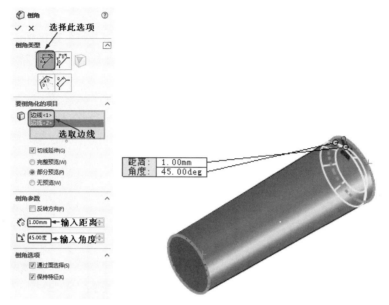

图 6-102　设置倒角生成参数

6.6　筋　特　征

筋是零件上增加强度的部分，是一种从开环或闭环草图轮廓生成的特殊拉伸实体，在草图轮廓与现有零件之间添加指定方向和厚度的材料。

在 SOLIDWORKS 2020 中，筋实际上是由开环的草图轮廓生成的特殊类型的拉伸特征。如图 6-103 所示展示了筋特征的几种效果。

图 6-103　筋特征效果

6.6.1　创建筋特征

视频讲解

下面介绍创建筋特征的操作步骤。

（1）创建一个新的零件文件。

（2）在左侧的 FeatureManager 设计树中选择"前视基准面"作为绘制图形的基准面。

（3）选择菜单栏中的"工具"→"草图绘制实体"→"边角矩形"命令，绘制两个矩形，并标注尺寸。

（4）单击"草图"控制面板中的"剪裁实体"按钮 ，剪裁后的草图如图 6-104 所示。

（5）选择菜单栏中的"插入"→"凸台/基体"→"拉伸"命令，系统弹出"拉伸"属性管理器。在"深度"文本框 中输入"40"，然后单击"确定"按钮 ，创建的拉伸特征如图 6-105 所示。

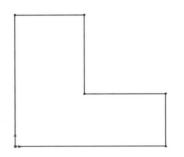

图 6-104　裁剪后的草图

图 6-105　创建拉伸特征

（6）在左侧的 FeatureManager 设计树中选择"前视基准面"，然后单击"前导视图"工具栏中的"正视于"按钮 ，将该基准面作为绘制图形的基准面。

（7）选择菜单栏中的"工具"→"草图绘制实体"→"直线"命令，在前视基准面上绘制如图 6-106 所示的草图。

（8）选择菜单栏中的"插入"→"特征"→"筋"命令，或者单击"特征"控制面板中的"筋"按钮 ，此时系统弹出"筋"属性管理器。按照图 6-107 进行参数设置，然后单击"确定"按钮 。

（9）单击"前导视图"工具栏中的"等轴测"按钮 ，将视图以等轴测方向显示，添加的筋如图 6-108 所示。

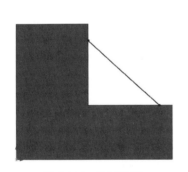

图 6-106　绘制草图

图 6-107　"筋"属性管理器

图 6-108　添加筋

6.6.2　实例——导流盖

本例创建的导流盖如图 6-109 所示。

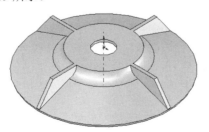

图 6-109　导流盖

Note

首先绘制开环草图，旋转成薄壁模型，接着绘制筋特征，重复操作绘制其余筋，完成零件建模，最终生成导流盖模型，绘制过程如图 6-110 所示。

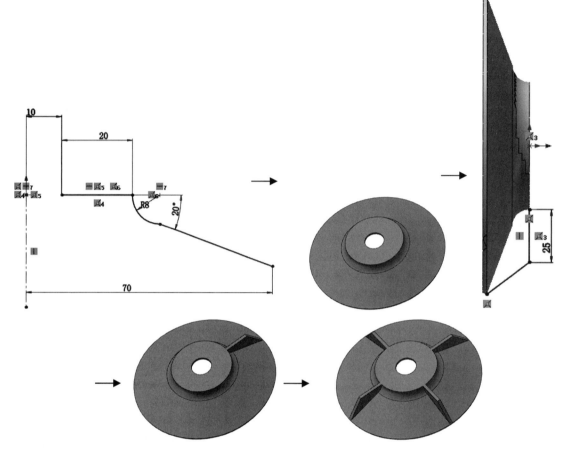

图 6-110　流程图

操作步骤如下：

　　1．生成薄壁旋转特征

　　（1）新建文件。启动 SOLIDWORKS 2020，选择菜单栏中的"文件"→"新建"命令，或单击"快速访问"工具栏中的"新建"按钮□，在弹出的"新建 SOLIDWORKS 文件"对话框中单击"零件"按钮◎，然后单击"确定"按钮，新建一个零件文件。

　　（2）新建草图。在 FeatureManager 设计树中选择"前视基准面"作为草图绘制基准面，单击"草图"控制面板中的"草图绘制"按钮□，新建一张草图。

　　（3）绘制中心线。单击"草图"控制面板中的"中心线"按钮。ⁱ，过原点绘制一条竖直中心线。

　　（4）绘制轮廓。单击"草图"控制面板中的"直线"按钮／和"切线弧"按钮ͻ，绘制旋转草图轮廓。

　　（5）标注尺寸。单击"草图"控制面板中的"智能尺寸"按钮ᴄ，为草图标注尺寸，如图 6-111所示。

　　（6）旋转生成实体。单击"特征"控制面板中的"旋转凸台/基体"按钮◎，在弹出的询问对话框中单击"否"按钮，如图 6-112 所示。

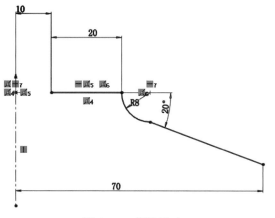

图 6-111 标注尺寸

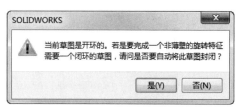

图 6-112 询问对话框

（7）生成薄壁旋转特征。在"旋转"属性管理器中设置旋转类型为"单向"，并在"角度"文本框 中输入"360"，单击"薄壁特征"选项组中的"反向"按钮 ，使薄壁向内部拉伸，在"厚度"文本框 中输入"2"，如图 6-113 所示。单击"确定"按钮 ，生成薄壁旋转特征。

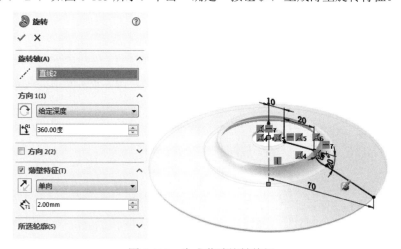

图 6-113 生成薄壁旋转特征

2. 创建筋特征

（1）新建草图。在 FeatureManager 设计树中选择"右视基准面"作为草图绘制基准面，单击"草图"控制面板中的"草图绘制"按钮 ，新建一张草图。单击"前导视图"工具栏中的"正视于"按钮 ，正视于右视图。

（2）绘制直线。单击"草图"控制面板中的"直线"按钮 ，将光标移到台阶的边缘，当光标变为 形状时，表示指针正位于边缘上，移动光标以生成从台阶边缘到零件边缘的折线。

（3）标注尺寸。单击"草图"控制面板中的"智能尺寸"按钮 ，为草图标注尺寸，如图 6-114 所示。

（4）设置视图方向。单击"前导视图"工具栏中的"等轴测"按钮 ，用等轴测视图观察图形。

（5）创建筋特征。单击"特征"控制面板中的"筋"按钮 ，或选择菜单栏中的"插入"→"特征"→"筋"命令，弹出"筋"属性管理器；单击"两侧"按钮 ，设置厚度生成方式为两边均等添加材料，在"筋厚度"文本框 中输入"3"，单击"平行于草图"按钮 ，设定筋的拉伸方向为平行于草图，如图 6-115 所示，单击"确定"按钮✔，生成筋特征。

图 6-114　标注尺寸

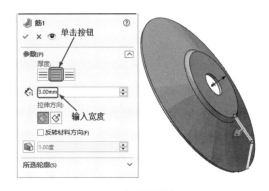

图 6-115　创建筋特征

（6）重复步骤（4）、（5）的操作，创建其余 3 个筋特征。同时也可利用圆周阵列命令阵列筋特征，最终结果如图 6-110 所示。

6.7　包　　覆

该特征将草图包裹到平面或非平面。可从圆柱、圆锥或拉伸的模型生成一平面。也可选择一平面轮廓来添加多个闭合的样条曲线草图。包覆特征支持轮廓选择和草图再用。可以将包覆特征投影至多个面上。图 6-116 显示了不同参数设置下包覆实例效果。

浮雕

蚀雕

刻画

图 6-116　包覆特征效果

打开源文件"包裹"。单击"特征"控制面板中的"包覆"按钮🗃，选择菜单栏中的"插入"→

"特征"→"包覆"命令。系统打开如图 6-117 所示的"包覆"属性管理器,其中的可控参数如下。

1."包覆参数"选项组

(1)浮雕:在面上生成一突起特征。

(2)蚀雕:在面上生成一缩进特征。

(3)刻画:在面上生成一草图轮廓的压印。

(4)包覆草图的面:选择一个非平面的面。

(5)"厚度"文本框:输入厚度值。

(6)反向:选中该复选框,更改方向。

2."拔模方向"选项组

选取一直线、线性边线或基准面来设定拔模方向。对于直线或线性边线,拔模方向是选定实体的方向。对于基准面,拔模方向与基准面正交。

图 6-117 "包覆"属性管理器

3."源草图"选项组

在视图中选择要创建包覆的草图。

6.8 综合实例——托架的创建

叉架类零件主要起支撑和连接作用。其形状结构按功能的不同常分为 3 部分:工作部分、安装固定部分和连接部分。整个零件的建模过程如图 6-118 所示。

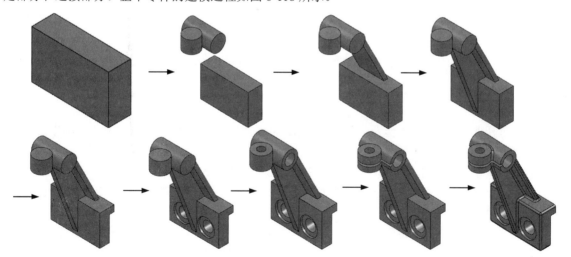

图 6-118 托架零件的建模过程

操作步骤如下:

6.8.1 固定部分基体的创建

(1)新建文件。启动 SOLIDWORKS 2020,单击"快速访问"工具栏中的"新建"按钮,在弹出的"新建 SOLIDWORKS 文件"对话框中单击"零件"按钮，然后单击"确定"按钮，创建一个新的零件文件。

（2）绘制草图。选择"前视基准面"作为草图绘制平面，单击"草图"控制面板中的"草图绘制"按钮□，进入草图编辑状态。

（3）绘制草图。单击"草图"控制面板中的"中心矩形"按钮回，以坐标原点为中心绘制一矩形。不必追求绝对的中心，只要大致几何关系正确即可。

（4）单击"草图"控制面板中的"智能尺寸"按钮，为所绘制矩形添加几何尺寸和几何关系，如图 6-119 所示。

（5）拉伸实体。单击"特征"控制面板中的"拉伸凸台/基体"按钮，在弹出的"凸台-拉伸"属性管理器中设置拉伸的类型为"给定深度"；在右侧的文本框中设置拉伸深度为 24mm；其余选项设置如图 6-120 所示。单击"确定"按钮，创建固定部分基体。

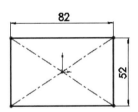

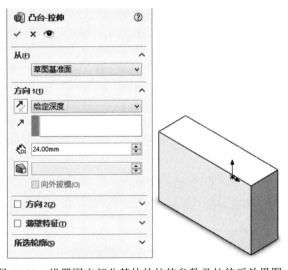

图 6-119　添加尺寸和几何关系后的矩形草图　　图 6-120　设置固定部分基体的拉伸参数及拉伸后效果图

6.8.2　创建工作部分基体

（1）选择"右视基准面"作为草图绘制平面，单击"草图"控制面板中的"草图绘制"按钮□，进入草图编辑状态。

（2）绘制草图。单击"草图"控制面板中的"圆"按钮◎，绘制一个圆。

（3）单击"草图"控制面板中的"智能尺寸"按钮，为圆标注直径尺寸和定位几何关系，如图 6-121（a）所示。

（4）拉伸实体。单击"特征"控制面板中的"拉伸凸台/基体"按钮，在弹出的"凸台-拉伸"属性管理器中设置拉伸的终止条件为"两侧对称"；在右侧的文本框中设置拉伸深度为 50mm；其余选项设置如图 6-121（b）所示。单击"确定"按钮，创建拉伸基体。

（5）创建基准面。单击"特征"控制面板"参考几何体"下拉列表中的"基准面"按钮，在右侧图形区域中的 FeatureManager 设计树中选择"上视基准面"作为参考实体；在"偏移距离"按钮右侧的文本框中设置距离为 105mm，具体选项设置如图 6-122 所示。单击"确定"按钮，创建基准面。

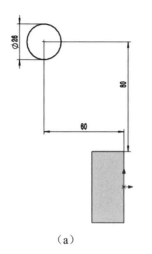

（a）

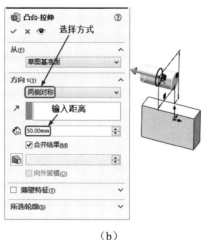

（b）

图 6-121　绘制草图和设置拉伸参数

（6）选择生成的"基准面 1"，单击"草图"控制面板中的"草图绘制"按钮□，在其上新建一草图。单击"前导视图"工具栏中的"正视于"按钮↓，正视于该草图。

（7）绘制草图。单击"草图"控制面板中的"圆"按钮⊙，绘制一个圆，并标注圆的直径尺寸及其定位尺寸。

（8）拉伸实体。单击"特征"控制面板中的"拉伸凸台/基体"按钮⯅，弹出"凸台-拉伸"属性管理器，在"方向 1"栏中设置拉伸的终止条件为"给定深度"；在⯅右侧的文本框中设置拉伸深度为 12mm；在"方向 2"栏中设置拉伸的终止条件为"给定深度"；在⯅右侧的文本框中设置拉伸深度为 9mm；具体参数设置如图 6-123 所示。单击"确定"按钮✔，生成工作部分的基体。

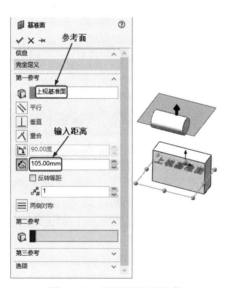

图 6-122　设置基准面参数

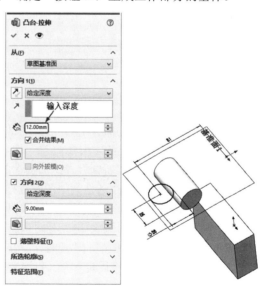

图 6-123　设置拉伸参数

6.8.3　连接部分基体的创建

（1）选择"右视基准面"，单击"草图"控制面板中的"草图绘制"按钮□，在其上新建一草图。

单击"前导视图"工具栏中的"正视于"按钮♪，正视于该草图平面。

（2）按住 Ctrl 键，选择固定部分轮廓（投影形状为矩形）的上部边线和工作部分中的支撑孔基体（投影形状为圆形），单击"草图"控制面板中的"转换实体引用"按钮⑦，将该轮廓投影到草图上。

（3）单击"草图"控制面板中的"直线"按钮✓，绘制一条由圆到矩形的直线，直线的一个端点落在矩形直线上。

（4）按住 Ctrl 键，选择所绘直线和轮廓投影圆。在出现的属性管理器中单击"相切"按钮♂，为所选元素添加"相切"几何关系，如图 6-124 所示。单击"确定"按钮✓，完成几何关系的添加。

（5）单击"草图"控制面板中的"智能尺寸"按钮✓，标注落在矩形上的直线端点到坐标原点的距离为 4mm。

（6）选择所绘直线，单击"草图"控制面板中的"等距实体"按钮┗，在弹出的"等距实体"属性管理器中设置等距距离为 6mm，其他选项设置如图 6-125 所示。单击"确定"按钮✓，完成等距直线的绘制。

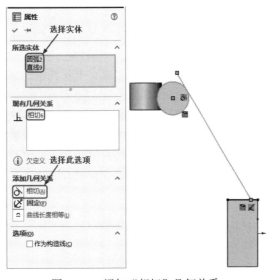

图 6-124　添加"相切"几何关系

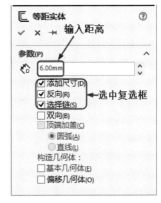

图 6-125　设置等距实体选项

（7）单击"草图"控制面板中的"剪裁实体"按钮⛏，剪裁掉多余的部分，完成 T 形肋中截面为 40×6 的肋板轮廓，如图 6-126 所示。

（8）拉伸实体。单击"特征"控制面板中的"拉伸凸台/基体"按钮◙，在弹出的"凸台-拉伸"属性管理器中设置拉伸的终止条件为"两侧对称"；在◈右侧的文本框中设置拉伸深度为 40mm；其余选项设置如图 6-127 所示。单击"确定"按钮✓，创建 T 形肋中一个肋板。

（9）选择"右视基准面"，单击"草图"控制面板中的"草图绘制"按钮┗，在其上新建一个草图。单击"前导视图"工具栏中的"正视于"按钮♪，正视于该草图平面。

（10）按住 Ctrl 键，选择固定部分（投影形状为矩形）的左上角的两条边线、工作部分中的支撑孔基体（投影形状为圆形）和肋板中内侧的边线，单击"草图"控制面板中的"转换实体引用"按钮⑦，将该轮廓投影到草图上。

（11）单击"草图"控制面板中的"直线"按钮✓，绘制一条由圆到矩形的直线，直线的一个端点落在矩形的左侧边线上，另一个端点落在投影圆上。

（12）单击"草图"控制面板中的"智能尺寸"按钮✓，为所绘直线标注尺寸定位，如图 6-128

所示。

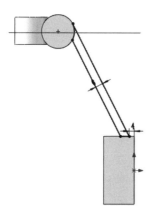

图 6-126 草图轮廓

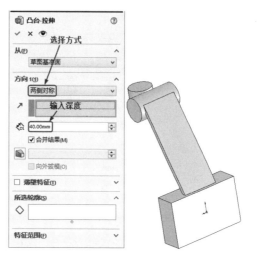

图 6-127 设置拉伸选项

（13）单击"草图"控制面板中的"剪裁实体"按钮，剪裁掉多余的部分，完成 T 形肋中另一肋板。

（14）拉伸实体。单击"特征"控制面板中的"拉伸凸台/基体"按钮，弹出"凸台-拉伸"属性管理器，设置拉伸的终止条件为"两侧对称"；在右侧的文本框中设置拉伸深度为 8mm；其余选项设置如图 6-129 所示。单击"确定"按钮，创建肋板。

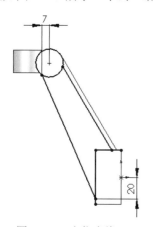

图 6-128 定位直线

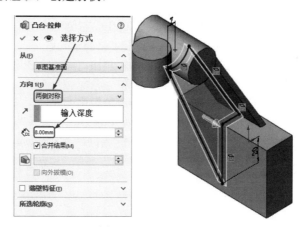

图 6-129 设置拉伸选项

6.8.4 切除固定部分基体

（1）选择固定部分基体的侧面，单击"草图"控制面板中的"草图绘制"按钮，在其上新建一草图。

（2）单击"草图"控制面板中的"边角矩形"按钮，绘制一矩形作为拉伸切除的草图轮廓。

（3）单击"草图"控制面板中的"智能尺寸"按钮，标注矩形尺寸并定位几何关系。

（4）拉伸切除实体。单击"特征"控制面板中的"拉伸切除"按钮，弹出"切除-拉伸"属性管理器，设置拉伸的终止条件为"完全贯穿"；其他选项设置如图 6-130 所示。单击"确定"按钮，创建固定基体的切除部分。

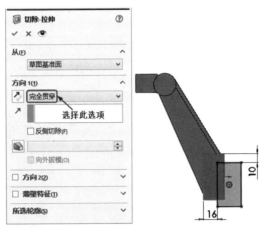

图 6-130　设置拉伸切除选项

6.8.5　光孔、沉头孔和圆角的创建

（1）选择托架固定部分的正面，单击"草图"控制面板中的"草图绘制"按钮□，在其上新建一张草图。

（2）绘制草图。单击"草图"控制面板中的"圆"按钮⊙，绘制两个圆。

（3）单击"草图"控制面板中的"智能尺寸"按钮❮，为两个圆标注尺寸并通过标注尺寸对其进行定位。

（4）拉伸切除实体。单击"特征"控制面板中的"拉伸切除"按钮◙，弹出"切除-拉伸"属性管理器，设置终止条件为"给定深度"；在❖右侧的文本框中设置拉伸切除深度为 3mm；其他选项设置如图 6-131 所示。单击"确定"按钮✔，创建孔。

（5）选择新创建的沉头孔的底面，单击"草图"控制面板中的"草图绘制"按钮□，在其上新建一张草图。

（6）绘制草图。单击"草图"控制面板中的"圆"按钮⊙，绘制两个圆。

（7）单击"草图"控制面板上"显示/删除几何关系"下拉列表中的"添加几何关系"按钮⊥，在图形区域中选择所绘制的圆和边线，单击"同心"按钮◎，为圆添加"同心"几何关系，如图 6-132 所示。

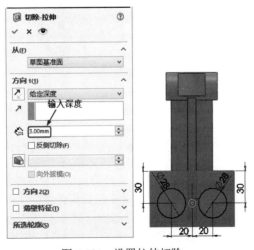

图 6-131　设置拉伸切除

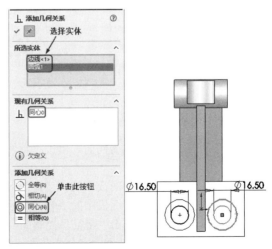

图 6-132　添加"同心"几何关系

（8）单击"草图"控制面板中的"智能尺寸"按钮，为两个圆标注直径尺寸为16.5mm。单击"确定"按钮，完成几何关系的添加。

（9）类似步骤（7）、（8），为另一个圆添加同样的几何关系。

（10）拉伸切除实体。单击"特征"控制面板中的"拉伸切除"按钮，在弹出的"切除-拉伸"属性管理器中设置终止条件为"完全贯穿"；其他选项设置如图6-133所示。单击"确定"按钮，完成沉头孔的创建。

（11）选择工作部分中高度为50mm的圆柱的一个侧面，单击"草图"控制面板中的"草图绘制"按钮，在其上新建一草图。

（12）绘制草图。单击"草图"控制面板中的"圆"按钮，绘制一个与圆柱轮廓同心的圆。

（13）单击"草图"控制面板中的"智能尺寸"按钮，标注圆的直径尺寸为16mm。

（14）拉伸切除实体。单击"特征"控制面板中的"拉伸切除"按钮，在弹出的"切除-拉伸"属性管理器中设置终止条件为"完全贯穿"，其他选项设置如图6-134所示。单击"确定"按钮，完成孔的创建。

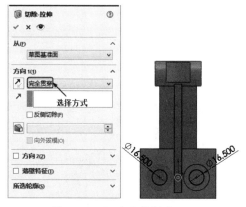

图6-133 沉头孔的创建

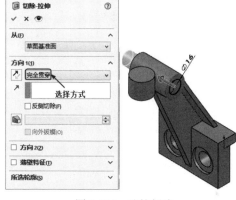

图6-134 孔的创建

（15）选择工作部分的另一个圆柱段的上端面，单击"草图"控制面板中的"草图绘制"按钮，在其上新建一草图。

（16）绘制草图。单击"草图"控制面板中的"圆"按钮，绘制一个与圆柱轮廓同心的圆。

（17）单击"草图"控制面板中的"智能尺寸"按钮，标注圆的直径尺寸为11mm。

（18）拉伸切除实体。单击"特征"控制面板中的"拉伸切除"按钮，在弹出的"切除-拉伸"属性管理器中设置终止条件为"完全贯穿"，其他选项设置如图6-135所示。单击"确定"按钮，完成孔的创建。

（19）选择"基准面1"，单击"草图"控制面板中的"草图绘制"按钮，在其上新建一草图。

（20）单击"草图"控制面板中的"边角矩形"按钮，绘制一个矩形，覆盖特定区域，如图6-136所示。

（21）拉伸切除实体。单击"特征"控制面板中的"拉伸切除"按钮，在弹出的"切除-拉伸"属性管理器中设置终止条件为"两侧对称"，在右侧的文本框中设置拉伸切除深度为3mm，其他选项设置如图6-136所示，单击"确定"按钮，完成夹紧用间隙的创建。

（22）单击"特征"控制面板中的"圆角"按钮，弹出"圆角"属性管理器。在右侧的图形区域中选择所有非机械加工边线，即图示的边线，在右侧的文本框中设置圆角半径为2mm，具体选项设置如图6-137所示。单击"确定"按钮，完成铸造圆角的创建。

（23）保存文件。选择菜单栏中的"文件"→"保存"命令，将零件文件保存，文件名为"托架"，最后结果如图6-138所示。

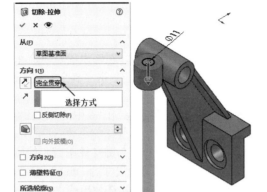

图 6-135　设置拉伸切除选项

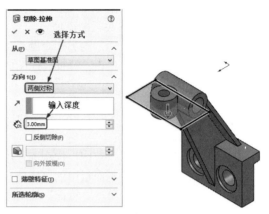

图 6-136　夹紧用间隙的创建

图 6-137　设置圆角选项

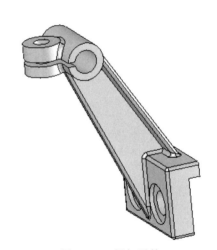

图 6-138　托架零件

6.9　实践与操作

6.9.1　绘制液压缸

本实践将绘制如图 6-139 所示的液压缸。

操作提示：

（1）利用"草图绘制"命令绘制草图，如图 6-140 所示；利用"拉伸"命令，设置拉伸距离为 135mm，创建的拉伸体如图 6-141 所示。

（2）利用"圆"命令，在图 6-141 的面 1 上绘制直径为 45mm 的圆；利用"拉伸"命令，设置拉伸距离为 51.25mm。

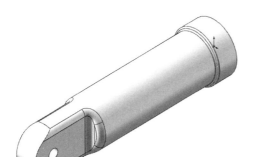

图 6-139　液压缸

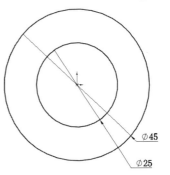

图 6-140　绘制草图 1

（3）选择拉伸实体的上表面，利用"草图"控制面板中的"转换实体引用"按钮、"直线"按钮和"剪裁实体"按钮，绘制并标注如图 6-142 所示的草图。利用"拉伸切除"命令，设置切除深度为 40mm。

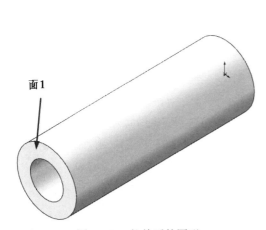

图 6-141　拉伸后的图形

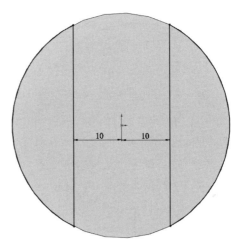

图 6-142　标注草图尺寸

（4）选择图 6-143 中的面 1，利用"圆心/起/终点画弧"按钮和"直线"按钮绘制如图 6-144 所示的草图，重复此步骤，在另一侧绘制相同草图。

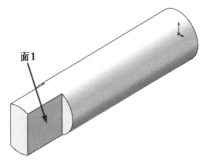

图 6-143　切除后的图形

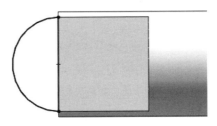

图 6-144　绘制草图 2

（5）放样实体。利用"放样凸台"命令，以步骤（4）中的两草图为放样轮廓，选择两边线为引导线，执行放样命令，如图 6-145 所示。

（6）绘制如图 6-146 所示草图，利用"拉伸切除"命令，设置切除终止条件为"完全切除"。

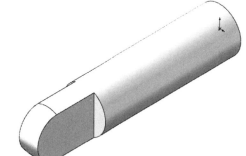

图 6-145　放样实体结果

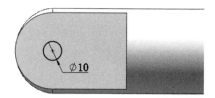

图 6-146　绘制草图 3

（7）选择实体底面，绘制如图 6-147 所示草图，利用"拉伸"命令拉伸实体，设置拉伸距离为 20mm。

（8）对实体倒圆角，设置圆角半径为 5mm，倒角如图 6-148 所示。重复"倒角"命令，设置半径为 1.25mm，如图 6-149 所示。

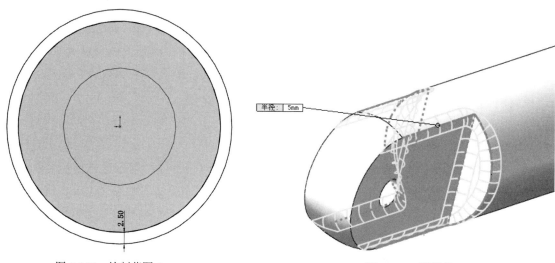

图 6-147　绘制草图 4

图 6-148　倒圆角 1

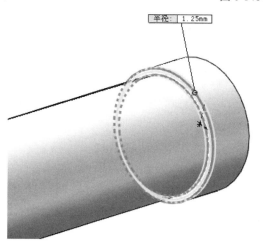

图 6-149　倒圆角 2

6.9.2 绘制异型孔零件

本例绘制如图 6-150 所示的异型孔零件。

操作提示：

（1）选择上视基准面，利用"草图绘制"命令绘制草图，如图 6-151 所示；利用"旋转"命令，设置终止条件为"给定深度"，旋转角度为 360°，创建旋转实体。

（2）创建基准面，以上视面为参考，创建距离上视基准面为 25mm 的基准面。利用"草图绘制"命令，绘制草图，如图 6-152 所示。

（3）创建异型孔特征，选择柱形沉头孔、六角凹头 ISO 4762、M12，给定深度为 35mm。放置柱形沉头孔，如图 6-150 所示。

图 6-150 异型孔零件

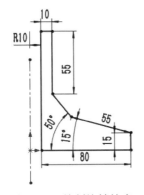

图 6-151 绘制旋转轮廓

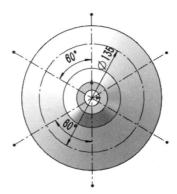

图 6-152 绘制草图

6.10 思 考 练 习

1. 思考圆角特征各类型的具体应用范围。
2. 比较拔模特征几种方式的优缺点。
3. 绘制如图 6-153 所示的阀门壳体。
4. 绘制如图 6-154 所示的连杆。

图 6-153 绘制阀门壳体

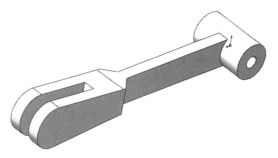

图 6-154 连杆

第7章

特征的复制

在进行特征建模时，为方便操作、简化步骤，选择进行特征复制操作，其中包括阵列特征、镜向特征等操作，将某特征根据不同参数设置进行复制，这一命令的使用在很大程度上缩短了操作时间，简化了实体创建过程，使建模功能更全面。

- ☑ 阵列特征
- ☑ 镜向特征
- ☑ 特征的复制与删除

任务驱动&项目案例

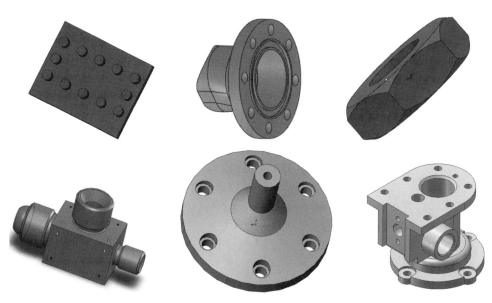

7.1 阵 列 特 征

特征阵列用于将任意特征作为原始样本特征，通过指定阵列尺寸产生多个类似的子样本特征。特征阵列完成后，原始样本特征和子样本特征成为一个整体，用户可将其作为一个特征进行相关的操作，如删除、修改等。如果修改了原始样本特征，则阵列中的所有子样本特征也随之更改。

SOLIDWORKS 2020 提供了线性阵列、圆周阵列、草图驱动阵列、曲线驱动阵列、表格驱动阵列和填充阵列 6 种阵列方式。下面详细介绍前 3 种常用的阵列方式。

7.1.1 线性阵列

线性阵列是指沿一条或两条直线路径生成多个子样本特征。如图 7-1 所示列举了线性阵列的零件模型。

下面介绍创建线性阵列特征的操作步骤，阵列前实体如图 7-2 所示。

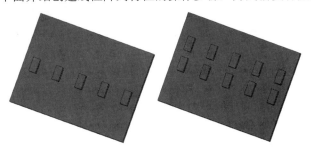

图 7-1　线性阵列模型　　　　　　　　　图 7-2　打开的文件实体

（1）打开源文件"线性阵列"，在图形区中选择原始样本特征（切除、孔或凸台等）。

（2）单击"特征"控制面板中的"线性阵列"按钮，或选择菜单栏中的"插入"→"阵列/镜向"→"线性阵列"命令，系统弹出"线性阵列"属性管理器。在"特征和面"选项组中将显示所选择的特征。如果要选择多个原始样本特征，在选择特征时，需按住 Ctrl 键。

💡提示：当使用特型特征生成线性阵列时，所有阵列的特征都必须在相同的面上。

（3）在"方向 1"选项组中单击第一个列表框，然后在图形区中选择模型的一条边线或尺寸线指出阵列的第一个方向。所选边线或尺寸线的名称出现在该列表框中。

（4）如果图形区中表示阵列方向的箭头不正确，则单击"反向"按钮，可以反转阵列方向。

（5）在"方向 1"选项组的"间距"文本框中指定阵列特征之间的距离。

（6）在"方向 1"选项组的"实例数"文本框中指定该方向下阵列的特征数（包括原始样本特征）。此时在图形区中可以预览阵列效果，如图 7-3 所示。

（7）如果要在另一个方向上同时生成线性阵列，则仿照步骤（2）～（6）中的操作，对"方向 2"选项组进行设置。

（8）在"方向 2"选项组中有一个"只阵列源"复选框。如果选中该复选框，则在第 2 方向中只复制原始样本特征，而不复制"方向 1"中生成的其他子样本特征，如图 7-4 所示。

（9）在阵列中如果要跳过某个阵列子样本特征，则在"可跳过的实例"选项组中单击"要跳过的实例"按钮右侧的列表框，并在图形区中选择想要跳过的某个阵列特征，这些特征将显示在该列表框中。图 7-5 所示显示了可跳过的实例效果。

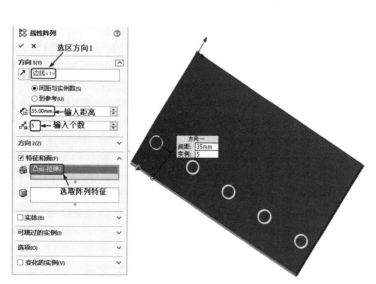

图 7-3　设置线性阵列

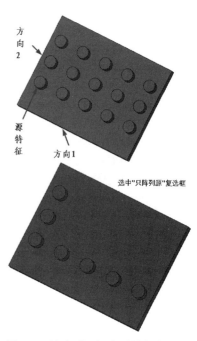

图 7-4　只阵列源与阵列所有特征
的效果对比

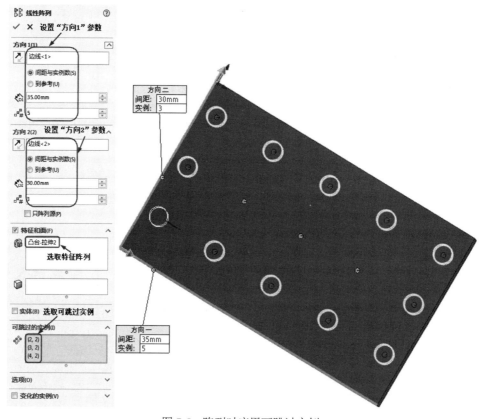

图 7-5　阵列时应用可跳过实例

（10）线性阵列属性设置完毕，单击"确定"按钮✔，生成线性阵列。

7.1.2 圆周阵列

圆周阵列是指绕一个轴心以圆周路径生成多个子样本特征。在创建圆周阵列特征之前，首先要选择一个中心轴，这个轴可以是基准轴或者临时轴。每一个圆柱和圆锥面都有一条轴线，称之为临时轴。临时轴是由模型中的圆柱和圆锥隐含生成的，在图形区中一般不可见。在生成圆周阵列时需要使用临时轴，选择菜单栏中的"视图"→"隐藏/显示"→"临时轴"命令即可显示临时轴。此时该菜单旁边出现标记"√"，表示临时轴可见。此外，还可以生成基准轴作为中心轴。

下面介绍创建圆周阵列特征的操作步骤。

（1）打开源文件"圆周阵列"。选择菜单栏中的"视图"→"隐藏/显示"→"临时轴"命令，显示特征基准轴，如图 7-6 所示。

（2）在图形区选择原始样本特征（切除、孔或凸台等）。

（3）单击"特征"控制面板中的"圆周阵列"按钮，或选择菜单栏中的"插入"→"阵列/镜像"→"圆周阵列"命令，系统弹出"阵列（圆周）"属性管理器。

（4）在"特征和面"选项组中高亮显示步骤（2）中所选择的特征。如果要选择多个原始样本特征，需按住 Ctrl 键进行选择。此时，在图形区将生成一个中心轴，作为圆周阵列的圆心位置。

在"参数"选项组中，单击第一个列表框，然后在图形区中选择中心轴，则所选中心轴的名称将显示在该列表框中。

（5）如果图形区中阵列的方向不正确，则单击"反向"按钮，可以翻转阵列方向。

（6）在"参数"选项组的"角度"文本框中指定阵列特征之间的角度。

（7）在"参数"选项组的"实例数"文本框中指定阵列的特征数（包括原始样本特征）。此时在图形区中可以预览阵列效果，如图 7-7 所示。

图 7-6 特征基准轴

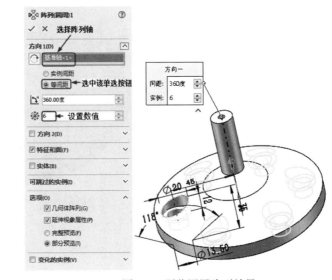

图 7-7 预览圆周阵列效果

（8）选中"等间距"单选按钮，则总角度将默认为 360°，所有的阵列特征会等角度均匀分布。

（9）选中"几何体阵列"复选框，则只复制原始样本特征而不对其进行求解，这样可以加速生成及重建模型的速度。但是如果某些特征的面与零件的其余部分合并在一起，则不能为这些特征生成几何体阵列。

（10）圆周阵列属性设置完毕，单击"确定"按钮✔，生成圆周阵列。

Note

7.1.3 草图驱动阵列

SOLIDWORKS 2020 还可以根据草图上的草图点来安排特征的阵列。用户只要控制草图上的草图点，即可将整个阵列扩散到草图中的每个点。

下面介绍创建草图阵列的操作步骤。

（1）打开源文件"草图驱动阵列"，或单击"草图"控制面板中的"草图绘制"按钮▭，在零件的面上打开一个草图。

（2）单击"草图"控制面板中的"点"按钮▫，绘制驱动阵列的草图点。

（3）单击"草图"控制面板中的"草图绘制"按钮▭，关闭草图。

（4）单击"特征"控制面板中的"草图驱动的阵列"按钮🝆，或者选择菜单栏中的"插入"→"阵列/镜向"→"由草图驱动的阵列"命令，系统弹出"由草图驱动的阵列"属性管理器。

（5）在"选择"选项组中单击"参考草图"按钮▣右侧的列表框，然后选择驱动阵列的草图，则所选草图的名称显示在该列表框中。

（6）选择参考点。

☑ 重心：如果选中该单选按钮，则使用原始样本特征的重心作为参考点。

☑ 所选点：如果选中该单选按钮，则在图形区中选择参考顶点。可以使用原始样本特征的重心、草图原点、顶点或另一个草图点作为参考点。

（7）单击"特征和面"选项组中"要阵列的特征"按钮🝆右侧的列表框，然后选择要阵列的特征。此时在图形区中可以预览阵列效果，如图 7-8 所示。

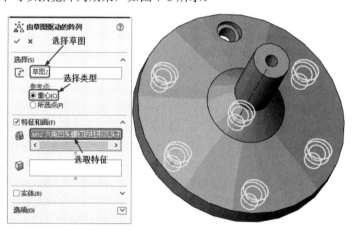

图 7-8　预览阵列效果

（8）选中"几何体阵列"复选框，则只复制原始样本特征而不对其进行求解，这样可以加速生成及重建模型的速度。但是如果某些特征的面与零件的其余部分合并在一起，则不能为这些特征生成几何体阵列。

（9）草图阵列属性设置完毕，单击"确定"按钮✔，生成草图驱动的阵列。

7.1.4 曲线驱动阵列

曲线驱动阵列是指沿平面曲线或者空间曲线生成的阵列实体。

下面介绍创建曲线驱动阵列的操作步骤。

（1）打开源文件"曲线驱动阵列"，或设置基准面。选择图 7-9 中的表面 1，然后单击"前导视图"工具栏中的"正视于"按钮，将该表面作为绘制图形的基准面。

（2）绘制草图。选择菜单栏中的"工具"→"草图绘制实体"→"样条曲线"命令，绘制如图 7-10 所示的样条曲线，之后退出草图绘制状态。

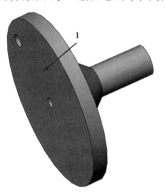

图 7-9　打开的文件实体

图 7-10　绘制样条曲线

（3）执行"曲线驱动的阵列"命令。选择菜单栏中的"插入"→"阵列/镜向"→"曲线驱动的阵列"命令，或者单击"特征"控制面板中的"曲线驱动的阵列"按钮，此时系统弹出如图 7-11 所示的"曲线驱动的阵列"属性管理器。

（4）设置属性管理器。在"特征和面"选项组中选择如图 7-10 所示拉伸的实体；在"方向"选项组中，选择样条曲线，其他设置如图 7-11 所示。

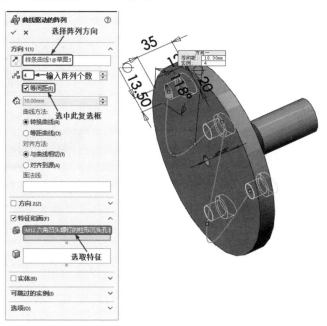

图 7-11　"曲线驱动的阵列"属性管理器

（5）确认曲线驱动阵列的特征。单击"曲线驱动的阵列"属性管理器中的"确定"按钮，结果如图 7-12 所示。

（6）取消视图中的草图显示。选择菜单栏中的"视图"→"隐藏/显示"→"草图"命令，取消对视图中草图的显示，结果如图 7-13 所示。

图 7-12　曲线驱动阵列的图形

图 7-13　取消草图显示的图形

7.1.5　表格驱动阵列

表格驱动阵列是指添加或检索以前生成的 X-Y 坐标，在模型的面上增添源特征。

下面介绍创建表格驱动阵列的操作步骤。

（1）打开源文件"表格驱动阵列"，或执行"坐标系"命令。选择菜单栏中的"插入"→"参考几何体"→"坐标系"命令，或者单击"特征"控制面板"参考几何体"下拉列表中的"坐标系"按钮，此时系统弹出"坐标系"属性管理器，创建一个新的坐标系。

（2）设置属性管理器。在"原点"一栏中选择如图 7-14 所示的点 A，确认创建的坐标系。单击"坐标系"属性管理器中的"确定"按钮，结果如图 7-15 所示。

图 7-14　绘制的图形

图 7-15　创建坐标系的图形

（3）执行"表格驱动的阵列"命令。选择菜单栏中的"插入"→"阵列/镜向"→"表格驱动的阵列"命令，或者单击"特征"控制面板中的"表格驱动的阵列"按钮，此时系统弹出如图 7-16 所示的"由表格驱动的阵列"属性管理器。

（4）设置属性管理器。在"要复制的特征"一栏中选择 M12 的孔；在"坐标系"一栏中选择坐标系 1。点 0 的坐标为源特征的坐标；双击点 1 的 X 和 Y 文本框，输入要阵列的坐标值；重复此步骤，输入点 2 到点 5 的坐标值，"由表格驱动的阵列"属性管理器设置如图 7-17 所示。

（5）确认表格驱动阵列特征。单击"由表格驱动的阵列"属性管理器中的"确定"按钮，结果如图 7-18 所示。

（6）取消显示视图中的坐标系。选择菜单栏中的"视图"→"隐藏/显示"→"坐标系"命令，取消对视图中坐标系的显示，结果如图 7-19 所示。

图 7-16 "由表格驱动的阵列"属性管理器 1

图 7-17 "由表格驱动的阵列"属性管理器 2

图 7-18 阵列的图形

图 7-19 取消坐标系显示的图形

7.1.6 填充阵列

填充阵列是在特定边界内，通过设置参数来控制阵列位置、数量的特征方式。

下面介绍创建填充阵列的操作步骤。

（1）打开源文件"填充阵列"。选择菜单栏中的"插入"→"阵列/镜向"→"填充阵列"命令，或者单击"特征"控制面板中的"填充阵列"按钮🔲，此时系统弹出如图 7-20 所示的"填充阵列"属性管理器。

（2）在"填充边界"选项组下"选择面或共面上的草图、平面曲线"按钮🔲右侧的列表框中选择面 1，如图 7-21 所示。

（3）在"阵列布局"选项组中设置参数。

☑　🔲（穿孔）：为钣金穿孔式阵列生成网格。

> 在"实例间距"按钮🔲右侧文本框中输入两特征间距值。

> 在"交错断续角度"按钮🔲右侧文本框中输入两特征夹角值。

> 在"边距"按钮🔲右侧文本框中输入填充边界边距值。

> 在"阵列方向"按钮🔲右侧文本框中确定阵列方向。

> 在"实例记数"按钮🔲右侧文本框中显示根据规格计算出的阵列中的实例数，此数量无法编辑。

Note

图 7-20 "填充阵列"属性管理器

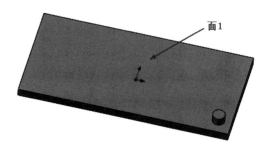

图 7-21 选择面

☑ 🔘（圆周）：生成圆周形阵列。

☑ ▦（方形）：生成方形阵列。

☑ 🔘（多边形）：生成多边形阵列。

选择布局方式为"穿孔"。

（4）在"特征和面"选项组下选中"所选特征"单选按钮，在"要阵列的特征"按钮🔘右侧选择特征，如图 7-22 所示。

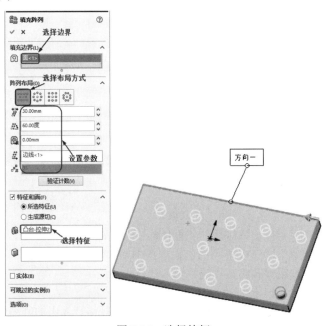

图 7-22 选择特征

7.1.7 实例——接口

本例创建的接口零件如图 7-23 所示。

图 7-23 接口

接口零件主要起传动、连接、支撑、密封等作用，其主体为回转体或其他平板型实体，厚度方向的尺寸比其他两个方向的尺寸小，其上常有凸台、凹坑、螺孔、销孔、轮辐等局部结构。由于接口要和一段圆环焊接，所以其根部采用压制后再使用铣刀加工圆弧沟槽的方法加工。接口的基本创建过程如图 7-24 所示。

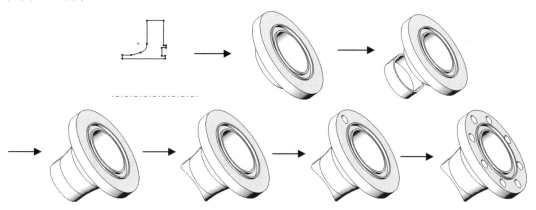

图 7-24 流程图

操作步骤如下：

1. 创建接口基体端部特征

（1）新建文件。启动 SOLIDWORKS 2020，单击"快速访问"工具栏中的"新建"按钮□，或选择菜单栏中的"文件"→"新建"命令，在弹出的"新建 SOLIDWORKS 文件"对话框中单击"零件"按钮⬛，然后单击"确定"按钮，创建一个新的零件文件。

（2）新建草图。在 FeatureManager 设计树中选择"前视基准面"作为草图绘制基准面，单击"草图"控制面板中的"草图绘制"按钮□，创建一张新草图。

（3）绘制草图。单击"草图"控制面板中的"中心线"按钮✐，或选择菜单栏中的"工具"→"草图绘制实体"→"中心线"命令，过坐标原点绘制一条水平中心线作为基体旋转的旋转轴；然后单击"直线"按钮✐，绘制法兰盘轮廓草图。单击"草图"控制面板中的"智能尺寸"按钮✦，或选择菜单栏中的"工具"→"尺寸"→"智能尺寸"命令，为草图添加尺寸标注，如图 7-25 所示。

（4）创建接口基体端部实体。单击"特征"控制面板中的"旋转凸台/基体"按钮⬛，或选择菜单栏中的"插入"→"凸台/基体"→"旋转"命令，弹出"旋转"属性管理器，SOLIDWORKS 会自动将草图中唯一的一条中心线作为旋转轴，设置旋转类型为"给定深度"，在"角度"文本框中输入"360"，其他选项设置如图 7-26 所示。单击"确定"按钮，生成接口基体端部实体。

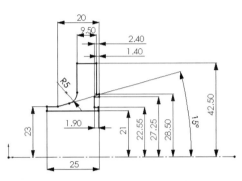

图 7-25　绘制草图并标注尺寸

图 7-26　创建法兰盘基体端部实体

2. 创建接口根部特征

接口根部的长圆段是从距法兰密封端面 40mm 处开始的，所以这里要先创建一个与密封端面相距 40mm 的参考基准面。

（1）创建基准面。单击"特征"控制面板"参考几何体"下拉列表中的"基准面"按钮，弹出"基准面"属性管理器；在"参考实体"选项框中选择接口的密封面作为参考平面，在"偏移距离"文本框中输入"40"，选中"反转等距"复选框，其他选项设置如图 7-27 所示，单击"确定"按钮，创建基准面。

（2）新建草图。选择生成的基准面，单击"草图"控制面板中的"草图绘制"按钮，在其上新建一张草图。

（3）绘制草图。单击"草图"控制面板中的"直槽口"按钮和"智能尺寸"按钮，绘制根部的长圆段草图并标注，结果如图 7-28 所示。

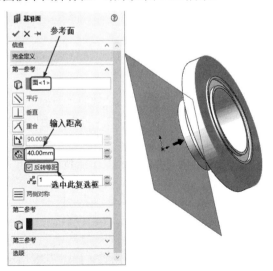

图 7-27　创建基准面

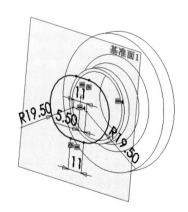

图 7-28　绘制草图

（4）拉伸实体。单击"特征"控制面板中的"拉伸凸台/基体"按钮，或选择菜单栏中的"插入"→"凸台/基体"→"拉伸"命令，弹出"凸台-拉伸"属性管理器。

（5）设置拉伸方向和深度。单击"反向"按钮，使根部向外拉伸，指定拉伸类型为"单向"，在"深度"文本框中设置拉伸深度为12mm。

（6）生成接口根部特征。选中"薄壁特征"复选框，在"薄壁特征"面板中单击"反向"按钮，使薄壁的拉伸方向指向轮廓内部，选择拉伸类型为"单向"，在"厚度"文本框中输入"2"，其他选项设置如图7-29所示。单击"确定"按钮，生成法兰盘根部特征。

3. 创建长圆段与端部的过渡段

（1）选择放样工具。单击"特征"控制面板中的"放样凸台/基体"按钮，或选择菜单栏中的"插入"→"凸台/基体"→"放样"命令，系统弹出"放样"属性管理器。

（2）生成放样特征。选择法兰盘基体端部的外扩圆作为放样的一个轮廓，在FeatureManager设计树中选择刚刚绘制的"草图2"作为放样的另一个轮廓；选中"薄壁特征"复选框，展开"薄壁特征"面板，单击"反向"按钮，使薄壁的拉伸方向指向轮廓内部，选择拉伸类型为"单向"，在"厚度"文本框中输入"2"，其他选项设置如图7-30所示。单击"确定"按钮，创建长圆段与基体端部圆弧段的过渡特征。

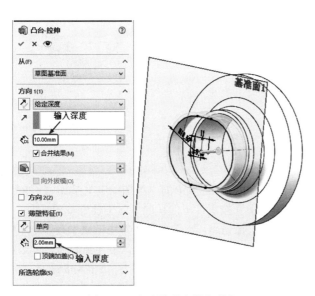

图7-29 生成法兰盘根部特征

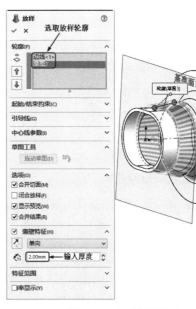

图7-30 生成放样特征

4. 创建接口根部的圆弧沟槽

（1）新建草图。在FeatureManager设计树中选择"前视基准面"作为草图绘制基准面，单击"草图"控制面板中的"草图绘制"按钮，在其上新建一张草图。单击"前导视图"工具栏中的"正视于"按钮，使视图方向正视于草图平面。

（2）绘制中心线。单击"草图"控制面板中的"中心线"按钮，或选择菜单栏中的"工具"→"草图绘制实体"→"中心线"命令，过坐标原点绘制一条水平中心线。

（3）绘制圆。单击"草图"控制面板中的"圆"按钮，或选择菜单栏中的"工具"→"草图绘制实体"→"圆"命令，绘制一圆心在中心线上的圆。

（4）标注尺寸。单击"草图"控制面板中的"智能尺寸"按钮，或选择菜单栏中的"工具"→"尺寸"→"智能尺寸"命令，标注圆的直径为48mm。

（5）添加"重合"几何关系。单击"草图"控制面板上"显示/删除几何关系"下拉列表中的"添加几何关系"按钮，弹出"添加几何关系"属性管理器；为圆和法兰盘根部的角点添加"重合"几何关系，如图7-31所示，定位圆的位置。

（6）拉伸切除实体。单击"特征"控制面板中的"拉伸切除"按钮，或选择菜单栏中的"插入"→"切除"→"拉伸"命令，弹出"切除-拉伸"属性管理器。

（7）创建根部的圆弧沟槽。在"切除-拉伸"属性管理器中设置切除终止条件为"两侧对称"，在"深度"文本框中输入"100"，其他选项设置如图7-32所示，单击"确定"按钮，生成根部的圆弧沟槽。

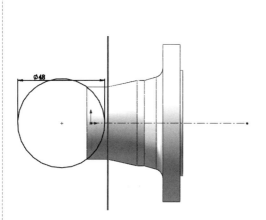

图7-31　添加"重合"几何关系

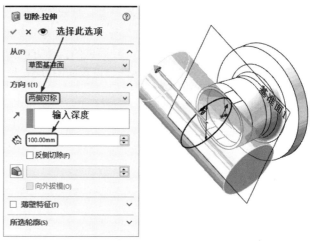

图7-32　创建根部的圆弧沟槽

5．创建接口螺栓孔

（1）新建草图。选择接口的基体端面，单击"草图"控制面板中的"草图绘制"按钮，在其上新建一张草图。单击"前导视图"工具栏中的"正视于"按钮，使视图方向正视于草图平面。

（2）绘制构造线。单击"草图"控制面板中的"圆"按钮，或选择菜单栏中的"工具"→"草图绘制实体"→"圆"命令，利用SOLIDWORKS的自动跟踪功能绘制一个圆，使其圆心与坐标原点重合，在"圆"属性管理器中选中"作为构造线"复选框，将圆设置为构造线，如图7-33所示。

（3）标注尺寸。单击"草图"控制面板中的"智能尺寸"按钮，或选择菜单栏中的"工具"→"尺寸"→"智能尺寸"命令，标注圆的直径为70mm。

（4）绘制圆。单击"草图"控制面板中的"圆"按钮，或选择菜单栏中的"工具"→"草图绘制实体"→"圆"命令，利用SOLIDWORKS的自动跟踪功能绘制一个圆，使其圆心落在所绘制的构造圆上，并且其X坐标值为0。

（5）拉伸切除实体。单击"特征"控制面板中的"拉伸切除"按钮，或选择菜单栏中的"插入"→"切除"→"拉伸"命令，弹出"切除-拉伸"属性管理器；设置切除的终止条件为"完全贯穿"，其他选项设置如图7-34所示。单击"确定"按钮，创建一个法兰盘螺栓孔。

（6）显示临时轴。选择菜单栏中的"视图"→"隐藏/显示"→"临时轴"命令，显示模型中的临时轴，为下一步阵列特征做准备。

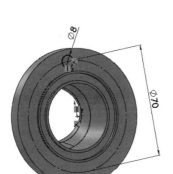

图 7-33 设置圆为构造线

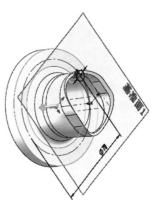

图 7-34 拉伸切除实体

（7）阵列螺栓孔。单击"特征"控制面板中的"圆周阵列"按钮⚙，或选择菜单栏中的"插入"→"阵列/镜向"→"圆周阵列"命令，弹出"圆周阵列"属性管理器；在绘图区选择法兰盘基体的临时轴作为圆周阵列的阵列轴，在"角度"文本框↻中输入"360"，在"实例数"文本框❋中输入"8"，选中"等间距"复选框，在绘图区选择步骤（5）中创建的螺栓孔，其他选项设置如图 7-35 所示。单击"确定"按钮✔，完成螺栓孔的圆周阵列，最终效果如图 7-36 所示。

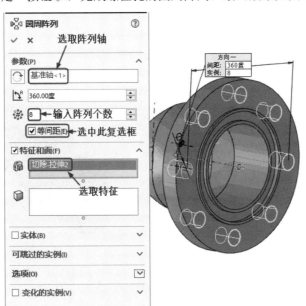

图 7-35 阵列螺栓孔

图 7-36 接口的最终效果

7.2 镜向特征

如果零件结构是对称的，用户可以只创建零件模型的一半，然后使用镜向特征的方法生成整个零件。如果修改了原始特征，则镜向的特征也随之更改。如图 7-37 所示为运用镜向特征生成的零件模型。

视频讲解

图 7-37　镜向特征生成零件

镜向特征是指对称于基准面镜向所选的特征。按照镜向对象的不同，可以分为镜向特征和镜向实体。

7.2.1　镜向特征及其创建方法

镜向特征是指以某一平面或者基准面作为参考面，对称复制一个或者多个特征。

下面介绍创建镜向特征的操作步骤，打开源文件"镜向特征"，如图 7-38 所示为实体文件。

（1）选择菜单栏中的"插入"→"阵列/镜向"→"镜向"命令，或者单击"特征"控制面板中的"镜向"按钮，系统弹出"镜向"属性管理器。

（2）在"镜向面/基准面"选项组中选择如图 7-38 所示的前视基准面；在"要镜向的特征"选项组中选择"切除-旋转 1"，"镜向"属性管理器设置如图 7-39 所示。单击"确定"按钮，创建的镜向特征如图 7-40 所示。

图 7-38　打开实体文件　　　　图 7-39　"镜向"属性管理器　　　　图 7-40　镜向特征

7.2.2　镜向实体

镜向实体是指以某一平面或者基准面作为参考面，对称复制视图中的整个模型实体。

下面介绍创建镜向实体的操作步骤。

（1）打开源文件"镜向实体"，如图 7-38 所示的实体，选择菜单栏中的"插入"→"阵列/镜向"→"镜向"命令，或者单击"特征"控制面板中的"镜向"按钮，系统弹出"镜向"属性管理器。

（2）在"镜向面/基准面"选项组中选择如图 7-41 所示的面 1；在"要镜向的实体"选项组中选择如图 7-38 所示模型实体上的任意一点。"镜向"属性管理器设置如图 7-41 所示。单击"确定"按钮，创建的镜向实体如图 7-42 所示。

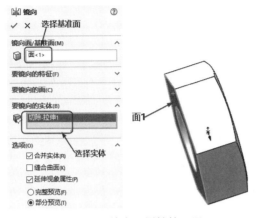

图 7-41   "镜向"属性管理器

图 7-42   镜向实体

7.2.3   实例——管接头

本例创建的管接头模型如图 7-43 所示。

图 7-43   管接头

管接头是非常典型的拉伸类零件，其基本造型利用拉伸方法可以很容易地创建。拉伸特征是将一个用草图描述的截面沿指定的方向(一般情况下沿垂直于截面的方向)延伸一段距离后所形成的特征。拉伸是 SOLIDWORKS 模型中最常见的类型，具有相同截面、一定长度的实体，如长方体、圆柱体等都可以利用拉伸特征来生成。

管接头的基本创建流程如图 7-44 所示。

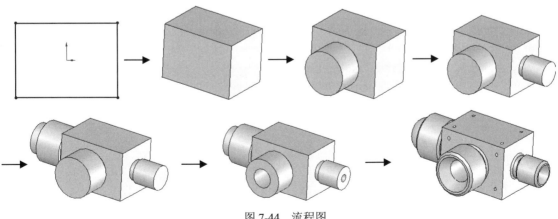

图 7-44   流程图

操作步骤如下：

1. 创建长方形基体

（1）新建文件。选择菜单栏中的"文件"→"新建"命令，或单击"标准"控制面板中的"新建"按钮□，在弹出的"新建 SOLIDWORKS 文件"对话框中单击"零件"按钮📄，然后单击"确定"按钮，创建一个新的零件文件。

（2）绘制草图。在 FeatureManager 设计树中选择"前视基准面"作为绘图基准面，单击"草图"控制面板中的"草图绘制"按钮匚，新建一张草图。单击"草图"控制面板中的"中心矩形"按钮回，或选择菜单栏中的"工具"→"草图绘制实体"→"中心矩形"命令，以原点为中心绘制一个矩形。

（3）标注矩形尺寸。单击"草图"控制面板中的"智能尺寸"按钮◀，或选择菜单栏中的"工具"→"尺寸"→"智能尺寸"命令，标注矩形草图轮廓的尺寸，如图 7-45 所示。

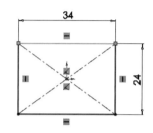

图 7-45　标注矩形尺寸

（4）拉伸实体。单击"特征"控制面板中的"拉伸凸台/基体"按钮📦，或选择菜单栏中的"插入"→"凸台/基体"→"拉伸"命令，在弹出的"凸台-拉伸"属性管理器中设置拉伸终止条件为"两侧对称"，在"深度"文本框🖉中输入"23"，其他选项保持系统默认设置，如图 7-46 所示。单击"确定"按钮✔，完成长方形基体的创建，如图 7-47 所示。

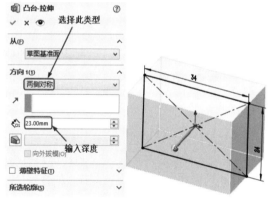

图 7-46　设置拉伸参数

图 7-47　创建长方形基体

2. 创建直径为 10mm 的喇叭口基体

（1）新建草图。选择长方形基体上的 34mm×24mm 面，单击"草图"控制面板中的"草图绘制"按钮🖉，在其上创建草图。

（2）绘制草图。单击"草图"控制面板中的"圆"按钮⊙，或选择菜单栏中的"工具"→"草图绘制实体"→"圆"命令，以坐标原点为圆心绘制一个圆。

（3）标注圆的尺寸。单击"草图"控制面板中的"智能尺寸"按钮◀，或选择菜单栏中的"工具"→"尺寸"→"智能尺寸"命令，标注圆的直径尺寸为 16mm。

（4）拉伸凸台。单击"特征"控制面板中的"拉伸凸台/基体"按钮📦，或选择菜单栏中的"插入"→"凸台/基体"→"拉伸"命令，在弹出的"凸台-拉伸"属性管理器中设置拉伸终止条件为"给定深度"，在"深度"文本框🖉中输入"2.5"，其他选项保持系统默认设置，如图 7-48 所示，单击"确定"按钮✔，生成退刀槽圆柱。

（5）绘制草图。选择退刀槽圆柱的端面，单击"草图"控制面板中的"草图绘制"按钮 ，在其上新建一张草图；单击"草图"控制面板中的"圆"按钮 ，或选择菜单栏中的"工具"→"草图绘制实体"→"圆"命令，以原点为圆心绘制一个圆。

（6）标注尺寸。单击"草图"控制面板中的"智能尺寸"按钮 ，或选择菜单栏中的"工具"→"尺寸"→"智能尺寸"命令，标注圆的直径尺寸为20mm。

（7）拉伸实体。单击"特征"控制面板中的"拉伸凸台/基体"按钮 ，或选择菜单栏中的"插入"→"凸台/基体"→"拉伸"命令，在弹出的"凸台-拉伸"属性管理器中设置拉伸终止条件为"给定深度"，在"深度"文本框 中输入"12.5"，其他选项保持系统默认设置。单击"确定"按钮 ，生成喇叭口基体1，如图7-49所示。

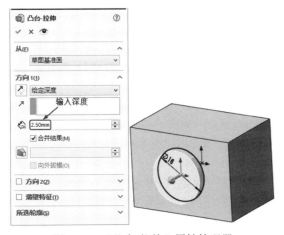

图7-48 "凸台-拉伸"属性管理器

图7-49 生成喇叭口基体1

3. 创建直径为4mm的喇叭口基体

（1）新建草图。选择长方形基体上的24mm×23mm面，单击"草图"控制面板中的"草图绘制"按钮 ，在其上新建一张草图。

（2）绘制圆。单击"草图"控制面板中的"圆"按钮 ，或选择菜单栏中的"工具"→"草图绘制实体"→"圆"命令，以坐标原点为圆心绘制一个圆。

（3）标注圆的尺寸。单击"草图"控制面板中的"智能尺寸"按钮 ，或选择菜单栏中的"工具"→"尺寸"→"智能尺寸"命令，标注圆的直径尺寸为10mm。

（4）拉伸实体。单击"特征"控制面板中的"拉伸凸台/基体"按钮 ，或选择菜单栏中的"插入"→"凸台/基体"→"拉伸"命令，在弹出的"凸台-拉伸"属性管理器中设置拉伸终止条件为"给定深度"，在"深度"文本框 中输入"2.5"，其他选项保持系统默认设置。单击"确定"按钮 ，创建的退刀槽圆柱如图7-50所示。

（5）新建草图。选择退刀槽圆柱的平面，单击"草图"控制面板中的"草图绘制"按钮 ，在其上新建一张草图。

图7-50 创建退刀槽圆柱

（6）绘制圆。单击"草图"控制面板中的"圆"按钮 ，或选择菜单栏中的"工具"→"草图绘制实体"→"圆"命令，以坐标原点为圆心绘制一个圆。

（7）标注圆的尺寸。单击"草图"控制面板中的"智能尺寸"按钮 ，或选择菜单栏中的"工具"→"尺寸"→"智能尺寸"命令，标注圆的直径尺寸为12mm。

（8）创建喇叭口基体。单击"特征"控制面板中的"拉伸凸台/基体"按钮 ，或选择菜单栏中的"插入"→"凸台/基体"→"拉伸"命令，在弹出的"凸台-拉伸"属性管理器中设置拉伸终止条件为"给定深度"，在"深度"文本框💠中输入"11.5"，其他选项保持系统默认设置。单击"确定"按钮✔，生成喇叭口基体 2，如图 7-51 所示。

4. 创建直径为 10mm 的球头基体

（1）新建草图。选择长方形基体上 24mm×23mm 的另一个面，单击"草图"控制面板中的"草图绘制"按钮⌐，在其上新建一张草图。

（2）绘制圆。单击"草图"控制面板中的"圆"按钮⊙，或选择菜单栏中的"工具"→"草图绘制实体"→"圆"命令，以坐标原点为圆心绘制一个圆。

（3）标注圆的尺寸。单击"草图"控制面板中的"智能尺寸"按钮❮，或选择菜单栏中的"工具"→"尺寸"→"智能尺寸"命令，标注圆的直径尺寸为 17mm。

（4）创建退刀槽圆柱。单击"特征"控制面板中的"拉伸凸台/基体"按钮🛢，或选择菜单栏中的"插入"→"凸台/基体"→"拉伸"命令，在弹出的"凸台-拉伸"属性管理器中设置拉伸终止条件为"给定深度"，在"深度"文本框💠中输入"2.5"，其他选项保持系统默认设置，单击"确定"按钮✔，生成退刀槽圆柱，如图 7-52 所示。

（5）新建草图。选择退刀槽圆柱的端面，单击"草图"控制面板中的"草图绘制"按钮⌐，在其上新建一张草图。

（6）绘制圆。单击"草图"控制面板中的"圆"按钮⊙，或选择菜单栏中的"工具"→"草图绘制实体"→"圆"命令，以坐标原点为圆心绘制一个圆。

（7）标注圆的尺寸。单击"草图"控制面板中的"智能尺寸"按钮❮，或选择菜单栏中的"工具"→"尺寸"→"智能尺寸"命令，标注圆的直径尺寸为 20mm。

（8）创建球头螺柱基体。单击"特征"控制面板中的"拉伸凸台/基体"按钮🛢，或选择菜单栏中的"插入"→"凸台/基体"→"拉伸"命令，在弹出的"凸台-拉伸"属性管理器中设置拉伸终止条件为"给定深度"，在"深度"文本框💠中输入"12.5"，其他选项保持系统默认设置。单击"确定"按钮✔，生成球头螺柱基体，如图 7-53 所示。

图 7-51　生成喇叭口基体 2　　图 7-52　创建退刀槽圆柱　　图 7-53　创建球头螺柱基体

（9）新建草图。选择球头螺柱基体的外侧面，单击"草图"控制面板中的"草图绘制"按钮⌐，在其上新建一张草图。

（10）绘制圆。单击"草图"控制面板中的"圆"按钮⊙，或选择菜单栏中的"工具"→"草图绘制实体"→"圆"命令，以坐标原点为圆心绘制一个圆。

（11）标注圆的尺寸。单击"草图"控制面板中的"智能尺寸"按钮❮，或选择菜单栏中的"工具"→"尺寸"→"智能尺寸"命令，标注圆的直径尺寸为 15mm。

（12）创建球头基体。单击"特征"控制面板中的"拉伸凸台/基体"按钮🛢，或选择菜单栏中的"插入"→"凸台/基体"→"拉伸"命令，在弹出的"凸台-拉伸"属性管理器中设置拉伸终止条件为"给定深度"，在"深度"文本框💠中输入"5"，其他选项保持系统默认设置，单击"确定"按钮✔，生成的球头基体如图 7-54 所示。

5. 打孔

（1）新建草图。选择直径为 20mm 的喇叭口基体平面，单击"草图"控制面板中的"草图绘制"按钮□，在其上新建草图。

（2）绘制圆。单击"草图"控制面板中的"圆"按钮☉，或选择菜单栏中的"工具"→"草图绘制实体"→"圆"命令，以坐标原点为圆心绘制一个圆，作为拉伸切除孔的草图轮廓。

（3）标注圆的尺寸。单击"草图"控制面板中的"智能尺寸"按钮✎，或选择菜单栏中的"工具"→"尺寸"→"智能尺寸"命令，标注圆的直径尺寸为 10mm。

（4）拉伸切除实体。单击"特征"控制面板中的"拉伸切除"按钮⬚，或选择菜单栏中的"插入"→"凸台/基体"→"切除"命令，系统弹出"切除-拉伸"属性管理器。设定切除终止条件为"给定深度"，在"深度"文本框⬚中输入"26"，其他选项保持系统默认设置，如图 7-55 所示。单击"确定"按钮✔，生成直径为 10mm 的孔。

图 7-54　创建球头基体

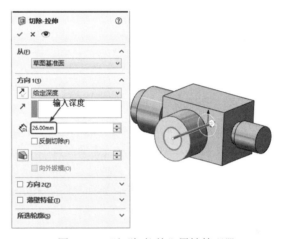

图 7-55　"切除-拉伸"属性管理器

（5）新建草图。选择球头上直径为 15mm 的端面，单击"草图"控制面板中的"草图绘制"按钮□，在其上新建一张草图。

（6）绘制圆。单击"草图"控制面板中的"圆"按钮☉，或选择菜单栏中的"工具"→"草图绘制实体"→"圆"命令，以坐标原点为圆心绘制一个圆，作为拉伸切除孔的草图轮廓。

（7）标注圆的尺寸。单击"草图"控制面板中的"智能尺寸"按钮✎，或选择菜单栏中的"工具"→"尺寸"→"智能尺寸"命令，标注圆的直径尺寸为 10mm。

（8）创建直径为 10mm 的孔。单击"特征"控制面板中的"拉伸切除"按钮⬚，或选择菜单栏中的"插入"→"凸台/基体"→"切除"命令，系统弹出"切除-拉伸"属性管理器；设定切除终止条件为"给定深度"，在"深度"文本框⬚中输入"39"，其他选项保持系统默认设置，单击"确定"按钮✔，生成直径为 10mm 的孔，如图 7-56 所示。

（9）新建草图。选择直径为 12mm 的喇叭口端面，单击"草图"控制面板中的"草图绘制"按钮□，在其上新建一张草图。

（10）绘制圆。单击"草图"控制面板中的"圆"按钮☉，或选择菜单栏中的"工具"→"草图绘制实体"→"圆"命令，以坐标原点为圆心绘制一个圆，作为拉伸切除孔的草图轮廓。

（11）标注圆的尺寸。单击"草图"控制面板中的"智能尺寸"按钮✎，或选择菜单栏中的"工具"→"尺寸"→"智能尺寸"命令，标注圆的直径尺寸为 4mm。

（12）创建直径为 4mm 的孔。单击"特征"控制面板中的"拉伸切除"按钮，或选择菜单栏中的"插入"→"凸台/基体"→"切除"命令，系统弹出"切除-拉伸"属性管理器。设定拉伸终止条件为"完全贯穿"，其他选项保持系统默认设置，如图 7-57 所示。单击"确定"按钮，生成直径为 4mm 的孔。

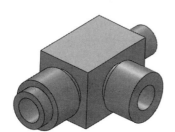

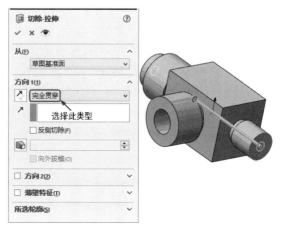

图 7-56　创建直径为 10mm 的孔　　　　图 7-57　"切除-拉伸"属性管理器

到此，孔的建模就完成了。为了更好地观察所建孔的正确性，下面通过剖视来观察三通模型。单击"前导视图（前导）"工具栏中的"剖面视图"按钮，在弹出的"剖面视图"属性管理器中选择"上视基准面"作为参考剖面，其他选项保持系统默认设置，如图 7-58 所示。单击"确定"按钮，得到以剖面视图观察模型的效果，剖面视图效果如图 7-59 所示。

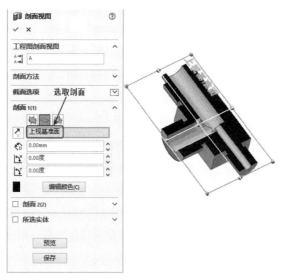

图 7-58　设置剖面视图参数　　　　　图 7-59　剖面视图效果

6. 创建喇叭口工作面

（1）选择倒角边。在绘图区选择直径为 10mm 的喇叭口的内径边线。

（2）创建倒角特征。单击"特征"控制面板中的"倒角"按钮，或选择菜单栏中的"插入"→"特征"→"倒角"命令，弹出"倒角"属性管理器；在"距离"文本框中输入"3"，在"角度"

文本框 中输入"60",其他选项保持系统默认设置。单击"确定"按钮✔,创建直径为 10mm 的密封工作面,如图 7-60 所示。

（3）选择倒角边。在绘图区选择直径为 4mm 喇叭口的内径边线。

（4）创建倒角特征。单击"特征"控制面板中的"倒角"按钮⊘,或选择菜单栏中的"插入"→"特征"→"倒角"命令,弹出"倒角"属性管理器；在"距离"文本框中输入"2.5",在"角度"文本框 中输入"60",其他选项保持系统默认设置,如图 7-61 所示,单击"确定"按钮✔,生成直径为 4mm 的密封工作面。

图 7-60　创建倒角特征 1

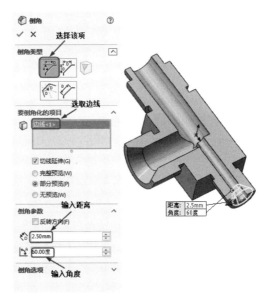

图 7-61　创建倒角特征 2

7.　创建球头工作面

（1）新建草图。在 FeatureManager 设计树中选择"上视基准面"作为草图绘制基准面,单击"草图"控制面板中的"草图绘制"按钮□,在其上新建一张草图。单击"前导视图"工具栏中的"正视于"按钮↓,正视于该草绘平面。

（2）绘制中心线。单击"草图"控制面板中的"中心线"按钮✓,过坐标原点绘制一条水平中心线,作为旋转中心轴。

（3）取消剖面视图观察。单击"前导视图"工具栏中的"剖面视图"按钮▦,取消剖面视图观察。这样做是为了将模型中的边线投影到草绘平面上,剖面视图上的边线是不能被转换实体引用的。

（4）转换实体引用。选择球头上最外端拉伸凸台左上角的两条轮廓线,单击"草图"控制面板中的"转换实体引用"按钮↺,将该轮廓线投影到草图中。

（5）绘制圆。单击"草图"控制面板中的"圆"按钮⊙,或选择菜单栏中的"工具"→"草图绘制实体"→"圆"命令,绘制一个圆。

（6）标注尺寸"Φ12"。单击"草图"控制面板中的"智能尺寸"按钮✨,或选择菜单栏中的"工具"→"尺寸"→"智能尺寸"命令,标注圆的直径为 12mm,如图 7-62 所示。

（7）剪裁图形。单击"草图"控制面板中的"剪裁实体"按钮▦,将草图中的部分多余线段裁剪掉。

（8）旋转切除特征。单击"特征"控制面板中的"旋转切除"按钮▦,弹出"切除-旋转"属性管理器，参数设置如图 7-63 所示，单击"确定"按钮✔，生成球头工作面。

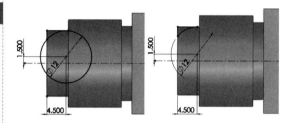

图 7-62　标注尺寸"Φ12"

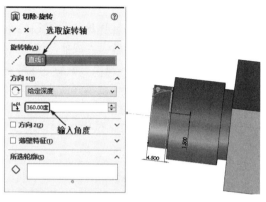

图 7-63　切除-旋转特征

8.　创建倒角和圆角特征

（1）单击"前导视图"工具栏中的"剖面视图"按钮📖，选择"上视基准面"作为参考剖面观察视图。

（2）创建倒角特征。单击"特征"控制面板中的"倒角"按钮🔘，或选择菜单栏中的"插入"→"特征"→"倒角"命令，弹出"倒角"属性管理器。在"距离"文本框🔧中输入"1"，在"角度"文本框📐中输入"45"，其他选项保持系统默认设置，如图 7-64 所示。选择三通管中需要倒 1×45°角的边线，单击"确定"按钮✔，生成倒角特征。

（3）创建圆角特征。单击"特征"控制面板中的"圆角"按钮🔘，或选择菜单栏中的"插入"→"特征"→"圆角"命令，弹出"圆角"属性管理器。在"半径"文本框🔧中输入"0.8"，其他选项设置如图 7-65 所示。在绘图区选择要生成 0.8mm 圆角的 3 条边线，单击"确定"按钮✔，生成圆角特征。

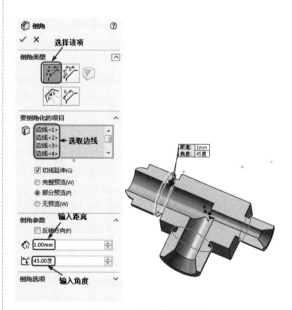

图 7-64　创建倒角特征 3

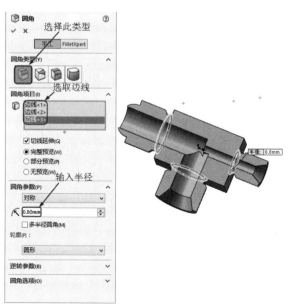

图 7-65　创建圆角特征

9. 创建保险孔

（1）创建基准面。单击"特征"控制面板"参考几何体"下拉列表中的"基准面"按钮🔳，弹出"基准面"属性管理器。在绘图区选择如图 7-66 所示的长方体面和边线，单击"两面夹角"按钮🔃，然后在右侧的文本框中输入"45"，单击"确定"按钮✔，创建通过所选长方体边线并与所选面成 45°角的参考基准面。

（2）取消剖面视图观察。单击"前导视图"工具栏中的"剖面视图"按钮🔲，取消剖面视图观察。

（3）新建草图。选择刚创建的基准面 1，单击"草图"控制面板中的"草图绘制"按钮┗，在其上新建一张草图。

（4）设置视图方向。单击"前导视图"工具栏中的"正视于"按钮↓，使视图正视于草图平面。

（5）绘制圆。单击"草图"控制面板中的"圆"按钮⊙，或选择菜单栏中的"工具"→"草图绘制实体"→"圆"命令，绘制两个圆。

（6）标注尺寸"Φ1.2"。单击"草图"控制面板中的"智能尺寸"按钮，或选择菜单栏中的"工具"→"尺寸"→"智能尺寸"命令，标注两个圆的直径均为 1.2mm，并标注定位尺寸，如图 7-67 所示。

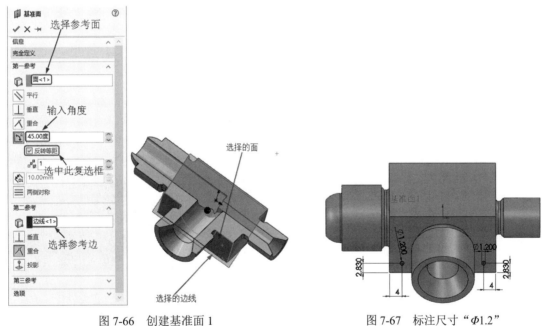

图 7-66　创建基准面 1　　　　　图 7-67　标注尺寸"Φ1.2"

（7）创建保险孔。单击"特征"控制面板中的"拉伸切除"按钮🔳，或选择菜单栏中的"插入"→"凸台/基体"→"切除"命令，系统弹出"切除-拉伸"属性管理器。设置切除终止条件为"两侧对称"，在"深度"文本框中输入"20"，如图 7-68 所示，单击"确定"按钮✔，完成两个保险孔的创建。

（8）保险孔前视基准面的镜向。单击"特征"控制面板中的"镜向"按钮🔳，弹出"镜向"属性管理器。在"镜向面/基准面"选项组中选择"前视基准面"作为镜向面，在"要镜向的特征"选项组中选择生成的保险孔作为要镜向的特征，其他选项设置如图 7-69 所示。单击"确定"按钮✔，完成保险孔前视基准面的镜向。

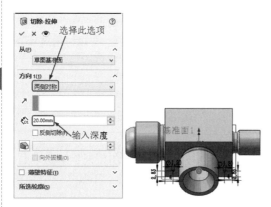

图 7-68　"切除-拉伸"属性管理器

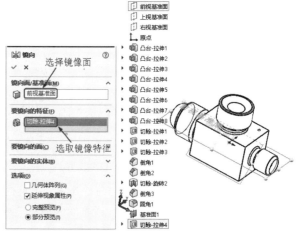

图 7-69　保险孔前视基准面的镜向

（9）保险孔上视基准面的镜向。单击"特征"控制面板中的"镜向"按钮，弹出"镜向"属性管理器，在"镜向面/基准面"选项组中选择"上视基准面"作为镜向面，在"要镜向的特征"选项组中选择保险孔特征和对应的镜向特征，如图 7-70 所示。单击"确定"按钮，完成保险孔上视基准面的镜向，最终效果如图 7-71 所示。

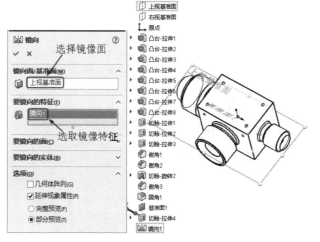

图 7-70　保险孔上视基准面的镜向

图 7-71　管接头模型最终效果

7.3　特征的复制与删除

在零件建模过程中，如果有相同的零件特征，用户可以利用系统提供的特征复制功能进行复制，这样可以节省大量的时间，达到事半功倍的效果。

SOLIDWORKS 2020 提供的复制功能，不仅可以实现同一个零件模型中的特征复制，还可以实现不同零件模型之间的特征复制。

下面介绍在同一个零件模型中复制特征的操作步骤。

（1）打开源文件"复制特征"。在图 7-72 中选择特征，此时该特征在图形区中将以高亮度显示。

（2）按住 Ctrl 键，拖动特征到所需的位置上（同一个面或其他的面上）。

（3）如果特征具有限制其移动的定位尺寸或几何关系，则系统会弹出"复制确认"对话框，如图 7-73 所示，询问对该操作的处理。

☑　单击"删除"按钮，将删除限制特征移动的几何关系和定位尺寸。

☑　单击"悬空"按钮，将不对尺寸标注和几何关系进行求解。

☑　单击"取消"按钮，将取消复制操作。

（4）如果在步骤（3）中单击"悬空"按钮，则系统会弹出 SOLIDWORKS 对话框，如图 7-74 所示，警告在模型特征中存在错误，可能会复制失败，需要修复，单击"继续（忽略错误）"按钮，退出对话框，同时，模型树列表中显示上步复制零件特征存在错误，需要修改。

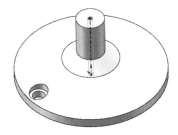
图 7-72　打开的文件实体

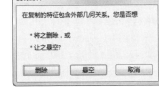
图 7-73　"复制确认"对话框

图 7-74　SOLIDWORKS 对话框

（5）要重新定义悬空尺寸，首先在 FeatureManager 设计树中右击对应特征的草图，在弹出的快捷菜单中选择"编辑草图"命令。此时悬空尺寸将以灰色显示，在尺寸的旁边还有对应的红色控标，如图 7-75 所示。然后按住鼠标左键，将红色控标拖动到新的附加点。释放鼠标左键，将尺寸重新附加到新的边线或顶点上，即完成了悬空尺寸的重新定义。

下面介绍将特征从一个零件复制到另一个零件上的操作步骤。

（1）选择菜单栏中的"窗口"→"横向平铺"命令，以平铺的方式显示多个文件。

（2）在一个文件的 FeatureManager 设计树中选择要复制的特征。

（3）选择菜单栏中的"编辑"→"复制"命令。

（4）在另一个文件中，选择菜单栏中的"编辑"→"粘贴"命令。

如果要删除模型中的某个特征，只要在 FeatureManager 设计树或图形区中选择该特征，然后按 Delete 键，或右击，在弹出的快捷菜单中选择"删除"命令即可。系统会在"确认删除"对话框中提出询问，如图 7-76 所示。单击"是"按钮，即可将特征从模型中删除。

图 7-75　显示悬空尺寸

图 7-76　"确认删除"对话框

注意： 对于有父子关系的特征，如果删除父特征，则其所有子特征将一起被删除，而删除子特征时，父特征不受影响。

7.4   综合实例——壳体

本例创建的壳体模型如图 7-77 所示。

图 7-77   壳体模型

创建壳体模型时，先利用"旋转""拉伸""拉伸切除"命令来创建壳体的底座主体，然后主要利用"拉伸"命令来创建壳体上半部分，之后生成安装沉头孔及其他工作部分用孔，最后生成壳体的筋及其倒角和圆角特征，壳体的建模流程如图 7-78 所示。

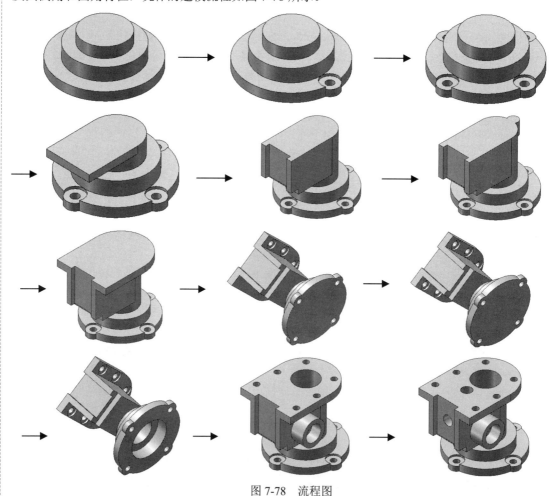

图 7-78   流程图

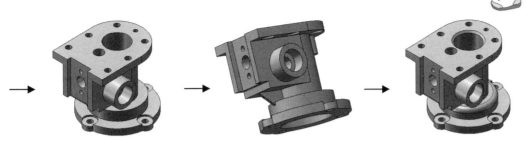

图 7-78 流程图（续）

操作步骤如下：

1. 创建底座部分

（1）新建文件。启动 SOLIDWORKS 2020，单击"快速访问"工具栏中的"新建"按钮□，或选择菜单栏中的"文件"→"新建"命令，在弹出的"新建 SOLIDWORKS 文件"对话框中单击"零件"按钮❤，然后单击"确定"按钮，创建一个新的零件文件。

（2）创建底座实体。

❶ 绘制底座轮廓草图。在 FeatureManager 设计树中选择"前视基准面"作为绘图基准面，然后单击"草图"控制面板中的"中心线"按钮✏，绘制一条中心线。单击"草图"控制面板中的"直线"按钮✏，或选择菜单栏中的"工具"→"草图绘制实体"→"直线"命令，在绘图区绘制底座的外形轮廓线；单击"草图"控制面板中的"智能尺寸"按钮✏，或选择菜单栏中的"工具"→"尺寸"→"智能尺寸"命令，对草图进行尺寸标注，调整草图尺寸，如图 7-79 所示。

❷ 旋转生成底座实体。单击"特征"控制面板中的"旋转凸台/基体"按钮❤，或选择菜单栏中的"插入"→"凸台/基体"→"旋转"命令，系统弹出"旋转"属性管理器，如图 7-80 所示，拾取草图中心线作为旋转轴，设置旋转类型为"给定深度"，在"角度"文本框❤中输入"360"，然后单击"确定"按钮❤，生成的底座实体如图 7-81 所示。

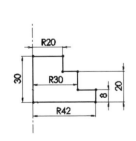

图 7-79 绘制底座轮廓草图并标注尺寸　　图 7-80 "旋转"属性管理器　　图 7-81 旋转生成的底座实体

（3）生成底座安装孔。

❶ 绘制凸台草图 1。在 FeatureManager 设计树中选择"上视基准面"作为绘图基准面，单击"草图"控制面板中的"圆"按钮☉，绘制如图 7-82 所示的凸台草图 1，并标注尺寸。

❷ 拉伸凸台 1。单击"特征"控制面板中的"拉伸凸台/基体"按钮❤，或选择菜单栏中的"插入"→"凸台/基体"→"拉伸"命令，系统弹出"凸台-拉伸"属性管理器。在"深度"文本框❤中输入"6"，其他拉伸参数设置如图 7-83 所示。单击"确定"按钮❤，效果如图 7-84 所示。

❸ 创建基准面。选择刚才创建的圆柱实体顶面，单击"前导视图"工具栏中的"正视于"按钮↓，将该表面作为绘制图形的基准面；选择圆柱的外边线，然后单击"草图"控制面板中的"转换实体引用"按钮❤，生成切除拉伸 1 草图。

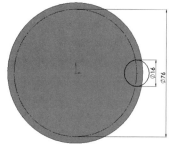

图 7-82　绘制凸台草图 1　　　　图 7-83　"凸台-拉伸"属性管理器　　　　图 7-84　创建拉伸凸台 1

❹ 切除拉伸实体。单击"特征"控制面板中的"拉伸切除"按钮█，或选择菜单栏中的"插入"→
"切除"→"拉伸"命令，系统弹出"切除-拉伸"属性管理器。在"深度"文本框█中输入"2"，
单击"确定"按钮█，拉伸切除效果如图 7-85 所示。

❺ 绘制切除拉伸 2 草图。选择如图 7-85 所示的面 1，单击"前导视图"工具栏中的"正视于"
按钮█，将该表面作为绘制图形的基准面，绘制如图 7-86 所示的圆并标注尺寸。

❻ 切除拉伸实体。切除拉伸 Φ7 圆孔特征，设置切除终止条件为"完全贯穿"，得到切除拉伸 2 特征。

❼ 显示临时轴。选择菜单栏中的"视图"→"隐藏/显示"→"临时轴"命令，将隐藏的临时轴
显示出来。

❽ 圆周阵列实体。选择菜单栏中的"插入"→"阵列/镜向"→"圆周阵列"命令，弹出"圆周
阵列"属性管理器。选择显示的临时轴作为阵列轴，在"角度"文本框█中输入"360"，在"实例数"
文本框█中输入"4"，在"特征和面"选项组中，通过设计树选择刚才创建的一个拉伸和两个切除特
征，如图 7-87 所示。单击"确定"按钮█，完成阵列操作。

图 7-85　切除拉伸实体 1

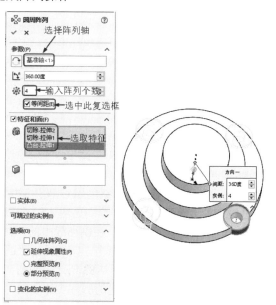

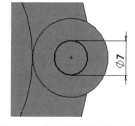

图 7-86　绘制切除拉伸 2 草图

图 7-87　圆周阵列实体

2. 创建主体部分

（1）创建拉伸凸台 2。

❶ 设置基准面。单击底座实体顶面，单击"前导视图"工具栏中的"正视于"按钮✈️，将该表面作为绘制图形的基准面。

❷ 绘制凸台草图 2。单击"草图"控制面板中的"直线"按钮✐和"圆"按钮⊙，或选择菜单栏中的"工具"→"草图绘制实体"→"直线"和"圆"命令，绘制凸台草图 2，如图 7-88 所示。

❸ 拉伸凸台 2。单击"特征"控制面板中的"拉伸凸台/基体"按钮📦，或选择菜单栏中的"插入"→"凸台/基体"→"拉伸"命令，拉伸草图生成实体，设置拉伸深度为 6mm，效果如图 7-89 所示。

（2）创建拉伸凸台 3。

❶ 设置基准面。单击刚才创建的凸台顶面，单击"前导视图"工具栏中的"正视于"按钮✈️，将该表面作为绘图的基准面。

❷ 绘制凸台草图 3。单击"草图"控制面板中的"直线"按钮✐和"圆"按钮⊙，或选择菜单栏中的"工具"→"草图绘制实体"→"直线"和"圆"命令，绘制凸台草图 3。单击"草图"控制面板中的"智能尺寸"按钮✎，或选择菜单栏中的"工具"→"尺寸"→"智能尺寸"命令，对草图进行尺寸标注，效果如图 7-90 所示。

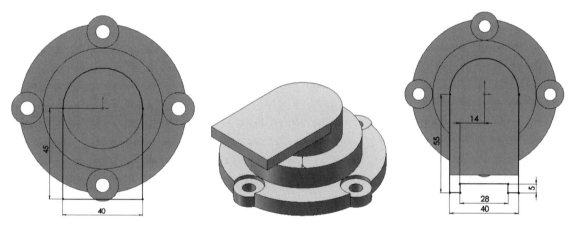

图 7-88　绘制凸台草图 2　　　　图 7-89　创建拉伸凸台 2　　　　图 7-90　绘制凸台草图 3

❸ 拉伸凸台 3。单击"特征"控制面板中的"拉伸凸台/基体"按钮📦，或选择菜单栏中的"插入"→"凸台/基体"→"拉伸"命令，拉伸草图生成实体，设置拉伸深度为 36mm，效果如图 7-91 所示。

（3）创建安装孔用凸台（拉伸凸台 4）。

❶ 设置基准面。单击刚才创建的凸台顶面，单击"前导视图"工具栏中的"正视于"按钮✈️，将该表面作为绘图的基准面。

❷ 绘制凸台草图 4。单击"草图"控制面板中的"圆"按钮⊙，绘制如图 7-92 所示的凸台草图 4。单击"草图"控制面板中的"智能尺寸"按钮✎，对草图进行尺寸标注，调整草图尺寸，效果如图 7-92 所示。

❸ 拉伸实体凸台 4。单击"特征"控制面板中的"拉伸凸台/基体"按钮📦，或选择菜单栏中的"插入"→"凸台/基体"→"拉伸"命令，拉伸草图生成实体，拉伸深度为 16mm，效果如图 7-93 所示。

（4）创建工作部分顶面（凸台 5）。

❶ 设置基准面。选择刚才创建的凸台顶面，单击"前导视图"工具栏中的"正视于"按钮✈️，将该表面作为绘图基准面。

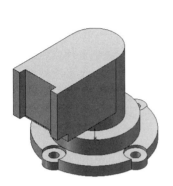

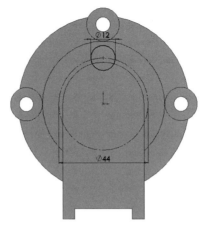

图 7-91　创建拉伸凸台 3　　　　图 7-92　绘制凸台草图 4　　　　图 7-93　创建拉伸凸台 4

❷ 绘制凸台草图 5。利用草图工具绘制如图 7-94 所示的凸台草图 5，然后单击"草图"控制面板中的"智能尺寸"按钮✏，或选择菜单栏中的"工具"→"尺寸"→"智能尺寸"命令，对草图进行尺寸标注，调整草图尺寸。

❸ 拉伸凸台 5。单击"特征"控制面板中的"拉伸凸台/基体"按钮🗐，或选择菜单栏中的"插入"→"凸台/基体"→"拉伸"命令，拉伸草图生成实体，设置拉伸深度为 8mm，效果如图 7-95 所示。

3．创建顶部安装孔

（1）设置基准面。单击如图 7-95 所示的面 1，单击"前导视图"工具栏中的"正视于"按钮↓，将该表面作为绘图的基准面。

（2）绘制切除拉伸 3 草图。单击"草图"控制面板中的"直线"按钮✏和"圆"按钮⊙，或选择菜单栏中的"工具"→"草图绘制实体"→"直线"和"圆"命令，绘制草图。单击"草图"控制面板中的"智能尺寸"按钮✏，或选择菜单栏中的"工具"→"尺寸"→"智能尺寸"命令，对草图进行尺寸标注，如图 7-96 所示。

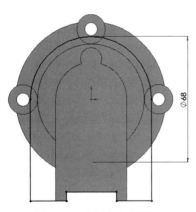

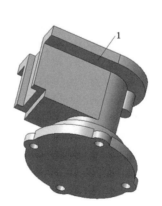

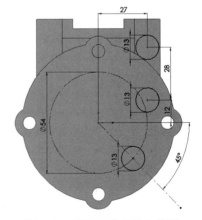

图 7-94　绘制凸台草图 5　　　　图 7-95　创建拉伸凸台 5　　　　图 7-96　绘制切除拉伸 3 草图

（3）切除拉伸实体。单击"特征"控制面板中的"拉伸切除"按钮🗐，或选择菜单栏中的"插入"→"切除"→"拉伸"命令，弹出"切除-拉伸"属性管理器，设置切除深度为 2mm，单击"确定"按钮✔，效果如图 7-97 所示。

（4）设置基准面。选择如图 7-97 所示的沉头孔底面，单击"前导视图"工具栏中的"正视于"按钮，将该表面作为绘图的基准面。

（5）显示隐藏线并绘制切除拉伸 4 草图。单击"前导视图"工具栏"显示样式"选项组中的"隐藏线可见"按钮，或选择菜单栏中的"视图"→"显示"→"隐藏线可见"命令，将隐藏的线显示出来；利用"草图"控制面板中的"圆"按钮以及自动捕捉功能绘制安装孔草图；单击"草图"控制面板中的"智能尺寸"按钮，或选择菜单栏中的"工具"→"尺寸"→"智能尺寸"命令，对圆进行尺寸标注，如图 7-98 所示。

（6）切除拉伸实体。单击"特征"控制面板中的"拉伸切除"按钮，或选择菜单栏中的"插入"→"切除"→"拉伸"命令，弹出"切除-拉伸"属性管理器。设置切除深度为 6mm，然后单击"确定"按钮，生成的沉头孔如图 7-99 所示。

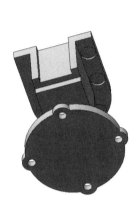
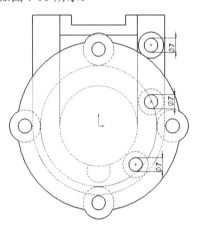

图 7-97　切除拉伸实体 3　　　　图 7-98　绘制切除拉伸 4 草图　　　　图 7-99　切除拉伸实体 4

（7）镜向实体。单击"特征"控制面板中的"镜向"按钮，或选择菜单栏中的"插入"→"阵列/镜向"→"镜向"命令，系统弹出"镜向"属性管理器；在"镜向面/基准面"选项组中选择"右视基准面"作为镜向面，在"要镜向的特征"选项组中选择前面创建的切除拉伸 3 和切除拉伸 4 特征，其他选项设置如图 7-100 所示，单击"确定"按钮，完成顶部安装孔特征的镜向。

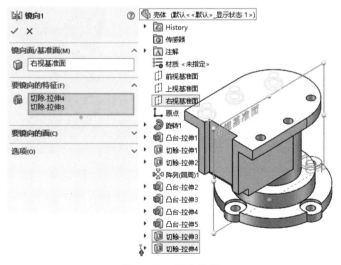

图 7-100　镜向实体

4．创建壳体内部孔

（1）绘制切除拉伸 5 草图。选择壳体底面作为绘图基准面，单击"草图"控制面板中的"圆"按钮⊙，绘制一个圆；单击"草图"控制面板中的"智能尺寸"按钮 ，标注圆的直径为 48mm，如图 7-101 所示。

（2）创建底孔（切除拉伸 5 特征）。单击"特征"控制面板中的"拉伸切除"按钮，或选择菜单栏中的"插入"→"切除"→"拉伸"命令，在弹出的"切除-拉伸"属性管理器中设置切除深度为 8mm，然后单击"确定"按钮 ，效果如图 7-102 所示。

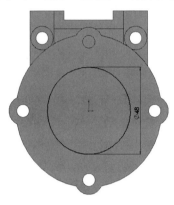

图 7-101　绘制切除拉伸 5 草图

图 7-102　创建底孔

（3）绘制切除拉伸 6 草图。选择底孔底面作为绘图基准面，单击"草图"控制面板中的"圆"按钮⊙，绘制一个圆，单击"草图"控制面板中的"智能尺寸"按钮 ，标注圆的直径为 30mm，如图 7-103 所示。

（4）创建通孔（切除拉伸 6 特征）。单击"特征"控制面板中的"拉伸切除"按钮，或选择菜单栏中的"插入"→"切除"→"拉伸"命令，在弹出的"切除-拉伸"属性管理器中设置拉伸切除终止条件为"完全贯穿"，然后单击"确定"按钮 ，效果如图 7-104 所示。

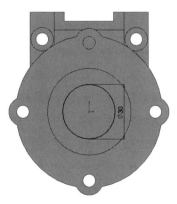

图 7-103　绘制切除拉伸 6 草图

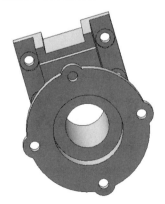

图 7-104　创建通孔

5．创建其他工作用孔

（1）创建侧面凸台（凸台 6）。

❶ 设置基准面。单击图 7-102 中所示的侧面 1，然后单击"前导视图"工具栏中的"正视于"按钮 ，将该表面作为绘图基准面。

❷ 绘制侧面凸台草图。单击"草图"控制面板中的"圆"按钮⊙，绘制一个圆。单击"草图"控制面板中的"智能尺寸"按钮❤，或选择菜单栏中的"工具"→"尺寸"→"智能尺寸"命令，标注圆的直径为 30mm，如图 7-105 所示。

❸ 拉伸侧面凸台。单击"特征"控制面板中的"拉伸凸台/基体"按钮⑩，或选择菜单栏中的"插入"→"凸台/基体"→"拉伸"命令，拉伸草图生成实体，设置拉伸深度为 16mm，效果如图 7-106 所示。

（2）创建顶部 Φ12 孔。

❶ 设置基准面。单击壳体的上表面，然后单击"前导视图"工具栏中的"正视于"按钮⬓，将该表面作为绘图基准面。

❷ 添加孔。单击"特征"控制面板中的"异型孔向导"按钮⬚，或选择菜单栏中的"插入"→"特征"→"孔向导"命令，在弹出的"孔规格"属性管理器中选择"孔"，在"孔规格"选项组的"大小"下拉列表框中选择"M12"规格，将终止条件设置为"给定深度"，将深度设为 40mm，其他选项设置如图 7-107 所示。

❸ 定位孔。选择"孔规格"属性管理器中的"位置"选项卡，利用草图工具确定孔的位置，如图 7-108 所示，单击"确定"按钮✔，结果如图 7-109 所示（利用"钻孔"工具添加的孔具有加工时生成的底部倒角）。

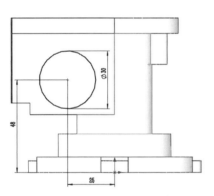

图 7-105　绘制侧面凸台孔草图

图 7-107　顶部 Φ12 孔参数设置

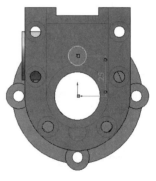

图 7-108　定位顶部 M12 孔

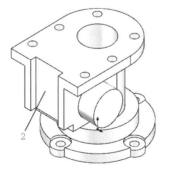

图 7-106　拉伸侧面凸台孔

图 7-109　创建顶部 M12 孔

（3）创建 Φ20 孔。（切除拉伸 7 特征）

❶ 设置基准面。单击凸台顶面，然后单击"前导视图"工具栏中的"正视于"按钮⬓，将该表面作为绘图基准面。

❷ 绘制孔的草图。单击"草图"控制面板中的"圆"按钮⊙，绘制一个圆。单击"草图"控制面板中的"智能尺寸"按钮❮，或选择菜单栏中的"工具"→"尺寸"→"智能尺寸"命令，标注圆的直径为20mm，绘制的圆与凸台6同心，如图7-110所示。

❸ 拉伸切除生成孔。单击"特征"控制面板中的"拉伸切除"按钮⬚，或选择菜单栏中的"插入"→"切除"→"拉伸"命令，在弹出的"切除-拉伸"属性管理器中设置拉伸切除终止条件为"给定深度"，深度值为12，然后单击"确定"按钮✔，如图7-111所示。

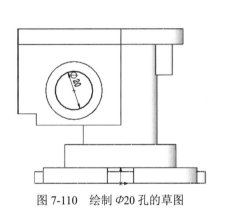

图 7-110　绘制 Φ20 孔的草图

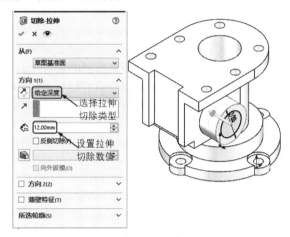

图 7-111　拉伸切除生成 Φ20 孔

（4）创建 Φ12 孔 2。（切除拉伸 8 特征）

❶ 设置基准面。单击上面创建孔的上表面，然后单击"前导视图"工具栏中的"正视于"按钮↧，将该表面作为绘图基准面。

❷ 绘制孔的草图。单击"草图"控制面板中的"圆"按钮⊙，绘制一个圆。单击"草图"控制面板中的"智能尺寸"按钮❮，或选择菜单栏中的"工具"→"尺寸"→"智能尺寸"命令，标注圆的直径为12mm，绘制的圆与 Φ20 孔同心，如图7-112所示。

❸ 拉伸切除生成孔。单击"特征"控制面板中的"拉伸切除"按钮⬚，或选择菜单栏中的"插入"→"切除"→"拉伸"命令，在弹出的"切除-拉伸"属性管理器中设置拉伸切除终止条件为"给定深度"，深度值为24，然后单击"确定"按钮✔，如图7-113所示。

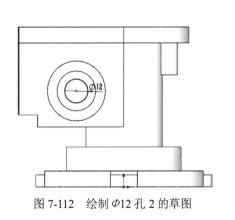

图 7-112　绘制 Φ12 孔 2 的草图

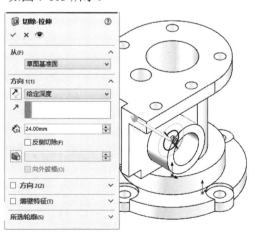

图 7-113　拉伸切除生成 Φ12 孔 2

（5）创建正面 $\varPhi$12 孔 3（切除拉伸 9 特征）。

❶ 设置基准面。单击如图 7-106 所示的面 2，然后单击"前导视图"工具栏中的"正视于"按钮⚓，将该表面作为绘图基准面。

❷ 绘制正面 $\varPhi$12 孔 3 草图。单击"草图"控制面板中的"圆"按钮⊙，绘制一个圆。单击"草图"控制面板中的"智能尺寸"按钮✎，或选择菜单栏中的"工具"→"尺寸"→"智能尺寸"命令，标注圆的直径为 12mm，如图 7-114 所示。

❸ 创建正面 $\varPhi$12 孔 3。单击"特征"控制面板中的"拉伸切除"按钮▣，或选择菜单栏中的"插入"→"切除"→"拉伸"命令，拉伸草图生成实体，设置拉伸深度为 10mm，效果如图 7-115 所示。

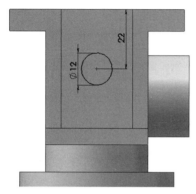

图 7-114　绘制正面 $\varPhi$12 孔草图

图 7-115　创建正面 $\varPhi$12 孔

（6）创建正面 $\varPhi$8 孔（切除拉伸 10 特征）。

❶ 设置基准面。选择步骤（4）创建的 $\varPhi$12 孔 2 的底面，然后单击"前导视图"工具栏中的"正视于"按钮⚓，将该表面作为绘图基准面。

❷ 绘制正面 $\varPhi$8 孔草图。单击"草图"控制面板中的"圆"按钮⊙，绘制一个圆；单击"草图"控制面板中的"智能尺寸"按钮✎，或选择菜单栏中的"工具"→"尺寸"→"智能尺寸"命令，标注圆的直径为 8mm，如图 7-116 所示。

❸ 创建正面 $\varPhi$8 孔。单击"特征"控制面板中的"拉伸切除"按钮▣，或选择菜单栏中的"插入"→"切除"→"拉伸"命令，拉伸草图生成实体，设置拉伸深度为 12mm，效果如图 7-117 所示。

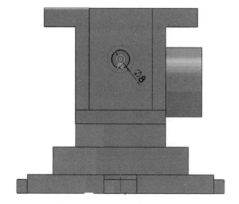

图 7-116　绘制正面 $\varPhi$8 孔草图

图 7-117　创建正面 $\varPhi$8 孔

（7）创建正面 M6 螺纹孔 1。

❶ 设置基准面。单击壳体的顶面，然后单击"前导视图"工具栏中的"正视于"按钮⚓，将该

表面作为绘图基准面。

❷ 添加孔。单击"特征"控制面板中的"异型孔向导"按钮，或选择菜单栏中的"插入"→"特征"→"孔向导"命令，在弹出的"孔规格"属性管理器中选择普通螺纹孔，在"孔规格"选项组的"大小"下拉列表框中选择"M6"规格，设置终止条件为"给定深度"，将深度设为 18mm，其他选项设置如图 7-118 所示。

❸ 确定孔的位置。在 FeatureManager 设计树中右击"M6 螺纹孔 1"中的第一个草图，在弹出的快捷菜单中选择"编辑草图"命令，利用草图工具确定孔的位置，如图 7-119 所示。

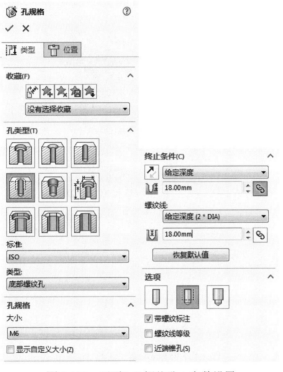

图 7-118　正面 M6 螺纹孔 1 参数设置

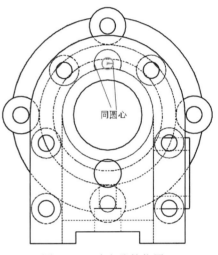

图 7-119　确定孔的位置

（8）创建正面 M6 螺纹孔 2。

❶ 设置基准面。单击如图 7-106 所示的面 2，然后单击"前导视图"工具栏中的"正视于"按钮，将该表面作为绘图基准面。

❷ 添加孔。单击"特征"控制面板中的"异型孔向导"按钮，或选择菜单栏中的"插入"→"特征"→"孔向导"命令，在弹出的"孔规格"属性管理器中选择普通螺纹孔，在"孔规格"选项组的"大小"下拉列表框中选择"M6"规格，设置终止条件为"给定深度"、深度为 15mm，其他选项设置如图 7-120 所示，最后单击"确定"按钮。

❸ 再添加孔。选择"孔规格"属性管理器中的"位置"选项卡，在要添加孔的平面的适当位置单击，再添加一个 M6 螺纹孔，最后单击"确定"按钮。

❹ 改变孔的位置。在 FeatureManager 设计树中右击"M6 螺纹孔 2"中的第一个草图，在弹出的快捷菜单中选择"编辑草图"命令，利用草图工具确定两孔的位置，如图 7-121 所示。单击"孔规格"属性管理器中的"确定"按钮，生成的正面 M6 螺纹孔特征如图 7-122 所示。

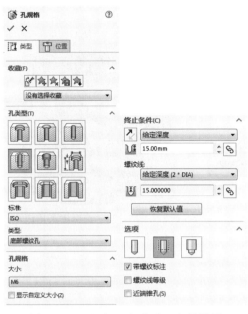

图 7-120　正面 M6 螺纹孔 2 参数设置

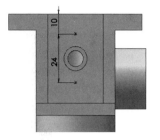

图 7-121　改变孔的位置

图 7-122　创建正面 M6 螺纹孔特征

6. 创建筋、倒角及圆角特征

（1）创建筋特征。

❶ 设置基准面。选择"右视基准面"作为绘图基准面，单击"前导视图"工具栏中的"正视于"按钮↓，使视图方向正视于绘图基准面；单击"特征"控制面板中的"筋"按钮●，或选择菜单栏中的"插入"→"特征"→"筋"命令，系统自动进入草图绘制状态。

❷ 绘制筋草图。单击"草图"控制面板中的"直线"按钮／，或选择菜单栏中的"工具"→"草图绘制实体"→"直线"命令，在绘图区绘制筋的轮廓线，单击"确定"按钮✔，生成筋草图，如图 7-123 所示。

❸ 生成筋特征。单击"特征"控制面板中的"筋"按钮●，弹出"筋"属性管理器。单击"两侧"按钮▤，在"筋厚度"文本框◆中输入"3"，其他选项设置如图 7-124（a）所示；在绘图区选择如图 7-124（b）所示的拉伸方向，然后单击"确定"按钮✔。

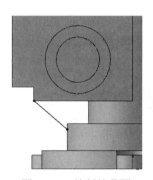

图 7-123　绘制筋草图

（2）倒圆角。单击"特征"控制面板中的"圆角"按钮●，或选择菜单栏中的"插入"→"特征"→"圆角"命令，弹出"圆角"属性管理器。在绘图区选择如图 7-125 所示的边线，在"半径"文本框◆中设置圆角半径为 5，其他选项设置如图 7-126 所示。单击"确定"按钮✔，完成底座部分圆角的创建。

（3）倒角 1。单击"特征"控制面板中的"倒角"按钮●，或选择菜单栏中的"插入"→"特征"→"倒角"命令，弹出"倒角"属性管理器；在绘图区选择如图 7-127 所示的顶面与底面的两条边线，在"距离"文本框◆中输入"2"，其他选项设置如图 7-128 所示。单击"确定"按钮✔，完成 2mm 倒角的创建。

（4）倒角 2。采用相同的方法，在绘图区选择如图 7-129 所示的边线，在"距离"文本框◆中输入"1"，其他选项设置如图 7-130 所示。单击"确定"按钮✔，完成 1mm 倒角的创建。

壳体最终效果如图 7-131 所示。

（a）

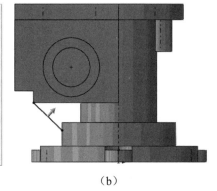

（b）

图 7-124　创建筋特征

图 7-125　选择倒圆角边

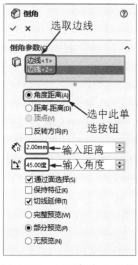

图 7-126　设置倒圆角参数

图 7-127　倒角 1 边线选择

图 7-128　设置倒角 1 参数

图 7-129　倒角 2 边线选择

图 7-130　设置倒角 2 参数

图 7-131　壳体最终效果

7.5 实践与操作

7.5.1 绘制叶轮

本实践将绘制如图 7-132 所示的叶轮。

操作提示：

（1）利用"草图绘制"命令绘制如图 7-133 所示的草图，旋转凸台特征如图 7-134 所示。

图 7-132 叶轮

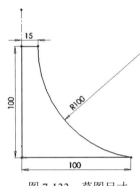

图 7-133 草图尺寸

图 7-134 旋转凸台特征

（2）以前视基准面为"第一参考"，偏移距离 100mm，创建基准面 1。

（3）选择基准面 1，绘制如图 7-135 所示的草图。拉伸类型为"成形到一面"，选取旋转凸台特征，如图 7-136 所示。

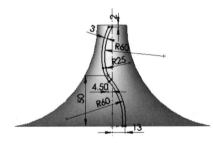

图 7-135 绘制草图

图 7-136 创建叶片

（4）切削叶片。选择右视基准面，绘制如图 7-137 所示的草图。拉伸切除生成切除特征。

（5）将叶片进行圆周阵列，以旋转轴为阵列轴，角度为 24，个数为 16，选取阵列特征为叶片的拉伸与切除，结果如图 7-138 所示。

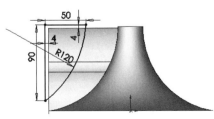

图 7-137 绘制草图

图 7-138 圆周阵列

（6）选取实体底面，绘制如图 7-139 所示的草图；拉伸切除类型为"完全贯穿"，反侧切除，特征如图 7-140 所示。

（7）产生叶轮底座。选取实体底面，绘制如图 7-141 所示的草图。拉伸凸台高度为 10mm，如图 7-142 所示。

图 7-139　绘制草图

图 7-140　切削叶轮

图 7-141　绘制草图

（8）产生中心孔。选取实体顶面，绘制如图 7-143 所示的圆，直径为 20mm；拉伸切除类型为"完全贯穿"，特征如图 7-144 所示。

图 7-142　拉伸凸台

图 7-143　绘制草图

图 7-144　拉伸切除

（9）倒圆角，圆角半径为 2mm，选取 4 条棱线，如图 7-145 所示。

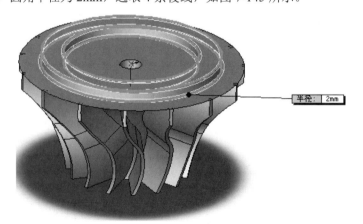

图 7-145　倒圆角

7.5.2　绘制主连接零件

本实践将绘制如图 7-146 所示的主连接零件。

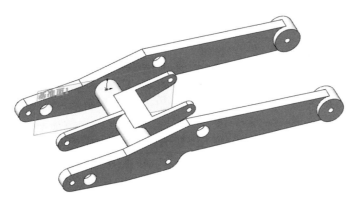

图 7-146 主连接零件

操作提示:

（1）利用"草图绘制"命令，绘制如图 7-147 所示的草图。使用"拉伸凸台"命令，设置拉伸终止条件为"两侧对称"，拉伸距离为 95mm，如图 7-148 所示。

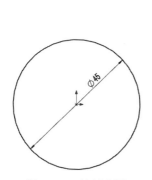

图 7-147 绘制草图

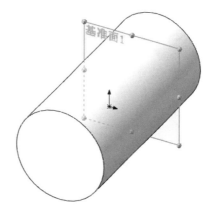

图 7-148 拉伸实体 1

（2）以"前视基准面"为第一参考，偏移距离为 22mm，创建"基准面 1"。在基准面 1 上使用"草图"控制面板中的"转换实体引用"按钮⬜、"圆"按钮⊙、"直线"按钮✏和"剪裁实体"按钮✂，绘制如图 7-149 所示的草图并标注。拉伸实体，设置拉伸距离为 10mm，反向，拉伸实体如图 7-150 所示。

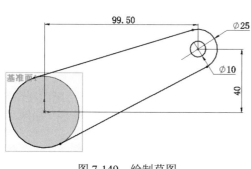

图 7-149 绘制草图

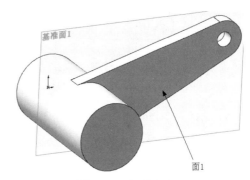

图 7-150 拉伸实体 2

（3）选择图 7-150 中的面 1，绘制拉伸草图，如图 7-151 所示，使用"拉伸凸台"命令，终止条件为"成形到一面",拉伸实体 1 的顶面,如图 7-152 所示。

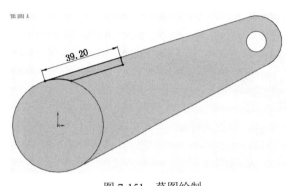

图 7-151　草图绘制

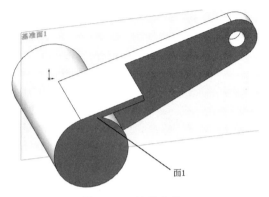

图 7-152　拉伸实体 3

(4)在图 7-152 所示的面 1 上绘制草图,如图 7-153 所示。拉伸实体,拉伸深度为 5mm,如图 7-153 所示。

(5)选择图 7-154 中的面 1,绘制如图 7-155 所示的草图并标注尺寸。拉伸凸台,设置拉伸距离为 20mm,反向,如图 7-156 所示。

图 7-153　草图绘制

图 7-154　拉伸实体 4

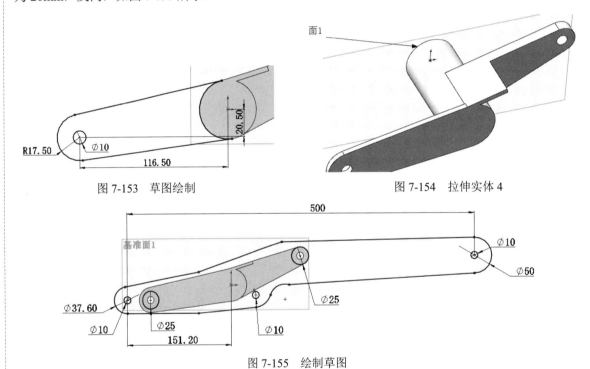

图 7-155　绘制草图

(6)选择图 7-156 中的面 1,使用"转换实体引用"按钮⬚和"圆"按钮⊙绘制如图 7-157 所示的草图,拉伸实体,设置"方向 1"的拉伸距离为 10mm,"方向 2"的拉伸距离为 30mm,如图 7-158 所示。

(7)执行"镜向"命令,选择图 7-158 中的面 1 为镜向基准面,以前面所创建的特征为镜向特征,结果如图 7-146 所示。

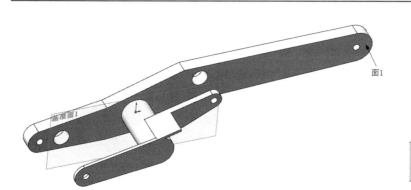

图 7-156 拉伸实体 5

图 7-157 绘制草图

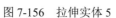

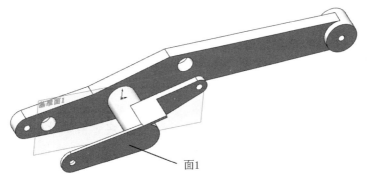

图 7-158 拉伸实体 6

7.6 思 考 练 习

1. 请读者根据所学的线性阵列和圆周阵列，自己学习曲线驱动阵列和草绘驱动阵列。
2. 比较阵列特征各类型的优缺点以及各自的应用范围。
3. 绘制如图 7-159 所示的铲斗支撑架。
4. 绘制如图 7-160 所示的锥形齿轮。

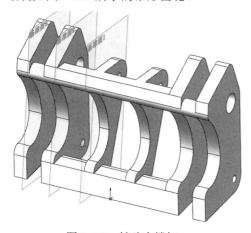

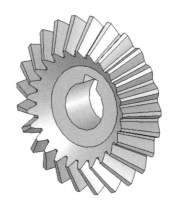

图 7-159 铲斗支撑架

图 7-160 锥形齿轮

第 8 章

修改零件

通过对特征和草图的动态修改，用拖曳的方式实现实时的设计修改。参数修改主要包括特征尺寸、库特征、查询等特征管理，使模型设计更智能化，更提高了设计效率。

- ☑ 参数化设计
- ☑ 库特征
- ☑ 查询
- ☑ 零件的特征管理
- ☑ 模型显示

任务驱动&项目案例

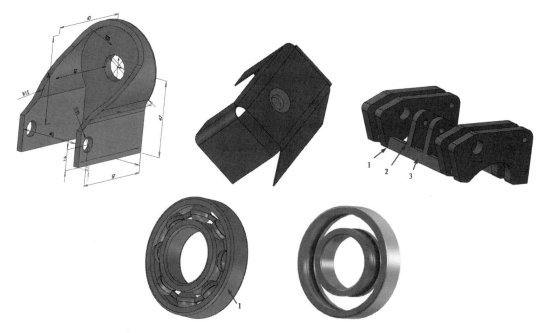

8.1 参数化设计

在设计的过程中，可以通过设置参数之间的关系或事先建立参数的规范达到参数化或智能化建模的目的，下面简要介绍。

8.1.1 特征尺寸

特征尺寸是指不属于草图部分的数值（如两个拉伸特征的深度）。

下面介绍的是显示零件所有特征所有尺寸的操作步骤。

（1）打开源文件"特征尺寸"。在 FeatureManager 设计树中，右击"注解"文件夹图标🔤，在弹出的快捷菜单中选择"显示特征尺寸"命令。此时图形区中零件的所有特征尺寸都显示出来。作为特征定义尺寸显示为蓝色，而对应特征中的草图尺寸则显示为黑色，如图 8-1 所示。

（2）如果要隐藏其中某个特征的所有尺寸，只要在 FeatureManager 设计树中右击该特征，然后在弹出的快捷菜单中选择"隐藏所有尺寸"命令即可。

（3）如果要隐藏某个尺寸，只要在图形区域右击该尺寸，然后在弹出的快捷菜单中选择"隐藏"命令即可。

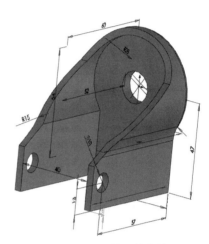

图 8-1 打开的文件实体

8.1.2 方程式驱动尺寸

特征尺寸只能控制特征中不属于草图部分的数值，即特征定义尺寸，而方程式可以驱动任何尺寸。当在模型尺寸之间生成方程式后，特征尺寸成为变量，各特征尺寸之间必须满足方程式的要求，互相牵制。当删除方程式中使用的尺寸或尺寸所在的特征时，方程式也一起被删除。

下面介绍生成方程式驱动尺寸的操作步骤。

1. 为尺寸添加变量名

（1）在 FeatureManager 设计树中，右击"注解"文件夹图标🔤，在弹出的快捷菜单中选择"显示特征尺寸"命令。此时图形区中零件的所有特征尺寸都显示出来。

（2）在图 8-1 所示的实体文件中，单击尺寸值，系统弹出"尺寸"属性管理器。

（3）在"数值"选项卡的"主要值"选项组的文本框中输入尺寸名称，如图 8-2 所示，单击"确定"按钮✔。

2. 建立方程式驱动尺寸

（1）选择菜单栏中的"工具"→"方程式"命令，系统弹出"方程式、整体变量、及尺寸"对话框。单击"添加"按钮，弹出"方程式、整体变量、及尺寸"对话框，如图 8-3（a）所示。

图 8-2 "尺寸"属性管理器

（2）在图形区中依次单击左上角的 ![图标] 图标，分别显示"方程式视图""草图方程式视图""尺寸视图""按序排列的视图"，分别显示为如图 8-3（a）～图 8-3（d）所示的对话框。

（a）

（b）

（c）

（d）

图 8-3　"方程式、整体变量、及尺寸"对话框

（3）单击对话框中的"重建模型"按钮，或选择菜单栏中的"编辑"→"重建模型"命令来更新模型，所有被方程式驱动的尺寸会立即更新。此时在 FeatureManager 设计树中会出现"方程式"文件夹，右击该文件夹即可对方程式进行编辑、删除、添加等操作。

提示：被方程式驱动的尺寸无法在模型中以编辑尺寸值的方式来改变。

为了更好地了解设计者的设计意图，还可以在方程式中添加注释文字，也可以像编程那样将某个方程式注释掉，避免该方程式的运行。

下面介绍在方程式中添加注释文字的操作步骤。

（1）可直接在"方程式"下方空白框中输入内容，如图 8-3（a）所示。

（2）单击"方程式、整体变量、及尺寸"对话框中的 输入(I)... 按钮，弹出如图 8-4 所示的"打开"对话框，选择要添加注释的方程式，即可添加外部方程式文件。

图 8-4 "打开"对话框

（3）同理，单击"输出"按钮，输出外部方程式文件。

在 SOLIDWORKS 2020 中方程式支持的运算和函数如表 8-1 所示。

表 8-1 方程式支持的运算和函数

函数或运算符	说 明
+	加法
−	减法
*	乘法
/	除法
∧	求幂
sin(a)	正弦，a 为以弧度表示的角度
cos(a)	余弦，a 为以弧度表示的角度
tan(a)	正切，a 为以弧度表示的角度
atn(a)	反正切，a 为以弧度表示的角度
abs(a)	绝对值，返回 a 的绝对值
exp(a)	指数，返回 e 的 a 次方
log(a)	对数，返回 a 的以 e 为底的自然对数
sqr(a)	平方根，返回 a 的平方根
int(a)	取整，返回 a 的整数部分

8.1.3 系列零件设计表

如果用户的计算机上同时安装了 Microsoft Excel，即可使用 Excel 在零件文件中直接嵌入新的配置。配置是指由一个零件或一个部件派生而成的形状相似、大小不同的一系列零件或部件集合。在 SOLIDWORKS 中大量使用的配置是系列零件设计表，用户可以利用该表很容易地生成一系列形状相似、大小不同的标准零件，如螺母、螺栓等，从而形成一个标准零件库。

使用系列零件设计表具有如下优点。

☑ 可以采用简单的方法生成大量的相似零件，对于标准化零件管理有很大帮助。

☑ 使用系列零件设计表，不必一一创建相似零件，可以节省大量时间。

☑ 使用系列零件设计表，在零件装配中很容易实现零件的互换。

生成的系列零件设计表保存在模型文件中，不会连接到原来的 Excel 文件，在模型中所进行的更改不会影响原来的 Excel 文件。

下面介绍在模型中插入一个新的空白的系列零件设计表的操作步骤。

图 8-5 "系列零件设计表"属性管理器

（1）打开源文件"系列零件设计表"。选择菜单栏中的"插入"→"表格"→"设计表"命令，系统弹出"系列零件设计表"属性管理器，如图 8-5 所示。在"源"选项组中选中"空白"单选按钮，然后单击"确定"按钮✔。

（2）此时，一个 Excel 工作表出现在零件文件窗口中，Excel 工具栏取代了 SOLIDWORKS 工具栏，如图 8-6 所示。

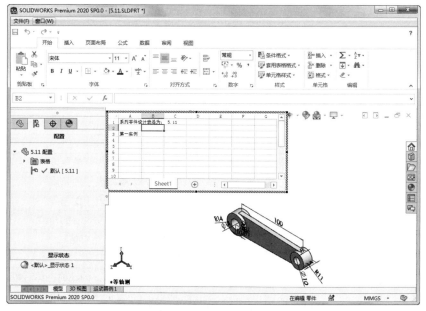

图 8-6 插入的 Excel 工作表

Note

（3）在表的第 2 行输入要控制的尺寸名称，也可以在图形区中双击要控制的尺寸，则相关的尺寸名称出现在第 2 行中，同时该尺寸名称对应的尺寸值出现在"第一实例"行中。

（4）重复步骤（3），直到定义完模型中所有要控制的尺寸。

（5）如果要建立多种型号，则在列 A（单元格 A4、A5……）中输入想生成的型号名称。

（6）在对应的单元格中输入该型号对应控制尺寸的尺寸值，如图 8-7 所示。

（7）向工作表中添加信息后，在表格外单击，将其关闭。

（8）此时系统会显示一条信息，列出所生成的型号，如图 8-8 所示。

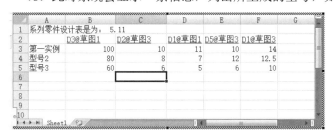

图 8-7　输入控制尺寸的尺寸值

图 8-8　信息对话框

当用户创建完成一个系列零件设计表后，其原始样本零件就是其他所有型号的样板，原始零件的所有特征、尺寸、参数等均有可能被系列零件设计表中的型号复制使用。

当用户创建完成一个系列零件设计表后，其原始样本零件就是其他所有型号的样板，原始零件的所有特征、尺寸、参数等均有可能被系列零件设计表中的型号复制使用。

下面介绍将系列零件设计表应用于零件设计中的操作步骤。

（1）选择图形区左侧面板顶部的"ConfigurationManager 设计树"选项卡🔖。

（2）ConfigurationManager 设计树中显示了该模型中系列零件设计表生成的所有型号。

（3）右击要应用型号，在弹出的快捷菜单中选择"显示配置"命令，如图 8-9 所示。

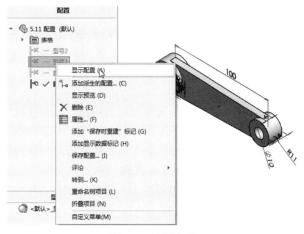

图 8-9　快捷菜单

（4）系统会按照系列零件设计表中该型号的模型尺寸重建模型。

下面介绍对已有的系列零件设计表进行编辑的操作步骤。

（1）选择图形区左侧面板顶部的"FeatureManager 设计树"选项卡🔖。

（2）在 FeatureManager 设计树中，右击"系列零件设计表"按钮🔖。

（3）在弹出的快捷菜单中选择"编辑定义"命令。

（4）如果要删除该系列零件设计表，则单击"删除"按钮。

在任何时候，用户均可在原始样本零件中加入或删除特征。如果是加入特征，则加入后的特征将是系列零件设计表中所有型号成员的共有特征。若某个型号成员正在被使用，则系统将会依照所加入的特征自动更新该型号成员。如果是删除原样本零件中的某个特征，则系列零件设计表中的所有型号成员的该特征都将被删除。若某个型号成员正在被使用，则系统会将工作窗口自动切换到现在的工作窗口，完成更新被使用的型号成员。

8.2 库 特 征

SOLIDWORKS 2020 允许用户将常用的特征或特征组（如具有公用尺寸的孔或槽等）保存到库中，便于日后使用。用户可以使用几个库特征作为块来生成一个零件，这样既可以节省时间，又有助于保持模型中的统一性。

用户可以编辑插入零件的库特征。当库特征添加到零件后，目标零件与库特征零件就没有关系了，对目标零件中库特征的修改不会影响包含该库特征的其他零件。

库特征只能应用于零件，不能添加到装配体中。

> 💡提示：大多数类型的特征可以作为库特征使用，但不包括基体特征本身。系统无法将包含基体特征的库特征添加到已经具有基体特征的零件中。

视频讲解

8.2.1 库特征的创建与编辑

如果要创建一个库特征，首先要创建一个基体特征来承载作为库特征的其他特征，也可以将零件中的其他特征保存为库特征。

下面介绍创建库特征的操作步骤。

（1）新建一个零件，或打开源文件"创建库特征"。如果是新建的零件，必须首先创建一个基体特征。

（2）在基体上创建包括库特征的特征。如果要用尺寸来定位库特征，则必须在基体上标注特征的尺寸。

（3）在 FeatureManager 设计树中，选择作为库特征的特征。如果要同时选取多个特征，则在选择特征的同时按住 Ctrl 键。

（4）选择菜单栏中的"文件"→"另存为"命令，系统弹出"另存为"对话框。选择"保存类型"为"Lib Feat Part Files（*.sldlfp）"，并输入文件名称。单击"保存"按钮，生成库特征。

此时，在 FeatureManager 设计树中，零件图标将变为库特征图标，其中库特征包括的每个特征都用字母 L 标记。

在库特征零件文件中（.sldlfp）还可以对库特征进行编辑。

☑ 如要添加另一个特征，则右击要添加的特征，在弹出的快捷菜单中选择"添加到库"命令。

☑ 如要从库特征中移除一个特征，则右击该特征，在弹出的快捷菜单中选择"从库中删除"命令。

8.2.2 将库特征添加到零件中

在库特征创建完成后，即可将库特征添加到零件中。

下面介绍将库特征添加到零件中的操作步骤。

（1）在图形区右侧的任务窗格中单击"设计库"按钮 ，系统弹出"设计库"对话框，如图 8-10 所示。这是 SOLIDWORKS 2020 安装时预设的库特征。

（2）浏览到库特征所在目录，从下面的窗格中选择库特征，然后将其拖动到零件的面上，即可将库特征添加到目标零件中。打开的库特征文件如图 8-11 所示。

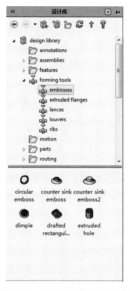

图 8-10　"设计库"对话框

图 8-11　打开的库特征文件

在将库特征插入零件后，可以用下列方法编辑库特征。

使用"编辑特征"按钮 或"编辑草图"命令编辑库特征。

通过修改定位尺寸将库特征移动到目标零件的另一位置。

此外，还可以将库特征分解为该库特征中包含的每个单个特征。只需在 FeatureManager 设计树中右击库特征图标，然后在弹出的快捷菜单中选择"解散库特征"命令，则库特征图标被移除，库特征中包含的所有特征都在 FeatureManager 设计树中单独列出。

8.3　查　　询

查询功能主要用于查询所建模型的表面积、体积及质量等相关信息，计算设计零部件的结构强度、安全因子等。SOLIDWORKS 提供了 3 种查询功能，即测量、质量特性与截面属性，这 3 个命令按钮位于"评估"工具栏中。

8.3.1　测量

测量功能可以测量草图、三维模型、装配体，或者工程图中直线、点、曲面、基准面的距离、角度、半径、大小以及它们之间的距离、角度、半径或尺寸。当测量两个实体之间的距离时，deltaX、deltaY 和 deltaZ 的距离会显示出来。当选择一个顶点或草图点时，会显示其 X、Y 和 Z 的坐标值。

下面介绍测量点坐标、测量距离、测量面积与周长的操作步骤。

视频讲解

（1）打开源文件"铲斗支撑架"。选择菜单栏中的"工具"→"评估"→"测量"命令，或者单击"评估"控制面板中的"测量"按钮，系统弹出"测量"对话框。

（2）测量点坐标。测量点坐标主要用来测量草图中的点、模型中的顶点坐标。单击如图 8-12 所示的点 1，在"测量"对话框中便会显示该点的坐标值，如图 8-13 所示。

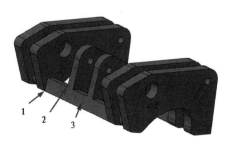

图 8-12　打开的文件实体　　　　　　图 8-13　测量点坐标的"测量"对话框

（3）测量距离。测量距离主要用来测量两点、两条边和两面之间的距离。单击如图 8-12 所示的点 1 和点 2，在"测量"对话框中便会显示所选两点的绝对距离以及 X、Y 和 Z 坐标的差值，如图 8-14 所示。

（4）测量面积与周长。测量面积与周长主要用来测量实体某一表面的面积与周长。单击如图 8-12 所示的面 3，在"测量"对话框中便会显示该面的面积与周长，如图 8-15 所示。

图 8-14　测量距离的"测量"对话框　　　　图 8-15　测量面积与周长的"测量"对话框

提示： 执行"测量"命令时，可以不必关闭对话框而切换不同的文件。当前激活的文件名会出现在"测量"对话框的顶部，如果选择了已激活文件中的某一测量项目，则对话框中的测量信息会自动更新。

8.3.2　质量属性

质量属性功能可以测量模型实体的质量、体积、表面积与惯性矩等。

下面介绍质量属性的操作步骤。

（1）打开源文件"铲斗支撑架"。选择菜单栏中的"工具"→"评估"→"质量属性"命令，或者单击"评估"控制面板中的"质量属性"按钮，系统弹出的"质量属性"对话框，如图 8-16 所示。在该对话框中会自动计算出该模型实体的质量、体积、表面积与惯性矩等，模型实体的主轴和质量中心显示在视图中，如图 8-17 所示。

（2）单击"质量属性"对话框中的"选项"按钮，系统弹出"质量/剖面属性选项"对话框，如

图 8-18 所示。选中"使用自定义设定"单选按钮，在"材料属性"选项组的"密度"文本框中可以设置模型实体的密度。

图 8-17　显示主轴和质量中心的视图

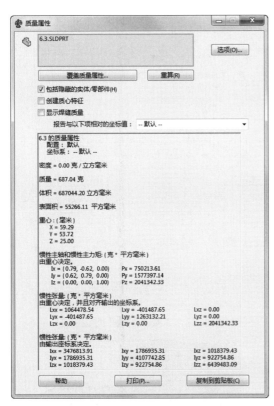

图 8-16　"质量属性"对话框

图 8-18　"质量/剖面属性选项"对话框

💡提示：在计算另一个零件的质量属性时，不需要关闭"质量属性"对话框，选择需要计算的零部件，然后单击"重算"按钮即可。

8.3.3　截面属性

截面属性可以查询草图、模型实体平面或者剖面的某些特性，如截面面积、截面重心的坐标、在重心的面惯性矩、在重心的面惯性极力矩、位于主轴和零件轴之间的角度以及面心的二次矩等。下面介绍截面属性的操作步骤。

（1）打开源文件"铲斗支撑架"。选择菜单栏中的"工具"→"评估"→"截面属性"命令，或者单击"评估"控制面板中的"截面属性"按钮🖻，系统弹出"截面属性"对话框。

（2）单击如图 8-19 所示的面 1，然后单击"截面属性"对话框中的"重算"按钮，计算结果出现在该对话框中，如图 8-20 所示。所选截面的主轴和重心显示在视图中，如图 8-21 所示。

截面属性不仅可以查询单个截面的属性，而且还可以查询多个

图 8-19　打开的文件实体

Note

平行截面的联合属性。如图 8-22 所示为图 8-19 中面 1 和面 2 的联合属性，如图 8-23 所示为面 1 和面 2 的主轴和重心显示。

图 8-20 "截面属性"对话框 1

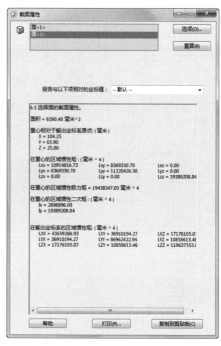

图 8-22 "截面属性"对话框 2

图 8-21 显示主轴和重心的图形 1

图 8-23 显示主轴和重心的图形 2

8.4 零件的特征管理

零件的建模过程实际上是创建和管理特征的过程。本节介绍零件的特征管理，即退回与插入特征、压缩与解除压缩特征、动态修改特征。

8.4.1 退回与插入特征

退回特征命令可以查看某一特征生成前后模型的状态，"插入特征"命令用于在某一特征之后插入新的特征。

视频讲解

1．退回特征

退回特征有两种方式，第一种为使用"退回控制棒"，另一种为使用快捷菜单。在 FeatureManager 设计树的最底端有一条粗实线，该线就是"退回控制棒"。

下面介绍截面属性的操作步骤。

（1）打开源文件"铲斗支撑架"，如图 8-24 所示。铲斗支撑架的 FeatureManager 设计树如图 8-25 所示。

图 8-24　打开的文件实体

（2）将光标放置在"退回控制棒"上时，光标变为 形状。单击，此时"退回控制棒"以蓝色显示，然后按住鼠标左键，拖动光标到欲查看的特征上，并释放鼠标。操作后的 FeatureManager 设计树如图 8-26 所示，退回的零件模型如图 8-27 所示。

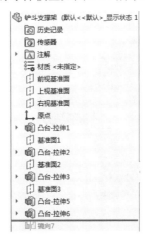

图 8-25　铲斗支撑架的 FeatureManager 设计树　　　图 8-26　操作后的 FeatureManager 设计树

从图 8-27 中可以看出，查看特征后的特征在零件模型上没有显示，表明该零件模型退回到该特征以前的状态。

退回特征可以使用快捷菜单进行操作，右击 FeatureManager 设计树中的"镜向 4"特征，系统弹出的快捷菜单如图 8-28 所示，单击"退回"按钮 ，此时该零件模型退回到该特征以前的状态，如图 8-27 所示。也可以在退回状态下，使用如图 8-29 所示的退回快捷菜单，根据需要选择需要的退回操作。

在退回快捷菜单中，"向前推进"命令表示退回到下一个特征；"退回到前"命令表示退回到上一退回特征状态；"退回到尾"命令表示退回到特征模型的末尾，即处于模型的原始状态。

提示：
（1）当零件模型处于退回特征状态时，将无法访问该零件的工程图和基于该零件的装配图。
（2）不能保存处于退回特征状态的零件图，在保存零件时，系统将自动释放退回状态。
（3）在重新创建零件的模型时，处于退回状态的特征不会被考虑，即视其处于压缩状态。

2．插入特征

插入特征是零件设计中一项非常实用的操作，其操作步骤如下。

（1）将 FeatureManager 设计树中的"退回控制棒"拖到需要插入特征的位置。

（2）根据设计需要生成新的特征。

（3）将"退回控制棒"拖动到设计树的最后位置，完成特征插入。

图 8-27　退回的零件模型　　　图 8-28　快捷菜单　　　图 8-29　退回快捷菜单

8.4.2　压缩与解除压缩特征

1. 压缩特征

压缩的特征可以从 FeatureManager 设计树中选择需要压缩的特征，也可以从视图中选择需要压缩特征的一个面。压缩特征的方法有以下几种。

（1）菜单栏方式：选择要压缩的特征，然后选择菜单栏中的"编辑"→"压缩"→"此配置"命令。

（2）快捷菜单方式：在 FeatureManager 设计树中，右击需要压缩的特征，在弹出的快捷菜单中单击"压缩"按钮，如图 8-30 所示。

（3）对话框方式：在 FeatureManager 设计树中，右击需要压缩的特征，在弹出的快捷菜单中选择"特征属性"命令。在弹出的"特征属性"对话框中选中"压缩"复选框，然后单击"确定"按钮，如图 8-31 所示。

特征被压缩后，在模型中不再被显示，但是并没有被删除，被压缩的特征在 FeatureManager 设计树中以灰色显示。如图 8-32 所示为铲斗支撑架后面 4 个特征被压缩后的图形，如图 8-33 所示为压缩后的 FeatureManager 设计树。

图 8-30　快捷菜单

图 8-31 "特征属性"对话框

图 8-32 压缩特征后的铲斗支撑架

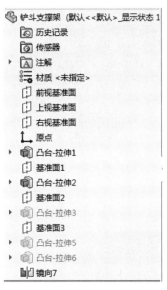

图 8-33 压缩后的 FeatureManager 设计树

2. 解除压缩特征

解除压缩的特征必须从 FeatureManager 设计树中选择需要压缩的特征,而不能从视图中选择该特征的某一个面,因为视图中该特征不被显示。与压缩特征相对应,解除压缩特征的方法有以下几种。

（1）菜单栏方式：选择要解除压缩的特征,然后选择菜单栏中的"编辑"→"解除压缩"→"此配置"命令。

（2）快捷菜单方式：在 FeatureManager 设计树中右击要解除压缩的特征,在弹出的快捷菜单中单击"解除压缩"按钮 。

（3）对话框方式：在 FeatureManager 设计树中右击要解除压缩的特征,在弹出的快捷菜单中选择"特征"命令。在弹出的"特征属性"对话框中取消选中"压缩"复选框,然后单击"确定"按钮。

压缩的特征被解除以后,视图中将显示该特征,FeatureManager 设计树中该特征将以正常模式显示。

8.4.3 Instant3D

Instant3D 可以使用户通过拖动控标或标尺来快速生成和修改模型几何体。动态修改特征是指系统不需要退回编辑特征的位置,直接对特征进行动态修改的命令。动态修改是通过控标移动、旋转来调整拉伸及旋转特征的大小。通过动态修改可以修改草图,也可以修改特征。

下面介绍动态修改特征的操作步骤。

1. 修改草图

（1）打开源文件"铲斗支撑架"。单击"特征"控制面板中的"Instant3D"按钮 ,开始动态修改特征操作。

（2）单击 FeatureManager 设计树中的"凸台-拉伸 1"作为要修改的特征,视图中该特征被亮显,如图 8-34 所示,同时出现该特征的修改控标。

（3）拖动指定尺寸的控标,屏幕出现标尺,如图 8-35 所示。使用屏幕上的标尺可以精确地修改草图，修改后的草图如图 8-36 所示。

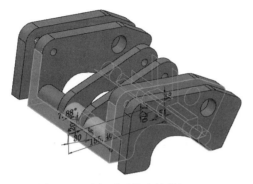

图 8-34　选择需要修改的特征 1

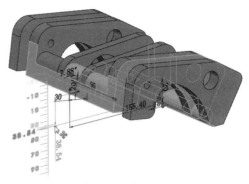

图 8-35　标尺

（4）单击"特征"控制面板中的"Instant3D"按钮🔧，退出 Instant3D 特征操作，修改后的模型如图 8-37 所示。

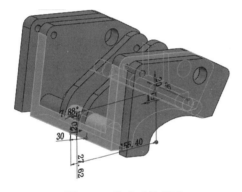

图 8-36　修改后的草图

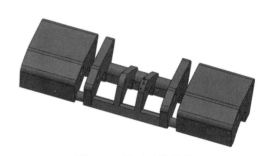

图 8-37　修改后的模型 1

2. 修改特征

（1）单击"特征"控制面板中的"Instant3D"按钮🔧，开始动态修改特征操作。

（2）单击 FeatureManager 设计树中的"拉伸 3"作为要修改的特征，视图中该特征被亮显，如图 8-38 所示，同时出现该特征的修改控标。

（3）拖动距离为 5mm 的修改光标，调整拉伸的长度，如图 8-39 所示。

（4）单击"特征"控制面板中的"Instant3D"按钮🔧，退出 Instant3D 特征操作，修改后的模型如图 8-40 所示。

图 8-38　选择需要修改的特征 2

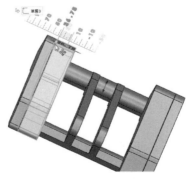

图 8-39　拖动修改控标

图 8-40　修改后的模型 2

8.5 模型显示

Note

视频讲解

零件建模时，SOLIDWORKS 提供了外观显示。可以根据实际需要设置零件的颜色及透明度，使设计的零件更加接近实际情况。

8.5.1 设置零件的颜色

设置零件的颜色包括设置整个零件的颜色属性、设置所选特征的颜色属性以及设置所选面的颜色属性。

下面介绍设置零件颜色的操作步骤。

1. 设置零件的颜色属性

（1）打开源文件"铲斗支撑架"。右击 FeatureManager 设计树中的文件名称，在弹出的快捷菜单中选择"外观"→"外观"命令，如图 8-41 所示。

（2）系统弹出的"颜色"属性管理器如图 8-42 所示，在"颜色"选项组中选择需要的颜色，然后单击"确定"按钮，此时整个零件将以设置的颜色显示。

图 8-41 快捷菜单 1

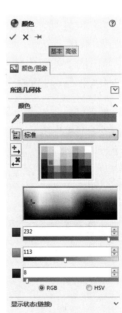

图 8-42 "颜色"属性管理器

2. 设置所选特征的颜色

（1）在 FeatureManager 设计树中选择需要改变颜色的特征，可以按 Ctrl 键选择多个特征。

（2）右击所选特征，在弹出的快捷菜单中单击"外观"按钮，在下拉列表中选择步骤（1）中选中的特征，如图 8-43 所示。

（3）系统弹出的"外观"属性管理器如图 8-42 所示，在"颜色"选项组中选择需要的颜色，然后单击"确定"按钮，设置颜色后的特征如图 8-44 所示。

图 8-43　快捷菜单 2

图 8-44　设置特征颜色

3. 设置所选面的颜色属性

（1）右击如图 8-44 所示的面 1，在弹出的快捷菜单中单击"外观"按钮，在下拉列表中选择刚选中的面，如图 8-45 所示。

（2）系统弹出的"外观"属性管理器如图 8-42 所示。在"颜色"选项组中选择需要的颜色，然后单击"确定"按钮，设置颜色后的面如图 8-46 所示。

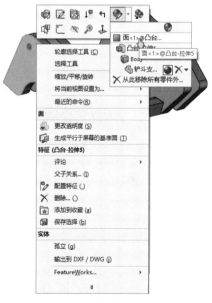

图 8-45　快捷菜单 3

图 8-46　设置面颜色

8.5.2　设置零件的透明度

在装配体零件中，外面零件遮挡内部的零件，给零件的选择造成困难。设置零件的透明度后，可以透过透明零件选择非透明对象。

下面介绍设置零件透明度的操作步骤。

（1）打开源文件"轴承装配体"，打开的文件实体如图 8-47 所示。轴承装配体的 FeatureManager 设计树如图 8-48 所示。

图 8-47　打开的文件实体　　　　图 8-48　轴承装配体的 FeatureManager 设计树

（2）右击 FeatureManager 设计树中的文件名称"轴承 6315 内外圈<1>"，或者右击视图中的基座 1，系统弹出快捷菜单。单击"更改透明度"按钮，如图 8-49 所示。

（3）设置透明度后的图形，如图 8-50 所示。

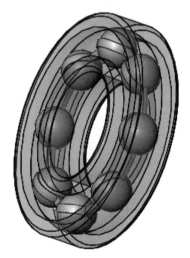

图 8-49　快捷菜单　　　　　　　　图 8-50　设置透明度后的图形

8.5.3　贴图

贴图是指在零件、装配模型面上覆盖图片，覆盖的图片在特定路径下保存，若特殊需要，读者也可以自己绘制图片，保存添加到零件、装配图中。

下面介绍设置零件贴图的操作步骤。

（1）打开源文件"轴承 6315 内外圈"。在绘图区右侧单击"外观、布景和贴图"按钮🌐，如图 8-51 所示，弹出如图 8-52 所示的"外观、布景和贴图"属性管理器，单击"标志"按钮，在管理器下部显示一个标志图片。选择对应图标"gs"，将图标拖动到零件模型面上，在左侧显示"贴图"属性管理器。

图 8-51　右侧属性按钮

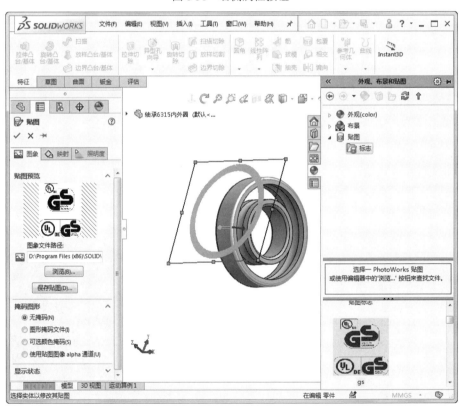

图 8-52　放置贴图

（2）打开"图像"选项卡，在"贴图预览"选项组中显示图标，在"图像文件路径"列表中显示图片路径，单击 浏览(B)... 按钮，弹出"打开"对话框，选择所需图片，单击"显示预览窗格"按钮▯▯，在右侧显示图片缩略图，如图 8-53 所示。

（3）打开"映射"选项卡，在"所选几何体"选项组中选择贴图面，在"映射"选项组、"大小/方向"选项组中设置参数，如图 8-54 所示。

（4）同时也可以在绘图区调节矩形框大小，调整图片大小；选择矩形框中心左边，旋转图标，如图8-55所示。

Note

图 8-53　"打开"对话框

图 8-54　"贴图"属性管理器

（a）调整图标大小　　　　　（b）调整图标角度　　　　　（c）贴图结果

图 8-55　设置贴图

8.5.4　布景

布景是指在模型后面提供一个可视背景。在 SOLIDWORKS 中，布景在模型上提供反射。在插入了 PhotoView 360 插件时，布景提供逼真的光源，包括照明度和反射，从而要求更少光源操纵。布景中的对象和光源可在模型上形成反射并可在楼板上投射阴影。

布景由以下内容组成。

☑　选择的基于预设布景或图像的球形环境映射到模型周围。

☑　2D 背景可以是单色、渐变颜色或所选择的图像。虽然环境单元被背景部分遮掩，但仍然会在模型中反映出来。也可以关闭背景，以显示球形环境。

☑　可以在 2D 地板上看到阴影和反射。用户可以更改模型与地板之间的距离。

打开源文件"轴承外圈"。在绘图区右侧单击"外观、布景和贴图"按钮，弹出"外观、布景和贴图"属性管理器，如图 8-56 所示。

在"基本布景"子选项中选择"三点绿色",并将所选背景拖动到绘图区,模型显示如图 8-57 所示。

图 8-56 "外观、布景和贴图"属性管理器

图 8-57 模型显示

8.5.5 PhotoView 360 渲染

(1)打开源文件"轴承 6315 内外圈"。在菜单栏中选择"工具"→"插件"命令,弹出"插件"对话框,选中"PhotoView 360"复选框,如图 8-58 所示。

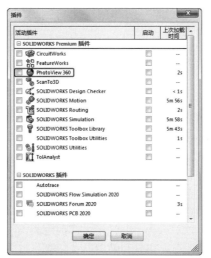
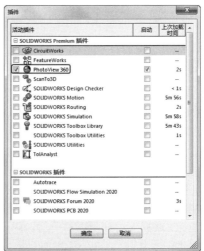

图 8-58 "插件"对话框

（2）单击"确定"按钮，在菜单栏显示添加的"PhotoView 360"菜单，如图 8-59 所示。

（a）添加插件前

（b）添加插件后

图 8-59　菜单栏

（3）选择菜单栏中的"PhotoView 360"→"编辑外观"命令，在左右两侧弹出属性管理器，如图 8-60 所示。

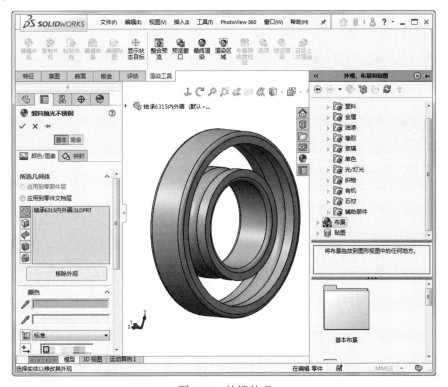

图 8-60　编辑外观

（4）选择菜单栏中的"PhotoView 360"→"编辑布景"命令，弹出"背景显示设定"对话框，设置布景，步骤同 8.5.4 节"布景"。

（5）选择菜单栏中的"PhotoView 360"→"编辑贴图"命令，弹出属性管理器，如图 8-61 所示，设置布景。

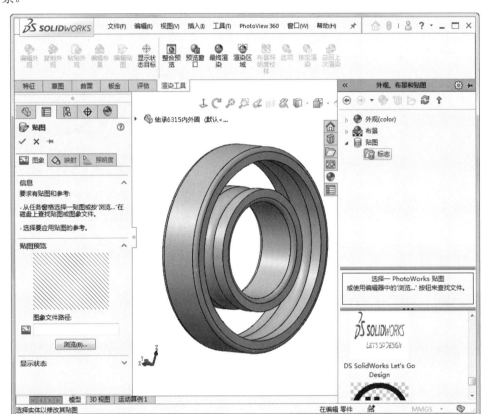

图 8-61　编辑贴图

（6）选择菜单栏中的"PhotoView 360"→"整合预览"命令，弹出"在渲染中使用透视图"对话框，如图 8-62 所示，单击"打开透视图"，渲染模型，结果如图 8-63 所示。

图 8-62　"在渲染中使用透视图"对话框　　　　图 8-63　渲染结果

（7）选择菜单栏中的"PhotoView 360"→"最终渲染"命令，弹出"轴承内外圈"对话框，进行渲染，完成渲染后弹出"最终渲染"对话框，显示渲染结果，如图 8-64 和图 8-65 所示。

图 8-64　渲染过程

图 8-65　渲染结果

（8）选择菜单栏中的"PhotoView 360"→"选项"命令，在左侧弹出"PhotoView 360 选项"属性管理器，如图 8-66 所示。

（9）选择菜单栏中的"PhotoView 360"→"排定渲染"命令，弹出"排定渲染"对话框，如

图 8-67 所示。

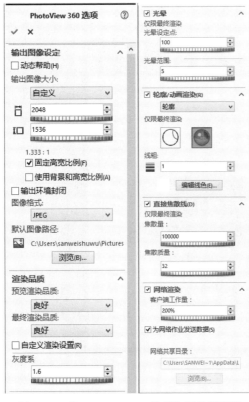

图 8-66 "PhotoView 360 选项"属性管理器

图 8-67 "排定渲染"对话框

（10）选择菜单栏中的"PhotoView 360"→"检索上次渲染的图像"命令，弹出"最终渲染"对话框，如图 8-68 所示。

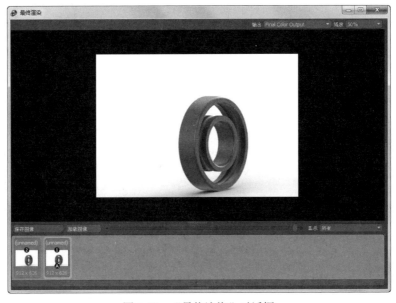

图 8-68 "最终渲染"对话框

8.6　实践与操作

8.6.1　查询属性

本实践对如图 8-69 所示的高速轴进行测量、质量特性与截面属性的查询。

图 8-69　高速轴

操作提示：

（1）打开如图 8-69 所示的高速轴零件。

（2）执行测量、质量特性与截面属性的命令。

8.6.2　更改颜色

本实践对如图 8-70 所示的手柄轴装配体中的各个零件更改颜色。

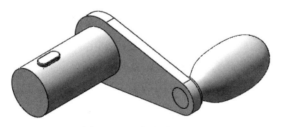

图 8-70　手柄轴装配体

操作提示：

（1）打开手柄轴装配体文件。

（2）更改各个零件颜色。

8.7　思　考　练　习

1．熟练掌握库特征的创建及添加。

2．思考压缩零部件与隐藏零部件有何异同？

3．在打开的实体图中，对各步特征进行压缩，观察图形的变化。再对各步进行恢复，观察图形的变化。

第9章

装配体设计

在 SOLIDWORKS 中，当生成新零件时，可以直接参考其他零件并保持这种参考关系。在装配的环境里，可以方便地设计和修改零部件，使 SOLIDWORKS 的性能得到极大的提高。

- ☑ 装配体基本操作
- ☑ 定位零部件
- ☑ 设计方法和配合关系
- ☑ 零件的复制、阵列与镜向

- ☑ 装配体检查
- ☑ 爆炸视图
- ☑ 装配体的简化

任务驱动&项目案例

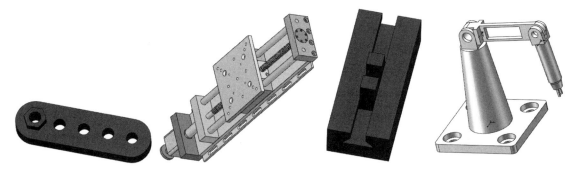

9.1 装配体基本操作

要实现对零部件进行装配，必须首先创建一个装配体文件。本节将介绍创建装配体的基本操作，包括新建装配体文件、插入装配零件与删除装配零件。

9.1.1 创建装配体文件

下面介绍装配体文件的操作步骤。

（1）选择菜单栏中的"文件"→"新建"命令，弹出"新建 SOLIDWORKS 文件"对话框，如图 9-1 所示。

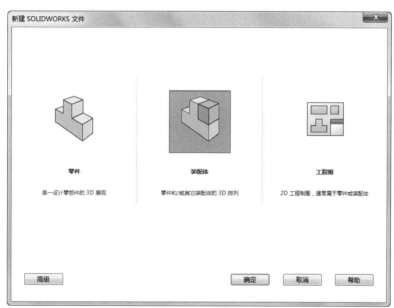

图 9-1 "新建 SOLIDWORKS 文件"对话框

（2）单击"装配体"按钮 ，再单击"确定"按钮，进入装配体制作界面，如图 9-2 所示。

（3）在"开始装配体"属性管理器中，单击"要插入的零件/装配体"选项组中的"浏览"按钮，弹出"打开"对话框。

（4）打开源文件"保持架"，单击"打开"按钮，然后在图形区合适位置单击以放置零件。调整视图为"等轴测"，即可得到导入零件后的界面，如图 9-3 所示。

装配体制作界面与零件的制作界面基本相同，特征管理器中出现一个配合组，在装配体制作界面中出现如图 9-4 所示的"装配体"控制面板，对"装配体"控制面板的操作与前面介绍的控制面板操作相同。

（5）将一个零部件（单个零件或子装配体）放入装配体中时，这个零部件文件会与装配体文件链接。此时零部件出现在装配体中，零部件的数据还保存在原零部件文件中。

💡**提示**：对零部件文件所进行的任何改变都会更新装配体。保存装配体时文件的扩展名为"*.sldasm"，其文件名前的图标也与零件图标不同。

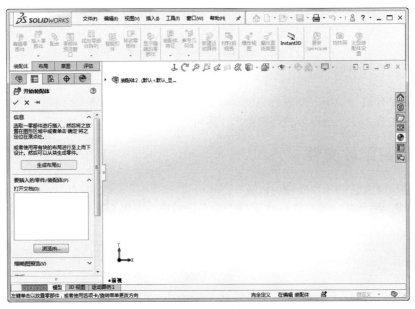

图 9-2　装配体制作界面

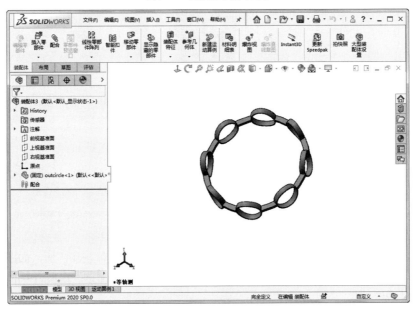

图 9-3　导入零件后的界面

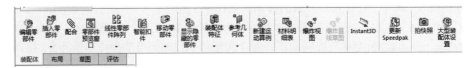

图 9-4　"装配体"控制面板

9.1.2　插入装配零件

制作装配体需要按照装配的过程依次插入相关零件，有多种方法可以将零部件添加到一个新的或现有的装配体中。

　　（1）使用"插入零部件"属性管理器。

　　（2）从任何窗格中的文件探索器中拖动。

　　（3）从一个打开的文件窗口中拖动。

　　（4）从资源管理器中拖动。

　　（5）从 Internet Explorer 中拖动超文本链接。

　　（6）在装配体中拖动以增加现有零部件的实例。

　　（7）从任何窗格的设计库中拖动。

　　（8）使用插入、智能扣件来添加螺栓、螺钉、螺母、销钉以及垫圈。

9.1.3　删除装配零件

　　下面介绍删除装配零件的操作步骤。

　　（1）在图形区或 FeatureManager 设计树中单击零部件。

　　（2）按 Delete 键，或选择菜单栏中的"编辑"→"删除"命令，或右击，在弹出的快捷菜单中选择"删除"命令，此时会弹出如图 9-5 所示的"确认删除"对话框。

　　（3）单击"是"按钮确认删除，此零部件及其所有相关项目（配合、零部件阵列、爆炸步骤等）都会被删除。

图 9-5　"确认删除"对话框

提示：

　　（1）第一个插入的零件在装配图中，默认的状态是固定的，即不能移动和旋转，在 FeatureManager 设计树中显示为"固定"。如果不是第一个零件，则是浮动的，在 FeatureManager 设计树中显示为"(-)"，固定和浮动显示如图 9-6 所示。

　　（2）系统默认第一个插入的零件是固定的，也可以将其设置为浮动状态，右击 FeatureManager 设计树中固定的文件，在弹出的快捷菜单中选择"浮动"命令。反之，也可以将其设置为固定状态。

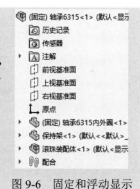

图 9-6　固定和浮动显示

9.2　定位零部件

　　在零部件放入装配体中后，用户可以移动、旋转零部件或固定其位置，用这些方法可以大致确定零部件的位置，然后再使用配合关系精确地定位零部件。

9.2.1　固定零部件

　　当一个零部件被固定之后，就不能相对于装配体原点移动了。默认情况下，装配体中的第一个零件是固定的。如果装配体中至少有一个零部件被固定下来，即可为其余零部件提供参考，防止其他零部件在添加配合关系时意外移动。

视频讲解

要固定零部件，只要在 FeatureManager 设计树或图形区中右击要固定的零部件，在弹出的快捷菜单中选择"固定"命令即可。如果要解除固定关系，只要在快捷菜单中选择"浮动"命令即可。

当一个零部件被固定之后，在 FeatureManager 设计树中，该零部件名称的左侧出现文字"固定"，表明该零部件已被固定。

9.2.2 移动零部件

在 FeatureManager 设计树中，前面有"（-）"符号的，表示该零件可被移动。

下面介绍移动零部件的操作步骤。

（1）选择菜单栏中的"工具"→"零部件"→"移动"命令，或者单击"装配体"控制面板中的"移动零部件"按钮，系统弹出的"移动零部件"属性管理器如图 9-7 所示。

（2）选择需要移动的类型，然后拖动到需要的位置。

（3）单击"确定"按钮，或者按 Esc 键，取消命令操作。

在"移动零部件"属性管理器中，移动零部件的类型有"自由拖动""沿装配体 XYZ""沿实体""由 Delta XYZ""到 XYZ 位置"5 种，如图 9-8 所示，下面分别介绍。

图 9-7　"移动零部件"属性管理器　　　　图 9-8　移动零部件的类型

☑ 自由拖动：系统默认选项，可以在视图中把选中的文件拖动到任意位置。

☑ 沿装配体 XYZ：选择零部件并沿装配体的 X、Y 或 Z 方向拖动。视图中显示的装配体坐标系可以确定移动的方向，在移动前要在欲移动方向的轴附近单击。

☑ 沿实体：首先选择实体，然后选择零部件并沿该实体拖动。如果选择的实体是一条直线、边线或轴，所移动的零部件具有一个自由度。如果选择的实体是一个基准面或平面，所移动的零部件具有两个自由度。

☑ 由 Delta XYZ：在属性管理器中输入移动 Delta XYZ 的范围，如图 9-9 所示，然后单击"应用"按钮，零部件按照指定的数值移动。

☑ 到 XYZ 位置：选择零部件的一点，在属性管理器中输入 X、Y 或 Z 坐标，如图 9-10 所示，然后单击"应用"按钮，所选零部件的点移动到指定的坐标位置。如果选择的项目不是顶点或点，则零部件的原点会移动到指定的坐标处。

图 9-9　"由 Delta XYZ"设置

图 9-10　"到 XYZ 位置"设置

9.2.3　旋转零部件

在 FeatureManager 设计树中，只要前面有"(-)"符号，该零件即可被旋转。

下面介绍旋转零部件的操作步骤。

（1）选择菜单栏中的"工具"→"零部件"→"旋转"命令，或者单击"装配体"控制面板中的"旋转零部件"按钮，系统弹出"旋转零部件"属性管理器，如图 9-11 所示。

（2）选择需要旋转的类型，然后根据需要确定零部件的旋转角度。

（3）单击"确定"按钮✔，或者按 Esc 键，取消命令操作。

在"旋转零部件"属性管理器中，移动零部件的类型有 3 种，即"自由拖动""对于实体""由 Delta XYZ"，如图 9-12 所示，下面分别介绍。

图 9-11　"旋转零部件"属性管理器

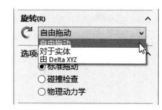

图 9-12　旋转零部件的类型

☑　自由拖动：选择零部件并沿任何方向旋转拖动。

☑　对于实体：选择一条直线、边线或轴，然后围绕所选实体旋转零部件。

☑　由 Delta XYZ：在属性管理器中输入旋转 Delta XYZ 的范围，然后单击"应用"按钮，零部件按照指定的数值进行旋转。

💡提示：

（1）不能移动或者旋转一个已经固定或者完全定义的零部件。

（2）只能在配合关系允许的自由度范围内移动和选择该零部件。

9.3　设　计　方　法

设计方法分为自下而上和自上而下两种。在零件的某些特征上、完整零件上或整个装配体上使用自上而下设计方法技术。在实践中，设计师通常使用自上而下设计方法来布局其装配体并捕捉对其装配体特定的自定义零件的关键方面。

9.3.1　自下而上设计方法

自下而上设计法是比较传统的方法。首先设计并创建零件，然后将零件插入装配体，再使用配合来定位零件。如果想更改零件，必须单独编辑零件。更改后的零件在装配体中可见。

自下而上设计方法对于先前建造、现售的零件或者对于金属器件、皮带轮、马达等标准零部件是优先技术，这些零件不根据设计而更改形状和大小。本书中的装配文件都采用自下而上设计方法。

9.3.2　自上而下设计方法

在自上而下装配设计中，零件的一个或多个特征由装配体中的某项定义，如布局草图或另一个零件的几何体。设计意图来自装配体并下移到零件中，因此称为"自上而下"。

可以在关联装配体中生成一个新零件，也可以在关联装配体中生成新的子装配体。

下面介绍在装配体中生成零件的操作步骤。

（1）新创建一个装配体文件。

（2）单击"装配体"控制面板中的"新零件"按钮，或选择菜单栏中的"插入"→"零部件"→"新零件"命令，在设计树中添加一个新零件，如图 9-13 所示。

（3）在设计树中的新建零件上右击，弹出如图 9-14 所示的快捷菜单，单击"编辑"按钮，进入零件编辑模式。

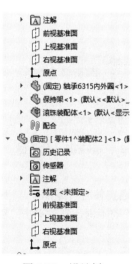

图 9-13　设计树

图 9-14　进入零件编辑模式

（4）绘制完零件后，单击右上角的按钮，返回到装配环境。

9.4　配合关系

要完成装配体的设计，其中很重要的环节就是设置各零部件之间的配合关系，以使各零部件之间能够正确连接和精确地定位。用户可以通过添加、删除或修改零部件之间的配合关系来完成装配体的设计。

视频讲解

9.4.1　添加配合关系

使用配合关系，可相对于其他零部件来精确地定位零部件，还可定义零部件如何相对于其他的零部件移动和旋转。只有添加了完整的配合关系，才算完成了装配体模型。

下面介绍为零部件添加配合关系的操作步骤。

（1）单击"装配体"控制面板中的"配合"按钮，或选择菜单栏中的"插入"→"配合"命令，系统弹出"配合"属性管理器。

（2）在图形区中的零部件上选择要配合的实体，所选实体会显示在"要配合实体"列表框中，如图 9-15 所示。

（3）选择所需的对齐条件。

- ☑ （同向对齐）：以所选面的法向或轴向的相同方向来放置零部件。

- ☑ （反向对齐）：以所选面的法向或轴向的相反方向来放置零部件。

（4）系统会根据所选的实体列出有效的配合类型。单击对应的配合类型按钮，选择配合类型。

图 9-15　"配合"属性管理器

- ☑ （重合）：面与面、面与直线（轴）、直线与直线（轴）、点与面、点与直线之间重合。

- ☑ （平行）：面与面、面与直线（轴）、直线与直线（轴）、曲线与曲线之间平行。

- ☑ （垂直）：面与面、直线（轴）与面之间垂直。

- ☑ （同轴心）：圆柱与圆柱、圆柱与圆锥、圆形与圆弧边线之间具有相同的轴。

（5）图形区中的零部件将根据指定的配合关系移动，如果配合不正确，单击"撤销"按钮，然后根据需要修改选项。

（6）单击"确定"按钮，应用配合。

当在装配体中建立配合关系后，配合关系会在 FeatureManager 设计树中以按钮表示。

9.4.2　删除配合关系

如果装配体中的某个配合关系有错误，用户可以随时将它从装配体中删除。

下面介绍删除配合关系的操作步骤。

（1）在 FeatureManager 设计树中右击想要删除的配合关系。

（2）在弹出的快捷菜单中选择"删除"命令，或按 Delete 键。

（3）弹出"确认删除"对话框，如图 9-16 所示，单击"是"

图 9-16　"确认删除"对话框

按钮确认删除。

9.4.3 修改配合关系

用户可以像重新定义特征一样，对已经存在的配合关系进行修改。

下面介绍修改配合关系的操作步骤。

（1）在 FeatureManager 设计树中右击要修改的配合关系。

（2）在弹出的快捷菜单中单击"编辑定义"按钮 。

（3）在弹出的属性管理器中改变所需选项。

（4）如果要替换配合实体，在"要配合实体"列表框 中删除原来的实体后重新选择实体。

（5）单击"确定"按钮 ，完成配合关系的重新定义。

9.5   零件的复制、阵列与镜向

在同一个装配体中可能存在多个相同的零件，在装配时用户可以不必重复插入零件，而是利用复制、阵列或者镜向的方法，快速完成具有规律性的零件的插入和装配。

9.5.1 零件的复制

SOLIDWORKS 可以复制已经在装配体文件中存在的零部件，下面结合图 9-17 介绍复制零部件的操作步骤。

（1）打开源文件"零件的复制"。按住 Ctrl 键，在 FeatureManager 设计树中选择需要复制的零部件，然后将其拖动到视图中合适的位置，复制后的装配体如图 9-18 所示，复制后的 FeatureManager 设计树如图 9-19 所示。

视 频 讲 解

图 9-17   打开的文件实体

图 9-18   复制后的装配体

（2）添加相应的配合关系，配合后的装配体如图 9-20 所示。

图 9-19   复制后的 FeatureManager 设计树

图 9-20   配合后的装配体

9.5.2　零件的阵列

零件的阵列分为线性阵列和圆周阵列。如果装配体中具有相同的零件，并且这些零件按照线性或者圆周的方式排列，可以使用"线性阵列"和"圆周阵列"命令进行操作。下面结合实例介绍线性阵列的操作步骤，其圆周阵列操作与此类似，读者可自行练习。

线性阵列可以同时阵列一个或者多个零部件，并且阵列出来的零件不需要再添加配合关系，即可完成配合。

（1）打开源文件"零件的阵列"，或选择菜单栏中的"文件"→"新建"命令，创建一个装配体文件。

（2）选择菜单栏中的"插入"→"零部件"→"现有零件/装配体"命令，插入已绘制的名为"底座"的文件，并调节视图中零件的方向，底座零件的尺寸如图 9-21 所示。

（3）选择菜单栏中的"插入"→"零部件"→"现有零件/装配体"命令，插入已绘制的名为"圆柱"文件，圆柱零件的尺寸如图 9-22 所示。调节视图中各零件的方向，插入零件后的装配体如图 9-23 所示。

（4）选择菜单栏中的"插入"→"配合"命令，或者单击"装配体"控制面板中的"配合"按钮✎，系统弹出"配合"属性管理器。

（5）将如图 9-23 所示的平面 1 和平面 2 添加为"重合"配合关系，将圆柱面 3 和圆柱面 4 添加为"同轴心"配合关系，注意配合的方向。

图 9-21　底座零件

（6）单击"确定"按钮✔，配合添加完毕。

（7）单击"标准视图"工具栏中的"等轴测"按钮⬢，将视图以等轴测方向显示，配合后的等轴测视图如图 9-24 所示。

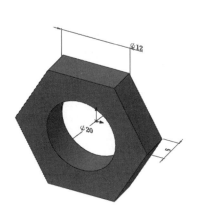

图 9-22　圆柱零件

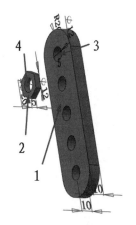

图 9-23　插入零件后的装配体

图 9-24　配合后的等轴测视图

（8）选择菜单栏中的"插入"→"零部件阵列"→"线性阵列"命令，系统弹出"线性阵列"属性管理器。

（9）在"要阵列的零部件"选项组中选择如图 9-24 所示的圆柱；在"方向 1"选项组的"阵列方向"列表框◻中选择如图 9-24 所示的边线 1，注意设置阵列的方向，其他设置如图 9-25 所示。

（10）单击"确定"按钮✔，完成零件的线性阵列。线性阵列后的图形如图 9-26 所示，此时装配体的 FeatureManager 设计树如图 9-27 所示。

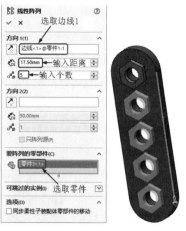

图 9-25　"线性阵列"属性管理器

图 9-26　线性阵列

图 9-27　FeatureManager 设计树

9.5.3　零件的镜向

装配体环境中的镜向操作与零件设计环境中的镜向操作类似。在装配体环境中，有相同且对称的零部件时，可以使用"镜向零部件"命令来完成。

（1）打开源文件"零件的镜向"，如图 9-26 所示。

（2）选择菜单栏中的"插入"→"镜向零部件"命令，系统弹出"镜向零部件"属性管理器。

（3）在"镜向基准面"列表框中选择"前视基准面"；在"要镜向的零部件"列表框中选择如图 9-26 所示的零件，如图 9-28 所示。单击"下一步"按钮◉，"镜向零部件"属性管理器如图 9-29 所示。

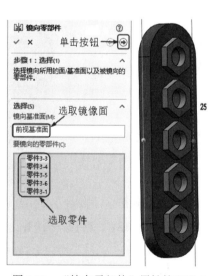

图 9-28　"镜向零部件"属性管理器 1

图 9-29　"镜向零部件"属性管理器 2

（4）单击"确定"按钮✔，零件镜向完毕，镜向后的图形如图 9-30 所示。此时装配体文件的 FeatureManager 设计树如图 9-31 所示。

图 9-30 镜向零件

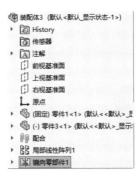

图 9-31 FeatureManager 设计树

提示： 从上面的案例操作步骤可以看出，不但可以对称地镜向原零部件，而且还可以反方向镜向零部件，要灵活应用该命令。

9.6 装配体检查

装配体检查主要包括碰撞测试、动态间隙、体积干涉检查和装配体统计等，用来检查装配体各个零部件装配后的正确性、装配信息等。

9.6.1 碰撞测试

在 SOLIDWORKS 装配体环境中，移动或者旋转零部件时，提供了检查其与其他零部件碰撞情况的功能。在进行碰撞测试时，零件必须做适当的配合，但是不能完全限制配合，否则零件无法移动。

物资动力是碰撞检查中的一个选项，选中"物资动力"复选框时，等同于向被撞零部件施加一个碰撞力。

下面介绍碰撞测试的操作步骤。

（1）打开源文件"碰撞测试"。两个撞块与撞击台添加配合，使撞块只能在边线 3 方向移动。

（2）单击"装配体"控制面板中的"移动零部件"按钮 或"旋转零部件"按钮 ，系统弹出"移动零部件"属性管理器或者"旋转零部件"属性管理器。

（3）在"选项"选项组中选中"碰撞检查"和"所有零部件之间"单选按钮及"碰撞时停止"复选框，则碰撞时零件会停止运动；在"高级选项"选项组中选中"高亮显示面"和"声音"复选框，则碰撞时零件会亮显并且计算机会发出碰撞的声音，碰撞设置如图 9-32 所示。

图 9-32 碰撞设置

（4）拖动如图 9-33 所示的零件 2，使其向零件 1 移动，在碰撞零件 1 时，零件 2 会停止运动，并且零件 2 会亮显，碰撞检查时的装配体如图 9-34 所示。

物理动力学是碰撞检查中的一个选项，选中"物理动力学"单选按钮时，等同于向被撞零部件施加一个碰撞力。

（5）在"移动零部件"属性管理器或者"旋转零部件"属性管理器的"选项"选项组中，选中"物理动力学"和"所有零部件之间"单选按钮，用"敏感度"工具条可以调节施加的力；在"高级选项"选项组中选中"高亮显示面"和"声音"复选框，则碰撞时零件会亮显并且计算机会发出碰撞的声音，物资动力设置如图 9-35 所示。

（6）拖动如图 9-33 所示的零件 2，使其向零件 1 移动，在碰撞零件 1 时，零件 1 和零件 2 会以给定的力一起向前运动，物资动力检查时的装配体如图 9-36 所示。

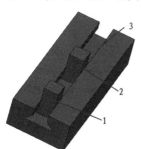

图 9-33　打开的文件实体

图 9-34　碰撞检查时的装配体

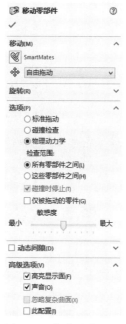

图 9-35　物资动力设置

图 9-36　物资动力检查时的装配体

9.6.2　动态间隙

动态间隙用于在零部件移动过程中动态显示两个零部件间的距离，下面介绍动态间隙的操作步骤。

（1）打开源文件"动态间隙"，如图 9-33 所示。

（2）单击"装配体"控制面板中的"移动零部件"按钮🔄，系统弹出"移动零部件"属性管理器。

（3）选中"动态间隙"复选框，在"所选零部件几何体"列表框🖑中选择如图 9-33 所示的撞块 1 和撞块 2，然后单击"恢复拖动"按钮，动态间隙设置如图 9-37 所示。

（4）拖动如图 9-33 所示的零件 2，则两个撞块之间的距离会实时地改变，动态间隙图形如图 9-38 所示。

图 9-37　动态间隙设置

图 9-38　动态间隙图形

💡提示：设置动态间隙时，在"指定间隙停止"文本框🔲中输入的值用于确定两零件之间停止的距离。当两零件之间的距离为该值时，零件就会停止运动。

9.6.3　体积干涉检查

在一个复杂的装配体文件中,直接判别零部件是否发生干涉是件比较困难的事情。SOLIDWORKS提供了体积干涉检查工具,利用该工具可以比较容易地在零部件之间进行干涉检查,并且可以查看发生干涉的体积。

下面介绍体积干涉检查的操作步骤。

（1）打开源文件"体积干涉检查",调节两个撞块相互重合,体积干涉检查装配体文件如图 9-39 所示。

（2）选择菜单栏中的"工具"→"评估"→"干涉检查"命令,系统弹出"干涉检查"属性管理器。

（3）选中"视重合为干涉"复选框,单击"计算"按钮,如图 9-40 所示。

图 9-39　体积干涉检查装配体文件

（4）干涉检查结果出现在"结果"选项组中,如图 9-41 所示。在"结果"选项组中,不但显示干涉的体积,而且还显示干涉的数量以及干涉的个数等信息。

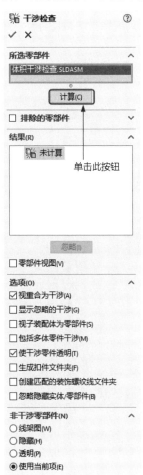

图 9-40　"干涉检查"属性管理器

图 9-41　干涉检查结果

9.6.4 装配体统计

SOLIDWORKS 提供了对装配体进行统计报告的功能，即装配体统计。通过装配体统计，可以生成一个装配体文件的统计资料，下面介绍装配体统计的操作步骤。

（1）打开源文件"移动轮装配体"，如图 9-42 所示，装配体的 FeatureManager 设计树如图 9-43 所示。

图 9-42 打开的文件实体   图 9-43 FeatureManager 设计树

（2）选择菜单栏中的"工具"→"评估"→"性能评估"命令，系统弹出"性能评估-移动轮装配体"对话框，如图 9-44 所示。

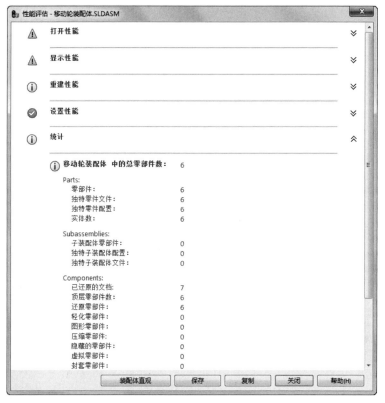

图 9-44 "性能评估-移动轮装配体"对话框

（3）单击"性能评估-移动轮装配体"对话框中的"关闭"按钮，关闭该对话框。

9.7　爆　炸　视　图

在零部件装配体完成后，为了在制造、维修及销售中，直观地分析各个零部件之间的相互关系，将装配图按照零部件的配合条件来产生爆炸视图。装配体爆炸以后，用户不可以对装配体添加新的配合关系。

9.7.1　生成爆炸视图

视频讲解

爆炸视图可以很形象地查看装配体中各个零部件的配合关系，常称为系统立体图。爆炸视图通常用于介绍零件的组装流程、仪器的操作手册及产品使用说明书中。

下面介绍爆炸视图的操作步骤。

（1）打开源文件"平移台装配体"，如图 9-45 所示。

（2）选择菜单栏中的"插入"→"爆炸视图"命令，系统弹出"爆炸"属性管理器。

（3）在"添加阶梯"选项组的"爆炸步骤零部件" 列表框中，单击如图 9-45 所示的"后挡板"零件，此时装配体中被选中的零件被亮显，并且出现一个设置移动方向的坐标，选择零件后的装配体如图 9-46 所示。

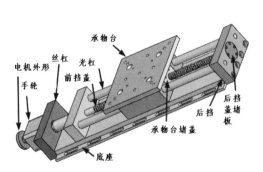

图 9-45　打开的文件实体

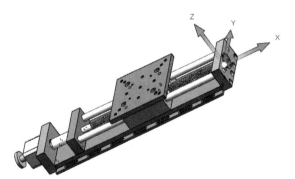

图 9-46　选择零件后的装配体

（4）单击如图 9-46 所示的坐标的某一方向，确定要爆炸的方向，然后在"添加阶梯"选项组的"爆炸距离"文本框 中输入爆炸的距离值，如图 9-47 所示。

（5）在"添加阶梯"选项组中单击"反向"按钮 ，反方向调整爆炸视图，单击"应用"按钮，观测视图中预览的爆炸效果。单击"添加阶梯"按钮，第一个零件爆炸完成，其视图如图 9-48 所示，并且在"爆炸步骤"选项组中生成"爆炸步骤 1"，如图 9-49 所示。

（6）重复步骤（3）～（5），将其他零部件爆炸，最终生成的爆炸视图如图 9-50 所示，共有 9 个爆炸步骤。

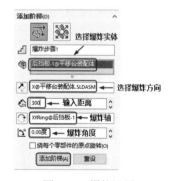

图 9-47　爆炸设置

提示：在生成爆炸视图时，建议对每一个零件在每一个方向上的爆炸设置为一个爆炸步骤。如果一个零件需要在 3 个方向上爆炸，建议使用 3 个爆炸步骤，这样可以很方便地修改爆炸视图。

Note

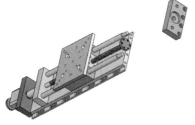

图 9-48　第一个爆炸零件视图

图 9-49　生成的爆炸步骤 1

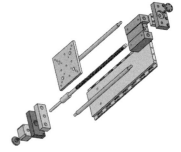

图 9-50　最终爆炸视图

9.7.2　编辑爆炸视图

装配体爆炸后，可以利用"爆炸"属性管理器进行编辑，也可以添加新的爆炸步骤。

下面介绍编辑爆炸视图的操作步骤。

（1）打开源文件"爆炸视图"，如图 9-50 所示。

（2）选择菜单栏中的"插入"→"爆炸视图"命令，系统弹出"爆炸"属性管理器。

（3）右击"爆炸步骤"选项组中的"爆炸步骤 1"，在弹出的快捷菜单中选择"编辑步骤"命令，此时"爆炸步骤 1"的爆炸设置显示在"添加阶梯"选项组中。

（4）修改"添加阶梯"选项组中的距离参数，或者拖动视图中要爆炸的零部件，然后单击"完成"按钮，即可完成对爆炸视图的修改。

（5）右击"爆炸步骤 1"，在弹出的快捷菜单中选择"删除"命令，该爆炸步骤就会被删除，零部件恢复爆炸前的配合状态，删除爆炸步骤 1 后的视图如图 9-51 所示。

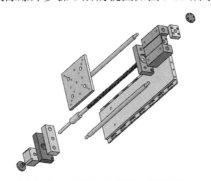

图 9-51　删除爆炸步骤 1 后的视图

9.8　装配体的简化

在实际设计过程中，一个完整的机械产品的总装配图是很复杂的，通常由许多零件组成。SOLIDWORKS 提供了多种简化的手段，通常使用的是改变零部件的显示属性以及改变零部件的压缩状态来简化复杂的装配体。SOLIDWORKS 中的零部件有 4 种显示状态。

☑　（还原）：零部件以正常方式显示，装入零部件所有的设计信息。

☑　（隐藏）：仅隐藏所选零部件在装配图中的显示。

☑　（压缩）：装配体中的零部件不被显示，并且可以减少工作时装入和计算的数据量。

☑　（轻化）：装配体中的零部件处于轻化状态，只占用部分内存资源。

视频讲解

Note

9.8.1　零部件显示状态的切换

零部件有显示和隐藏两种状态。通过设置装配体文件中零部件的显示状态，可以将装配体文件中暂时不需要修改的零部件隐藏起来。零部件的显示和隐藏不影响零部件的本身，只是改变在装配体中的显示状态。

切换零部件显示状态常用的方法有 3 种，下面分别介绍。

（1）快捷菜单方式。在 FeatureManager 设计树或者图形区中左键单击要隐藏的零部件，在弹出的快捷菜单中单击"隐藏零部件"按钮，如图 9-52 所示。如果要显示隐藏的零部件，则右击图形区，在弹出的右键快捷菜单中选择"显示隐藏的零部件"命令，如图 9-53 所示。

图 9-52　左键快捷菜单　　　　　　　　　　图 9-53　右键快捷菜单

（2）工具栏方式。在 FeatureManager 设计树或者图形区中，选择需要隐藏或者显示的零部件，然后单击"装配体"控制面板中的"隐藏/显示零部件"按钮，即可实现零部件的隐藏和显示状态的切换。

（3）菜单方式。在 FeatureManager 设计树或者图形区中，选择需要隐藏的零部件，然后选择菜单栏中的"编辑"→"隐藏"→"当前显示状态"命令，将所选零部件切换到隐藏状态。选择需要显示的零部件，然后选择菜单栏中的"编辑"→"显示"→"当前显示状态"命令，将所选的零部件切换到显示状态。

如图 9-54 所示为平移台装配体图形，如图 9-55 所示为平移台的 FeatureManager 设计树，如图 9-56 所示为隐藏底座零件后的装配体图形，如图 9-57 所示为隐藏零件后的 FeatureManager 设计树（"底座"前的零件图标变为灰色）。

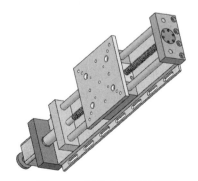

图 9-54　平移台装配体图形　　　　　　　图 9-55　平移台的 FeatureManager 设计树

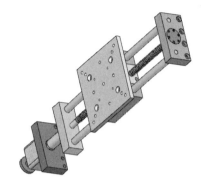

图 9-56　隐藏底座后的装配体图形　　　图 9-57　隐藏零件后的 FeatureManager 设计树

9.8.2　零部件压缩状态的切换

在某段设计时间内，可以将某些零部件设置为压缩状态，这样可以减少工作时装入和计算的数据量。装配体的显示和重建会更快，可以更有效地利用系统资源。

装配体零部件共有还原、压缩和轻化 3 种压缩状态，下面分别介绍。

1．还原

还原是使装配体中的零部件处于正常显示状态，还原的零部件会完全装入内存，可以使用所有功能并可以完全访问。

常用设置还原状态的操作步骤是使用左键快捷菜单，具体操作步骤如下。

（1）在 FeatureManager 设计树中单击被轻化或者压缩的零件，系统弹出左键快捷菜单，单击"解除压缩"按钮。

（2）在 FeatureManager 设计树中右击被轻化的零件，在系统弹出的右键快捷菜单中选择"设定为还原"命令，则所选的零部件将处于正常的显示状态。

2．压缩

"压缩"命令可以使零件暂时从装配体中消失。处于压缩状态的零件不再装入内存，所以装入速度、重建模型速度及显示性能均有提高，减少了装配体的复杂程度，提高了计算机的运行速度。

被压缩的零部件不等同于该零部件被删除，其相关数据仍然保存在内存中，只是不参与运算而已，可以通过设置很方便地调入装配体中。

被压缩零部件包含的配合关系也被压缩。因此，装配体中的零部件位置可能变为欠定义。当恢复零部件显示时，配合关系可能会发生矛盾，因此在生成模型时，要小心使用压缩状态。

常用设置压缩状态的操作步骤是使用右键快捷菜单，在 FeatureManager 设计树或者图形区中，右击需要压缩的零件，在系统弹出的右键快捷菜单中单击"压缩"按钮，则所选的零部件将处于压缩状态。

3．轻化

当零部件为轻化时，只有部分零件模型数据装入内存，其余的模型数据根据需要装入，这样可以显著提高大型装配体的性能。使用轻化的零件装入装配体比使用完全还原的零部件装入同一装配体速度更快。因为需要计算的数据比较少，包含轻化零部件的装配重建速度也更快。

常用设置轻化状态的操作步骤是使用右键快捷菜单，在 FeatureManager 设计树或者图形区中，右击需要轻化的零件，在系统弹出的右键快捷菜单中选择"设定为轻化"命令，则所选的零部件将处于轻化的显示状态。

9.9 综合实例——机械臂装配

本例创建的机械臂装配如图 9-58 所示。

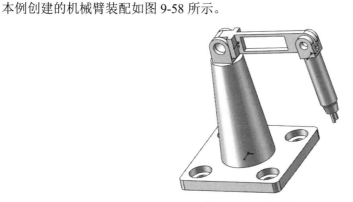

图 9-58 机械臂装配

首先导入基座定位，然后插入大臂并装配，再插入小臂并装配，最后将零件旋转到适当角度，绘制的流程如图 9-59 所示。

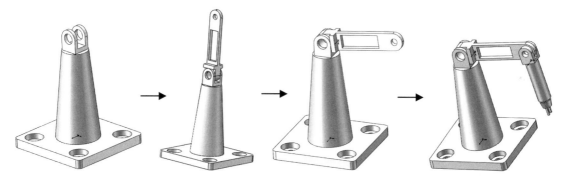

图 9-59 流程图

操作步骤如下：

（1）启动 SOLIDWORKS 2020，单击"标准"工具栏中的"新建"按钮，或选择菜单栏中的"文件"→"新建"命令，在弹出的"新建 SOLIDWORKS 文件"对话框中单击"装配体"按钮，如图 9-60 所示。然后单击"确定"按钮，创建一个新的装配文件。系统弹出"开始装配体"属性管理器，如图 9-61 所示。

（2）定位基座。单击"开始装配体"属性管理器中的"浏览"按钮，系统弹出"打开"对话框，选择已创建的"基座"零件，这时对话框的浏览区中将显示零件的预览结果，如图 9-62 所示。在"打开"对话框中单击"打开"按钮，系统进入装配界面，光标变为形状，选择菜单栏中的"视图"→"隐藏/显示"→"原点"命令，显示坐标原点，将光标移动至原点位置，光标变为形状，如图 9-63所示，在目标位置单击，将基座放入装配界面中，如图 9-64 所示。

视频讲解

Note

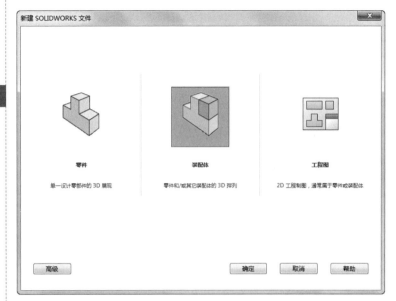

图 9-60　"新建 SOLIDWORKS 文件"对话框　　　　图 9-61　"开始装配体"属性管理器

图 9-62　"打开"对话框

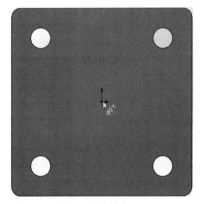

图 9-63　定位原点　　　　　　　　　图 9-64　插入基座

（3）插入大臂。选择菜单栏中的"插入"→"零部件"→"现有零件/装配体"命令，或单击"装配体"控制面板中的"插入零部件"按钮，弹出如图 9-65 所示的"插入零部件"属性管理器。单击"浏览"按钮，在弹出的"打开"对话框中选择"大臂"，将其插入装配界面中，如图 9-66 所示。

（4）添加装配关系。选择菜单栏中的"插入"→"配合"命令，或单击"装配体"控制面板中的"配合"按钮，系统弹出"配合"属性管理器，如图 9-67 所示。选择如图 9-68 所示的配合面，在"配合"属性管理器中单击"同轴心"按钮，添加"同轴心"关系，单击"确定"按钮。选择如图 9-68 所示的配合面，在"配合"属性管理器中单击"重合"按钮，添加"重合"关系，单击"确定"按钮，拖动大臂，将其旋转到适当位置，如图 9-69 所示。

图 9-65　"插入零部件"属性管理器　　　　图 9-66　插入大臂　　　　图 9-67　"配合"属性管理器

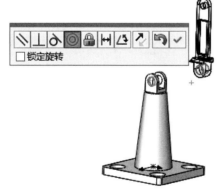

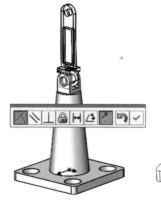

图 9-68　选择配合面　　　　　　　　　　图 9-69　拖动大臂旋转到适当位置

（5）插入小臂。选择菜单栏中的"插入"→"零部件"→"现有零件/装配体"命令，或单击"装配体"控制面板中的"插入零部件"按钮，弹出"插入零部件"属性管理器。单击"浏览"按钮，在弹出的"打开"对话框中选择"小臂",将其插入装配界面中,如图 9-70 所示。

（6）添加装配关系。选择菜单栏中的"插入"→"配合"命令,或单击"装配体"控制面板中的"配合"按钮 ◈,系统弹出"配合"属性管理器,如图 9-67 所示。选择如图 9-71 所示的配合面,在"配合"属性管理器中单击"同轴心"按钮 ◎,添加"同轴心"关系,单击"确定"按钮 ✔。选择如图 9-72 所示的配合面,在"配合"属性管理器中单击"重合"按钮 ↗,添加"重合"关系,单击"确定"按钮 ✔,拖动小臂,将其旋转到适当位置,如图 9-73 所示。

图 9-70 插入小臂

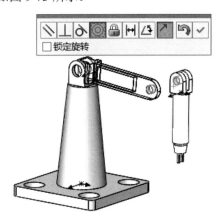

图 9-71 选择配合面

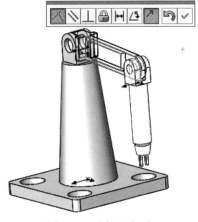

图 9-72 选择配合面

图 9-73 配合结果

9.10 实践与操作

创建如图 9-74 所示的液压杆装配体。

操作提示:

（1）利用"插入零件"和"配合"命令,选择图 9-75 中的面 1 和面 2 为配合面,添加"同轴心"关系。

（2）利用"配合"命令,选择图 9-76 中的面 1 和面 2,添加"重合"关系。

图 9-74 液压杆装配体

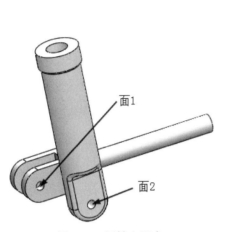

图 9-75 同轴心配合

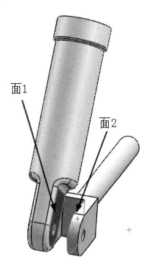

图 9-76 装配手柄

9.11 思 考 练 习

1. 在装配体中插入零部件的方式有几种？有什么异同？
2. 装配体零部件有几种压缩状态？各有什么特点？
3. 创建如图 9-77 所示的制动器装配图，各零件图如图 9-78 所示。

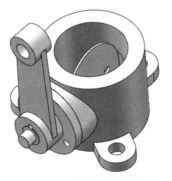

图 9-77 制动器装配体

（a）阀体

（b）挡板

（c）盘

（d）键

（e）轴

（f）臂

图 9-78　各零件图

第10章

动画制作

SOLIDWORKS 是一款功能强大的中高端 CAD 软件，方便快捷是其最大特色，特别是自 SOLIDWORKS 2001 后内置的 animator 插件，秉承 SOLIDWORKS 一贯的简便易用的风格，可以很方便地生成工程机构的演示动画，让原先呆板的设计成品动起来，用最简单的办法实现了产品的功能展示，增强了产品的竞争力以及与客户的亲和力。

- ☑ 运动算例
- ☑ 添加动画
- ☑ 动画进阶
- ☑ 基本运动
- ☑ 更改视象属性
- ☑ 保存动画

任务驱动&项目案例

10.1　运　动　算　例

运动算例是装配体模型运动的图形模拟。可将诸如光源和相机透视图之类的视觉属性融合到运动算例中。运动算例不更改装配体模型或其属性。

10.1.1　新建运动算例

新建运动算例有两种方法。

（1）新建一个零件文件或装配体文件，在 SOLIDWORKS 界面左下角会出现"运动算例"标签。右击"运动算例"标签，在弹出的快捷菜单中选择"生成新运动算例"命令，如图 10-1 所示。自动生成新的运动算例。

（2）打开装配体文件，单击"装配体"控制面板中的"新建运动算例"按钮，在左下角自动生成新的运动算例。

图 10-1　快捷菜单

10.1.2　运动算例 MotionManager 简介

单击"运动算例 1"标签，弹出"运动算例 1"MotionManager，如图 10-2 所示。

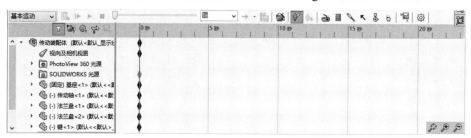

图 10-2　MotionManager

1. MotionManager 工具

☑　算例类型：选取运动类型的逼真度，包括动画和基本运动。

☑　　（计算）：单击此按钮，部件的视象属性将会随着动画的进程而变化。

☑　▶（从头播放）：重设定部件并播放模拟。在计算模拟后使用。

☑　▶（播放）：从当前时间栏位置播放模拟。

☑　■（停止）：停止播放模拟。

☑　　（播放速度）：设定播放速度乘数或总的播放持续时间。

☑　→（播放模式）：包括正常、循环和往复。正常即一次性从头到尾播放；循环即从头到尾连续播放，然后从头反复，继续播放；往复即从头到尾连续播放，然后从尾反放。

☑　　（保存动画）：将动画保存为 MP4 或其他类型。

☑　　（动画向导）：在当前时间栏位置插入视图旋转或爆炸/解除爆炸。

☑　　（自动解码）：按下时，在移动或更改零部件时自动放置新键码。再次单击可切换该选项。

☑　✦（添加/更新键码）：单击以添加新键码或更新现有键码的属性。

☑　　（马达）：移动零部件，似乎由马达驱动。

☑　　（弹簧）：在两个零部件之间添加一弹簧。

Note

☑   🔓（接触）：定义选定零部件之间的接触。

☑   ↂ（引力）：给算例添加引力。

☑   ▽（无过滤）：显示所有项。

☑   🖼（过滤动画）：显示在动画过程中移动或更改的项目。

☑   🔍（过滤驱动）：显示引发运动或其他更改的项目。

☑   🖈（过滤选定）：显示选中项。

☑   🖼（过滤结果）：显示模拟结果项目。

☑   🔑（放大）：放大时间线以将关键点和时间栏更精确定位。

☑   🔑（缩小）：缩小时间线以在窗口中显示更大时间间隔。

☑   🔑（全屏显示全图）：重新调整时间线视图比例。

2．MotionManager 界面

☑ 时间线：时间线是动画的时间界面。时间线位于 MotionManager 设计树的右方，显示运动算例中动画事件的时间和类型。时间线被竖直网格线均分，这些网络线对应于表示时间的数字标记。数字标记从 00:00:00 开始。时标依赖于窗口大小和缩放等级。

☑ 时间栏：时间线上的纯黑灰色竖直线即为时间栏，代表当前时间。在时间栏上右击，弹出如图 10-3 所示的快捷菜单。

   ➤ 放置键码：在指针位置添加新键码点并拖动键码点以调整位置。

   ➤ 粘贴：粘贴先前剪切或复制的键码点。

   ➤ 选择所有：选取所有键码点以将之重组。

☑ 更改栏：更改栏是连接键码点的水平栏，表示键码点之间的更改。

图 10-3　时间栏右键快捷菜单

☑ 键码点：代表动画位置更改的开始或结束，或者某特定时间的其他特性。

☑ 关键帧：是键码点之间可以为任何时间长度的区域。此定义装配体零部件运动或视觉属性更改所发生的时间。

MotionManager 界面上的按钮和更改栏功能如图 10-4 所示。

图标和更改栏		更改栏功能
📦	◆————————◆	总动画持续时间
🔧	◆————————◆	视向及相机视图
🔧	◆————————◆	选取了禁用观阅键码播放
📷	◆————————◆	驱动运动
📷	—————————	从动运动
📐	◆————————◆	爆炸
⬤	◆————————◆	外观
📎	◆————————◆	配合尺寸
📷	◆	任何零部件或配合键码
📷	◇	任何压缩的键码
📷	◆	位置还未解出
📷	◆	位置不能到达
📁	◆————————◆	隐藏的子关系

图 10-4　按钮和更改栏功能

Note

10.2　添　加　动　画

10.2.1　动画向导

在当前时间栏位置插入动画。执行动画向导命令：单击 MotionManager 工具栏上的"动画向导"按钮，弹出"选择动画类型"对话框，如图 10-5 所示。

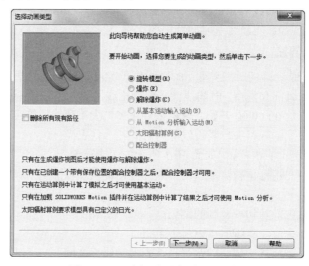

图 10-5　"选择动画类型"对话框

对话框中的主要选项说明如下。

☑　爆炸/解除爆炸：在使用爆炸或解除爆炸动画向导之前，必须先生成装配体的爆炸视图。

☑　从基本运动输入运动：在运动算例中计算了模拟之后，可使用基本运动。

☑　从 Motion 分析输入运动：安装 Motion 插件并在运动算例中计算了结果之后才能使用 Motion 分析。

☑　删除所有现有路径：选中此复选框，则删除现有的动画序列。

10.2.2　旋转

视频讲解

旋转零件或装配体，下面介绍该方式的操作步骤。

（1）打开源文件"凸轮"，如图 10-6 所示。

（2）选中"选择动画类型"对话框中的"旋转模型"单选按钮，单击"下一步"按钮。

（3）弹出"选择-旋转轴"对话框，如图 10-7 所示，在对话框中设置旋转轴为"Z 轴"，设置"旋转次数"为 1，逆时针旋转，单击"下一步"按钮。

图 10-6　"凸轮"零件

（4）弹出"动画控制选项"对话框，如图 10-8 所示。在对话框中设置"时间长度"为 10，"开始时间"为 0，单击"完成"按钮。

（5）单击"运动算例 1"MotionManager 上的"播放"按钮 ▶，视图中的实体绕 Z 轴逆时针旋转

10 秒，如图 10-9 所示是凸轮旋转到 5 秒时的效果。MotionManager 界面如图 10-10 所示。

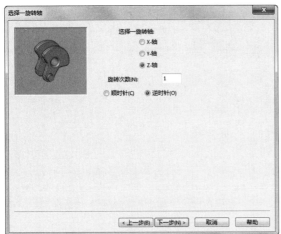

图 10-7　"选择-旋转轴"对话框

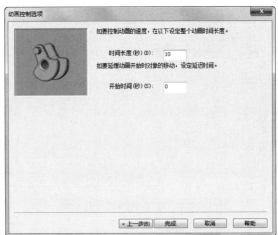

图 10-8　"动画控制选项"对话框

图 10-9　动画

图 10-10　MotionManager 界面

10.2.3　实例——齿轮旋转

旋转零件或装配体。

操作步骤如下：

（1）打开源文件"齿轮"，如图 10-11 所示。

图 10-11　"齿轮"零件

（2）选中"选择动画类型"对话框中的"旋转模型"单选按钮，单击"下一步"按钮。

（3）弹出"选择-旋转轴"对话框，如图 10-12 所示，在对话框中选择旋转轴为"Y 轴"，设置"旋转次数"为 1，顺时针旋转，单击"下一步"按钮。

（4）弹出"动画控制选项"对话框，如图 10-13 所示。在对话框中设置"时间长度"为 10，"开始时间"为 0，单击"完成"按钮。

（5）单击 MotionManager 工具栏上的"播放"按钮 ▶，视图中的实体绕 Y 轴逆时针旋转 10 秒，如图 10-14 所示是齿轮旋转到 2 秒时的效果。MotionManager 界面如图 10-15 所示。

图 10-12　"选择-旋转轴"对话框　　　　　图 10-13　"动画控制选项"对话框

图 10-14　动画

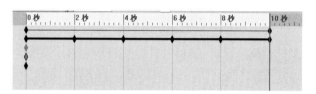

图 10-15　MotionManager 界面

10.2.4　爆炸/解除爆炸

（1）打开源文件"同轴心"装配体，如图 10-16 所示。

（2）执行"创建爆炸视图"命令。选择菜单栏中的"插入"→"爆炸视图"命令，此时系统弹出如图 10-17 所示的"爆炸"属性管理器。

（3）设置属性管理器。在"添加阶梯"选项组的"爆炸步骤零部件"栏中，单击图 10-16 中的"同轴心 1"零件，此时装配体中被选中的零件被亮显，并且出现一个设置移动方向的坐标，如图 10-18 所示。

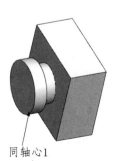

图 10-16　"同轴心"装配体

图 10-17　"爆炸"属性管理器

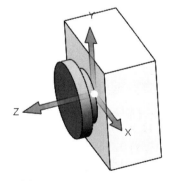

图 10-18　移动方向的坐标

（4）设置爆炸方向。单击如图 10-18 所示坐标的某一方向，并在距离中设置爆炸距离，如图 10-19 所示。

（5）单击"爆炸方向"前面的"反向"按钮，可以反方向调整爆炸视图。单击"添加阶梯"按钮，第一个零件爆炸完成，结果如图 10-20 所示。

图 10-19　设置方向和距离

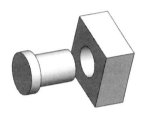

图 10-20　爆炸视图

（6）单击"运动算例 1"MotionManager 上的"动画向导"按钮，弹出"选择动画类型"对话框，如图 10-21 所示。

（7）选中"选择动画类型"对话框中的"爆炸"单选按钮，单击"下一步"按钮。

（8）弹出"动画控制选项"对话框，如图 10-22 所示。在对话框中设置"时间长度"为 10，"开始时间"为 0，单击"完成"按钮。

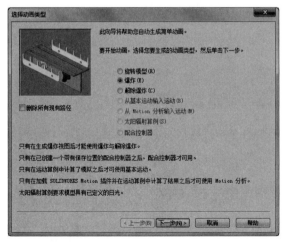

图 10-21　"选择动画类型"对话框

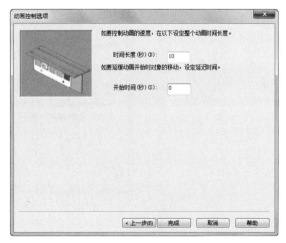

图 10-22　"动画控制选项"对话框

（9）单击"运动算例 1"MotionManager 上的"播放"按钮，视图中的"同轴心 1"零件沿 Z 轴正向运动，动画如图 10-23 所示，MotionManager 界面如图 10-24 所示。

（10）选中"选择动画类型"对话框中的"解除爆炸"单选按钮。

（11）单击"运动算例 1"MotionManager 上的"播放"按钮，视图中的"同轴心 1"零件向 Z

轴负方向运动，动画如图 10-25 所示，MotionManager 界面如图 10-26 所示。

图 10-23　动画

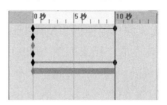

图 10-24　MotionManager 界面

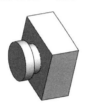

图 10-25　动画

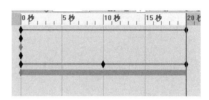

图 10-26　MotionManager 界面

10.2.5　保存动画

将动画保存为 MP4 或其他文件类型。执行动画向导命令：单击 MotionManager 工具栏上的"保存动画"按钮，弹出"保存动画到文件"对话框，如图 10-27 所示。

图 10-27　"保存动画到文件"对话框

（1）保存类型。Microsoft.mp4 文件，一系列 Windows 位图.bmp，一系列 Truevision Targas.tag。其中一系列 Windows 位图.bmp 和一系列 Truevision Targas.tag 是静止图像系列。

（2）渲染器。

☑　SOLIDWORKS 屏幕：制作荧屏动画的副本。

（3）图像大小与高宽比例。

☑　固定高宽比例：在变更宽度或高度时，保留图像的原有比例。

☑　使用相机高宽比例：在至少定义了一个相机时可用。

☑　自定义高宽比例：选择或输入新的比例。调整此比例以在输出中使用不同的视野显示模型。

（4）画面信息。

☑　每秒的画面：为每秒的画面输入数值。

☑　整个动画：保存整个动画

☑　时间范围：要保存部分动画，选择时间范围并输入开始和结束数值的秒数（如 3.5～15）。

10.2.6　实例——传动装配体分解结合动画

操作步骤如下：

（1）打开装配体文件。打开"传动装配体爆炸"装配体，如图 10-28 所示。

（2）解除爆炸。单击 ConfigurationManager 按钮，打开如图 10-29 所示的"配置"属性管理器，在爆炸视图处右击，弹出如图 10-30 所示的右键快捷菜单，选择"解除爆炸"命令，装配体恢复爆炸前状态，如图 10-31 所示。

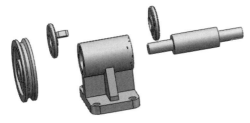

图 10-28　传动装配体爆炸

图 10-29　"配置"属性管理器

图 10-30　右键快捷菜单

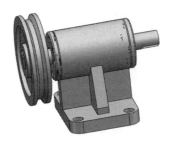

图 10-31　解除爆炸

（3）爆炸动画。

❶ 单击"运动算例 1"MotionManager 上的"动画向导"按钮，弹出"选择动画类型"对话框，如图 10-32 所示。

❷ 选中"选择动画类型"对话框中的"爆炸"单选按钮，单击"下一步"按钮。

❸ 弹出"动画控制选项"对话框，如图 10-33 所示。在对话框中设置"时间长度"为 15，"开始时间"为 0，单击"完成"按钮。

❹ 单击"运动算例 1"MotionManager 上的"播放"按钮，视图中的各个零件按照爆炸图的路径运动。在 6 秒处的动画如图 10-34 所示，MotionManager 界面如图 10-35 所示。

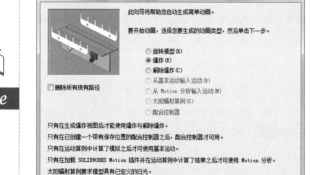

图 10-32　"选择动画类型"对话框　　　　　图 10-33　"动画控制选项"对话框

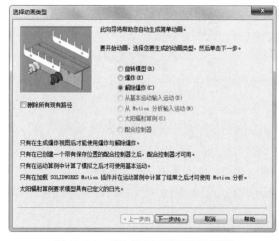

图 10-34　在 6 秒处的动画　　　　　　图 10-35　MotionManager 界面

（4）结合动画。

❶ 单击 "运动算例 1" MotionManager 上的 "动画向导" 按钮，弹出 "选择动画类型" 对话框，如图 10-36 所示。

❷ 选中 "选择动画类型" 对话框中的 "解除爆炸" 单选按钮，单击 "下一步" 按钮。

❸ 弹出 "动画控制选项" 对话框，如图 10-37 所示。在对话框中设置 "时间长度" 为 15，"开始时间" 为 16，单击 "完成" 按钮。

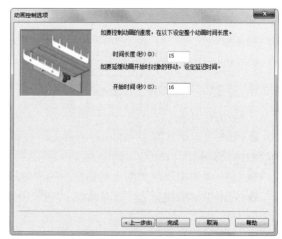

图 10-36　"选择动画类型"对话框　　　　　图 10-37　"动画控制选项"对话框

❹ 单击"运动算例 1"MotionManager 上的"播放"按钮▶，视图中的各个零件按照爆炸图的路径运动。在 21.5 秒处的动画如图 10-38 所示，MotionManager 界面如图 10-39 所示。

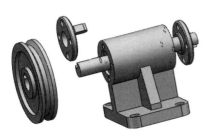

图 10-38 在 21.5 秒处的动画

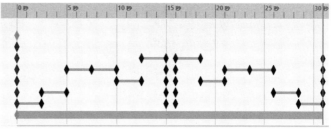

图 10-39 MotionManager 界面

Note

视频讲解

10.3 动画进阶

使用动画来生成使用插值以在装配体中指定零件点到点运动的简单动画。可使用动画将基于马达的动画应用到装配体零部件。

可以通过以下方式生成动画运动算例。

☑ 通过拖动时间栏并移动零部件生成基本动画。

☑ 使用动画向导生成动画或给现有运动算例添加旋转、爆炸或解除爆炸效果（在运动分析算例中无法使用）。

☑ 生成基于相机的动画。

☑ 使用马达或其他模拟单元驱动。

10.3.1 基于关键帧动画

沿时间线拖动时间栏到某一时间关键点，然后移动零部件到目标位置。MotionManager 将零部件从其初始位置移动到用户以特定时间指定的位置。

沿时间线移动时间栏为装配体位置中的下一更改定义时间。

在图形区域中将装配体零部件移动到对应于时间栏键码点处装配体位置的位置处。

10.3.2 实例——创建传动装配体的动画

操作步骤如下：

（1）打开"传动装配体"，单击"前导视图"工具栏中的"等轴测"按钮🔲，将视图转换到等轴测视图，如图 10-40 所示。

（2）在"视向及相机视图"栏时间线 0 秒处右击，在弹出的快捷菜单中选择"替换键码"命令。

（3）将时间线拖动到 2 秒处，将视图旋转，如图 10-41 所示。

（4）在"视向及相机视图"栏时间线上右击，在弹出的快捷菜单中选择"放置键码"命令。

（5）单击 MotionManager 工具栏上的▶按钮，传动装配体动画，如图 10-42 所示，MotionManager 界面如图 10-43 所示。

（6）将时间线拖动到 4 秒处。

（7）在传动装配体装配 FeatureManager 设计树中删除重合配合，如图 10-44 所示。

Note

图 10-40　正等轴测视图

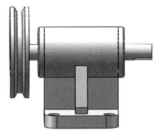

图 10-41　旋转后的视图

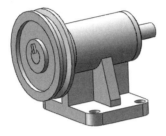

图 10-42　动画中的传动装配体

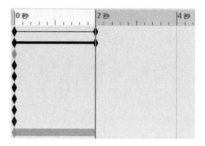

图 10-43　MotionManager 界面

（8）在视图中拖动带轮，使其沿 Z 轴移动，如图 10-45 所示。

图 10-44　传动装配体 FeatureManager 设计树

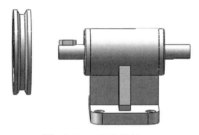

图 10-45　移动带轮

（9）单击 MotionManager 工具栏上的 ▶ 按钮，传动装配体动画如图 10-46 所示，MotionManager 界面如图 10-47 所示。

图 10-46　动画中的带轮

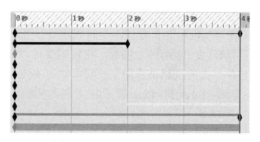

图 10-47　MotionManager 界面

10.3.3　基于马达的动画

运动算例马达模拟作用于实体上的运动，似乎由马达所驱动。

下面介绍基于马达的动画的操作步骤。

（1）单击 MotionManager 工具栏上的"马达"按钮 。

（2）设置马达类型。弹出"马达"属性管理器，如图 10-48 所示。在"马达类型"选项组中，选择旋转或者线性马达。

（3）选择零部件和方向。在"马达"属性管理器的"零部件/方向"选项组中选择要做动画的表面或零件，通过单击"反向"按钮 来调节。

（4）选择运动类型。在"马达"属性管理器的"运动"选项组中，在"类型"下拉列表框中选择运动类型，包括等速、距离、振荡、插值和表达式。

- ☑ 等速：马达速度为常量。输入速度值。
- ☑ 距离：马达以设定的距离和时间帧运行。为位移、开始时间及持续时间输入值，如图 10-49 所示。
- ☑ 振荡：为振幅和频率输入值，如图 10-50 所示。

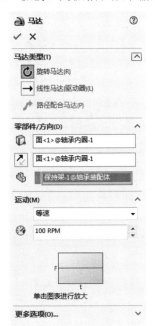  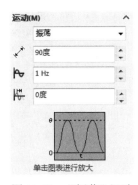

图 10-48　"马达"属性管理器　　图 10-49　"距离"运动　　图 10-50　"振荡"运动

- ☑ 线段：选定线段（位移、速度、加速度），为插值时间和数值设定值，线段"函数编制程序"对话框如图 10-51 所示。
- ☑ 数据点：输入表达数据（位移、时间、立方样条曲线），数据点"函数编制程序"对话框如图 10-52 所示。
- ☑ 表达式：选取马达运动表达式所应用的变量（位移、速度、加速度），表达式"函数编制程序"对话框如图 10-53 所示。

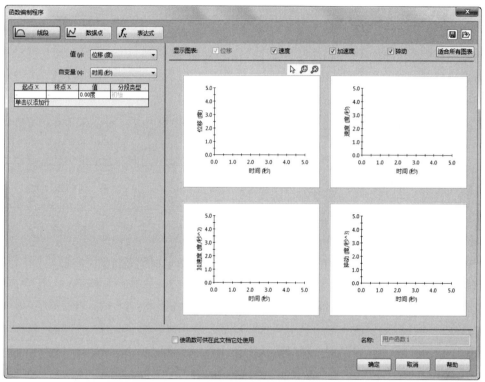

图 10-51 "线段"运动

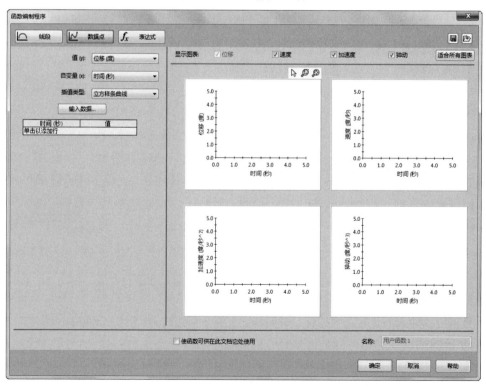

图 10-52 "数据点"运动

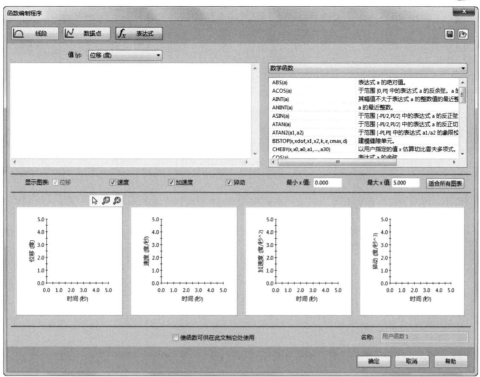

图 10-53 "表达式"运动

（5）确认动画。单击"马达"属性管理器中的"确定"按钮✔，动画设置完毕。

10.3.4 实例——传动装配体动画

操作步骤如下：

1. 基于旋转马达动画

（1）打开传动装配体，如图 10-54 所示。

（2）将时间线拖到 5 秒处。

（3）单击 MotionManager 工具栏上的"马达"按钮🔧，弹出"马达"
属性管理器。

（4）在属性管理器"马达类型"选项组中选择"旋转马达"，在视图
中选择带轮表面、属性管理器和旋转方向，如图 10-55 所示。

图 10-54 传动装配体

（5）在属性管理器中选择"等速"运动，单击属性管理器中的"确定"按钮✔，完成马达的创建。

（6）单击 MotionManager 工具栏上的"播放"按钮▶，带轮通过键带动轴绕中心轴旋转，传动
动画如图 10-56 所示，MotionManager 界面如图 10-57 所示。

2. 基于线性马达的动画

（1）新建运动算例，在传动装配 FeatureManager 设计树上删除所有的配合，如图 10-58 所示。

（2）单击 MotionManager 工具栏上的"马达"按钮🔧，弹出"马达"属性管理器。

（3）在属性管理器"马达类型"选项组中选择"线性马达（驱动器）"，在视图中选择带轮上的
边线，属性管理器和线性方向如图 10-59 所示。

Note

图 10-55 选择旋转方向

图 10-56 传动动画

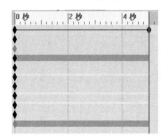

图 10-57 MotionManager 界面

图 10-58 FeatureManager 设计树

图 10-59 属性管理器和线性方向

（4）单击属性管理器中的"确定"按钮 ✔，完成马达的创建。

（5）单击 MotionManager 工具栏上的"播放"按钮▶，带轮沿 Z 轴移动，传动动画如图 10-60 所示，MotionManager 界面如图 10-61 所示。

图 10-60 传动动画

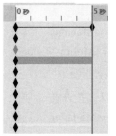

图 10-61 MotionManager 界面

（6）单击 MotionManager 工具栏上的"马达"按钮 ，弹出"马达"属性管理器。

（7）在属性管理器"马达类型"选项组中选择"线性马达（驱动器）"，在视图中选择法兰盘上的边线、属性管理器和线性方向，如图 10-62 所示。

（8）在属性管理器中选择"距离"运动，设置距离为 100mm，起始时间为"0 秒"，终止时间为 10 秒，如图 10-63 所示。

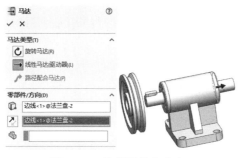

图 10-62　选择零件和方向

图 10-63　设置"运动"参数

（9）单击属性管理器中的"确定"按钮 ✓，完成马达的创建。

（10）在 MotionManager 界面的时间栏上将总动画持续时间 拉到 10 秒处，在线性马达 1 栏 5 秒时间栏键码处右击，在弹出的快捷菜单中选择"关闭"命令，关闭线性马达 1。在线性马达 2 栏将时间拉至 5 秒处。

（11）单击 MotionManager 工具栏上的"播放"按钮▶，带轮通过键带动轴绕 Z 轴旋转，传动动画如图 10-64 所示。

（12）传动动画的结果如图 10-65 所示，MotionManager 界面如图 10-66 所示。

图 10-64　传动动画

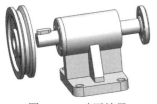

图 10-65　动画结果

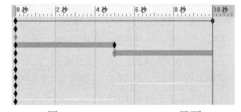

图 10-66　MotionManager 界面

10.3.5　基于相机橇的动画

通过生成一假零部件作为相机橇，然后将相机附加到相机橇上的草图实体来生成基于相机的动画，有以下几种。

（1）沿模型或通过模型移动相机。

（2）观看一个解除爆炸或爆炸的装配体。

（3）导览虚拟建筑。

（4）隐藏假零部件以只在动画过程中观看相机视图。

要使用假零部件生成相机橇动画，下面介绍操作步骤。

（1）创建一个相机橇。

（2）添加相机，将之附加到相机橇，然后定位相机橇。

（3）右击视向及相机视图 ✐（MotionManager 设计树），然后切换禁用观阅键码。

（4）在视图工具栏上单击适当的工具以在左边显示相机橇，在右侧显示装配体零部件。

（5）为动画中的每个时间点重复以下步骤以设定动画序列。

❶ 在时间线中拖动时间栏。

❷ 在图形区域中将相机橇拖到新位置。

（6）重复步骤（4）、（5），直到完成相机橇的路径为止。

（7）在 FeatureManager 设计树中右击相机橇，在弹出的快捷菜单中选择"隐藏"命令。

（8）在第一个视向及相机视图键码点处（时间 00:00:00）右击时间线。

（9）选取视图方向然后选取相机。

（10）单击 MotionManager 工具栏中的"从头播放"按钮 ❙▶。

下面介绍创建相机橇的操作步骤。

（1）生成一假零部件作为相机橇。

（2）打开一装配体并将相机橇（假零部件）插入装配体中。

（3）将相机橇远离模型定位，从而包容用户移动装配体时零部件的位置。

（4）在相机橇侧面和模型之间添加一平行配合。

（5）在相机橇正面和模型正面之间添加一平行配合。

（6）使用前视视图将相机橇相对于模型大致置中。

（7）保存此装配体。

下面介绍如何添加相机并定位相机橇的操作步骤。

（1）打开包括相机橇的装配体文档。

（2）单击"标准"工具栏中的"前视"按钮 ▣。

（3）在 MotionManager 树中右击"SOLIDWORKS 光源"按钮 ▣，在弹出的快捷菜单中选择"添加相机"命令。

（4）荧屏分割成视口，相机在 PropertyManager 中显示。

（5）在 PropertyManager 中，在目标点下选择目标。

（6）在图形区域中，选择一草图实体并用来将目标点附加到相机橇。

（7）在 PropertyManager 中，在相机位置下单击选择的位置。

（8）在图形区域中，选择一草图实体并用来指定相机位置。

（9）拖动视野以通过使用视口作为参考来进行拍照。

（10）在 PropertyManager 中，在相机旋转下单击，通过选择设定卷数。

（11）在图形区域中选择一个面以在拖动相机橇来生成路径时防止相机滑动。

10.3.6 实例——传动装配体基于相机的动画

操作步骤如下：

1. 创建相机橇

（1）在左侧的 FeatureManager 设计树中选择"上视基准面"作为绘制图形的基准面。

（2）选择菜单栏中的"工具"→"草图绘制实体"→"边角矩形"命令，以原点为一角点绘制一个边长为 60mm 的正方形，结果如图 10-67 所示。

（3）选择菜单栏中的"插入"→"凸台/基体"→"拉伸"命令，将步骤（2）中绘制的草图拉伸为"深度"为 10mm 的实体，结果如图 10-68 所示。

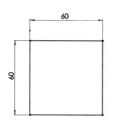

图 10-67 绘制草图

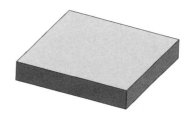

图 10-68 拉伸实体

（4）单击"保存"按钮，将文件保存为"相机橇.sldprt"。

（5）打开"传动装配体"文件，调整视图方向，如图 10-69 所示。

（6）选择菜单栏中的"插入"→"零部件"→"现有零件/装配体"命令，或者单击"装配体"控制面板中的"插入零部件"按钮。将步骤（1）～（4）中创建的相机橇零件添加到传动装配文件中，如图 10-70 所示。

图 10-69 传动装配体

图 10-70 插入相机橇

（7）选择菜单栏中的"工具"→"配合"命令，或者单击"装配体"控制面板中的"配合"按钮，弹出"配合"属性管理器。将相机橇正面和传动装配体中的基座正面进行平行装配，如图 10-71 所示。

图 10-71 平行装配 1

Note

（8）在相机橇侧面和传动装配体中的基座侧面进行平行装配，如图 10-72 所示。

图 10-72　平行装配 2

（9）单击"前导视图"工具栏中的"前视"按钮，将视图切换到前视，将相机橇移动到图 10-73 所示的位置。

（10）选择菜单栏中的"文件"→"另存为"命令，将传动装配体保存为"相机橇-传动装配.sldasm"。

2. 添加相机并定位相机橇

（1）右击 MotionManager 树上的"光源、相机与布景"，在弹出的快捷菜单中选择"添加相机"命令，如图 10-74 所示。

图 10-73　前视图

图 10-74　添加相机

（2）弹出"相机"属性管理器，屏幕被分割成两个视口，如图 10-75 所示。

（3）在左边视口中选择相机撬的上表面前边线中点为目标点，如图 10-76 所示。

（4）选择相机撬的上表面后边线中点为相机位置，"相机"属性管理器和视图如图 10-77 所示。

（5）拖动相机视野以通过使用视口作为参考来进行拍照，右视口中的图形如图 10-78 所示。

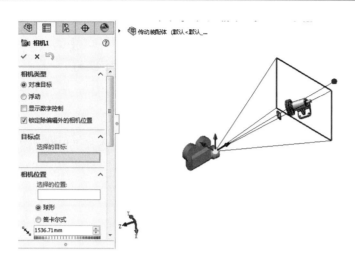

图 10-75 相机视口

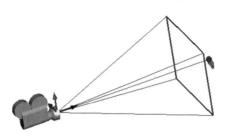

图 10-76 设置目标点

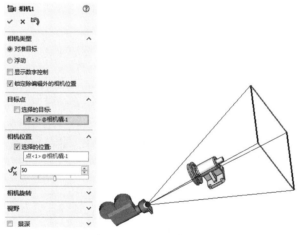

图 10-77 设置相机位置

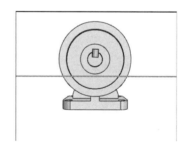

图 10-78 相机定位

（6）在"相机"属性管理器中单击"确定"按钮✔，完成相机的定位。

3．生成动画

（1）在"标准视图"工具栏上选择右视，在左边显示相机橇，在右侧显示传动装配体零部件，如图 10-79 所示。

（2）将时间栏放置在 6 秒处，将相机橇移动到如图 10-80 所示的位置。

（3）在 MotionManager 设计树的视向及相机视图上右击，在弹出的快捷菜单中选择"禁用观阅键码播放"命令，如图 10-81 所示。

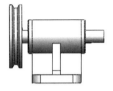

图 10-79 右视图

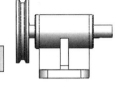

图 10-80 移动相机撬

（4）在"MotionManager 界面"时间 6 秒内右击，在弹出的快捷菜单中选择"相机视图"命令，如图 10-82 所示，切换到相机视图。

图 10-81 右键快捷菜单 图 10-82 添加视图

（5）在 MotionManager 工具栏上单击"从头播放"按钮，动画如图 10-83 所示。MotionManager 界面如图 10-84 所示。

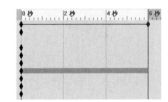

图 10-83 动画 图 10-84 MotionManager 界面

10.4 基本运动

基本运动在计算运动时考虑到质量。基本运动计算相当快，所以可将之用来生成使用基于物理的模拟的演示性动画。

（1）在 MotionManager 工具栏中设置算例类型为"基本运动"。

（2）在 MotionManager 工具栏中选取工具以包括模拟单元，如马达、弹簧、接触及引力。

（3）设置好参数后，单击 MotionManager 工具栏中的"计算"按钮，以计算模拟。

（4）单击 MotionManager 工具栏中的"从头播放"按钮，从头播放模拟。

10.4.1 弹簧

视频讲解

弹簧为通过模拟各种弹簧类型的效果而绕装配体移动零部件的模拟单元。

（1）打开源文件"同轴心"装配体，单击 MotionManager 工具栏中的"弹簧"按钮，弹出"弹簧"属性管理器。

（2）在"弹簧"属性管理器中选择"线性弹簧"类型，在视图中选择要添加弹簧的两个面，如图 10-85 所示。

（3）在"弹簧"属性管理器中设置其他参数，单击"确定"按钮✓，完成弹簧的创建。

（4）单击 MotionManager 工具栏中的"计算"按钮🗐，计算模拟。单击"从头播放"按钮▶，动画如图 10-86 所示，MotionManager 界面如图 10-87 所示。

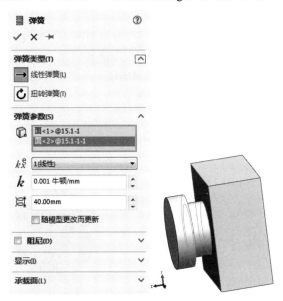

图 10-85　选择放置弹簧面

图 10-86　动画

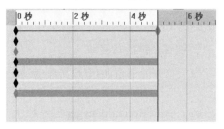

图 10-87　MotionManager 界面

10.4.2　引力

引力（仅限基本运动和运动分析）为一通过插入模拟引力而绕装配体移动零部件的模拟单元。下面介绍该方式的操作步骤。

（1）打开源文件"同轴心"装配体，单击 MotionManager 工具栏中的"引力"按钮🗗，弹出"引力"属性管理器。

（2）在"引力"属性管理器中选择"Z 轴"，单击"反向"按钮🗗，调节方向，也可以在视图中选择线或者面作为引力参考，如图 10-88 所示。

（3）在"引力"属性管理器中设置其他参数，单击"确定"按钮✓，完成引力的创建。

图 10-88　"引力"属性管理器

（4）单击 MotionManager 工具栏中的"计算"按钮🗐，计算模拟。单击"从头播放"按钮▶，动画如图 10-89 所示，MotionManager 界面如图 10-90 所示。

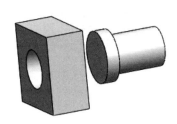

图 10-89　动画

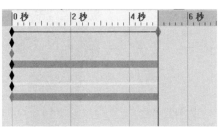

图 10-90　MotionManager 界面

视频讲解

10.5　更改视象属性

在动画过程中的任意点更改视象属性。例如，当零部件开始移动时，可以将视图从上色改为线架图。还可以更改视象属性时间而不必移动动画零部件。可以更改单个或多个零部件的显示，并在相同或不同的装配体零部件中组合不同的显示选项。设置完成后单击 MotionManager 工具栏上的"计算"或"从头播放"按钮时，这些部件的视象属性将会随着动画的进程而变化。

10.6　综合实例——差动机构运动模拟

操作步骤如下：

1. 创建上锥齿轮转动

（1）打开随书资源包/源文件/第 10 章/差动机构装配体，如图 10-91 所示。

图 10-91　差动机构装配体

（2）单击 MotionManager 工具栏上的"马达"按钮，弹出"马达"属性管理器。

（3）在属性管理器"马达类型"选项组中选择"旋转马达"，在视图中选择上锥齿轮，属性管理器和旋转方向设置如图 10-92 所示。

（4）在属性管理器中选择"等速"运动，设置转速为 2RPM，单击属性管理器中的"确定"按钮，完成马达的创建。

（5）单击 MotionManager 工具栏上的"播放"按钮，上锥齿轮绕 Y 轴旋转，传动动画如图 10-93 所示，MotionManager 界面如图 10-94 所示。

图 10-92　选择旋转方向

图 10-93　传动动画

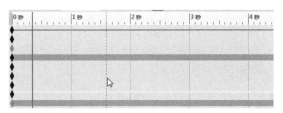

图 10-94 MotionManager 界面

Note

2. 创建卫星齿轮公转

（1）单击 MotionManager 工具栏上的"马达"按钮，弹出"马达"属性管理器。

（2）在属性管理器"马达类型"选项组中选择"旋转马达"，在视图中选择定向筒，属性管理器和旋转方向设置如图 10-95 所示。

（3）在属性管理器中选择"等速"运动，设置转速为 1RPM，单击属性管理器中的"确定"按钮，完成马达的创建。

（4）单击 MotionManager 工具栏上的"计算"按钮，上锥形齿轮绕 Y 轴旋转，传动动画如图 10-96 所示，MotionManager 界面如图 10-97 所示。

图 10-95 选择旋转方向

图 10-96 传动动画

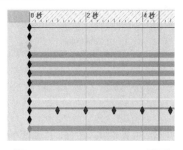

图 10-97 MotionManager 界面

3. 创建卫星齿轮自转

（1）将时间轴放到 1 秒处，拖动卫星齿轮绕自身中心轴旋转一个齿，如图 10-98 所示。MotionManager 界面如图 10-99 所示。

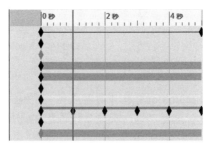

图 10-98　传动动画　　　　　　　　　　图 10-99　MotionManager 界面

（2）单击 MotionManager 工具栏上的"计算"按钮▓，拖动卫星齿轮绕自身中心轴旋转一个齿。

（3）重复步骤（1）、（2），创建卫星齿轮在 5 秒内的自转，如图 10-100 所示。MotionManager 界面如图 10-101 所示。

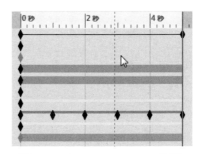

图 10-100　传动动画　　　　　　　　　　图 10-101　MotionManager 界面

4. 更改时间点

在 MotionManager 界面中的"差动机构"栏上 5 秒处右击，弹出如图 10-102 所示的快捷菜单，选择"编辑关键点时间"命令，弹出"编辑时间"对话框，输入时间为 60 秒。单击"确定"按钮✔，完成时间点的编辑，如图 10-103 所示。

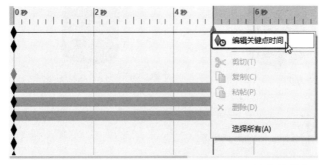

图 10-102　右键快捷菜单

5. 创建卫星齿轮自转

重复步骤 3，继续创建卫星齿轮自转的其他帧，完成卫星齿轮在下锥形齿轮上公转一周，并自转。

6. 设置差动机构的视图方向

为了更好地观察齿轮一周的转动，下面将视图转换到其他方向。

（1）将时间轴拖到时间栏上某一位置，将视图调到合适的位置，在"视向及相机视图"选项组与时间轴的交点处单击，弹出如图 10-104 所示的快捷菜单，选择"放置键码"命令。

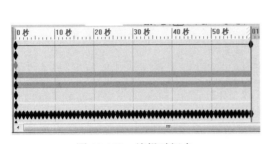

图 10-103　编辑时间点

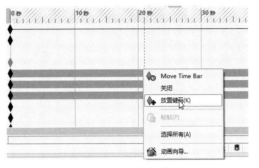

图 10-104　快捷菜单

（2）重复步骤（1），在其他时间放置视图键码。

（3）为了保证视图在某一时间段是不变的，可以将前一个时间键码复制，并粘贴到视图变化前的某一个时间点。

7. 保存动画

（1）单击"运动算例 1"MotionManager 上的"动画向导"按钮，弹出"保存动画到文件"对话框，如图 10-105 所示。

图 10-105　"保存动画到文件"对话框

（2）设置保存路径，输入文件名为"差动机构装配体"。在"画面信息"选项组中选择"整个动画"选项。

（3）在图像大小与高宽比例中设置宽度为800，高度为600，单击"保存"按钮。

（4）弹出"视频压缩"对话框，如图10-106所示。在"压缩程序"下拉列表框中选择"Microsoft Video 1"，拖动"压缩质量"下的滑动块，设置"压缩质量"为85，输入帧为8，单击"确定"按钮，生成动画。

图 10-106 "视频压缩"对话框

10.7 实践与操作

10.7.1 创建动画

本实践将创建如图10-107所示的制动器装配体的动画。

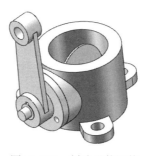

图 10-107 制动器装配体

操作提示：

（1）打开"运动算例1"，单击"马达"按钮，选择"旋转马达"，选择如图10-108所示的"臂"表面。设置马达属性为"等速"运动，速度为100。

（2）单击"播放"命令，运动中的制动器如图10-109所示。

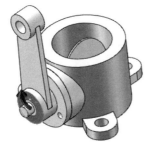

图 10-108 选择"臂"表面

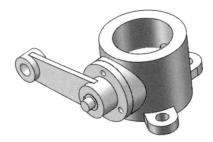

图 10-109 运动中的"臂"

Note

10.7.2　创建线性马达的制动器装配体动画

操作提示：

（1）沿用上例中的装配体，单击"马达"按钮，选择"线性马达（驱动器）"，选择如图 10-110 所示的"臂"的边线。在运动选项中设置"等速"速度为 30mm/s。

图 10-110　线性马达 1

（2）再次选择"线性马达"，选择如图 10-111 所示的面，在运动选项栏中选择"距离"选项，设置距离为 250mm，起始时间为 5 秒，终止时间为 10 秒。

（3）在 MotionManager 界面的时间栏上将总动画持续时间拉到 10 秒处，在线性马达 1 更改栏 5 秒时间栏键码处右击，在弹出的快捷菜单中选择"关闭"命令，关闭线性马达 1。单击"播放"按钮，效果如图 10-112 所示。

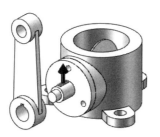

图 10-111　线性马达 2

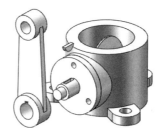

图 10-112　运动效果

10.8　思 考 练 习

1．熟悉运动算例 MotionManager 上各工具的具体功用。

2．生成动画运动算例的方式有哪些？有什么异同？

第11章

工程图设计

SOLIDWORKS提供了生成完整的详细工程图的工具。同时工程图是全相关的，当修改图纸时，三维模型、各个视图、装配体都会自动更新，也可从三维模型中自动产生工程图，包括视图、尺寸和标注。

- ☑ 工程图的绘制方法
- ☑ 定义图纸格式
- ☑ 标准三视图的绘制
- ☑ 模型视图的绘制
- ☑ 绘制视图

- ☑ 编辑工程视图
- ☑ 视图显示控制
- ☑ 标注尺寸
- ☑ 打印工程图

任务驱动&项目案例

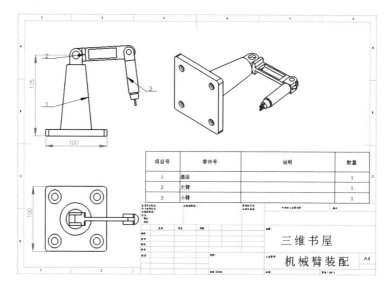

11.1　工程图的绘制方法

默认情况下，SOLIDWORKS 系统在工程图和零件或装配体三维模型之间提供全相关的功能，全相关意味着无论什么时候修改零件或装配体的三维模型，所有相关的工程视图将自动更新，以反映零件或装配体的形状和尺寸变化；反之，当在一个工程图中修改一个零件或装配体尺寸时，系统也自动将相关的其他工程视图及三维零件或装配体中的相应尺寸加以更新。

在安装 SOLIDWORKS 软件时，可以设定工程图与三维模型间的单向链接关系，这样当在工程图中对尺寸进行修改时，三维模型并不更新。如果要改变此选项，只有再重新安装一次软件。

此外，SOLIDWORKS 系统提供多种类型的图形文件输出格式，包括最常用的 DWG 和 DXF 格式以及其他几种常用的标准格式。

工程图包含一个或多个由零件或装配体生成的视图。在生成工程图之前，必须先保存与其有关的零件或装配体的三维模型。

下面介绍创建工程图的操作步骤。

（1）单击"快速访问"工具栏中的"新建"按钮，或选择菜单栏中的"文件"→"新建"命令。

（2）在弹出的"新建 SOLIDWORKS 文件"对话框中单击"工程图"按钮，如图 11-1 所示。

图 11-1　"新建 SOLIDWORKS 文件"对话框

（3）单击"确定"按钮，关闭该对话框。

（4）在弹出的"图纸格式/大小"对话框中选择图纸格式，如图 11-2 所示。

☑　标准图纸大小：在列表框中选择一个标准图纸大小的图纸格式。

图 11-2　"图纸格式/大小"对话框

☑　自定义图纸大小：在"宽度"和"高度"文本框中设置图纸的大小。

☑　如果要选择已有的图纸格式，则单击"浏览"按钮导航到所需的图纸格式文件。

（5）在"图纸格式/大小"对话框中单击"确定"按钮，进入工程图编辑状态。

工程图窗口中也包括 FeatureManager 设计树，它与零件和装配体窗口中的 FeatureManager 设计树相似，包括项目层次关系的清单。每张图纸有一个图标，每张图纸下有图纸格式和每个视图的图标。项目图标旁边的符号⊞表示它包含相关的项目，单击它将展开所有的项目并显示其内容。工程图窗口如图 11-3 所示。

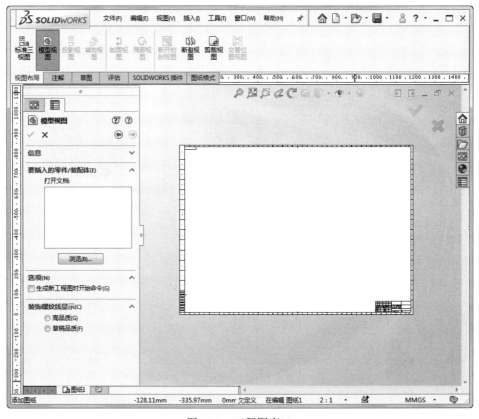

图 11-3　工程图窗口

标准视图包含视图中显示的零件和装配体的特征清单。派生的视图（如局部或剖面视图）包含不同的特定视图项目（如局部视图图标、剖切线等）。

工程图窗口的顶部和左侧有标尺，标尺会报告图纸中光标的位置。选择菜单栏中的"视图"→"标尺"命令，可以打开或关闭标尺。

如果要放大视图，右击 FeatureManager 设计树中的视图名称，在弹出的快捷菜单中选择"放大所选范围"命令。

用户可以在 FeatureManager 设计树中重新排列工程图文件的顺序，在图形区拖动工程图到指定的位置。

工程图文件的扩展名为".slddrw"。新工程图使用所插入的第一个模型的名称。保存工程图时，模型名称作为默认文件名出现在"另存为"对话框中，并带有扩展名".slddrw"。

11.2 定义图纸格式

视频讲解

SOLIDWORKS 提供的图纸格式不符合任何标准，用户可以自定义工程图纸格式以符合本单位的标准格式。

1. 定义图纸格式

下面介绍定义工程图纸格式的操作步骤。

（1）右击工程图纸上的空白区域，或者右击 FeatureManager 设计树中的"图纸格式"按钮。

（2）在弹出的快捷菜单中选择"编辑图纸格式"命令。

（3）双击标题栏中的文字，即可修改文字。同时在"注释"属性管理器的"文字格式"选项组中可以修改对齐方式、文字旋转角度和字体等属性，如图 11-4 所示。

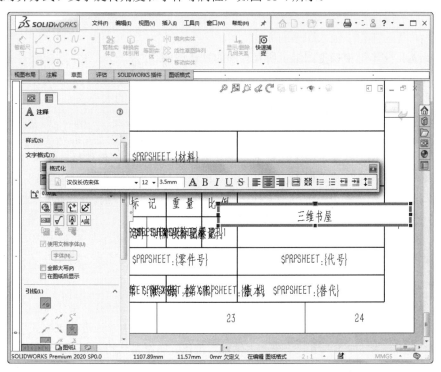

图 11-4 "注释"属性管理器

（4）如果要移动线条或文字，单击该项目后将其拖动到新的位置。

（5）如果要添加线条，则单击"草图"控制面板中的"直线"按钮 / ，然后绘制线条。

（6）在 FeatureManager 设计树中右击"图纸"按钮 ，在弹出的快捷菜单中选择"属性"命令。

（7）系统弹出"图纸属性"对话框，如图 11-5 所示，具体设置如下。

图 11-5　"图纸属性"对话框

❶ 在"名称"文本框中输入图纸的标题。

❷ 在"比例"文本框中指定图纸上所有视图的默认比例。

❸ 在"标准图纸大小"列表框中选择一种标准纸张（如 A4、B5 等）。如果选中"自定义图纸大小"单选按钮，则在下面的"宽度"和"高度"文本框中指定纸张的大小。

❹ 单击"浏览"按钮，可以使用其他图纸格式。

❺ 在"投影类型"选项组中选中"第一视角"或"第三视角"单选按钮。

❻ 在"下一视图标号"文本框中指定下一个视图要使用的英文字母代号。

❼ 在"下一基准标号"文本框中指定下一个基准标号要使用的英文字母代号。

❽ 如果图纸上显示了多个三维模型文件，在"使用模型中此处显示的自定义属性值"下拉列表框中选择一个视图，工程图将使用该视图包含模型的自定义属性。

（8）单击"确定"按钮，关闭"图纸属性"对话框。

2．保存图纸格式

下面介绍保存图纸格式的操作步骤。

（1）选择菜单栏中的"文件"→"保存图纸格式"命令，系统弹出"保存图纸格式"对话框。

（2）如果要替换 SOLIDWORKS 提供的标准图纸格式，则选中"标准图纸格式"单选按钮，然后在下拉列表框中选择一种图纸格式。单击"确定"按钮。图纸格式将被保存在<安装目录>/data 下。

（3）如果要使用新的图纸格式，可以选中"自定义图纸大小"单选按钮，自行输入图纸的高度和宽度；或者单击"浏览"按钮，选择图纸格式保存的目录并打开，然后输入图纸格式名称，最后单击"确定"按钮。

（4）单击"保存"按钮，关闭对话框。

11.3 标准三视图的绘制

在创建工程图前，应根据零件的三维模型考虑和规划零件视图，如工程图由几个视图组成，是否需要剖视图等。考虑清楚后，再进行零件视图的创建工作，否则如同用手工绘图一样，可能创建的视图不能很好地表达零件的空间关系，给其他用户的识图、看图造成困难。

标准三视图是指从三维模型的主视、左视、俯视 3 个正交角度投影生成 3 个正交视图，如图 11-6 所示。

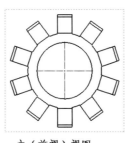
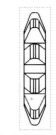

主（前视）视图   左（侧视）视图

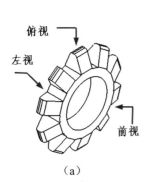

俯（上视）视图

（a）   （b）

图 11-6   标准三视图

在标准三视图中，主视图与俯视图及侧视图有固定的对齐关系。俯视图可以竖直移动，侧视图可以水平移动。SOLIDWORKS 生成标准三视图的方法有多种，这里只介绍常用的两种。

11.3.1   用标准方法生成标准三视图

下面介绍用标准方法生成标准三视图的操作步骤。

（1）新建一张工程图。

（2）单击"视图布局"控制面板中的"标准三视图"按钮，或选择菜单栏中的"插入"→"工程图视图"→"标准三视图"命令，此时光标变为形状。

（3）"标准视图"属性管理器提供了 4 种选择模型的方法。

☑   选择一个包含模型的视图。

☑   从另一窗口的 FeatureManager 设计树中选择模型。

☑   从另一窗口的图形区中选择模型。

视频讲解

☑ 在工程图窗口右击，在弹出的快捷菜单中选择"从文件中插入"命令。

（4）选择菜单栏中的"窗口"→"文件"命令，进入零件或装配体文件中。

（5）利用步骤（4）中的一种方法选择模型，系统会自动回到工程图文件中，并将三视图放置在工程图中。

如果不打开零件或装配体模型文件，用标准方法生成标准三视图的操作步骤如下。

（1）新建一张工程图。

（2）单击"视图布局"控制面板中的"标准三视图"按钮 品，或选择菜单栏中的"插入"→"工程图视图"→"标准三视图"命令。

（3）在弹出的"标准三视图"属性管理器中单击"浏览"按钮。

（4）在弹出的"插入零部件"对话框中浏览到所需的模型文件，单击"打开"按钮，标准三视图便会放置在图形区中。

11.3.2　利用拖动的方法生成标准三视图

利用拖动的方法生成标准三视图的操作步骤如下。

（1）新建一张工程图。

（2）执行以下操作之一。

☑ 将零件或装配体文档从"文件探索器"拖放到工程图窗口中。

☑ 将打开的零件或装配体文件的名称从 FeatureManager 设计树顶部拖放到工程图窗口中

（3）视图添加在工程图上。

11.4　模型视图的绘制

标准三视图是最基本也是最常用的工程图，但是它所提供的视角十分固定，有时不能很好地描述模型的实际情况。SOLIDWORKS 提供的模型视图解决了这个问题。通过在标准三视图中插入模型视图，可以从不同的角度生成工程图。

下面介绍插入模型视图的操作步骤。

（1）单击"视图布局"控制面板中的"模型视图"按钮 ⓢ，或选择菜单栏中的"插入"→"工程图视图"→"模型视图"命令。

（2）和生成标准三视图中选择模型的方法一样，在零件或装配体文件中选择一个模型（文件实体如图 11-6（a）所示）。

（3）当回到工程图文件中时，光标变为 形状，用光标拖动一个视图方框表示模型视图的大小。

（4）在"模型视图"属性管理器的"方向"选项组中选择视图的投影方向。

（5）单击，从而在工程图中放置模型视图，如图 11-7 所示。

（6）如果要更改模型视图的投影方向，则双击"方向"选项组中的视图方向。

（7）如果要更改模型视图的显示比例，则选中"使用自定义比例"单选按钮，然后输入显示比例。

（8）单击"确定"按钮 ✓，完成模型视图的插入。

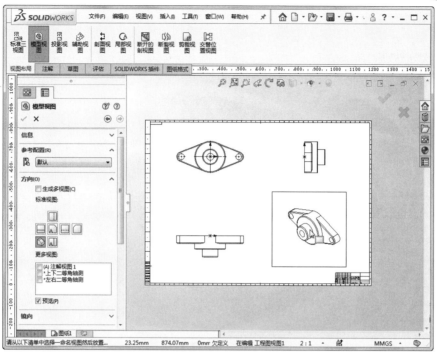

图 11-7　放置模型视图

11.5　绘　制　视　图

11.5.1　剖面视图

视频讲解

剖面视图是指用一条剖切线分割工程图中的一个视图，然后从垂直于剖面方向投影得到的视图，如图 11-8 所示。

下面介绍绘制剖面视图的操作步骤。

打开源文件"剖面视图"，如图 11-6（b）所示。

（1）单击"视图布局"控制面板中的"剖面视图"按钮$\updownarrow$，或选择菜单栏中的"插入"→"工程图视图"→"剖面视图"命令。

（2）系统弹出"剖面视图辅助"属性管理器，在"切割线"选项中选择切割线类型，在工程图上的适当位置放置切割线。放置完剖切线之后，系统会在垂直于剖切线的方向出现一个方框，表示剖切视图的大小。拖动这个方框到适当的位置，则剖切视图被放置在工程图中。

图 11-8　剖面视图举例

（3）在"剖面视图"属性管理器中设置相关选项，如图 11-9（a）所示。

❶ 如果单击"反转方向"按钮 反转方向(L)，则会反转剖切的方向。

❷ 在"标号"文本框$_A^A$中指定与剖面线或剖面视图相关的字母。

❸ 如果剖面线没有完全穿过视图，选中"部分剖面"复选框将会生成局部剖面视图。

❹ 如果选中"横截剖面"复选框，则只有被剖面线切除的曲面才会出现在剖面视图上。

❺ 如果选中"使用自定义比例"单选按钮，则定义剖面视图在工程图纸中的显示比例。

（4）单击"确定"按钮$\checkmark$，完成剖面视图的插入，如图 11-9（b）所示。

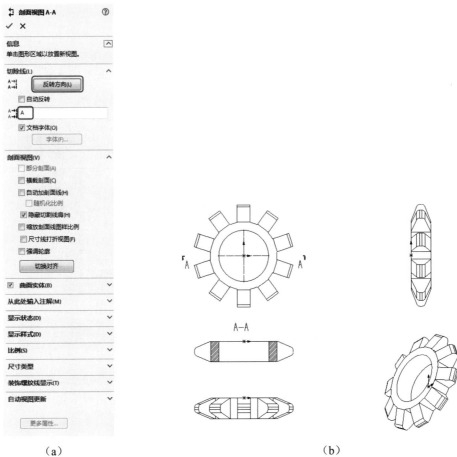

（a）　　　　　　　　　　　　　　（b）

图 11-9　绘制剖面视图

新剖面是由原实体模型计算得来的，如果模型更改，此视图将随之更新。

11.5.2　对齐剖视图

对齐剖视图中的剖切线是由两条具有一定角度的线段组成的。系统从垂直于剖切方向投影生成剖面视图，如图 11-10 所示。

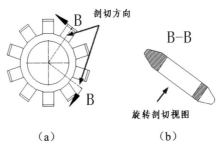

（a）　　　　　　　　　　　　　（b）

图 11-10　旋转剖视图举例

下面介绍生成对齐剖切视图的操作步骤。

（1）打开源文件"对齐剖视图"，如图 11-10（a）所示。

（2）单击"视图布局"控制面板中的"剖面视图"按钮↕，或选择菜单栏中的"插入"→"工程图视图"→"剖面视图"命令。

（3）系统会在垂直第一条剖切线段的方向出现一个方框，表示剖切视图的大小，拖动这个方框到适当的位置，则对齐剖切视图被放置在工程图中。

（4）在"剖面视图"属性管理器中设置相关选项，如图 11-11（a）所示。

❶ 如果单击"反转方向"按钮，则会反转剖切的方向。

❷ 如果选中"随模型缩放比例"复选框，则剖面视图上的剖面线将会随着模型尺寸比例的改变而改变。

❸ 在"标号"文本框↕中指定与剖面线或剖面视图相关的字母。

❹ 如果剖面线没有完全穿过视图，选中"部分剖面"复选框将会生成局部剖面视图。

❺ 如果选中"横截剖面"复选框，则只有被剖面线切除的曲面才会出现在剖面视图上。

❻ 选中"使用自定义比例"单选按钮后用户可以自定义剖面视图在工程图纸中的显示比例。

（5）单击"确定"按钮✔，完成对齐剖面视图的插入，如图 11-11（b）所示。

（a）

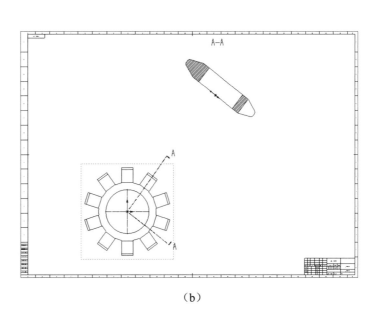

（b）

图 11-11 绘制对齐剖面视图

11.5.3 投影视图

投影视图是通过从正交方向对现有视图投影生成的视图，如图 11-12 所示。

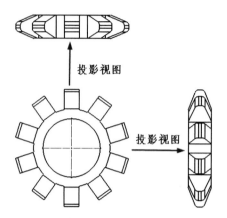

图 11-12　投影视图

下面介绍生成投影视图的操作步骤。

（1）打开源文件"投影视图"，在工程图中选择一个要投影的工程视图（打开的工程图如图 11-12 所示）。

（2）单击"视图布局"控制面板中的"投影视图"按钮，或选择菜单栏中的"插入"→"工程图视图"→"投影视图"命令。

（3）系统将根据光标所在位置决定投影方向。可以从所选视图的上、下、左、右 4 个方向生成投影视图。

（4）系统会在投影方向出现一个方框，表示投影视图的大小，拖动这个方框到适当的位置，则投影视图被放置在工程图中。

（5）单击"确定"按钮，生成投影视图。

11.5.4　辅助视图

辅助视图类似于投影视图，其投影方向垂直所选视图的参考边线，如图 11-13 所示。

下面介绍插入辅助视图的操作步骤。

（1）打开源文件"辅助视图"，如图 11-13 所示。

（2）单击"视图布局"控制面板中的"辅助视图"按钮，或选择菜单栏中的"插入"→"工程图视图"→"辅助视图"命令。

（3）选择要生成辅助视图的工程视图中的一条直线作为参考边线，参考边线可以是零件的边线、侧影轮廓线、轴线或所绘制的直线。

（4）系统会在与参考边线垂直的方向出现一个方框，表示辅助视图的大小，拖动这个方框到适当的位置，则辅助视图被放置在工程图中。

（5）在"辅助视图"属性管理器中设置相关选项，如图 11-14（a）所示。

❶ 在"名称"文本框中指定与剖面线或剖面视图相关的字母。

❷ 如果选中"反转方向"复选框，则会反转切除的方向。

（6）单击"确定"按钮，生成辅助视图，如图 11-14（b）所示。

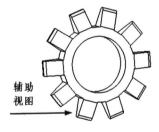

图 11-13　辅助视图举例

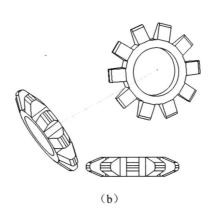

（a）　　　　　　　　　　　（b）

图 11-14　绘制辅助视图

11.5.5　局部视图

可以在工程图中生成一个局部视图来放大显示视图中的某个部分，如图 11-15 所示。局部视图可以是正交视图、三维视图或剖面视图。

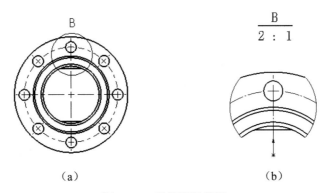

（a）　　　　　　　　　　　　（b）

图 11-15　局部视图举例

下面介绍绘制局部视图的操作步骤。

（1）打开源文件"局部视图"，如图 11-15（a）所示。

（2）单击"视图布局"控制面板中的"局部视图"按钮 A，或选择菜单栏中的"插入"→"工程图视图"→"局部视图"命令。

（3）此时，"草图"控制面板中的"圆"按钮 被激活，利用它在要放大的区域绘制一个圆。

（4）系统会弹出一个方框，表示局部视图的大小，拖动这个方框到适当的位置，则局部视图被放置在工程图中。

（5）在"局部视图"属性管理器中设置相关选项，如图11-16（a）所示。

☑ "样式"下拉列表框 🔡：在此下拉列表框中选择局部视图图标的样式，有"依照标准""中断圆形""带引线""无引线""相连"5种样式。

☑ "名称"文本框 🔡：在文本框中输入与局部视图相关的字母。

☑ "完整外形"复选框：如果在"局部视图"选项组中选中此复选框，则系统会显示局部视图中的轮廓外形。

☑ "钉住位置"复选框：如果在"局部视图"选项组中选中此复选框，在改变派生局部视图的视图大小时，局部视图将不会改变大小。

☑ "缩放剖面线图样比例"复选框：如果在"局部视图"选项组中选中此复选框，将根据局部视图的比例来缩放剖面线图样的比例。

（6）单击"确定"按钮 ✔，生成局部视图，如图11-16（b）所示。

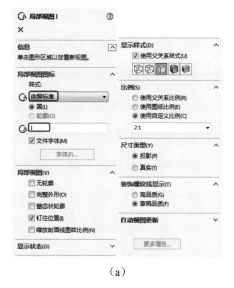

（a）

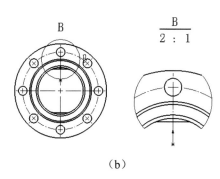

（b）

图 11-16　绘制局部视图

此外，局部视图中的放大区域还可以是其他任何的闭合图形。其方法是首先绘制用来作放大区域的闭合图形，然后单击"局部视图"按钮 🔡，其余的步骤相同。

11.5.6　断裂视图

工程图中有一些截面相同的长杆件（如长轴、螺纹杆等），这些零件在某个方向的尺寸比其他方向的尺寸大很多，而且截面没有变化。因此可以利用断裂视图将零件用较大比例显示在工程图上，如图 11-17 所示。

下面介绍绘制断裂视图的操作步骤。

（1）打开源文件"断裂视图"，如图11-17（a）所示。

（2）选择菜单栏中的"插入"→"工程图视图"→"断裂视图"命令，此时折断线出现在视图中。可以添加多组折断线到一个视图中，但所有折断线必须为同一个方向。

（3）将折断线拖动到希望生成断裂视图的位置。

Note

（4）在视图边界内部右击，在弹出的快捷菜单中选择"断裂视图"命令，生成断裂视图，如图 11-17（b）所示。

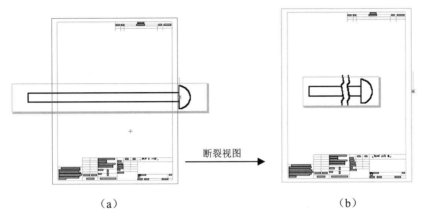

（a）　　　　　　　　　　　　　　　　（b）

图 11-17　断裂视图

此时，折断线之间的工程图都被删除，折断线之间的尺寸变为悬空状态。如果要修改折断线的形状，则右击折断线，在弹出的快捷菜单中选择一种折断线样式（直线、曲线、锯齿线和小锯齿线）。

11.5.7　实例——基座模型视图

基座零件模型如图 11-18 所示。

图 11-18　机械臂基座

本例将通过如图 11-18 所示机械臂基座模型介绍零件图到工程图的转换及工程图的创建，熟悉绘制工程图的步骤与方法，流程图如图 11-19 所示。

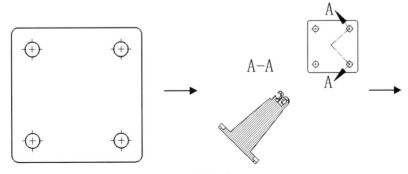

图 11-19　流程图

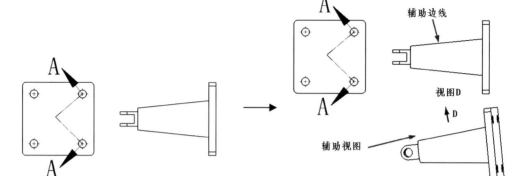

图 11-19　流程图（续）

操作步骤如下：

（1）进入 SOLIDWORKS 2020，选择菜单栏中的"文件"→"新建"命令或单击"快速访问"工具栏中的"新建"按钮 ，在弹出的"新建 SOLIDWORKS 文件"对话框中单击"工程图"按钮，新建工程图文件，如图 11-20 所示。

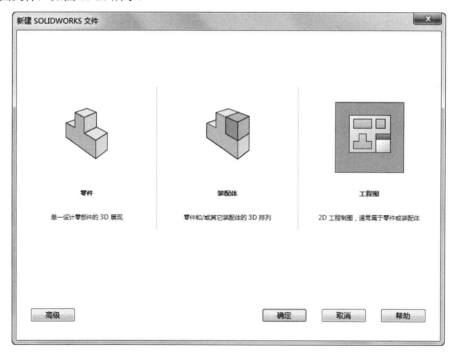

图 11-20　"新建 SOLIDWORKS 文件"对话框

（2）单击"视图布局"控制面板中的"模型视图"按钮 ，或选择菜单栏中的"插入"→"工程图视图"→"模型视图"命令。此时在图形编辑窗口左侧会出现如图 11-21 所示的"模型视图"属性管理器，单击 浏览(B)... 按钮，在弹出的"打开"对话框中选择需要转换成工程视图的零件"基座"，单击"打开"按钮，在图形编辑窗口出现矩形框，如图 11-22 所示，打开左侧"模型视图"属性管理器中的"方向"选项组，选择视图方向为"前视"，如图 11-23 所示，并在图纸中合适的位置放置视图，如图 11-24 所示。

图 11-21 "模型视图"属性管理器

图 11-22 矩形图框

图 11-23 设置"前视"方向

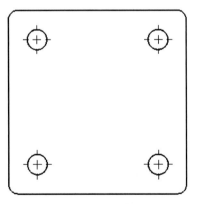

图 11-24 视图模型

（3）选择菜单栏中的"插入"→"工程图视图"→"剖面视图"命令，或者单击"视图布局"控制面板中的"剖面视图"按钮🔄，会出现"剖面视图辅助"属性管理器，如图 11-25 所示，选择"切割线"选项组中的"对齐"剖切线，在工程图中的适当位置放置剖切线，系统会在垂直第一条剖切线

Note

段的方向出现一个方框，表示剖切视图的大小，拖动这个方框到适当的位置，则对齐剖切视图被放置在工程图中。在属性管理器中设置各参数，在"标号"文本框中输入剖面号"A"，取消选中"文档字体"复选框，如图 11-26 所示，单击 字体(F)... 按钮，弹出"选择字体"对话框，设置"高度"值，如图 11-27 所示，单击属性管理器中的✔按钮，这时会在视图中显示剖面图，如图 11-28 所示。

图 11-25 "剖面视图辅助"属性管理器

图 11-26 "剖面视图 A-A"属性管理器

图 11-27 "选择字体"对话框

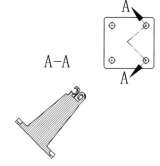

图 11-28 创建旋转剖视图

（4）依次在"视图布局"控制面板中单击"投影视图""辅助视图"按钮，在绘图区放置对应视图，得到的结果如图 11-29 所示。

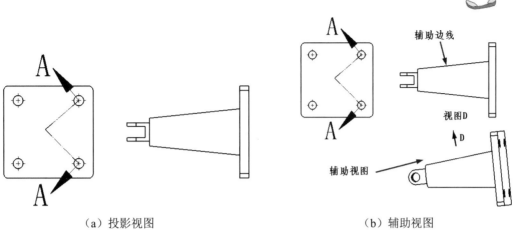

（a）投影视图　　　　　　　　　　　　　　　　　（b）辅助视图

图 11-29　生成视图

11.6　编辑工程视图

在 11.5 节的派生视图中，许多视图的生成位置和角度都受到其他条件的限制（如辅助视图的位置与参考边线相垂直）。有时用户需要自己任意调节视图的位置和角度以及显示和隐藏，SOLIDWORKS 提供了这项功能。此外，SOLIDWORKS 还可以更改工程图中的线型、线条颜色等。

11.6.1　移动视图

光标移到视图边界上时变为 ✛ 形状，表示可以拖动该视图。如果移动的视图与其他视图没有对齐或约束关系，可以拖动到任意的位置。

如果视图与其他视图之间有对齐或约束关系，若要任意移动视图，其操作步骤如下。

（1）单击要移动的视图。

（2）选择菜单栏中的"工具"→"对齐工程视图"→"解除对齐关系"命令。

（3）单击该视图，即可以拖动到任意的位置。

11.6.2　旋转视图

SOLIDWORKS 提供了两种旋转视图的方法，一种是绕所选边线旋转视图，另一种是绕视图中心点以任意角度旋转视图。

1. 绕边线旋转视图

（1）打开源文件"旋转视图"，在工程图中选择一条直线。

（2）选择菜单栏中的"工具"→"对齐工程图视图"→"水平边线"命令或"工具"→"对齐工程视图"→"竖直边线"命令。

（3）此时视图会旋转，直到所选边线为水平或竖直状态，旋转视图，如图 11-30 所示。

2. 围绕中心点旋转视图

（1）选择要旋转的工程视图。

视频讲解

（2）右击，在弹出的快捷菜单中选择"旋转视图"命令或按住鼠标中键，在绘图区出现按钮，系统弹出"旋转工程视图"对话框，如图 11-31 所示。

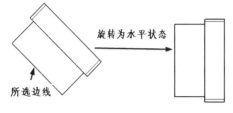

图 11-30　旋转视图

图 11-31　"旋转工程视图"对话框

（3）使用以下方法旋转视图。

☑　在"旋转工程视图"对话框的"工程视图角度"文本框中输入旋转的角度。

☑　使用鼠标直接旋转视图。

（4）如果在"旋转工程视图"对话框中选中"相关视图反映新的方向"复选框，则与该视图相关的视图将随着该视图的旋转做相应的旋转。

（5）如果选中"随视图旋转中心符号线"复选框，则中心符号线将随视图一起旋转。

11.7　视图显示控制

11.7.1　显示和隐藏

视频讲解

在编辑工程图时，可以使用"隐藏"命令来隐藏一个视图。隐藏视图后，可以使用"显示"命令再次显示此视图。

下面介绍隐藏或显示视图的操作步骤。

（1）在 FeatureManager 设计树或图形区中右击要隐藏的视图。

（2）在弹出的快捷菜单中选择"隐藏"命令，此时视图被隐藏起来。当光标移动到该视图的位置时，将只显示该视图的边界。

（3）如果要查看工程图中隐藏视图的位置，但不显示它们，则选择菜单栏中的"视图"→"隐藏/显示"→"被隐藏视图"命令，此时被隐藏的视图将显示如图 11-32 所示的形状。

（4）如果要再次显示被隐藏的视图，则右击被隐藏的视图，在弹出的快捷菜单中选择"显示"命令。

图 11-32　被隐藏的视图

11.7.2　更改零部件的线型

在装配体中为了区别不同的零件，可以改变每一个零件边线的线型。

下面介绍改变零件边线线型的操作步骤。

（1）在工程视图中右击要改变线型的视图。

（2）在弹出的快捷菜单中选择"零部件线型"命令，系统弹出"零部件线型"对话框，如图 11-33 所示。

图 11-33　"零部件线型"对话框

（3）取消选中"使用文档默认值"复选框。

（4）在左侧的边线类型列表中选择一个边线样式。

（5）在对应的"线条样式"和"线粗"下拉列表框中选择线条样式和线条粗细。

（6）重复步骤（4）、（5），直到为所有边线类型设定线型。

（7）如果选中"从选择"单选按钮，则会将此边线类型设定应用到该零件视图和其从属视图中。

（8）如果选中"所有视图"单选按钮，则将此边线类型设定应用到该零件的所有视图。

（9）如果零件在图层中，可以从"图层"下拉列表框中改变零件边线的图层。

（10）单击"确定"按钮，关闭对话框，应用边线类型。

11.7.3　图层

图层是一种管理素材的方法，可以将图层看作是重叠在一起的透明塑料纸，假如某一图层上没有任何可视元素，就可以透过该层看到下一层的图像。用户可以在每个图层上生成新的实体，然后指定实体的颜色、线条粗细和线型。还可以将标注尺寸、注解等项目放置在单一图层上，避免它们与工程图实体之间的干涉。SOLIDWORKS 还可以隐藏图层，或将实体从一个图层移动到另一图层。

下面介绍建立图层的操作步骤。

（1）选择菜单栏中的"视图"→"工具栏"→"图层"命令，打开"图层"工具栏，如图 11-34 所示。

图 11-34　"图层"工具栏

（2）单击"图层属性"按钮，打开"图层"对话框。

（3）在"图层"对话框中单击"新建"按钮，则在对话框中建立一个新的图层，如图 11-35 所示。

（4）在"名称"选项中指定图层的名称。

（5）双击"说明"选项，然后输入该图层的说明文字。

（6）在"开关"选项中有一个灯泡图标，若要隐藏该图层，则双击该图标，灯泡变为灰色，图层上的所有实体都被隐藏起来。要重新打开图层，再次双击该灯泡图标。

（7）如果要指定图层上实体的线条颜色，选择"颜色"选项，在弹出的"颜色"对话框中选择颜色，如图 11-36 所示。

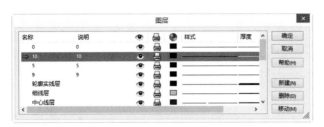

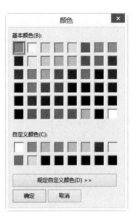

图 11-35　"图层"对话框　　　　　　图 11-36　"颜色"对话框

（8）如果要指定图层上实体的线条样式或厚度，则选择"样式"或"厚度"选项，然后从弹出的清单中选择想要的样式或厚度。

（9）如果建立了多个图层，可以使用"移动"按钮来重新排列图层的顺序。

（10）单击"确定"按钮，关闭对话框。

建立了多个图层后，只要在"图层"工具栏的"图层"下拉列表框中选择图层，即可导航到任意图层。

11.8　标注尺寸

如果在三维零件模型或装配体中添加了尺寸、注释或符号，则在将三维模型转换为二维工程图纸的过程中，系统会将这些尺寸、注释等一起添加到图纸中。在工程图中，用户可以添加必要的参考尺寸、注解等，这些注解和参考尺寸不会影响零件或装配体文件。

工程图中的尺寸标注是与模型相关联的，模型中的更改会反映在工程图中。通常用户在生成每个零件特征时生成尺寸，然后将这些尺寸插入各个工程视图中。在模型中更改尺寸会更新工程图，反之，在工程图中更改插入的尺寸也会更改模型。用户可以在工程图文件中添加尺寸，但这些尺寸是参考尺寸，并且是从动尺寸，参考尺寸显示模型的测量值，但并不驱动模型，也不能更改其数值，但是当更改模型时，参考尺寸会相应更新。当压缩特征时，特征的参考尺寸也随之被压缩。

11.8.1　插入模型尺寸

默认情况下，插入的尺寸显示为黑色，包括零件或装配体文件中显示为蓝色的尺寸（如拉伸深度），参考尺寸显示为灰色，并带有括号。

（1）执行命令。打开源文件"支撑轴"，选择菜单栏中的"插入"→"模型项目"命令，或者单击"注解"控制面板中的"模型项目"按钮，执行"模型项目"命令。

（2）设置属性管理器。系统弹出如图 11-37 所示的"模型项目"属性管理器，"尺寸"选项组中的"为工程图标注"按钮自动被选中。如果只将尺寸插入指定的视图中，取消选中"将项目输入到所有视图"复选框，然后在工程图中选择需要插入尺寸的视图，此时"来源/目标"选项组如图 11-38 所示，自动显示"目标视图"一栏。

（3）确认插入的模型尺寸。单击"模型项目"属性管理器中的"确定"按钮，完成模型尺寸的标注。

注意：

插入模型项目时，系统会自动将模型尺寸或者其他注解插入工程图中。当模型特征很多时，插入的模型尺寸会显得很乱，所以在建立模型时需要注意以下几点。

（1）因为只有在模型中定义的尺寸才能插入工程图中，所以，在定义模型特征时，要养成良好的习惯，并且是草图处于完全定义状态。

（2）在绘制模型特征草图时，仔细地设置草图尺寸的位置，这样可以减少尺寸插入工程图后调整尺寸的时间。

如图 11-39 所示为插入模型尺寸并调整尺寸位置后的工程图。

图 11-38　"来源/目标"选项组

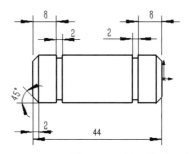

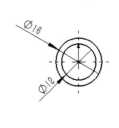

图 11-37　"模型项目"属性管理器

图 11-39　插入模型尺寸后的工程视图

11.8.2　注释

为了更好地说明工程图，有时要用到注释，注释可以包括简单的文字、符号或超文本链接。下面介绍添加注释的操作步骤。

打开源文件"注释"，如图 11-40 所示。

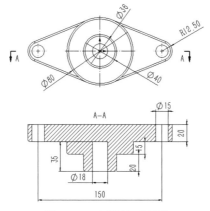

图 11-40　打开的工程图

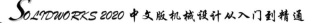

（1）单击"注解"控制面板中的"注释"按钮🅰，或选择菜单栏中的"插入"→"注解"→"注释"命令，系统弹出"注释"属性管理器。

（2）在"引线"选项组中选择引导注释的引线和箭头类型。

（3）在"文字格式"选项组中设置注释文字的格式。

（4）拖动光标到要注释的位置，在图形区添加注释文字，如图11-41所示。

Note

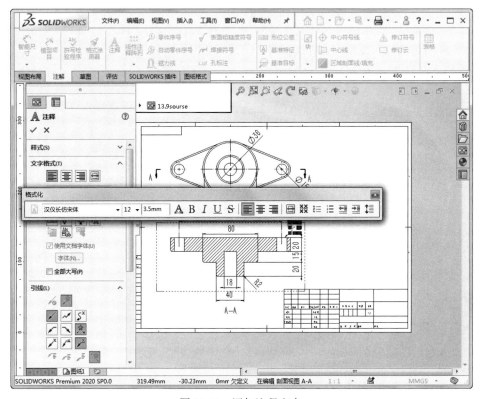

图11-41　添加注释文字

（5）单击"确定"按钮✔，完成注释。

11.8.3　标注表面粗糙度

"表面粗糙度"符号✔用来表示加工表面上的微观几何形状特性，对于机械零件表面的耐磨性、疲劳强度、配合性能、密封性、流体阻力以及外观质量等都有很大的影响。

下面介绍插入表面粗糙度的操作步骤。

打开的工程图如图11-40所示。

（1）单击"注解"控制面板中的"表面粗糙度"按钮✔，或选择菜单栏中的"插入"→"注解"→"表面粗糙度符号"命令。

（2）在弹出的"表面粗糙度"属性管理器中设置表面粗糙度的属性，如图11-42所示。

（3）在图形区中单击，以放置表面粗糙度符号。

（4）可以不关闭对话框，设置多个表面粗糙度符号到图形上。

（5）单击"确定"按钮✔，完成表面粗糙度的标注。

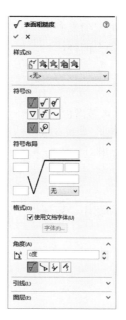

图 11-42 "表面粗糙度"属性管理器

11.8.4 标注形位公差

形位公差是机械加工工业中一项非常重要的基础，尤其在精密机器和仪表的加工中，形位公差是评定产品质量的重要技术指标，对于在高速、高压、高温、重载等条件下工作的产品零件的精度、性能和寿命等有较大的影响。

下面介绍标注形位公差的操作步骤。

打开源文件"标注形位公差"，如图 11-43 所示。

（1）单击"注解"控制面板中的"形位公差"按钮▣▣，或选择菜单栏中的"插入"→"注解"→"形位公差"命令，系统弹出"属性"对话框。

（2）单击"符号"文本框右侧的下拉按钮，在弹出的面板中选择形位公差符号。

（3）在"公差"文本框中输入形位公差值。

（4）设置好的形位公差会在"属性"对话框中显示，如图 11-44 所示。

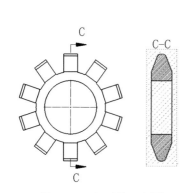

图 11-43 打开的工程图

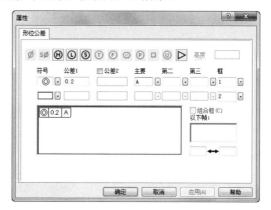

图 11-44 "属性"对话框

（5）在图形区中单击，以放置形位公差。

Note

（6）可以不关闭对话框，设置多个形位公差到图形上。

（7）单击"确定"按钮，完成形位公差的标注。

11.8.5 标注基准特征符号

基准特征符号用来表示模型平面或参考基准面。

下面介绍插入基准特征符号的操作步骤。

打开源文件"标注基准特征符号"，如图 11-45 所示。

（1）单击"注解"控制面板中的"基准特征"按钮，或选择菜单栏中的"插入"→"注解"→"基准特征符号"命令。

（2）在弹出的"基准特征"属性管理器中设置属性，如图 11-46 所示。

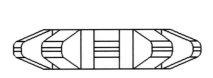

图 11-45　打开的工程图　　　　图 11-46　"基准特征"属性管理器

（3）在图形区中单击，以放置符号。

（4）可以不关闭对话框，设置多个基准特征符号到图形上。

（5）单击"确定"按钮，完成基准特征符号的标注。

11.8.6 实例——基座视图尺寸标注

基座工程图如图 11-47 所示。

图 11-47　机械臂基座工程图

本例将通过如图 11-47 所示机械臂基座模型，重点介绍视图各种尺寸标注及添加类型，同时复习零件模型到工程图视图的转换，流程图如图 11-48 所示。

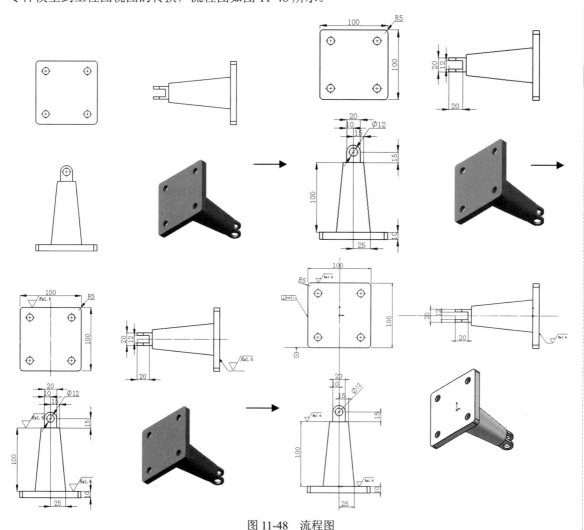

图 11-48　流程图

操作步骤如下：

（1）进入 SOLIDWORKS 2020，选择菜单栏中的"文件"→"新建"命令或单击"快速访问"工具栏中的"新建"按钮□，在弹出的"新建 SOLIDWORKS 文件"对话框中单击"工程图"按钮，新建工程图文件，如图 11-49 所示。

（2）单击"视图布局"控制面板中的"模型视图"按钮◎，或选择菜单栏中的"插入"→"工程图图视图"→"模型"命令。此时在图形编辑窗口左侧会出现如图 11-50 所示的"模型视图"属性管理器，单击 浏览(B)... 按钮，在弹出的"打开"对话框中选择需要转换成工程视图的零件"基座"，单击"打开"按钮，在图形编辑窗口出现矩形框，如图 11-51 所示，打开左侧"模型视图"属性管理器中的"方向"选项组，选择视图方向为"前视"，如图 11-52 所示，利用鼠标拖动矩形框沿灰色虚线依次在不同位置放置视图，放置过程如图 11-53 所示。

Note

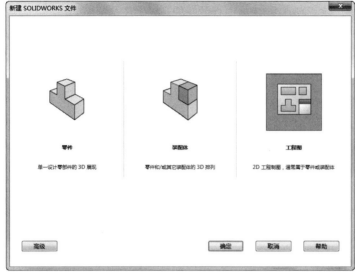

图 11-49　"新建 SOLIDWORKS 文件"对话框

图 11-50　"模型视图"属性管理器

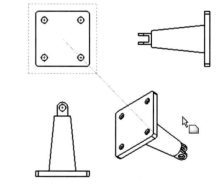

图 11-51　矩形图框　图 11-52　"模型视图"属性管理器　　　　图 11-53　视图模型

（3）在图形窗口的右下角单击"视图 4"，此时会出现"模型视图"属性管理器，在其中设置相关参数，在"显示样式"选项组中单击"带边线上色"按钮，工程图结果如图 11-54 所示。

（4）选择菜单栏中的"插入"→"模型项目"命令，或者单击"注解"控制面板中的"模型项目"按钮，出现"模型项目"属性管理器，在属性管理器中设置各参数，如图 11-55 所示，单击属性管理器中的按钮，此时会在视图中自动显示尺寸，如图 11-56 所示。

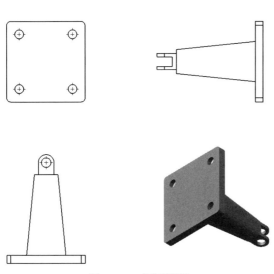

图 11-54 视图模型 图 11-55 "模型项目"属性管理器

（5）在视图中选取要调整的尺寸，在绘图窗口左侧显示"尺寸"属性管理器，选择"其他[①]"
选项卡，如图 11-57 所示，取消选中"使用文档字体"复选框，单击"字体"按钮，弹出"选择字体"
对话框，选中"高度"选项组中的"单位"单选按钮，设置值为 10mm，如图 11-58 所示，单击"确
定"按钮，完成尺寸显示设置，结果如图 11-59 所示。

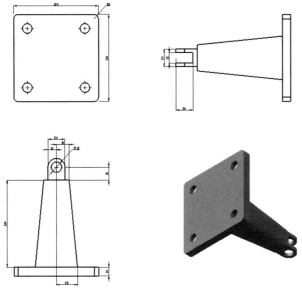

图 11-56 显示模型尺寸 图 11-57 "尺寸"属性管理器

---

① "其他"同"其它"。

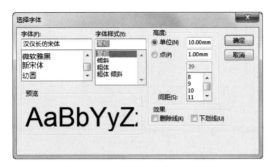

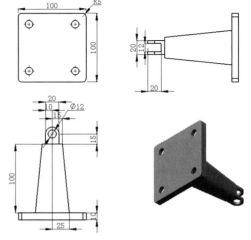

图 11-58　"选择字体"对话框　　　　　　　图 11-59　调整尺寸

📢 注意：

　　由于系统设置不同，有时模型尺寸默认单位与实际尺寸大小差异过大，若出现 0.01、0.001 等精度数值时，可进行相应设置，步骤如下。

　　选择菜单栏中的"工具"→"选项"命令，弹出"文档属性-单位"对话框，切换到"文档属性"选项卡，选择"单位"选项，如图 11-60 所示，显示参数，在"单位系统"选项组中选中"MMGS（毫米、克、秒）"单选按钮，单击"确定"按钮，退出对话框。

图 11-60　"文档属性-单位"对话框

（6）单击"草图"控制面板中的"中心线"按钮✓，在视图中绘制中心线，如图 11-61 所示。

（7）单击"注解"控制面板中的"表面粗糙度符号"按钮✓，会出现"表面粗糙度"属性管理器，在属性管理器中设置各参数，如图 11-62 所示。

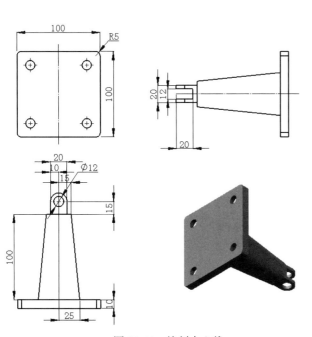

图 11-61　绘制中心线　　　　　　　图 11-62　"表面粗糙度"属性管理器

（8）设置完成后，移动光标到需要标注表面粗糙度的位置，单击即可完成标注。单击属性管理器中的✓按钮，表面粗糙度即可标注完成。下表面的标注需要设置角度为 90°，标注表面粗糙度效果如图 11-63 所示。

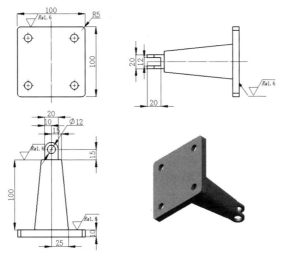

图 11-63　标注表面粗糙度

（9）单击"注解"控制面板中的"基准特征"按钮🅰，会出现"基准特征"属性管理器，在属性管理器中设置各参数，如图 11-64 所示。

（10）设置完成后，移动光标到需要添加基准特征的位置并单击，然后拖动鼠标到合适的位置，再次单击即可完成标注，单击✔按钮即可在图中添加基准符号，如图 11-65 所示。

图 11-64 "基准特征"属性管理器

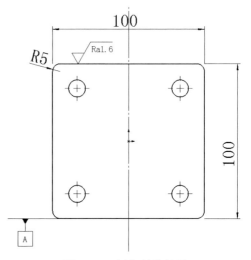

图 11-65 添加基准符号

（11）单击"注解"控制面板中的"形位公差"按钮▭▭，会出现"形位公差"属性管理器及"属性"对话框，在属性管理器中设置各参数，如图 11-66 所示，在"属性"对话框中设置各参数，如图 11-67 所示。

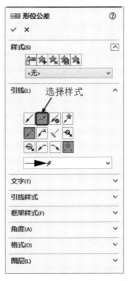

图 11-66 "形位公差"属性管理器

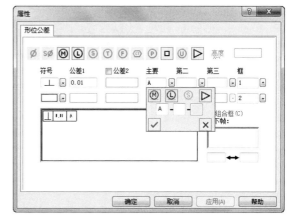

图 11-67 "属性"对话框

（12）设置完成后，移动光标到需要添加形位公差的位置，单击即可完成标注，单击✔按钮即可在图中添加形位公差符号，如图 11-68 所示。

（13）选择视图中的所有尺寸，在"尺寸"属性管理器"引线"选项卡的"尺寸界线/引线显示"选项组中选择实心箭头，如图 11-69 所示，单击"确定"按钮，最终可以得到如图 11-70 所示的工程图，完成工程图的生成。

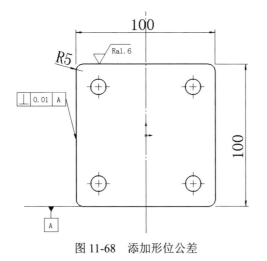

图 11-68　添加形位公差

图 11-69　"尺寸界线/引线显示"选项组

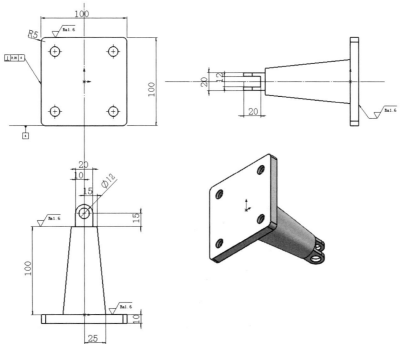

图 11-70　工程图

11.9　打印工程图

视频讲解

用户可以打印整个工程图纸，也可以只打印图纸中所选的区域，其操作步骤如下。

选择菜单栏中的"文件"→"打印"命令，弹出"打印"对话框，如图 11-71 所示。在该对话框中设置相关打印属性，如打印机的选择，打印效果的设置，页眉、页脚设置，打印线条粗细的设置等。在"打印范围"选项组中选中"所有图纸"单选按钮，可以打印整个工程图纸；选中其他 3 个单选按钮，可以打印工程图中所选区域。单击"确定"按钮，开始打印。

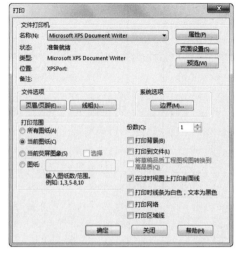

图 11-71 "打印"对话框

11.10 综合实例——机械臂装配体工程图

机械臂装配体工程图如图 11-72 所示。

图 11-72 机械臂装配体

本例将通过如图 11-72 所示机械臂装配体的工程图创建实例，综合利用前面所学的知识讲述利用 SOLIDWORKS 的工程图功能创建工程图的一般方法和技巧，绘制的流程如图 11-73 所示。

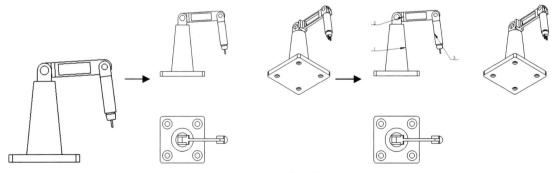

图 11-73 流程图

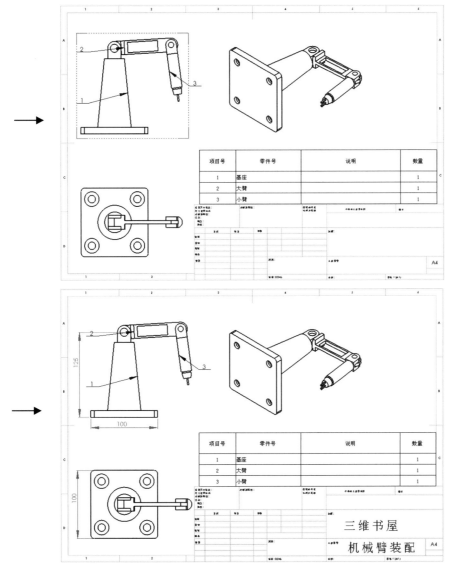

图 11-73 流程图（续）

操作步骤如下：

（1）进入 SOLIDWORKS，选择菜单栏中的"文件"→"打开"命令，在弹出的"打开"对话框中选择将要转化为工程图的总装配图文件。

（2）单击"文件"下拉列表中的"从零件/装配图制作工程图"按钮，新建一张新图纸，选中设计树中的"图纸 1"并右击，在弹出的快捷菜单中选择"属性"命令，弹出"图纸属性"对话框，选中"标准图纸大小"单选按钮并设置图纸尺寸，如图 11-74 所示。单击"确定"按钮，完成图纸设置。

（3）此时在图形编辑窗口右侧会出现如图 11-75 所示的"视图调色板"属性管理器，选择上视图，在图纸中合适的位置放置上视图，如图 11-76 所示。

（4）利用同样的方法，在图形操作窗口放置前视图、左视图，相对位置如图 11-77 所示（上视图与其他两个视图有固定的对齐关系。当移动时，其他视图也会跟着移动。其他两个视图可以独立移动，但是只能水平或垂直于主视图移动）。

Note

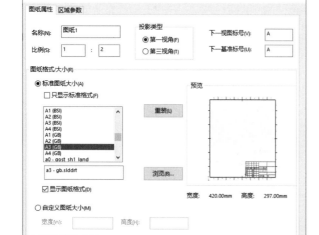

图 11-74 "图纸属性"对话框

图 11-75 "视图调色板"属性管理器

图 11-76 上视图

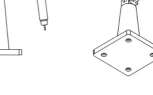

图 11-77 视图模型

（5）选择菜单栏中的"插入"→"注解"→"自动零件序号"命令，或者单击"注解"控制面板中的"自动零件序号"按钮，在图形区域分别单击右视图和轴测图，将自动生成零件的序号，零件序号会被插入适当的视图中，不会重复。在弹出的属性管理器中可以设置零件序号的布局、样式等，参数设置如图 11-78 所示，生成零件序号的结果如图 11-79 所示。

（6）调整视图比例。单击上视图模型，在左侧弹出"工程图视图 1"属性管理器，在"比例"选项组下选中"使用自定义比例"单选按钮，在下拉列表框中选择"1：2"，如图 11-80 所示，放大视图。用同样的方法调整其他两个视图，结果如图 11-81 所示。

（7）下面为视图生成材料明细表，工程图可包含基于表格的材料明细表或基于 Excel 的材料明细表，但不能包含两者。选择菜单栏中的"插入"→"表格"→"材料明细表"命令，或者单击"表格"下拉列表中的"材料明细表"按钮，选择刚才创建的上视图，将弹出"材料明细表"属性管理器，设置如图 11-82 所示。单击属性管理器中的"确定"按钮，在图形区域将出现跟随鼠标的材料明细表表格，在图框的右下角单击，确定为定位点。创建明细表后的效果如图 11-83 所示。

Note

图 11-78 自动零件序号设置框

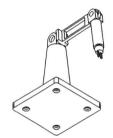

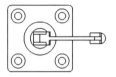

图 11-79 自动生成的零件序号

图 11-80 "工程图视图 1"属性管理器

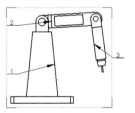
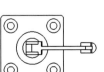
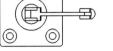

图 11-81 模型视图

Note

图 11-82 "材料明细表"属性管理器

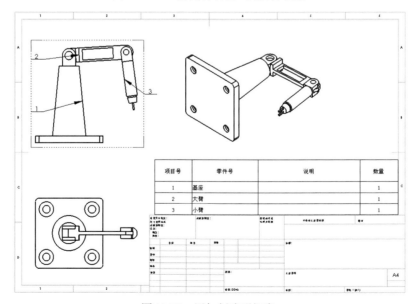

项目号	零件号	说明	数量
1	基座		1
2	大臂		1
3	小臂		1

图 11-83 添加创建明细表

（8）设置单位。选择菜单栏中的"工具"→"选项"命令，弹出"文档属性-单位"对话框，切换到"文档属性"选项卡，选择"单位"选项，选中"MMGS（毫米、克、秒）"单选按钮，如图 11-84 所示。

图 11-84 "文档属性-单位"对话框

（9）为视图创建装配必要的尺寸，选择菜单栏中的"工具"→"尺寸"→"智能尺寸"命令，或者单击"注解"控制面板中的"智能尺寸"按钮，标注视图中的尺寸，最终得到的结果如图 11-85 所示。

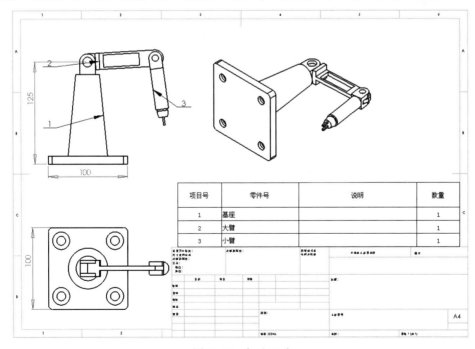

图 11-85 标注尺寸

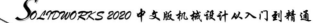

（10）选择视图中的所有尺寸，如图 11-86 所示，在"尺寸"属性管理器的"尺寸界线/引线显示"选项组中选择实心箭头，如图 11-87 所示。单击"确定"按钮 ✔ ，修改后的视图如图 11-88 所示。

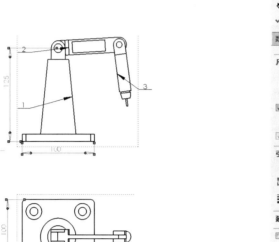

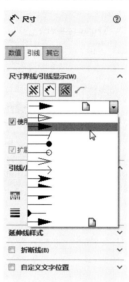

图 11-86　选择尺寸线　　　　　　　　　图 11-87　"尺寸界线/引线显示"选项组

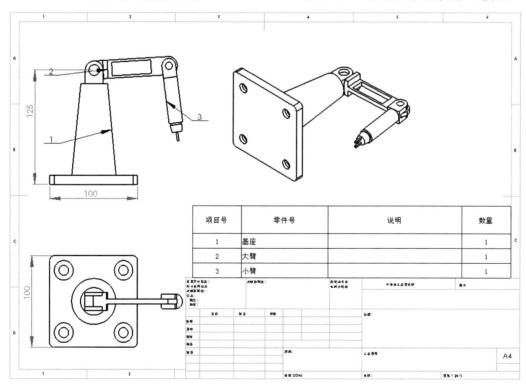

图 11-88　更改尺寸属性

（11）选择菜单栏中的"插入"→"注解"→"注释"命令，或者单击"注解"控制面板上的"注释"按钮 **A**，为工程图添加注释，如图 11-89 所示。此工程图即绘制完成。

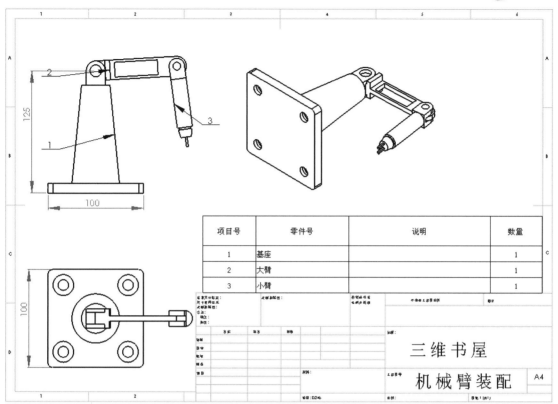

项目号	零件号	说明	数量
1	基座		1
2	大臂		1
3	小臂		1

三维书屋

机械臂装配 A4

图 11-89 添加技术要求

11.11 实践与操作

11.11.1 绘制透盖工程图

本实践将绘制如图 11-90 所示的透盖工程图。

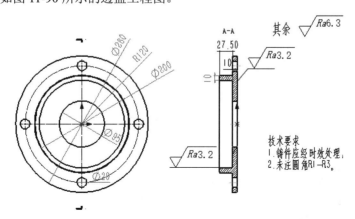

图 11-90 透盖工程图

操作提示：

（1）打开零件三维模型，利用"模型视图"命令，生成基本视图。

（2）利用"剖面视图"命令，绘制剖视图。

（3）利用"智能尺寸""粗糙度""注释"命令，标注尺寸、粗糙度和技术要求。

11.11.2　绘制阀门工程图

本实践将绘制如图 11-91 所示的阀门工程图。

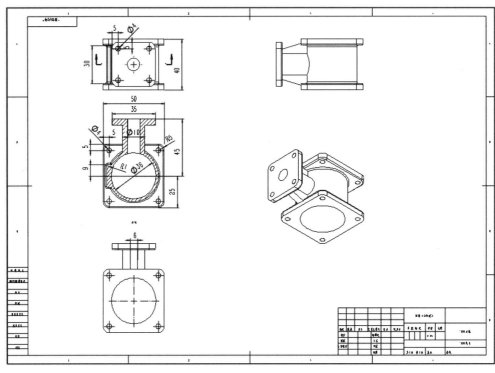

图 11-91　阀门工程图

操作提示：

（1）打开装配体三维模型，利用"模型视图"命令生成视图。

（2）利用"剖面视图"命令绘制剖视图。

（3）利用模型尺寸，标注尺寸，拖动和删除尺寸操作对尺寸进行整理。

11.12　思 考 练 习

1. 定义图纸格式的方式有几种？

2. 生成三视图的方法有几种？有什么异同？

3. 投影视图与辅助视图有哪些异同？

4. 标准视图和派生视图有什么区别？

5. 创建如图 11-92 所示的液压杆工程图。

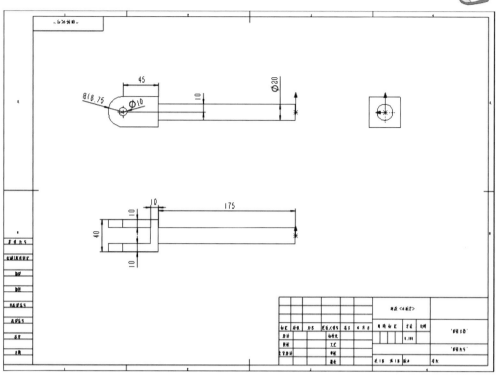

图 11-92　液压杆工程图

6. 创建如图 11-93 所示的油压缸前缸盖工程图。

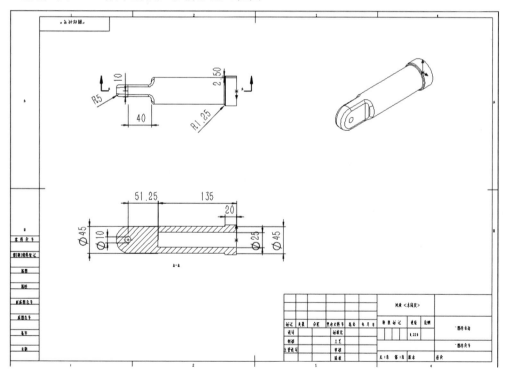

图 11-93　油压缸工程图

第12章

齿轮泵设计综合实例

本章以一个典型的机械装置——齿轮泵的整体设计过程为例，深入地讲解了应用SOLIDWORKS 2020 进行机械工程设计的整体思路和具体实施方法，在前面几章全面学习各种建模方法的基础上，具体讲解 SOLIDWORKS 2020 在工程实践中的应用。通过对本章的学习，读者可以掌握利用 SOLIDWORKS 2020 进行机械工程设计的实施方法，从而建立机械设计的整体思维和工程概念。

- ☑ 螺钉
- ☑ 压紧螺母
- ☑ 齿轮泵后盖
- ☑ 传动轴
- ☑ 圆锥齿轮
- ☑ 齿轮泵基座
- ☑ 齿轮泵装配
- ☑ 齿轮泵装配工程图

任务驱动&项目案例

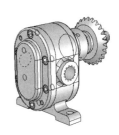

12.1　螺　　钉

本例创建的螺钉如图 12-1 所示。内六角螺钉的创建与螺栓的创建原理基本相同。如图 12-2 所示为内六角螺钉 M6×16 的二维工程图，螺钉可以看作是由两段轴段组成的实体特征。首先绘制螺钉头部轮廓草图并拉伸生成实体；然后绘制螺钉内六角轮廓草图，拉伸切除生成空腔；最后，创建螺钉的螺柱部分及螺纹。

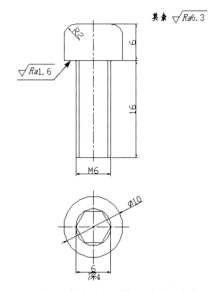

图 12-1　螺钉

图 12-2　内六角螺钉的二维工程图

操作步骤如下：

12.1.1　创建圆柱形基体

（1）新建文件。启动 SOLIDWORKS 2020，选择菜单栏中的"文件"→"新建"命令，或单击"快速访问"工具栏中的"新建"按钮 ，在弹出的"新建 SOLIDWORKS 文件"对话框中单击"零件"按钮 ，然后单击"确定"按钮，创建一个新的零件文件。

（2）绘制草图。在 FeatureManager 设计树中选择"前视基准面"作为绘图基准，然后选择菜单栏中的"工具"→"草图绘制实体"→"圆"命令，或单击"草图"控制面板中的"圆"按钮 ，绘制一个直径为 10mm 的圆，圆的中心在原点。

（3）拉伸实体。选择菜单栏中的"插入"→"凸台/基体"→"拉伸"命令，或单击"特征"控制面板中的"拉伸凸台/基体"按钮 ，拉伸生成一个长 6mm 的圆柱体。

12.1.2　切除生成孔特征

（1）设置基准面。选择圆柱体的端面，如图 12-3 所示，然后单击"前导视图"工具栏中的"正视于"按钮 ，将该表面作为绘图基准面。

（2）绘制草图。在绘图基准面上，绘制一个直径为 5.8mm 的圆，与圆柱体同心。

图 12-3　设置基准面

（3）切除拉伸实体。选择菜单栏中的"插入"→"切除"→"拉伸"命令，或单击"特征"控制面板中的"拉伸切除"按钮，系统弹出"切除-拉伸"属性管理器；在"深度"文本框中输入"3"，然后单击"确定"按钮。

12.1.3　创建切除圆锥面

（1）设置基准面。单击刚生成的切除拉伸特征的底面，然后单击"前导视图"工具栏中的"正视于"按钮，将该表面作为绘制图形的基准面，新建一张草图。

（2）转换实体引用。选择菜单栏中的"工具"→"草图工具"→"转换实体引用"命令，或单击"草图"控制面板中的"转换实体引用"按钮，将切除拉伸生成的内腔底面边线转换为草图，如图 12-4 所示。

（3）切除拉伸实体。选择菜单栏中的"插入"→"切除"→"拉伸"命令，或单击"特征"控制面板中的"拉伸切除"按钮，系统弹出"切除-拉伸"属性管理器；单击"拔模开/关"按钮，其他选项设置如图 12-5 所示，然后单击"确定"按钮，生成切除圆锥面，效果如图 12-6 所示。

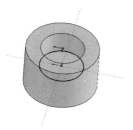

图 12-4　绘制草图　　　　图 12-5　设置拉伸切除选项　　　　图 12-6　切除拉伸实体

12.1.4　创建内六角孔

（1）设置基准面。单击螺钉帽的顶面，然后单击"前导视图"工具栏中的"正视于"按钮，将该表面作为绘制图形的基准面，新建一张草图。

（2）转换实体引用。选择菜单栏中的"工具"→"草图工具"→"转换实体引用"命令，或单击"草图"控制面板中的"转换实体引用"按钮，将螺钉帽顶面的内侧圆边线转换为草图圆，如图 12-7 所示。

Note

（3）绘制六边形草图。选择菜单栏中的"工具"→"草图绘制实体"→"多边形"命令，或单击"草图"控制面板中的"多边形"按钮◎，绘制一个多边形，多边形的中心在原点位置；系统弹出"多边形"属性管理器，在"边数"文本框◈中输入"6"，选中"外接圆"单选按钮，在"圆直径"文本框◎中输入"5"，然后单击"确定"按钮✔。

（4）生成内六角孔。选择菜单栏中的"插入"→"凸台/基体"→"拉伸"命令，或单击"特征"控制面板中的"拉伸凸台/基体"按钮◼，系统弹出"凸台-拉伸"属性管理器，在"深度"文本框◈中输入"4"，单击"反向"按钮⬚，然后单击"确定"按钮✔，生成内六角孔，如图12-8所示。

（5）倒圆角。选择菜单栏中的"插入"→"特征"→"圆角"命令，或单击"特征"控制面板中的"圆角"按钮◉，弹出"圆角"属性管理器。选择螺钉帽顶面的边线为倒圆角边，设置圆角半径为1mm，单击"确定"按钮✔，得到倒圆角效果，如图12-9所示。

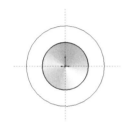

图 12-7　转换实体引用 1　　　　　图 12-8　生成内六角孔　　　　　图 12-9　倒圆角

12.1.5　创建螺柱部分

（1）设置基准面。单击螺钉帽的底面，然后单击"前导视图"中的"正视于"按钮↓，将该表面作为绘制图形的基准面。

（2）绘制草图。在基准面上绘制一个直径为6mm的圆。

（3）拉伸螺钉轮廓实体。将圆草图拉伸生成螺钉轮廓实体，拉伸长度为16mm，得到螺钉轮廓实体，如图12-10所示。

12.1.6　生成螺纹实体

（1）设置基准面。在FeatureManager设计树中选择"上视基准面"作为绘图基准面。

图 12-10　拉伸螺钉轮廓实体

（2）绘制如图12-11所示的牙型轮廓草图，然后单击绘图区右上角的"退出草图"按钮↪。

（3）转换实体引用。选择菜单栏中的"工具"→"草图工具"→"转换实体引用"命令，或单击"草图"控制面板中的"转换实体引用"按钮◻，将螺钉的底面轮廓转换为草图直线，如图12-12所示。

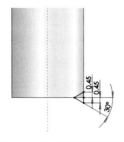

图 12-11　绘制牙型轮廓草图　　　　　　　图 12-12　转换实体引用 2

（4）绘制螺旋线。选择菜单栏中的"插入"→"曲线"→"螺旋线/涡状线"命令，或单击"曲线"控制面板中的"螺旋线/涡状线"按钮 ﾝ，弹出"螺旋线/涡状线"属性管理器；选择定义方式为"高度和螺距"，设置螺纹高度为 16mm、螺距为 1mm、起始角度为 0°，选择方向为"顺时针"，最后单击"确定"按钮 ✔，生成螺旋线，如图 12-13 所示。

（5）创建螺纹。选择菜单栏中的"插入"→"切除"→"扫描"命令，或单击"特征"控制面板中的"扫描切除"按钮 ﾒ，弹出切除-扫描属性管理器；单击"轮廓"按钮 ⓒ，选择绘图区中的牙型草图；单击"路径"按钮 ⓒ，选择螺旋线作为路径草图；单击"确定"按钮 ✔，生成螺纹，如图 12-14 所示。

图 12-13　绘制螺旋线

图 12-14　创建螺纹

（6）保存文件。选择菜单栏中的"文件"→"保存"命令，将零件文件保存为"螺钉 M6×12"。

12.2　压紧螺母

本例创建的压紧螺母如图 12-15 所示。如图 12-16 所示为压紧螺母的二维工程图。压紧螺母具有其自己的特点，并兼具螺母类零件的特点，一般螺纹孔不是完全贯穿的。首先创建压紧螺母的轮廓实体，然后利用异型孔向导创建螺纹孔，再利用旋转切除工具生成内部退刀槽，最后利用圆周阵列生成4 个安装孔，再进行通孔、倒角等操作。

图 12-15　压紧螺母

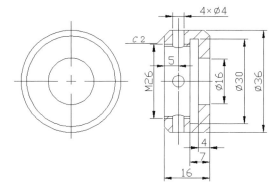

图 12-16　压紧螺母的二维工程图

操作步骤如下：

12.2.1　创建圆柱形基体

（1）新建文件。启动 SOLIDWORKS 2020，选择菜单栏中的"文件"→"新建"命令，或单击"快速访问"工具栏中的"新建"按钮 ▯，在弹出的"新建 SOLIDWORKS 文件"对话框中单击"零件"按钮，然后单击"确定"按钮，创建一个新的零件文件。

（2）绘制草图。在 FeatureManager 设计树中选择"前视基准面"作为绘图基准面，然后选择菜单栏中的"工具"→"草图绘制实体"→"圆"命令，或单击"草图"控制面板中的"圆"按钮，以原点为圆心绘制一个圆，标注其直径尺寸为 35mm。

（3）拉伸实体。选择菜单栏中的"插入"→"凸台/基体"→"拉伸"命令，或单击"特征"控制面板中的"拉伸凸台/基体"按钮，系统弹出"凸台-拉伸"属性管理器；在"深度"文本框中输入"16"，然后单击"确定"按钮，生成的拉伸实体如图 12-17 所示。

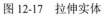

图 12-17　拉伸实体

12.2.2　利用异形孔向导生成螺纹孔

（1）创建螺纹孔。选择菜单栏中的"插入"→"特征"→"孔向导"命令，或单击"特征"控制面板中的"异型孔向导"按钮，弹出"孔规格"属性管理器。选择孔的类型为"螺纹孔"，"类型"选项卡中的其他选项设置如图 12-18 所示；选择"位置"选项卡，系统提示选择螺纹孔的位置，这时光标变为 形状，此时"草图"控制面板中的"点"按钮处于被选中状态，单击拉伸实体左端面上的任意位置，然后单击"点"按钮，取消其被选中状态，放置的螺纹孔效果如图 12-19 所示。

（2）添加螺纹孔几何关系。选择菜单栏中的"工具"→"关系"→"添加"命令，或单击"草图"控制面板"显示/删除几何关系"下拉列表中的"添加几何关系"按钮，选择如图 12-20 所示的螺纹孔中心点和实体端面的边线，在"添加几何关系"属性管理器中单击"同心"按钮，定位螺纹孔的位置在拉伸实体的中心，最后单击"确定"按钮。

（3）螺纹孔是盲孔，在底部存在一个圆锥面，如图 12-21 所示，在后面设计过程中会将圆锥面消除掉。

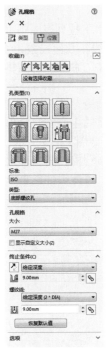

图 12-19　放置螺纹孔效果

图 12-18　"孔规格"属性管理器　　　图 12-20　添加螺纹孔几何关系　　　图 12-21　螺纹孔底部的圆锥面

12.2.3　创建螺纹孔底面

（1）转换实体引用。单击拉伸实体的另一个端面，将其作为绘图基准面。选择菜单栏中的"工具"→"草图工具"→"转换实体引用"命令，或单击"草图"控制面板中的"转换实体引用"按钮⬜，将其边线转换为草图，如图 12-22 所示。

（2）拉伸实体。单击"特征"控制面板中的"拉伸凸台/基体"按钮⬛，在弹出的"凸台-拉伸"属性管理器中单击"反向"按钮⬛，在"深度"文本框⬛中输入"4"，然后单击"确定"按钮✔。

为了清晰地看到实体内部轮廓，单击"前导视图"工具栏中的"隐藏线可见"按钮⬛，可以显示实体的所有边线，如图 12-23 所示。

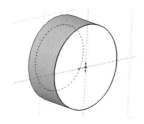

图 12-22　转换实体引用　　　　　图 12-23　显示实体所有边线

12.2.4　旋转生成退刀槽

（1）设置基准面。在 FeatureManager 设计树中选择"右视基准面"作为绘图基准面。

（2）绘制旋转切除草图。选择菜单栏中的"工具"→"草图绘制实体"→"矩形"命令，或单击"草图"控制面板中的"边角矩形"按钮⬜，绘制一个矩形，如图 12-24 所示，拉伸矩形的长度将圆锥面覆盖。

（3）添加矩形几何关系。单击"草图"控制面板"显示/删除几何关系"下拉列表中的"添加几何关系"按钮⬜，分别添加如图 12-24 所示的矩形边线与实体内部边线"共线"几何关系。

（4）显示临时轴。选择菜单栏中的"视图"→"隐藏/显示"→"临时轴"命令，将实体的临时轴显示出来。

（5）旋转切除实体。选择菜单栏中的"插入"→"切除"→"旋转"命令，或单击"特征"控制面板中的"旋转切除"按钮⬛，弹出"切除-旋转"属性管理器；选择实体的中心临时轴作为旋转轴，利用"矩形"草图进行旋转切除。单击"确定"按钮✔，旋转切除结果如图 12-25 所示。

（6）实体带边线上色。单击"前导视图"工具栏中的"带边线上色"按钮⬛，将实体上色，如图 12-26 所示。

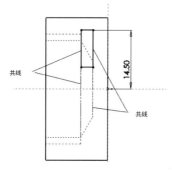
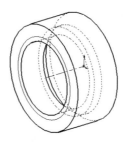

图 12-24　绘制旋转切除草图　　　图 12-25　旋转切除实体　　　图 12-26　实体带边线上色

12.2.5　打孔

（1）设置基准面。在 FeatureManager 设计树中选择"右视基准面"作为绘图基准面。

（2）绘制切除拉伸草图。单击"草图"控制面板中的"圆"按钮⊙，绘制一个圆，如图 12-27 所示。

（3）切除拉伸实体。选择菜单栏中的"插入"→"切除"→"拉伸"命令，或单击"特征"控制面板中的"拉伸切除"按钮⬚，在弹出的"切除-拉伸"属性管理器中，设置切除终止条件为"完全贯穿"，然后单击"确定"按钮✔，切除拉伸效果如图 12-28 所示。

图 12-27　绘制切除拉伸草图　　　　　　图 12-28　切除拉伸实体

12.2.6　阵列孔特征

选择菜单栏中的"插入"→"阵列/镜向"→"圆周阵列"命令，或单击"特征"控制面板中的"圆周阵列"按钮⬚，弹出"圆周阵列"属性管理器；在"阵列轴"选项框⬚中选择零件实体的中心临时轴，在"实例数"文本框⬚中输入"4"，选中"等间距"复选框，在"要阵列的特征"列表框中选择如图 12-29 所示的切除拉伸特征，进行圆周阵列，如图 12-30 所示，最后单击"确定"按钮✔。

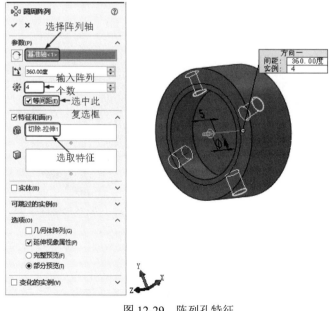

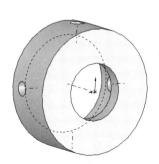

图 12-29　阵列孔特征　　　　　　　　　图 12-30　创建中间通孔

12.2.7 创建通孔、倒角

（1）创建中间通孔。在压紧螺母底面绘制一个直径为 16mm 的圆，进行切除拉伸操作，结果如图 12-31 所示。

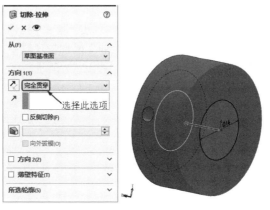

图 12-31 创建中间通孔

（2）倒角。选择菜单栏中的"插入"→"特征"→"倒角"命令，或单击"特征"控制面板中的"倒角"按钮，弹出"倒角"属性管理器。依次对两条边线进行倒角操作，如图 12-32 所示，然后单击"确定"按钮。

（3）隐藏临时轴。选择菜单栏中的"视图"→"隐藏/显示"→"临时轴"命令，将实体的临时轴隐藏。

（4）保存文件。选择菜单栏中的"文件"→"保存"命令，将零件文件保存为"压紧螺母"，最终效果如图 12-33 所示。

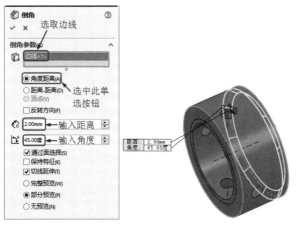

图 12-32 倒角

图 12-33 压紧螺母最终效果

12.3 齿轮泵后盖

本例创建的齿轮泵后盖如图 12-34 所示。如图 12-35 所示为齿轮泵后盖的二维工程图。齿轮泵后

盖也是典型的盘盖类零件。创建齿轮泵后盖时，首先绘制其主体轮廓草图并拉伸生成实体，然后创建螺纹特征，再绘制切除草图切除拉伸实体，最后创建螺钉连接孔，进行阵列和镜向操作生成实体。

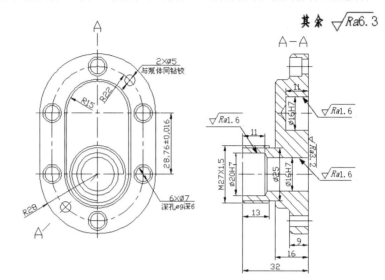

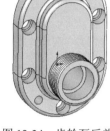

图 12-34　齿轮泵后盖　　　　　　　图 12-35　齿轮泵后盖的二维工程图

操作步骤如下：

12.3.1　创建齿轮泵后盖主体

（1）新建文件。启动 SOLIDWORKS 2020，选择菜单栏中的"文件"→"新建"命令，或单击"快速访问"工具栏中的"新建"按钮，在弹出的"新建 SOLIDWORKS 文件"对话框中单击"零件"按钮，然后单击"确定"按钮，创建一个新的零件文件。

（2）绘制圆。在 FeatureManager 设计树中选择"前视基准面"作为绘图基准面，然后单击"草图"控制面板中的"圆"按钮，绘制一个圆心在原点的圆，再绘制另外一个圆，标注两圆的直径为56mm，中心距离为 28.76mm，结果如图 12-36 所示。

（3）绘制切线。选择菜单栏中的"工具"→"草图绘制实体"→"直线"命令，或单击"草图"控制面板中的"直线"按钮，绘制两个圆的切线，如图 12-37 所示。

（4）剪裁草图。选择菜单栏中的"工具"→"草图工具"→"剪裁"命令，或单击"草图"控制面板中的"剪裁实体"按钮，弹出"剪裁"属性管理器，如图 12-38 所示；单击"剪裁到最近端"按钮，裁剪草图后的效果如图 12-39 所示。

（5）创建凸台拉伸 1。选择菜单栏中的"插入"→"凸台/基体"→"拉伸"命令，或单击"特征"控制面板中的"拉伸凸台/基体"按钮，系统弹出"凸台-拉伸"属性管理器；在"深度"文本框中输入"9"，然后单击"确定"按钮，结果如图 12-40 所示。

（6）选择基准面。选择如图 12-41 所示的表面，然后单击"前导视图"工具栏中的"正视于"按钮，将该基准面转为正视方向。

（7）绘制凸台拉伸 2 的草图。在如图 12-41 所示所选的基准面上绘制如图 12-42 所示的草图，并标注尺寸。

（8）创建凸台拉伸 2。选择菜单栏中的"插入"→"凸台/基体"→"拉伸"命令，或单击"特征"控制面板中的"拉伸凸台/基体"按钮，系统弹出"凸台-拉伸"属性管理器；在"深度"文本框中输入"7"，然后单击"确定"按钮。单击"前导视图"工具栏中的"等轴测"按钮，将视图以等轴测方式显示，如图 12-43 所示。

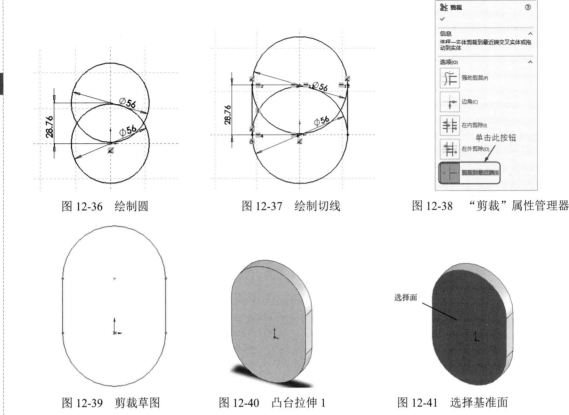

图 12-36　绘制圆　　　　　　图 12-37　绘制切线　　　　　图 12-38　"剪裁"属性管理器

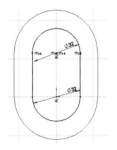　　　　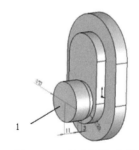

图 12-39　剪裁草图　　　　　图 12-40　凸台拉伸 1　　　　　图 12-41　选择基准面

（9）拉伸圆柱实体（分别为凸台拉伸 3 和凸台拉伸 4）。重复上述操作，拉伸两个圆柱实体，分别为直径 25mm、高 3mm 和直径 27mm、高 11mm，拉伸效果如图 12-44 所示。

图 12-42　绘制凸台拉伸 2 的草图　　　图 12-43　凸台拉伸 2　　　　图 12-44　拉伸圆柱实体

12.3.2　创建螺纹特征

（1）绘制螺旋线。选择如图 12-44 所示的表面 1，然后单击"前导视图"工具栏中的"正视于"按钮，将该表面作为绘制图形的基准面。单击"草图"控制面板中的"草图绘制"按钮，然后单击"转换实体引用"按钮，将面 1 的边线转换为草图实体，如图 12-45 所示。

（2）选择菜单栏中的"插入"→"曲线"→"螺旋线/涡状线"命令，或单击"曲线"控制面板中的"螺旋线/涡状线"按钮，弹出"螺旋线/涡状线"属性管理器，如图 12-46 所示；选择定义方式为"螺距和圈数"，设置螺距为 1.5，圈数为 8，起始角度为 270，选择方向为"顺时针"，然后单击

"确定"按钮✔，生成的螺旋线如图 12-47 所示。

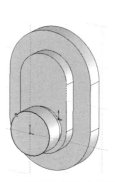

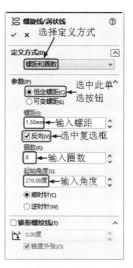

图 12-45　将边线转换为草图实体　　　图 12-46　"螺旋线/涡状线"属性管理器

（3）设置基准面。在 FeatureManager 设计树中选择"右视基准面"作为绘图基准面，然后单击"前导视图"工具栏中的"正视于"按钮⊥，将该基准面转为正视方向，如图 12-48 所示。

图 12-47　生成螺旋线　　　　　　　图 12-48　设置基准面

（4）绘制螺纹牙型草图。单击"前导视图"工具栏中的"局部放大"按钮，将绘图区局部放大，绘制螺纹牙型草图，尺寸如图 12-49 所示。单击"快速访问"工具栏中的"重建模型"按钮，重建零件模型。

（5）创建螺纹。选择菜单栏中的"插入"→"切除"→"扫描"命令，或单击"特征"控制面板中的"扫描切除"按钮，弹出"切除-扫描"属性管理器；单击"轮廓"按钮，选择绘图区中的螺纹牙型草图；单击"路径"按钮，选择螺旋线作为路径草图，单击"确定"按钮✔，生成的螺纹如图 12-50 所示。

（6）绘制切除拉伸 1 草图。选择"螺纹实体"端面作为绘图基准面，单击"前导视图"工具栏中的"正视于"按钮⊥，将该基准面转为正视方向；接着选择菜单栏中的"工具"→"草图绘制实体"→"圆"命令，或单击"草图"控制面板中的"圆"按钮，绘制直径为 20mm 的圆，如图 12-51 所示。

（7）创建切除拉伸 1 特征。选择菜单栏中的"插入"→"切除"→"拉伸"命令，或单击"特征"控制面板中的"拉伸切除"按钮，系统弹出"切除-拉伸"属性管理器，在"深度"文本框中输入"11"，然后单击"确定"按钮✔生成切除拉伸 1 特征。

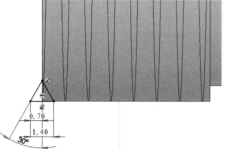

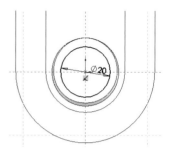

图 12-49　绘制螺纹牙型草图　　　图 12-50　创建螺纹　　　图 12-51　绘制切除拉伸 1 草图

12.3.3　创建安装轴孔

（1）绘制切除拉伸 2 草图。选择此零件的大端面作为绘图基准面，单击"前导视图"工具栏中的"正视于"按钮↓，将该基准面转换为正视方向；接着选择菜单栏中的"工具"→"草图绘制实体"→"圆"命令，或单击"草图"控制面板中的"圆"按钮⊙，绘制一个圆，标注圆的直径为 16mm，如图 12-52 所示。

（2）创建切除拉伸 2 特征。选择菜单栏中的"插入"→"切除"→"拉伸"命令，或单击"特征"控制面板中的"拉伸切除"按钮⊙，系统弹出"切除-拉伸"属性管理器；设置切除终止条件为"完全贯穿"，然后单击"确定"按钮✔，生成的切除拉伸 2 特征如图 12-53 所示。

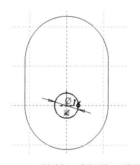

图 12-52　绘制切除拉伸 2 草图　　　　　　图 12-53　切除拉伸 2

（3）绘制切除拉伸 3 草图。绘制与圆弧外轮廓同心的圆，圆的直径为 16mm，如图 12-54 所示。

（4）创建切除拉伸 3 特征。选择菜单栏中的"插入"→"切除"→"拉伸"命令，或单击"特征"控制面板中的"拉伸切除"按钮⊙，系统弹出"切除-拉伸"属性管理器；在"深度"文本框⊙中输入"11"，然后单击"确定"按钮✔，生成的切除拉伸 3 特征如图 12-55 所示。

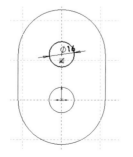

图 12-54　绘制切除拉伸 3 草图　　　　　　图 12-55　切除拉伸 3

12.3.4 创建螺钉连接孔

（1）设置基准面。选择如图 12-41 所示的环形端面，然后单击"前导视图"工具栏中的"正视于"按钮↓，将该基准面转为正视方向，如图 12-56 所示。

（2）绘制切除拉伸 4 草图。在基准面上绘制圆，标注圆心与实体圆弧圆心的距离为 22mm，标注圆的直径为 9mm，如图 12-57 所示。

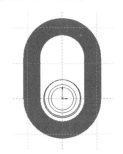

图 12-56 设置基准面

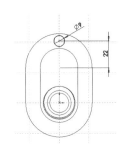

图 12-57 绘制切除拉伸 4 草图

（3）创建切除拉伸 4 特征。选择菜单栏中的"插入"→"切除"→"拉伸"命令，或单击"特征"控制面板中的"拉伸切除"按钮▣，系统弹出"切除-拉伸"属性管理器，在"深度"文本框↕中输入"6"，单击"确定"按钮✔生成切除拉伸 4 特征。

（4）创建切除拉伸 5 特征。以步骤（3）中拉伸切除圆孔的底面为基准面绘制圆，与圆孔同心，直径为 7mm，然后拉伸切除，将其贯穿整个零件实体，结果如图 12-58 所示。

（5）设置基准轴。选择如图 12-58 所示的面 1，选择菜单栏中的"插入"→"参考几何体"→"基准轴"命令，或单击"特征"控制面板"参考几何体"下拉列表中的"基准轴"按钮╱，单击属性管理器中的"确定"按钮✔，显示一个基准轴，如图 12-59 所示。

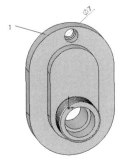

图 12-58 切除拉伸 5

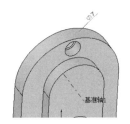

图 12-59 设置基准轴

（6）圆周阵列实体。选择菜单栏中的"插入"→"阵列/镜向"→"圆周阵列"命令，或单击"特征"控制面板中的"圆周阵列"按钮❀，弹出"圆周阵列"属性管理器；单击"阵列轴"选项框，选择基准轴 1 作为阵列轴，设置角度值为 90、实例数为 2，单击"要阵列的特征"列表框，在 FeatureManager设计树中选择"切除-拉伸 4"和"切除-拉伸 5"特征，如图 12-60 所示，单击"确定"按钮✔，圆周阵列结果如图 12-61 所示。

（7）反向圆周阵列实体。重复步骤（6）中的操作，在属性管理器中单击"反向"按钮▣，改变阵列方向，进行阵列，结果如图 12-62 所示。

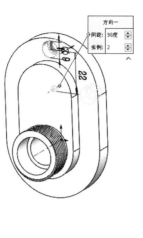

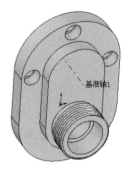

图 12-60　设置阵列参数　　　图 12-61　圆周阵列实体　　图 12-62　反向圆周阵列实体

（8）创建基准面。在 FeatureManager 设计树中选择"上视基准面"选项。选择菜单栏中的"插入"→"参考几何体"→"基准面"命令，或单击"特征"控制面板"参考几何体"下拉列表中的"基准面"按钮🔲，在弹出的"基准面"属性管理器中选择"上视基准面"作为第一参考，单击"偏移距离"按钮📐，输入距离值为 14.38，单击"确定"按钮✔，在后盖中间部位创建一个基准面，如图 12-63 所示。

（9）镜向实体。选择菜单栏中的"插入"→"阵列/镜向"→"镜向"命令，或单击"特征"控制面板中的"镜向"按钮🖽，弹出"镜向"属性管理器；单击"镜向面/基准面"列表框，在 FeatureManager 设计树中选择"基准面 1"选项；单击"要镜向的特征"列表框，在 FeatureManager 设计树中选择"阵列（圆周）1"和"阵列（圆周）2"特征；单击"确定"按钮✔，得到的镜向实体如图 12-64 所示。

（10）创建销孔。采用切除拉伸操作方法，创建齿轮泵后盖上的两个销孔，其位置与尺寸如图 12-65 所示。

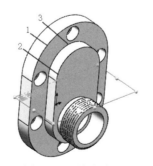

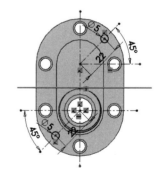

图 12-63　创建基准面　　　　图 12-64　镜向实体　　　　图 12-65　创建销孔

12.3.5　创建圆角特征

（1）倒圆角。选择菜单栏中的"插入"→"特征"→"圆角"命令，或单击"特征"控制面板中的"圆角"按钮⬙，弹出"圆角"属性管理器，依次选择图 12-64 中的边线 1、2，设置圆角半径为 2mm，单击"确定"按钮✔；重复上述操作，将边线 3 倒圆角，圆角半径为 1.5mm。选择菜单栏中的"视图"→"基准面"和"基准轴"命令，将基准面和基准轴隐藏，最终效果如图 12-66 所示。

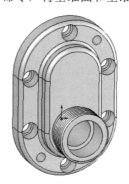

图 12-66　齿轮泵后盖最终效果

（2）保存文件。选择菜单栏中的"文件"→"保存"命令，将零件文件保存为"齿轮泵后盖"。

12.3.6　齿轮泵前盖设计

齿轮泵前盖如图 12-67 所示，其创建方法与后盖相似，这里不再赘述。如图 12-68 所示为齿轮泵前盖的二维工程图。

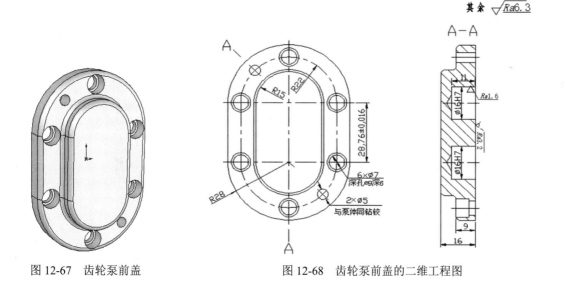

图 12-67　齿轮泵前盖　　　　　　图 12-68　齿轮泵前盖的二维工程图

12.4　传　动　轴

视频讲解

本例创建的传动轴如图 12-69 所示。如图 12-70 所示为传动轴二维工程图。传动轴在机械中常用来传递动力和扭矩。创建传动轴时，首先生成传动轴的一端轴径，然后根据图纸尺寸依次进行拉伸，生成其他轴径，接着设置基准面，创建键槽，最后创建轴端的螺纹，并进行相应的倒角操作。

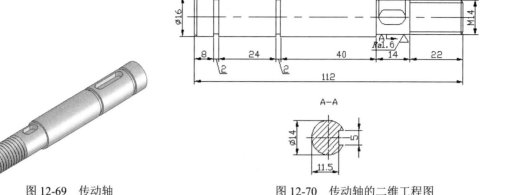

图 12-69　传动轴　　　　　　　　　　　　　图 12-70　传动轴的二维工程图

操作步骤如下：

12.4.1　创建轴基础造型

（1）新建文件。启动 SOLIDWORKS 2020，选择菜单栏中的"文件"→"新建"命令，或单击"快速访问"工具栏中的"新建"按钮，在弹出的"新建 SOLIDWORKS 文件"对话框中单击"零件"按钮，然后单击"确定"按钮，创建一个新的零件文件。

（2）绘制草图。在 FeatureManager 设计树中选择"前视基准面"作为绘图基准面，然后单击"草图"控制面板中的"圆"按钮，绘制一个圆，圆的中心在原点。

（3）标注尺寸。选择菜单栏中的"工具"→"尺寸"→"智能尺寸"命令，或单击"草图"控制面板中的"智能尺寸"按钮，标注圆的直径尺寸，结果如图 12-71 所示。

（4）创建凸台拉伸 1。选择菜单栏中的"插入"→"凸台/基体"→"拉伸"命令，或单击"特征"控制面板中的"拉伸凸台/基体"按钮，系统弹出"凸台-拉伸"属性管理器；在"深度"文本框中输入"8"，然后单击"确定"按钮，生成的凸台拉伸实体如图 12-72 所示。

（5）设置基准面。选择如图 12-72 所示的轴段端面，然后单击"前导视图"工具栏中的"正视于"按钮，将该基准面转为正视方向。

（6）绘制草图。在选择的绘图基准面上，单击"草图"控制面板中的"圆"按钮，绘制一个圆，此圆与轴段端面圆同心，圆的直径为 14mm。

（7）创建凸台拉伸 2。选择菜单栏中的"插入"→"凸台/基体"→"拉伸"命令，或单击"特征"控制面板中的"拉伸凸台/基体"按钮，弹出"凸台-拉伸"属性管理器；在"深度"文本框中输入"2"，然后单击"确定"按钮，完成第二轴段的创建，结果如图 12-73 所示。

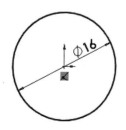　　　　　　

图 12-71　标注尺寸　　　　　图 12-72　凸台拉伸 1　　　　　图 12-73　凸台拉伸 2

（8）绘制其他轴段。重复上面的操作，依次绘制传动轴的其他轴段，各轴段的尺寸如图 12-74 所示，传动轴实体外形如图 12-75 所示。

图 12-74　轴段尺寸

图 12-75　传动轴实体外形

12.4.2　创建键槽

（1）创建键槽草图基准面。在 FeatureManager 设计树中选择"上视基准面"选项，然后选择菜单栏中的"插入"→"参考几何体"→"基准面"命令，或单击"特征"控制面板"参考几何体"下拉列表中的"基准面"按钮 ，弹出"基准面"属性管理器，如图 12-76 所示。在"偏移距离"文本框 中输入"7"，单击"确定"按钮 ，生成的键槽草图基准面如图 12-77 所示。

（2）正视基准面。选择如图 12-77 所示的基准面，然后单击"前导视图"工具栏中的"正视于"按钮 ，正视该基准面，并将绘图区进行局部放大。

（3）绘制键槽草图。使用草图工具绘制键槽草图轮廓，如图 12-78 所示。

图 12-76　"基准面"属性管理器

图 12-77　创建键槽草图基准面

图 12-78　绘制键槽草图

（4）创建键槽特征。选择菜单栏中的"插入"→"切除"→"拉伸"命令，或单击"特征"控制面板中的"拉伸切除"按钮 ，系统弹出"切除-拉伸"属性管理器；在"深度"文本框 中输入"3"，然后单击"确定"按钮 ，生成的键槽如图 12-79 所示。

（5）创建第二个键槽。重复上面的操作，绘制第二个键槽草图，尺寸如图 12-80 所示。设置拉伸切除深度为 3mm，结果如图 12-81 所示。

Note

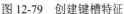

图 12-79   创建键槽特征   图 12-80   绘制第二个键槽草图   图 12-81   创建第二个键槽

12.4.3   创建螺纹和倒角特征

1. 绘制螺旋线

（1）选择如图 12-82 所示的表面 1，然后单击"前导视图"工具栏中的"正视于"按钮，将该表面作为绘制图形的基准面。单击"草图"控制面板中的"草图绘制"按钮，再单击"转换实体引用"按钮，将表面 1 的边线转换为草图实体。

（2）选择菜单栏中的"插入"→"曲线"→"螺旋线/涡状线"命令，或单击"特征"控制面板"曲线"下拉列表中的"螺旋线/涡状线"按钮，弹出"螺旋线/涡状线"属性管理器；如图 12-83 所示，选择定义方式为"螺距和圈数"，设置螺距为 2、圈数为 10，选中"反向"复选框，设置起始角度为 270，选择方向为"顺时针"，最后单击"确定"按钮，生成的螺旋线如图 12-84 所示。

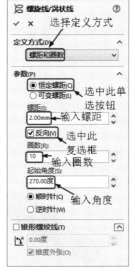

图 12-82   选择基准面   图 12-83   "螺旋线/涡状线"属性管理器   图 12-84   生成螺旋线

2. 设置基准面

在 FeatureManager 设计树中选择"右视基准面"作为绘图基准面，然后单击"前导视图"工具栏中的"正视于"按钮，将该基准面转为正视方向。

3. 绘制螺纹牙型草图

单击"前导视图"工具栏中的"局部放大"按钮，将绘图区域局部放大，绘制螺纹牙型草图，尺寸如图 12-85 所示。单击"快速访问"工具栏中的"重建模型"按钮 8 ，重建零件模型。

4. 创建螺纹

选择菜单栏中的"插入"→"切除"→"扫描"命令，或单击"特征"控制面板中的"扫描切除"按钮 🖉 ，弹出"切除-扫描"属性管理器；单击"轮廓"按钮 C ，选择绘图区中的螺纹牙型草图；单击"路径"按钮 C ，选择螺旋线作为路径草图，最后单击"确定"按钮 ✔ ，生成的螺纹如图 12-86 所示。

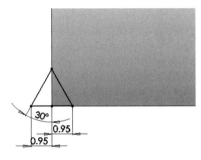

图 12-85　绘制螺纹牙型草图

图 12-86　创建螺纹

5. 倒角

选择菜单栏中的"插入"→"特征"→"倒角"命令，或单击"特征"控制面板中的"倒角"按钮 🗇 ，弹出如图 12-87 所示的"倒角"属性管理器，选择如图 12-86 所示的传动轴右端面边线，在"距离"文本框 📐 中输入"1"，单击"确定"按钮 ✔ ，生成的传动轴实体如图 12-88 所示。

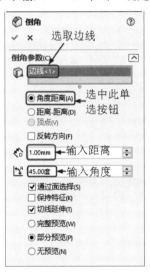

图 12-87　"倒角"属性管理器

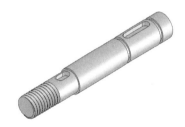

图 12-88　传动轴实体

6. 保存文件

选择菜单栏中的"文件"→"保存"命令，将零件文件保存为"传动轴"。

12.4.4　支撑轴创建

支撑轴如图 12-89 所示。其创建方法与传动轴相似，这里不再赘述。如图 12-90 所示为支撑轴的二维工程图。

视频讲解

图 12-89　支撑轴

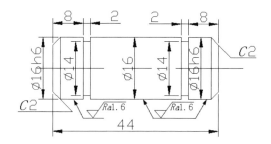

图 12-90　支撑轴的二维工程图

12.5　圆锥齿轮

本例创建的圆锥齿轮如图 12-91 所示。圆锥齿轮一般用于相交轴之间的传动，锥齿轮按齿向分为直齿锥齿轮、斜齿锥齿轮和曲线齿锥齿轮。圆锥齿轮加工用范成法切削，利用平面齿轮与直齿圆锥啮合原理，将平面齿轮直线齿廓作为刀刃来加工圆锥齿轮。如图 12-92 所示为圆锥齿轮的二维工程图。本例将近似地创建齿轮泵中的圆锥齿轮，创建圆锥齿轮时首先绘制其轮廓草图并旋转生成实体，然后绘制圆锥齿轮的齿形草图，对草图进行放样切除生成实体。对生成的齿形实体进行圆周阵列，生成全部齿形实体，最后创建键槽轴孔实体。

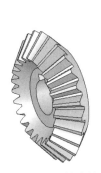

图 12-91　圆锥齿轮

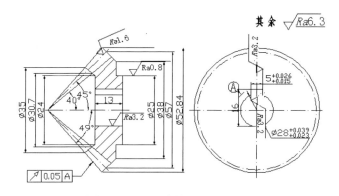

图 12-92　圆锥齿轮的二维工程图

操作步骤如下：

12.5.1　创建基本实体

（1）新建文件。启动 SOLIDWORKS 2020，选择菜单栏中的"文件"→"新建"命令，或单击"快速访问"工具栏中的"新建"按钮🗋，在弹出的"新建 SOLIDWORKS 文件"对话框中单击"零件"按钮🦾，然后单击"确定"按钮，创建一个新的零件文件。

（2）绘制圆锥齿轮轮廓草图。

❶ 在 FeatureManager 设计树中选择"前视基准面"作为绘图基准面。选择菜单栏中的"工具"→"草图绘制实体"→"圆"命令，或单击"草图"控制面板中的"圆"按钮⊙，绘制 3 个同心圆，并标注其尺寸，如图 12-93 所示。

❷ 按住 Ctrl 键，依次选择 3 个圆，弹出"属性"属性管理器，选中"作为构造线"复选框，将3 个圆转化为构造线，结果如图 12-94 所示。

❸　选择菜单栏中的"工具"→"草图绘制实体"→"中心线"命令，或单击"草图"控制面板中的"中心线"按钮，绘制一条过原点的竖直中心线；单击"草图"控制面板中的"直线"按钮，在弹出的"线条属性"属性管理器中选中"作为构造线"复选框。再绘制两条角度分别为 45°和 135°的倾斜构造线，结果如图 12-95 所示。

图 12-93　绘制同心圆

图 12-94　转化构造线

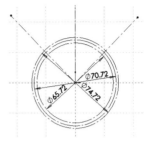

图 12-95　绘制倾斜构造线

❹　过直径为 70.72mm 的圆与倾斜构造线的交点绘制两条构造线，与此圆相切，结果如图 12-96 所示。

❺　单击"草图"控制面板中的"直线"按钮，绘制如图 12-97 所示的草图，作为旋转生成圆锥齿轮轮廓实体的草图。

（3）旋转生成实体。选择菜单栏中的"插入"→"凸台/基体"→"旋转"命令，或单击"特征"控制面板中的"旋转凸台/基体"按钮，弹出"凸台-旋转"属性管理器；选择"旋转轴"为草图中的竖直中心线，其他选项保持默认设置，然后单击"确定"按钮，生成的圆锥齿轮轮廓如图 12-98 所示。

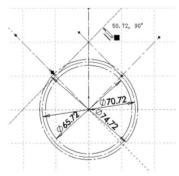

图 12-96　绘制相切构造线

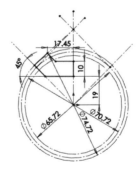

图 12-97　绘制旋转草图

图 12-98　圆锥齿轮轮廓

12.5.2　创建锥齿特征

（1）设置基准面。

❶　在 FeatureManager 设计树中选择"上视基准面"作为绘图基准面。

❷　绘制构造线草图。过原点在 Z 坐标方向绘制一条构造线，结果如图 12-99 所示。

❸　创建基准面。选择菜单栏中的"插入"→"参考几何体"→"基准面"命令，或单击"特征"控制面板"参考几何体"下拉列表中的"基准面"按钮，弹出"基准面"属性管理器，如图 12-100 所示。在"第一参

图 12-99　绘制构造线草图

Note

考"列表框中选择"上视基准面",在"第二参考"列表框中选择如图 12-99 所示的构造线草图,然后单击"第一参考"选项组中的"两面夹角"按钮⬚,输入角度值为"45",单击"确定"按钮✔,生成新的基准面 1,结果如图 12-101 所示。

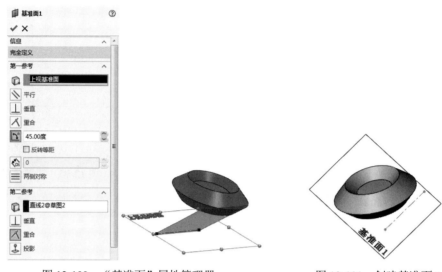

图 12-100   "基准面"属性管理器   图 12-101   创建基准面 1

❹ 显示草图。右击 FeatureManager 设计树中的旋转特征草图,弹出的快捷菜单如图 12-102 所示,单击"显示"按钮👁,使草图显示出来,便于后面的操作。

❺ 设置基准面。选择"基准面 1"作为绘图基准面,然后单击"前导视图"工具栏中的"正视于"按钮⬚两次,将该表面作为绘制图形的基准面,如图 12-103 所示。

图 12-102   右键快捷菜单

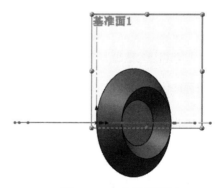

图 12-103   设置基准面

(2)绘制齿形草图。

❶ 过原点绘制一条竖直中心线,如图 12-104 所示的直线 1。

❷ 绘制两条竖直构造直线 2、3,其位置如图 12-104 所示。

Note

❸ 过原点绘制一条倾斜构造直线 4，其与竖直方向的夹角为 2.57°，如图 12-104 所示。

❹ 单击"草图"控制面板中的"圆"按钮⊙，绘制 3 个圆，直径分别为 65.72mm、70.72mm 和 75mm，如图 12-104 所示。

❺ 单击"草图"控制面板中的"点"按钮▫，在如图 12-105 所示的交点处绘制一个点。

❻ 选择菜单栏中的"工具"→"草图绘制实体"→"三点圆弧"命令，或单击"草图"控制面板中的"三点圆弧"按钮⌒，选择图 12-106 所示的圆弧起点位置和终点位置，拖动鼠标，单击任意位置确定圆弧的半径。

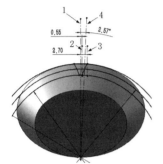

图 12-104　绘制中心线草图

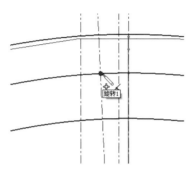

图 12-105　绘制点 1

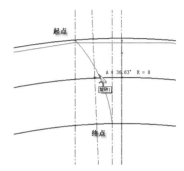

图 12-106　绘制三点圆弧

❼ 选择菜单栏中的"工具"→"关系"→"添加"命令，或单击"草图"控制面板"显示/删除几何关系"下拉列表中的"添加几何关系"按钮⌐，选择如图 12-105 所示的交点和如图 12-106 所示的圆弧，在"添加几何关系"属性管理器中添加"重合"约束，将三点圆弧完全定义，其颜色变为黑色，从而确定其半径。

❽ 按住 Ctrl 键，选择三点圆弧和过原点的竖直中心线。单击"草图"控制面板中的"镜向实体"按钮州，将三点圆弧以竖直中心线为镜向轴进行镜向复制，如图 12-107 所示。

❾ 选择菜单栏中的"工具"→"草图工具"→"剪裁"命令，或单击"草图"控制面板中的"剪裁实体"按钮🖤，将齿形草图的多余线条裁剪掉，结果如图 12-108 所示。

（3）放样切除创建齿形。

❶ 绘制点草图。选择"前视基准面"作为绘图基准面，在如图 12-109 所示的位置绘制一个点，然后退出草图编辑状态。

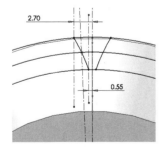

图 12-107　镜向三点圆弧

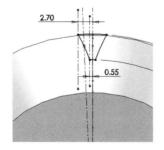

图 12-108　裁剪草图

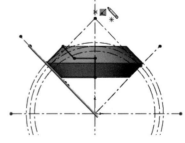

图 12-109　绘制点 2

❷ 切除放样实体。选择菜单栏中的"插入"→"切除"→"放样"命令，或单击"特征"控制面板中的"放样切割"按钮🛑，弹出"切除-放样"属性管理器。在"轮廓"列表框中分别选择如图 12-110 所示的齿形草图和如图 12-109 所示的点草图，最后单击"确定"按钮✔生成切除放样特征。

（4）圆周阵列生成多齿。

❶ 显示临时轴。选择菜单栏中的"视图"→"隐藏/显示"→"临时轴"命令，显示零件实体的临时轴。

❷ 圆周阵列实体。选择菜单栏中的"插入"→"阵列/镜向"→"圆周阵列"命令，或单击"特征"控制面板中的"圆周阵列"按钮 🕂，弹出"圆周阵列"属性管理器；选择圆锥齿轮轮廓实体的临时轴作为"阵列轴"，在"实例数"文本框 ❋ 中输入"25"，选中"等间距"复选框，在"要阵列的特征"列表框中选择切除放样实体，然后单击"确定"按钮 ✓ 进行圆周阵列，最后将临时轴、草图、基准面均隐藏，结果如图 12-111 所示。

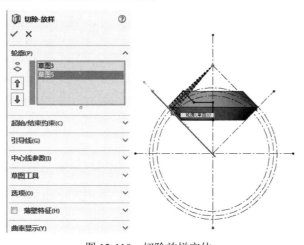

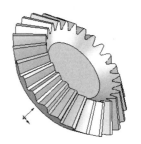

图 12-110　切除放样实体　　　　　　　图 12-111　圆周阵列生成多齿

12.5.3　拉伸、切除实体生成锥齿轮

（1）凸台拉伸实体。将圆锥齿轮的底面设置为基准面，绘制直径为 25mm 的圆，将其拉伸生成高度为 3mm 的实体，结果如图 12-112 所示。

（2）绘制键槽轴孔草图。以锥齿轮的圆形底面为基准面，绘制如图 12-113 所示的草图，作为键槽轴孔草图。

（3）切除拉伸实体。选择菜单栏中的"插入"→"切除"→"拉伸"命令，或单击"特征"控制面板中的"拉伸切除"按钮 📵，在弹出的"切除-拉伸"属性管理器中，设置切除终止条件为"完全贯穿"，然后单击"确定"按钮 ✓，生成的圆锥齿轮如图 12-114 所示。

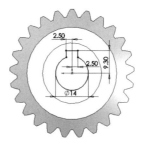

图 12-112　拉伸实体　　　　图 12-113　绘制键槽轴孔草图　　　　图 12-114　圆锥齿轮

（4）保存文件。选择菜单栏中的"文件"→"保存"命令，将零件文件保存为"圆锥齿轮"。

视频讲解

Note

12.6 齿轮泵基座

本例创建的齿轮泵基座如图 12-115 所示。齿轮泵基座是齿轮泵的主体部分，所有零件均安装在齿轮泵基座上，基座也是齿轮泵三维造型最复杂的一个零件。如图 12-116 所示为齿轮泵基座的二维工程图。创建时首先绘制基座主体轮廓草图并拉伸实体，然后绘制内腔草图，切除拉伸实体，再创建进出油口螺纹孔，最后创建连接螺纹孔、销轴孔、基座固定孔等结构。

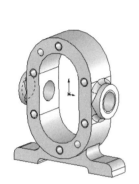

图 12-115 齿轮泵基座

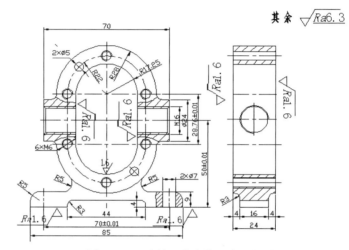

图 12-116 齿轮泵基座的二维工程图

操作步骤如下：

12.6.1 创建基座主体

（1）新建文件。启动 SOLIDWORKS 2020，选择菜单栏中的"文件"→"新建"命令，或单击"快速访问"工具栏中的"新建"按钮，在弹出的"新建 SOLIDWORKS 文件"对话框中先单击"零件"按钮，再单击"确定"按钮，创建一个新的零件文件。

（2）绘制矩形草图。在 FeatureManager 设计树中选择"前视基准面"作为绘图基准面；单击"草图"控制面板中的"草图绘制"按钮，进入草图编辑状态；然后单击"草图"控制面板中的"边角矩形"按钮，绘制一个矩形，通过标注智能尺寸使矩形的中心在原点位置，结果如图 12-117 所示。

（3）绘制圆草图。选择菜单栏中的"工具"→"草图绘制实体"→"圆"命令，或单击"草图"控制面板中的"圆"按钮，绘制两个圆，圆心分别在矩形两条水平边的中点，圆的直径与矩形水平边长度相同。注意，当光标变为 形状时，说明捕捉到边的中点，结果如图 12-118 所示。

（4）裁剪草图。选择菜单栏中的"工具"→"草图工具"→"剪裁"命令，或单击"草图"控制面板中"剪裁实体"按钮，弹出"剪裁"属性管理器，单击"剪裁到最近端"按钮进行草图裁剪；当裁剪水平边线时，系统弹出如图 12-119 所示的系统提示，说明裁剪此边线将删除相应的几何关系，单击"是"按钮，将其剪裁，结果如图 12-120 所示。

（5）添加几何关系。在如图 12-120 所示的草图中，圆弧没有被完全定义。可以选择菜单栏中的"工具"→"关系"→"添加"命令，或单击"草图"控制面板"显示/删除几何关系"下拉列表中的"添加几何关系"按钮 ⊥，弹出"添加几何关系"属性管理器；选择两个圆弧，单击"固定"按钮，将圆弧固定，从而完全定义，圆弧颜色变为黑色。

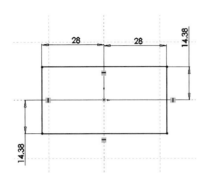

图 12-117　绘制矩形草图

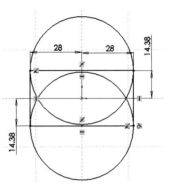

图 12-118　绘制圆草图

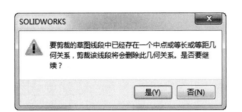

图 12-119　系统提示

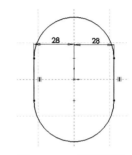

图 12-120　裁剪草图

（6）双向拉伸实体。选择菜单栏中的"插入"→"凸台/基体"→"拉伸"命令，或单击"特征"控制面板中的"拉伸凸台/基体"按钮，系统弹出"凸台-拉伸"属性管理器；选中"方向 2"复选框，各选项设置如图 12-121 所示，然后单击"确定"按钮，进行双向拉伸。

（7）绘制底座草图。在 FeatureManager 设计树中选择"前视基准面"作为绘图基准面。单击"草图"控制面板中的"边角矩形"按钮，绘制一个矩形并标注智能尺寸，如图 12-122 所示。

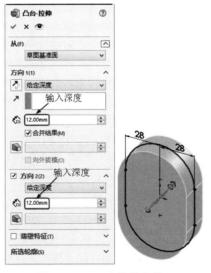

图 12-121　双向拉伸实体

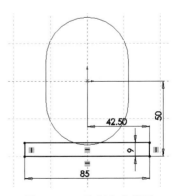

图 12-122　绘制底座草图

Note

（8）拉伸生成底座。重复步骤（6）的操作，将底座草图进行双向拉伸，设置拉伸深度为 8mm，结果如图 12-123 所示。

（9）设置基准面。单击齿轮泵端面，然后单击"前导视图"工具栏中的"正视于"按钮，将该基准面转换为正视方向。

（10）绘制内腔草图。选择菜单栏中的"工具"→"草图绘制实体"→"直线"和"圆"命令，或单击"草图"控制面板中的"直线"按钮和"圆心/起/终点画弧"按钮，绘制齿轮泵内腔草图，如图 12-124 所示。注意，绘制过程中，当光标拖动到齿轮泵端面圆弧边线处时，将自动捕捉圆弧圆心。

（11）切除拉伸实体创建内腔。选择菜单栏中的"插入"→"切除"→"拉伸"命令，或单击"特征"控制面板中的"拉伸切除"按钮，系统弹出"切除-拉伸"属性管理器，设置切除终止条件为"完全贯穿"，然后单击"确定"按钮，结果如图 12-125 所示。

图 12-123　拉伸生成底座

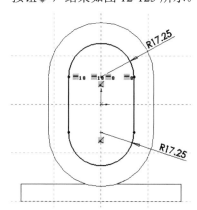

图 12-124　绘制内腔草图

图 12-125　创建内腔

12.6.2　创建进出油口

（1）设置基准面。单击齿轮泵的一个侧面，然后单击"前导视图"工具栏中的"正视于"按钮，将该基准面转换为正视方向。

（2）绘制草图。利用草图工具绘制如图 12-126 所示的进出油口草图。

（3）拉伸生成进出油口。

❶ 选择菜单栏中的"插入"→"凸台/基体"→"拉伸"命令，或单击"特征"控制面板中的"拉伸凸台/基体"按钮，拉伸实体，拉伸深度为 7mm。

❷ 重复上述操作，在齿轮泵另一个侧面绘制相同的草图，拉伸实体，得到进出油口，如图 12-127 所示。

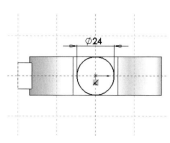

图 12-126　绘制进出油口草图

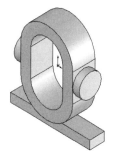

图 12-127　拉伸生成进出油口

（4）在进出油口添加螺纹孔。选择菜单栏中的"插入"→"特征"→"孔向导"命令，或单击"特征"控制面板中的"异型孔向导"按钮，系统弹出"孔规格"属性管理器；按照如图 12-128 所示进行参数设置后选择"位置"选项卡，然后分别选择两个侧面圆柱表面的圆心，最后单击"确定"按钮，得到螺纹孔，结果如图 12-129 所示。

图 12-128　"孔规格"属性管理器

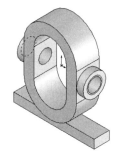

图 12-129　添加螺纹孔

12.6.3　创建连接螺纹孔特征

（1）改变视图方向。单击"前导视图"工具栏中的"前视"按钮，改变零件实体的视图方向。

（2）添加连接螺纹孔。选择菜单栏中的"插入"→"特征"→"孔向导"命令，或单击"特征"控制面板中的"异型孔向导"按钮，弹出"孔规格"属性管理器；选择孔的大小为 M6，设置终止条件为"完全贯穿"，其他选项设置保持不变，然后单击端面上的任意位置，如图 12-130 所示。按一下 Esc 键，终止点自动捕捉状态，选择螺纹孔中心点，弹出"点"属性管理器，通过改变点的坐标值为（−22,14.38,12），确定螺纹孔的位置，如图 12-131 所示，最后单击"确定"按钮。

（3）显示临时轴。选择菜单栏中的"视图"→"隐藏/显示"→"临时轴"命令，将隐藏的临时轴显示出来。

（4）圆周阵列实体。选择菜单栏中的"插入"→"阵列/镜向"→"圆周阵列"命令，在弹出的"阵列（圆周）"属性管理器中选择如图 12-132 所示的基准轴 1 作为阵列轴，设置角度值为 180、实例数为 3，单击"要阵列的特征"列表框，通过设计树选择"M6 螺纹孔 1"，然后单击"确定"按钮。

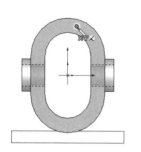

图 12-130 添加连接螺纹孔 　　　　图 12-131 编辑螺纹孔位置

（5）镜向实体。选择菜单栏中的"插入"→"阵列/镜向"→"镜向"命令，或单击"特征"控制面板中的"镜向"按钮ⓘ，系统弹出"镜向"属性管理器；选择"上视基准面"作为镜向面，选择"阵列（圆周）1"特征作为要镜向的特征，如图 12-133 所示，最后单击"确定"按钮✓。

图 12-132 圆周阵列实体

图 12-133 镜向实体

12.6.4 创建定位销孔特征

（1）绘制销孔草图。以齿轮泵的一个端面作为基准面，选择菜单栏中的"工具"→"草图绘制实体"→"直线"命令，或单击"草图"控制面板中的"直线"按钮╱，在弹出的"线条属性"属性管理器中选中"作为构造线"复选框，绘制 4 条构造线，如图 12-134 所示的点画线。单击"草图"控制面板中的"圆"按钮ⓞ，绘制一个圆，圆心在倾斜的构造线上，并标注尺寸，如图 12-134 所示。

（2）切除拉伸实体。选择菜单栏中的"插入"→"切除"→"拉伸"命令，或单击"特征"控制面板中的"拉伸切除"按钮ⓒ，系统弹出"切除-拉伸"属性管理器，设置切除终止条件为"完全贯穿"，然后单击"确定"按钮✓，结果如图 12-135 所示。

（3）绘制圆。以齿轮泵底面为基准面，绘制两个圆，其尺寸与位置如图 12-136 所示。

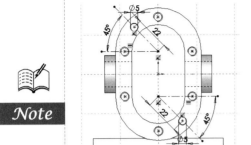

图 12-134 绘制销孔草图

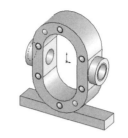

图 12-135 切除拉伸实体

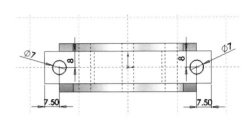

图 12-136 绘制圆

（4）切除拉伸实体。选择菜单栏中的"插入"→"切除"→"拉伸"命令，或单击"特征"控制面板中的"拉伸切除"按钮⬚，弹出"切除-拉伸"属性管理器，在"深度"文本框⬚中输入"10"，然后单击"确定"按钮✔。

12.6.5　创建底座部分及倒圆角

（1）绘制矩形。以齿轮泵底面为基准面，绘制一个矩形，尺寸如图 12-137 所示。

（2）切除拉伸实体。选择菜单栏中的"插入"→"切除"→"拉伸"命令，或单击"特征"控制面板中的"拉伸切除"按钮⬚，弹出"切除-拉伸"属性管理器，在"深度"文本框⬚中输入"4"，然后单击"确定"按钮✔。

（3）倒圆角。选择菜单栏中的"插入"→"特征"→"圆角"命令，或单击"特征"控制面板中的"圆角"按钮⬚，依次选择如图 12-138 所示的边线，设置圆角半径为 3mm，单击"确定"按钮✔。重复上述操作，选择如图 12-139 所示的边线倒圆角，圆角半径为 5mm，最终效果如图 12-140 所示。

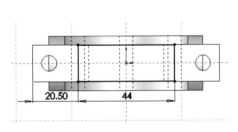

图 12-137 绘制矩形

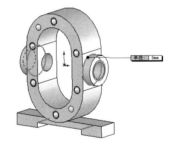

图 12-138 选择圆角边线 1

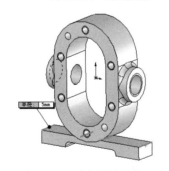

图 12-139 选择圆角边线 2

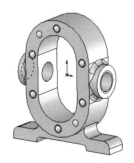

图 12-140 齿轮泵基座最终效果

（4）保存文件。选择菜单栏中的"文件"→"保存"命令，将零件文件保存为"齿轮泵基座"。

12.7　齿轮泵装配

本例进行齿轮泵的装配，齿轮泵装配体如图 12-141 所示。零件之间的装配关系实际上就是零件之间的位置约束关系。可以把一个大型的零件装配模型看作是由多个子装配体组成的，因而在创建大型的装配模型时，可先创建各个子装配体，即组件装配，再将各个子装配体按照相互位置关系进行装配，最终形成完整的装配模型。

操作步骤如下：

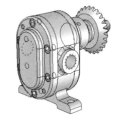

图 12-141　齿轮泵装配体

12.7.1　齿轮泵轴组件装配

1. 支撑轴组件装配

支撑轴的装配图相对比较简单，只要两个组件即可装配完成。

（1）新建装配体。启动 SOLIDWORKS 2020，选择菜单栏中的"文件"→"新建"命令，或单击"快速访问"工具栏中的"新建"按钮 🗋，在弹出的"新建 SOLIDWORKS 文件"对话框中单击"装配体"按钮 🐝，然后单击"确定"按钮，创建一个新的装配体文件。

（2）插入支撑轴。在弹出的"开始装配体"属性管理器中单击"浏览"按钮，选择前面创建保存的零件"支撑轴"，将其插入装配界面，如图 12-142 所示。

（3）插入直齿圆柱齿轮 2。选择菜单栏中的"插入"→"零部件"→"现有零件/装配体"命令，或单击"装配体"控制面板中的"插入零部件"按钮 🖋，在弹出的"打开"对话框中选择"直齿圆柱齿轮 2"，将其插入装配界面中，如图 12-143 所示。

图 12-142　插入支撑轴

图 12-143　插入直齿圆柱齿轮 2

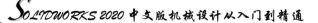
（4）添加配合关系。单击"装配体"控制面板中的"配合"按钮 ，添加配合关系。

❶ 选择直齿圆柱齿轮 2 的内孔和支撑轴的圆柱面，添加"同轴心"配合关系，结果如图 12-144 所示。

❷ 选择直齿圆柱齿轮 2 的端面和支撑轴轴肩面，如图 12-145 所示，添加"重合"配合关系，结果如图 12-146 所示。

图 12-144　添加"同轴心"配合　　　图 12-145　拾取配合面　　　图 12-146　添加"重合"配合

（5）保存文件。选择菜单栏中的"文件"→"保存"命令，将装配体文件保存为"支撑轴装配"。

2．传动轴组件装配

其大致过程是：首先新建一个装配体文件，将传动轴插入装配界面中，作为固定零件；再插入其他的零部件，并且进行相应的配合装配；最后将其保存为装配体文件。

（1）新建装配体。选择菜单栏中的"文件"→"新建"命令，或单击"快速访问"工具栏中的"新建"按钮 ，在弹出的"新建 SOLIDWORKS 文件"对话框中，先单击"装配体"按钮 ，再单击"确定"按钮，创建一个新的装配体文件。系统弹出"开始装配体"属性管理器，如图 12-147 所示。

（2）插入传动轴至装配体。单击"插入零部件"属性管理器中的"浏览"按钮，系统弹出"打开"对话框，选择前面创建的"传动轴"零件，这时对话框的浏览区中将显示零件的预览结果，如图 12-148 所示。

 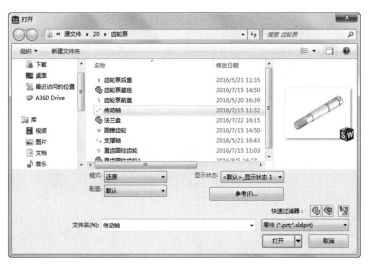

图 12-147　"开始装配件"属性管理器　　　　　　图 12-148　"打开"对话框

（3）定位传动轴。在"打开"对话框中单击"打开"按钮，系统进入装配界面，光标变为 形状，选择菜单栏中的"视图"→"原点"命令，显示坐标原点，将光标移动至原点位置，光标变为 形状，如图 12-149 所示，在目标位置单击将传动轴放入装配界面中。

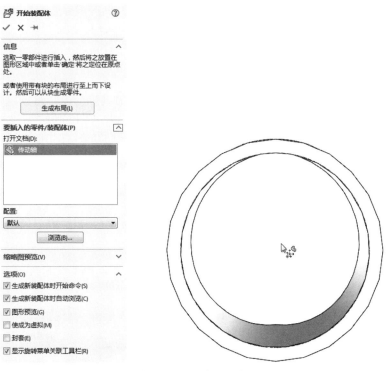

图 12-149　定位传动轴

提示：插入视图中的零部件有两种状态，一种是"固定"（**固定**），另一种是"浮动"（-）。浮动的零件可被移动，固定的则不能。第一个插入视图中的零部件，系统自动默认为固定。在 FeatureManager 设计树中右击"传动轴"，弹出的快捷菜单如图 12-150 所示，选择"浮动"命令可以使零件变固定为浮动。采用同样的方法，也可使零件变浮动为固定。

图 12-150　右键快捷菜单

（4）插入平键 1 至装配体。选择菜单栏中的"插入"→"零部件"→"现有零件/装配体"命令，或单击"装配体"控制面板中的"插入零部件"按钮，在弹出的"打开"对话框中选择"平键1"，将其插入装配界面中，结果如图 12-151 所示。

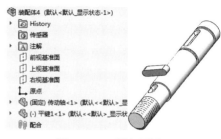

图 12-151　插入平键 1

（5）为平键 1 添加配合关系。选择菜单栏中的"插入"→"配合"命令，或单击"装配体"控制面板中的"配合"按钮，系统弹出"配合"属性管理器，在属性管理器中显示一系列标准配合，如图 12-152 所示。选择平键 1 的底面和传动轴键槽的底面作为配合面，如图 12-153 所示。在"配合"属性管理器中单击"重合"按钮，这时

系统也会自动判断配合形式，然后单击"确定"按钮，结果如图 12-154 所示。重复上述操作，选择平键 1 的侧面和键槽的侧面重合，平键的圆弧面和键槽的圆弧面同轴心，如图 12-155 所示。这时平键 1 将被完全定位，在设计树中零件前的欠定位符号将去除。

图 12-152　"配合"属性管理器

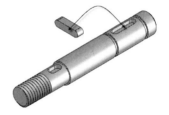

图 12-153　选择配合面 1

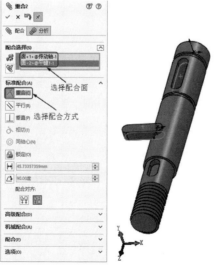

图 12-154　添加"重合"配合关系

图 12-155　添加其他配合关系

（6）插入直齿圆柱齿轮 1 至装配体。选择菜单栏中的"插入"→"零部件"→"现有零件/装配体"命令，或单击"装配体"控制面板中的"插入零部件"按钮🗗，在弹出的"打开"对话框中选择"直齿圆柱齿轮 1"，将其插入装配界面中，这时圆柱齿轮处于欠定位状态，如图 12-156 所示。

（7）为直齿圆柱齿轮 1 添加配合关系。单击"装配体"控制面板中的"配合"按钮🖉，选择直齿圆柱齿轮 1 的内孔和传动轴的圆柱面，添加"同轴心"配合；选择直齿圆柱齿轮 1 键槽的侧面和传动轴上平键 1 的侧面，如图 12-157 所示；添加"重合"配合，进行轴向定位，结果如图 12-158 所示；继续选择直齿圆柱齿轮 1 的端面和传动轴的轴肩面，如图 12-159 所示；添加"重合"配合，完成直齿圆柱齿轮 1 的定位，结果如图 12-160 所示。

图 12-156　插入直齿圆柱齿轮 1

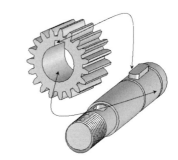

图 12-157　选择配合面 2

图 12-158　齿轮轴向定位

图 12-159　选择配合面 3

（8）插入平键 2 至装配体。选择菜单栏中的"插入"→"零部件"→"现有零件/装配体"命令，或单击"装配体"控制面板中的"插入零部件"按钮🗗，在弹出的"打开"对话框中选择"平键 2"，将其插入装配界面中。

（9）为平键 2 添加配合关系。单击"装配体"控制面板中的"配合"按钮🖉，添加平键 2 和传动轴的配合关系，其配合关系与平键 1 和传动轴的配合关系相同，即添加"重合"配合，结果如图 12-161 所示。

图 12-160　直齿圆柱齿轮 1 的定位

图 12-161　装配平键 2

（10）保存文件。选择菜单栏中的"文件"→"保存"命令，将装配体文件保存为"传动轴装配"。

12.7.2　总体装配

总体装配是三维实体建模的最后阶段，也是建模过程的关键。用户可以使用配合关系来确定零件

的位置和方向,可以自下而上设计一个装配体,也可以自上而下地进行设计,或者两种方法结合使用。

自下而上的设计方法,就是先生成零件并将其插入装配体中,然后根据设计要求配合零件的方法。该方法比较传统,因为零件是独立设计的,所以可以让设计者更加专注于单个零件的设计工作,而不用建立控制零件大小和尺寸的参考关系等复杂概念。

自上而下的设计方法是从装配体开始设计工作,用户可以使用一个零件的几何体来帮助定义另一个零件,或生成组装零件后再添加加工特征。可以将草图布局作为设计的开端,定义固定的零件位置、基准面等,然后参考这些定义来设计零件。本章将以变速箱的总体装配过程为例,介绍总体装配的实现过程,最后完成变速箱的整体建模。

1. 插入齿轮泵基座

(1)新建装配体。选择菜单栏中的"文件"→"新建"命令,或单击"快速访问"工具栏中的"新建"按钮□,在弹出的"新建 SOLIDWORKS 文件"对话框中先单击"装配体"按钮●,再单击"确定"按钮,创建一个新的装配体文件。

(2)系统进入装配环境,并弹出"开始装配体"属性管理器,单击"浏览"按钮,系统弹出"打开"对话框,选择前面创建的零件"齿轮泵基座",这时在对话框的预览区中将显示零件的预览结果,如图 12-162 所示。

(3)单击"打开"按钮,系统进入装配界面,光标变为●形状,在目标位置单击,将齿轮泵基座插入装配界面中,如图 12-163 所示。

图 12-162 "打开"对话框

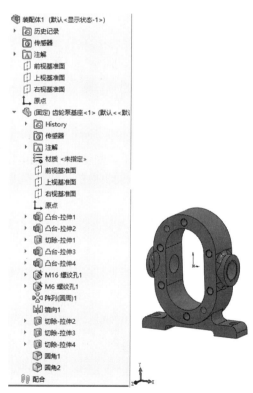

图 12-163 插入齿轮泵基座

2. 装配齿轮泵后盖

(1)插入齿轮泵后盖至装配体。选择菜单栏中的"插入"→"零部件"→"现有零件/装配体"

命令，或单击"装配体"控制面板中的"插入零部件"按钮，在弹出的"打开"对话框中选择"齿轮泵后盖"，将其插入装配界面中，如图 12-164 所示。

（2）旋转零件。为了便于装配，经常需要移动或旋转零件。其方法是单击"装配体"控制面板中的"移动零部件"按钮或"旋转零部件"按钮，然后用鼠标拖动需要移动或旋转的零件即可。

（3）添加配合关系。选择菜单栏中的"插入"→"配合"命令，或单击"装配体"控制面板中的"配合"按钮，系统弹出"配合"属性管理器；选择齿轮泵基座内腔圆弧面和齿轮泵后盖的轴孔，如图 12-165 所示，添加"同轴心"配合；再选择齿轮泵后盖的内表面和齿轮泵基座的端面，如图 12-166 所示，添加"重合"配合。

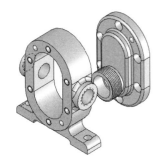
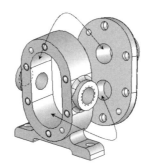

图 12-164 插入齿轮泵后盖 　　图 12-165 选择同轴心配合面 1 　　图 12-166 选择重合配合面 1

3. 装配传动轴

（1）插入传动轴子装配体至装配体。选择菜单栏中的"插入"→"零部件"→"现有零件/装配体"命令，或单击"装配体"控制面板中的"插入零部件"按钮，在弹出的如图 12-167 所示的"插入零部件"属性管理器中选择"要插入的零部件/装配体"选项组中的"传动轴装配"，传动轴装配图自动插入装配界面中，如图 12-168 所示。

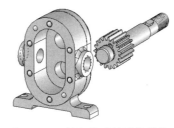

图 12-167 "插入零部件"属性管理器 　　图 12-168 插入传动轴子装配体

（2）添加配合关系。单击"装配体"控制面板中的"配合"按钮，选择传动轴的圆柱面和齿轮泵后盖的内孔，如图 12-169 所示，添加"同轴心"配合；选择传动轴装配体中的圆柱齿轮端面和齿轮泵后盖内侧面，如图 12-170 所示，添加"重合"配合，装配完传动轴子装配体后的装配体如图 12-171 所示。

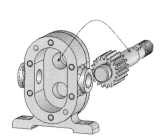 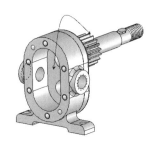 

图 12-169　选择同轴心配合面 2　　　　图 12-170　选择重合配合面 2　　　　图 12-171　装配传动轴子装配体

4. 装配支撑轴

（1）插入支撑轴子装配体至装配体。选择菜单栏中的"插入"→"零部件"→"现有零件/装配体"命令，或单击"装配体"控制面板中的"插入零部件"按钮，弹出如图 12-167 所示的"插入零部件"属性管理器，选择"要插入的零部件/装配体"选项组中的"支撑轴装配"，传动轴装配图自动插入装配界面中，如图 12-172 所示。

（2）添加配合关系。选择支撑轴的圆柱面和齿轮泵后盖的内孔，添加"同轴心"配合；选择支撑轴装配体中的直齿圆柱齿轮 2 的端面和齿轮泵后盖内侧面，如图 12-173 所示，添加"重合"配合，装配结果如图 12-174 所示。

 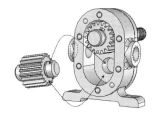 

图 12-172　插入支撑轴子装配体　　　　图 12-173　选择配合面 1　　　　图 12-174　装配支撑轴子装配体

5. 装配齿轮泵前盖

（1）插入齿轮泵前盖至装配体。选择菜单栏中的"插入"→"零部件"→"现有零件/装配体"命令，或单击"装配体"控制面板中的"插入零部件"按钮，插入齿轮泵前盖零件。

（2）添加配合关系。选择传动轴的圆柱面和齿轮泵前盖的内孔，添加"同轴心"配合；选择支撑轴的圆柱面和齿轮泵前盖的另外一个内孔，添加"同轴心"配合；选择齿轮泵前盖的内表面和齿轮泵基座端面，如图 12-175 所示，添加"重合"配合，装配结果如图 12-176 所示。

6. 装配压紧螺母和圆锥齿轮

（1）插入压紧螺母至装配体。重复插入零部件的操作方法，将压紧螺母插入装配体中。

（2）添加配合关系。选择如图 12-177 所示的配合面，分别添加"同轴心"和"重合"配合关系，结果如图 12-178 所示。

（3）装配圆锥齿轮。将圆锥齿轮插入装配体，选择如图 12-179 所示的配合面，分别添加传动轴轴肩和圆锥齿轮底面的"重合"配合、传动轴圆柱面和圆锥齿轮内孔的"同轴心"配合，以及平键和键槽侧面的"重合"配合，结果如图 12-180 所示。

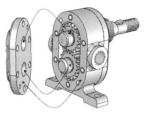

图 12-175　选择配合面 2

图 12-176　装配齿轮泵前盖

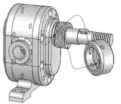

图 12-177　选择配合面 3

Note

图 12-178　装配压紧螺母

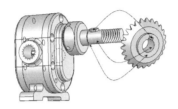

图 12-179　选择配合面 4

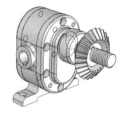

图 12-180　装配圆锥齿轮

7. 装配密封件和紧固件

（1）装配垫片。将垫片插入装配体中，分别添加垫片内孔和传动轴圆柱面的"同轴心"配合、垫片端面和圆锥齿轮端面的"重合"配合，其配合面的选择如图 12-181 所示。

（2）装配螺母 M14。将螺母 M14 插入装配体中，分别添加螺母和传动轴的"同轴心"配合、螺母端面和垫片端面的"重合"配合，结果如图 12-182 所示。

（3）装配螺钉 M6×12。将螺钉 M6×12 插入装配体中，分别添加螺钉和螺钉通孔的"同轴心"配合、螺钉帽端面和螺钉通孔台阶面的"重合"配合，其配合面的选择如图 12-183 所示。

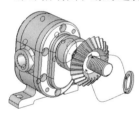

图 12-181　选择配合面 5

图 12-182　装配螺母 M14

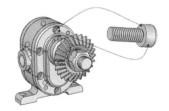

图 12-183　选择配合面 6

（4）装配其他螺钉。在设计树中选择螺钉 M6×12，然后按住 Ctrl 键，将螺钉 M6×12 拖入装配界面中，将插入一个螺钉 M6×12 到装配界面中，如图 12-184 所示。此操作与单击"装配体"控制面板中的"插入零部件"按钮 操作结果相同。接着插入 5 个螺钉，将其进行装配，结果如图 12-185 所示。

（5）在齿轮泵的另一侧装配 6 个螺钉 M6×12。

（6）装配销。将齿轮泵中用于定位的销插入装配体中，插入数量为 4 个，每侧两个，并且进行装配。

（7）保存文件。选择菜单栏中的"文件"→"保存"命令，将装配体文件保存为"齿轮泵总装配"，齿轮泵总装配效果如图 12-186 所示。

图 12-184　插入其他螺钉

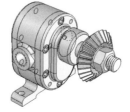

图 12-185　装配其他螺钉

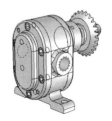

图 12-186　齿轮泵总装配效果

12.7.3 创建爆炸视图

（1）执行"爆炸"命令。选择菜单栏中的"插入"→"爆炸视图"命令，系统弹出如图 12-187 所示的"爆炸"属性管理器。单击属性管理器中"操作步骤""添加阶梯""选项"选项组右侧的箭头，将其展开。

（2）爆炸 M14 螺母。单击"添加阶梯"选项组中的"爆炸步骤零部件"列表框，在绘图区或 FeatureManager 设计树中选择"M14 螺母"零件，按照如图 12-188 所示进行参数设置，单击"添加阶梯"按钮 添加阶梯(A)，此时装配体中显示爆炸效果，如图 12-189 所示，完成"M14 螺母"零件的爆炸，并生成"爆炸步骤 1"。

图 12-187 "爆炸"属性管理器　　　　图 12-188 爆炸设置 1

（3）爆炸垫片。单击"添加阶梯"选项组中的"爆炸步骤零部件"列表框，在绘图区或 FeatureManager 设计树中选择"垫片"零件，单击绘图区显示爆炸方向坐标中水平向左的 Z 方向，如图 12-190 所示。

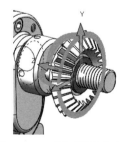

图 12-189 M14 螺母爆炸视图　　　　图 12-190 设置爆炸方向 1

（4）生成爆炸步骤。按照如图 12-191 所示的参数对爆炸零件进行设置，然后单击如图 12-191 所示的"添加阶梯"按钮 添加阶梯(A)，完成对"垫片"零件的爆炸操作，并生成"爆炸步骤 2"，结果如图 12-192 所示。

（5）爆炸圆锥齿轮。单击"添加阶梯"选项组中的"爆炸步骤的零部件"列表框，在绘图区或装配体 FeatureManager 设计树中选择"圆锥齿轮"零件，单击绘图区显示爆炸方向坐标向左的方向，如图 12-193 所示。

（6）生成爆炸步骤。按照如图 12-194 所示进行参数设置，然后单击"添加阶梯"按钮 添加阶梯(A)，完成对"圆锥齿轮"零件的爆炸，并生成"爆炸步骤 3"，结果如图 12-195 所示。

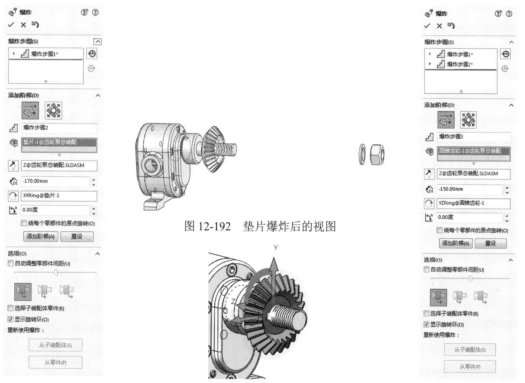

图 12-192　垫片爆炸后的视图

图 12-191　爆炸设置 2　　　　图 12-193　设置爆炸方向 2　　　　图 12-194　爆炸设置 3

（7）爆炸压紧螺母。单击"添加阶梯"选项组中的"爆炸步骤零部件"列表框，在绘图区或装配体 FeatureManager 设计树中选择"压紧螺母"零件，单击绘图区显示爆炸方向坐标的向左侧方向，如图 12-196 所示。

（8）生成爆炸步骤。按照如图 12-197 所示进行参数设置，然后单击"添加阶梯"按钮，完成对"压紧螺母"零件的爆炸，并生成"爆炸步骤 4"，结果如图 12-198 所示。

（9）爆炸齿轮泵后盖上的螺栓和销。单击"添加阶梯"选项组中的"爆炸步骤零部件"列表框，在绘图区选择齿轮泵后盖上的 6 个螺栓及两个销钉，按照如图 12-199 所示的参数进行设置，单击"添加阶梯"按钮 添加阶梯(A)，此时装配体显示爆炸效果，如图 12-200 所示，完成对齿轮泵后盖上螺栓的爆炸，并生成"爆炸步骤 5"。

（10）爆炸齿轮泵后盖。单击"添加阶梯"选项组中的"爆炸步骤零部件"列表框，在绘图区或装配体 FeatureManager 设计树中选择"齿轮泵后盖"零件，单击绘图区显示爆炸方向坐标中水平向左的 Z 方向，如图 12-201 所示。

Note

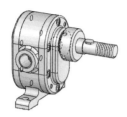

图 12-195　圆锥齿轮爆炸后的视图

图 12-196　设置爆炸方向 3

图 12-197　爆炸设置 4　　　　图 12-198　压紧螺母爆炸后的视图　　　　图 12-199　爆炸设置 5

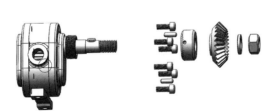

图 12-200　螺栓爆炸预览视图

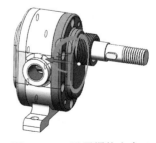

图 12-201　设置爆炸方向 4

Note

（11）生成爆炸步骤。按照如图 12-202 所示的参数对爆炸零件进行设置，然后单击"添加阶梯"按钮 [添加阶梯(A)]，完成对"齿轮泵后盖"零件的爆炸，并生成"爆炸步骤 6"，结果如图 12-203 所示。

（12）爆炸齿轮泵前盖螺栓和销。单击"添加阶梯"选项组中的"爆炸步骤零部件"列表框，选择齿轮泵前盖上的 6 个螺栓及两个销钉，单击绘图区显示爆炸方向坐标中水平向左的方向，如图 12-204 所示；按照如图 12-205 所示进行参数设置，单击"添加阶梯"按钮 [添加阶梯(A)]，此时装配体中被选中的零件显示爆炸效果，完成对齿轮泵前盖上螺栓的爆炸，并生成"爆炸步骤 7"，结果如图 12-206 所示。

图 12-203 齿轮泵后盖爆炸后的视图

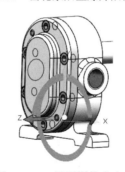

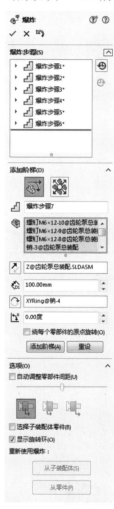

图 12-202 爆炸设置 6　　　　图 12-204 设置爆炸方向 5　　　　图 12-205 爆炸设置 7

（13）爆炸齿轮泵前盖。单击"添加阶梯"选项组中的"爆炸步骤零部件"列表框，在绘图区或装配体 FeatureManager 设计树中选择"齿轮泵前盖"零件，单击绘图区显示爆炸方向坐标中向左的方向，如图 12-207 所示。

（14）生成爆炸步骤。按照如图 12-208 所示进行设置后，单击"添加阶梯"按钮 [添加阶梯(A)]，完成对"齿轮泵前盖"零件的爆炸，并生成"爆炸步骤 8"，结果如图 12-209 所示。

（15）爆炸齿轮泵基座。单击"添加阶梯"选项组中的"爆炸步骤零部件"列表框，在绘图区或装配体 FeatureManager 设计树中选择齿轮泵基座，单击绘图区显示爆炸方向坐标中水平向左的方向，如图 12-210 所示。

图 12-206 齿轮泵前盖螺栓爆炸后的视图

图 12-207 设置爆炸方向 6

图 12-208 爆炸设置 8

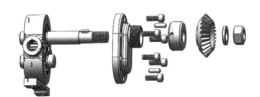

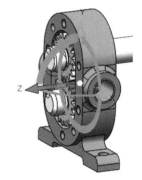

图 12-209 齿轮泵前盖爆炸后的视图

图 12-210 设置爆炸方向 7

（16）生成爆炸步骤。按照如图 12-211 所示进行参数设置后，单击"添加阶梯"按钮 添加阶梯(A)，完成对"齿轮泵基座"零件的爆炸，并生成"爆炸步骤 9"，结果如图 12-212 所示。

（17）爆炸支撑轴装配组件。单击"添加阶梯"选项组中的"爆炸步骤零部件"选项框，在绘图区或装配体 FeatureManager 设计树中选择"支撑轴装配组件"零件，单击绘图区显示爆炸方向坐标中向上的方向，如图 12-213 所示。

（18）生成爆炸步骤。按照如图 12-214 所示进行参数设置后，单击"添加阶梯"按钮 添加阶梯(A)，完成对"支撑轴装配组件"零件的爆炸，并生成"爆炸步骤 10"，最终的爆炸视图如图 12-215 所示。

图 12-212　齿轮泵基座爆炸后的视图

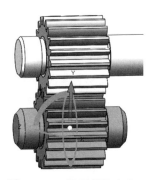

图 12-211　爆炸设置 9

图 12-213　设置爆炸方向 8

图 12-214　爆炸设置 10

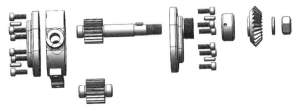

图 12-215　最终爆炸视图

12.8　齿轮泵装配工程图

本例将利用 SOLIDWORKS 的工程图相关功能绘制如图 12-216 所示的齿轮泵装配工程图。

视频讲解

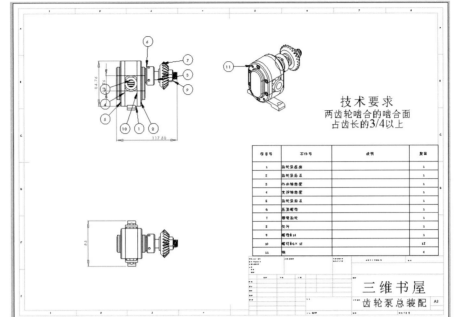

图 12-216　添加注释

操作步骤如下：

12.8.1　创建视图

（1）打开文件。启动 SOLIDWORKS 2020，选择菜单栏中的"文件"→"打开"命令，在弹出的"打开"对话框中选择将要转化为工程图的总装配图文件，如图 12-217 所示。

（2）进行图纸设置。单击"文件"下拉列表中的"从零件/装配图制作工程图"按钮，弹出"图纸格式/大小"对话框，选中"标准图纸大小"单选按钮，设置图纸尺寸，如图 12-218 所示，单击"确定"按钮，完成图纸设置。

图 12-217　齿轮泵总装配图

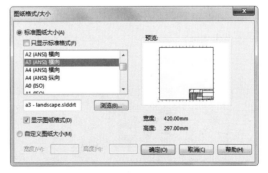

图 12-218　"图纸格式/大小"对话框

（3）在绘图区插入前视图。选择菜单栏中的"插入"→"工程图视图"→"模型"命令，或单击"视图布局"控制面板中的"模型视图"按钮，弹出"模型视图"属性管理器，如图 12-219 所示。单击"浏览"按钮，在弹出的"选择"对话框中，选择要生成工程图的齿轮泵总装配体文件，然后单击"模型视图"属性管理器上方的"下一步"按钮，进行模型视图参数设置，如图 12-220 所示。此时在绘图区会出现如图 12-221 所示的图纸放置框，在图纸中合适的位置放置前视图，如图 12-222

所示。单击"视图布局"控制面板中的"投影视图"按钮，选择前视图，会发现上视图的预览会跟随光标出现（注意：前视图与另外两个视图有固定的对齐关系，当移动前视图时，另外两个视图也会跟着移动。另外两个视图可以独立移动，但是只能水平或垂直于主视图移动）。选择合适的位置放置上视图，效果如图 12-223 所示。

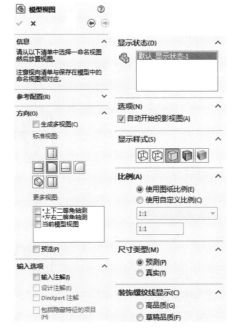
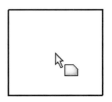

图 12-219　"模型视图"属性管理器　　图 12-220　模型视图参数设置　　图 12-221　图纸放置框

（4）放置轴测图。再次选择"模型视图"命令，在绘图区右上角放置轴测图，如图 12-224 所示。

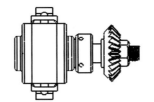

图 12-222　前视图　　　　　图 12-223　上视图　　　　　图 12-224　轴测图

12.8.2　创建明细表

（1）添加零件序号。选择菜单栏中的"插入"→"注解"→"自动零件序号"命令，或单击"注解"控制面板中的"自动零件序号"按钮，弹出"自动零件序号"属性管理器，可以设置零件序号的布局、样式等，参数设置如图 12-225 所示。在绘图区分别选择前视图和轴测图，将自动生成零件的序号，并插入适当的视图中，不会重复，添加零件序号后的图形如图 12-226 所示。

（2）生成材料明细表。工程图可包含基于表格的材料明细表或基于 Excel 的材料明细表，但两者不能同时包含。选择菜单栏中的"插入"→"表格"→"材料明细表"命令，或单击"注解"控制面板"表格"下拉列表中的"材料明细表"按钮，选择刚才创建的前视图，弹出"材料明细表"属性管理器，参数设置如图 12-227 所示。单击"确定"按钮，在绘图区将出现跟随光标移动的材料明细表格，在图纸的右下角单击，确定为定位点。添加明细表后的效果如图 12-228 所示。

Note

图 12-225 "自动零件序号"属性管理器

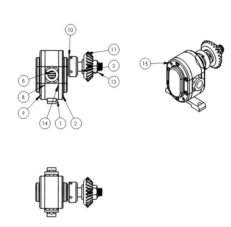

图 12-226 添加零件序号

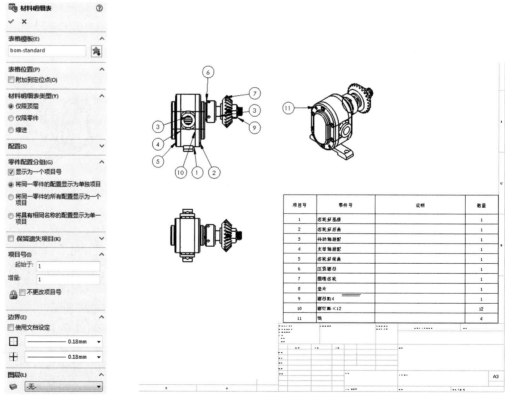

图 12-227 "材料明细表"属性管理器

图 12-228 添加明细表

项目号	零件号	说明	数量
1	齿轮罩基座		1
2	齿轮罩后盖		1
3	传动轴装配		1
4	交叉轴装配		1
5	齿轮罩前盖		1
6	压紧螺母		1
7	圆锥齿轮		1
8	垫片		1
9	螺母M4		1
10	螺钉M3×12		12
11	销		4

12.8.3　标注尺寸和技术要求

（1）为视图添加装配必要的尺寸。选择菜单栏中的"工具"→"尺寸"→"智能尺寸"命令，或单击"注解"控制面板中的"智能尺寸"按钮 ，标注视图中的尺寸，最终得到的图形如图 12-229 所示。

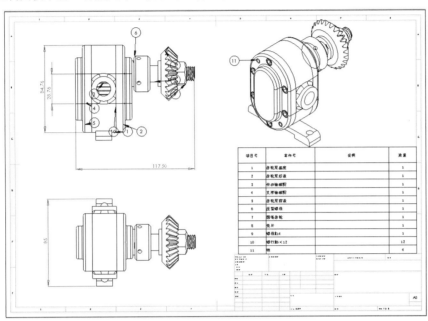

图 12-229　为视图添加装配必要的尺寸

（2）更改尺寸属性。选择视图中的所有尺寸，在"尺寸"属性管理器的"尺寸界线/引线显示"选项组中选择实心箭头，如图 12-230 所示。单击"确定"按钮 ，修改后的视图如图 12-231 所示。

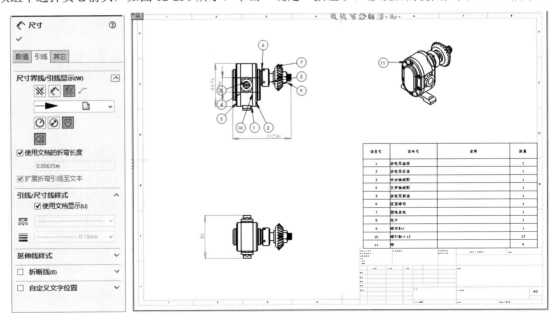

图 12-230　"尺寸"属性管理器　　　　　　　图 12-231　更改尺寸属性

Note

（3）添加注释。单击"注解"控制面板中的"注释"按钮**A**，或选择菜单栏中的"插入"→"注解"→"注释"命令，为工程图添加注释，如图 12-216 所示，完成工程图的创建。

12.9　实践与操作

12.9.1　绘制上阀瓣

本实践将绘制如图 12-232 所示的上阀瓣。

操作提示：

（1）在"前视基准面"上绘制如图 12-233 所示的草图，利用"旋转凸台"命令将草图进行旋转。

（2）选取旋转实体的上表面为草图绘制面，利用"边角矩形"按钮 🔲、"圆周阵列"按钮 🎇 和 "剪裁实体"按钮 🔩，绘制如图 12-234 所示的草图，利用"拉伸"命令将草图进行拉伸，拉伸距离为 10，如图 12-235 所示。

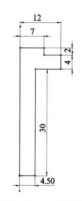

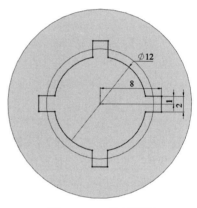

图 12-232　上阀瓣　　　　　图 12-233　绘制草图　　　　　图 12-234　绘制草图

（3）以拉伸体的下底面为草图绘制面，绘制如图 12-236 所示的草图，利用"拉伸切除"命令，将草图进行拉伸切除，拉伸距离为"完全贯通"，如图 12-237 所示。

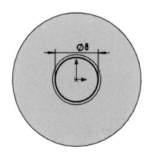

图 12-235　拉伸实体　　　　　图 12-236　绘制草图　　　　　图 12-237　切除实体

12.9.2　绘制阀体

本实践将绘制如图 12-238 所示的阀体。

操作提示：

（1）在"前视基准面"面上绘制如图 12-239 所示的草图，利用"拉伸"命令，将草图进行拉伸，拉伸距离为 40。重复"拉伸实体"命令，在圆台上表面上连续创建 $\Phi30\times30$ 和 $\Phi20\times20$ 的凸台，结果如图 12-240 所示。

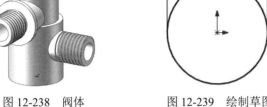

图 12-238　阀体　　　　　图 12-239　绘制草图　　　　　图 12-240　拉伸实体

（2）选择"右视基准面"，绘制如图 12-241 所示的草图。利用"拉伸凸台"命令，设置拉伸距离为 40mm。

（3）选择"上视基准面"作为绘制图形的基准面，绘制如图 12-242 所示的草图，利用"拉伸凸台"命令，设置拉伸距离为 24mm。重复"拉伸"命令，在步骤（2）中绘制的表面上创建 $\Phi30\times3$ 和 $\Phi20\times20$，结果如图 12-243 所示。

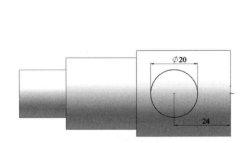

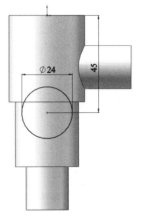

图 12-241　绘制草图　　　　　图 12-242　绘制草图　　　　　图 12-243　拉伸实体

（4）选择"上视基准面"作为绘制图形的基准面，绘制如图 12-244 所示的草图，以草图中心线为旋转轴，利用"旋转切除"命令创建孔，如图 12-245 所示。

（5）选择图 12-245 中所示的面 1，绘制直径为 12 的圆，利用"切除拉伸"命令，选择终止条件为"成形到下一面"，创建切除特征。

（6）选择图 12-246 中所示的面 1，绘制直径为 12 的圆，利用"切除拉伸"命令，选择终止条件为"成形到下一面"，创建切除特征，如图 12-247 所示。

（7）创建退刀槽 1，以"前视基准面"为"第一参考"，偏移距离为 45，创建基准面 1。在基准面 1 上绘制如图 12-248 所示的草图。利用"旋转切除"命令，完成退刀槽 1 的创建。

（8）创建退刀槽 2，以"前视基准面"为"第一参考"，偏移距离为 24，创建基准面 2。在基准面 2 上绘制如图 12-249 所示的草图。利用"旋转切除"命令，完成退刀槽 2 的创建。

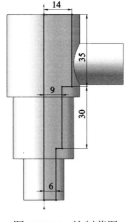

图 12-244　绘制草图

图 12-245　旋转切除实体

图 12-246　拉伸切除实体

图 12-247　拉伸切除实体

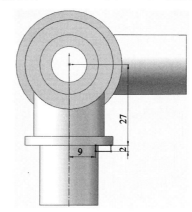

图 12-248　绘制草图

（9）选择的基准面 1 为草图绘制面，绘制如图 12-250 所示的螺纹牙型草图。

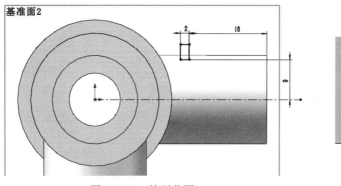

图 12-249　绘制草图

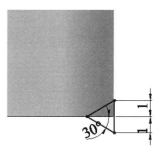

图 12-250　绘制牙型草图

（10）选择图 12-251 中的面 1 为草图绘制面，利用"转换实体引用"按钮，将边线 2 转换为草图实体。

（11）利用"螺旋线"命令创建定义方式为"高度和螺距"，输入高度为 20mm，螺距为 2.5mm，反向，起始角度为 0°，选择方向为"顺时针"的螺旋线。利用"切除扫描"命令生成螺纹，如图 12-252

所示。同理在另一个凸台上生成螺纹，如图 12-253 所示。

图 12-251　退刀槽

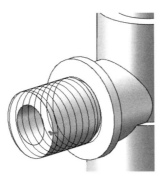

图 12-252　生成螺纹线

图 12-253　扫描切除生成螺纹

（12）选择"上视基准面"，绘制草图，如图 12-254 所示。

（13）选择基体的下底面，利用"转换实体引用"按钮，将孔边线转换为草图实体。创建"螺纹线"，选择定义方式为"高度和螺距"，输入高度为 15mm，螺距为 2mm，反向，起始角度为 0°，选择方向为"顺时针"，生成螺纹，如图 12-255 所示。

（14）绘制螺纹，选择"扫描切除"命令，创建内螺纹，如图 12-256 所示。

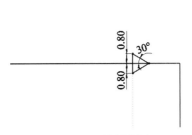

图 12-254　绘制草图

图 12-255　生成螺纹线

图 12-256　生成内螺纹

12.10　思 考 练 习

1．根据图 12-257～图 12-261 所示的零件图，创建柱塞泵零件。

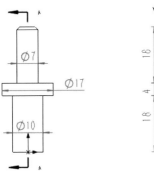

图 12-257　下阀瓣

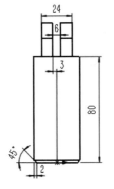

图 12-258　柱塞

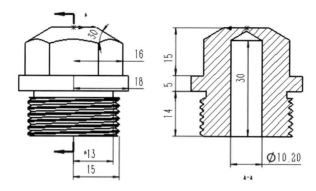

图 12-259　阀盖

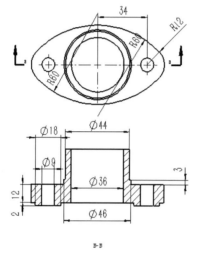

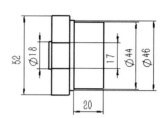

图 12-260　填料压盖

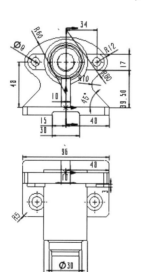

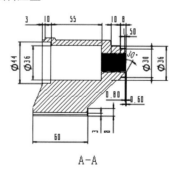

A-A

未注圆角R2

图 12-261　泵体

2. 利用 "插入零部件" 命令和 "配合" 命令装配柱塞泵，如图 12-262 所示。

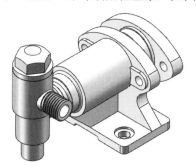

图 12-262　柱塞泵的工程图

Note

3. 利用工程图中的命令，创建如图 12-263 所示的柱塞泵装配工程图。

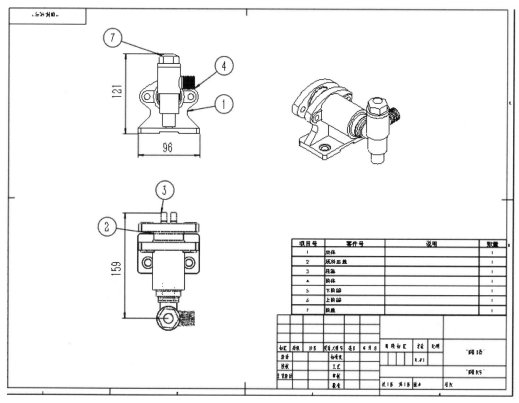

图 12-263　柱塞泵装配工程图

第13章

曲面造型基础

随着 SOLIDWORKS 版本的不断更新，其复杂形体的设计功能得到不断加强，同时由于曲面造型特征的增强，操作起来也更需要技巧。本章主要介绍曲线和曲面的生成方式以及曲面的编辑，并利用实例形式练习绘制技巧。

☑ 曲线的生成　　　　　　　☑ 曲面编辑

☑ 曲面的生成方式

任务驱动&项目案例

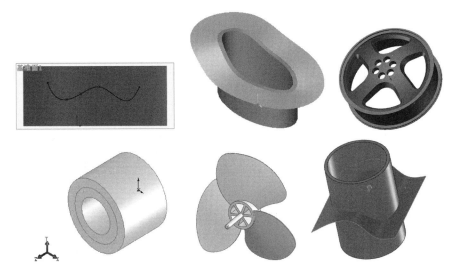

13.1　曲线的生成

SOLIDWORKS 2020 可以使用下列方法生成多种类型的三维曲线。

☑　投影曲线：从草图投影到模型面或曲面上，或从相交的基准面上绘制的线条。

☑　通过参考点的曲线：通过模型中定义的点或顶点的样条曲线。

☑　通过 XYZ 点的曲线：通过给出空间坐标的点的样条曲线。

☑　组合曲线：由曲线、草图几何体和模型边线组合而成的一条曲线。

☑　分割线：从草图投影到平面或曲面的曲线。

☑　螺旋线和涡状线：通过指定圆形草图、螺距、圈数、高度生成的曲线。

13.1.1　投影曲线

在 SOLIDWORKS 中，投影曲线主要有两种生成方式。一种方式是将绘制的曲线投影到模型面上生成一条三维曲线。另一种方式是首先在两个相交的基准面上分别绘制草图，此时系统会将每一个草图沿所在平面的垂直方向投影得到一个曲面，最后这两个曲面在空间中相交而生成一条三维曲线。下面将分别介绍两种方式生成曲线的操作步骤。

下面以实例说明利用绘制曲线投影到模型面上生成曲线。

（1）设置基准面。在左侧的 FeatureManager 设计树中选择"上视基准面"作为绘制图形的基准面。

（2）绘制样条曲线。选择菜单栏中的"工具"→"草图绘制实体"→"样条曲线"命令，或者单击"草图"控制面板中的"样条曲线"按钮 N，在步骤（1）中设置的基准面上绘制一个样条曲线，结果如图 13-1 所示。

（3）拉伸曲面。选择菜单栏中的"插入"→"曲面"→"拉伸曲面"命令，或者单击"曲面"控制面板中的"曲面-拉伸"按钮，此时系统弹出如图 13-2 所示的"曲面-拉伸"属性管理器。

（4）确认拉伸曲面。按照图示进行设置，注意设置曲面拉伸的方向，然后单击属性管理器中的"确定"按钮，完成曲面拉伸，结果如图 13-3 所示。

图 13-1　绘制的样条曲线　　　图 13-2　"曲面-拉伸"属性管理器　　　图 13-3　拉伸的曲面

（5）添加基准面。在左侧的 FeatureManager 设计树中选择"前视基准面"，然后选择菜单栏中的"插入"→"参考几何体"→"基准面"命令，或者单击"特征"控制面板"参考几何体"下拉列表

Note

中的"基准面"按钮🔲，此时系统弹出如图13-4所示的"基准面"属性管理器。在"等距距离"一栏中输入值为50，并调整设置基准面的方向。单击属性管理器中的"确定"按钮✔，添加一个新的基准面，结果如图13-5所示。

（6）设置基准面。在左侧的FeatureManager设计树中选择步骤（5）中添加的基准面，然后单击"前导视图"工具栏中的"正视于"按钮↧，将该基准面作为绘制图形的基准面。

（7）绘制样条曲线。单击"草图"控制面板中的"样条曲线"按钮Ŋ，绘制如图13-6所示的样条曲线，然后退出草图绘制状态。

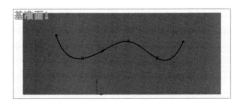

图13-4　"基准面"属性管理器　　图13-5　添加的基准面　　　　图13-6　绘制的样条曲线

（8）设置视图方向。单击"前导视图"工具栏中的"等轴测"按钮🔲，将视图以等轴测方向显示，结果如图13-7所示。

（9）生成投影曲线。选择菜单栏中的"插入"→"曲线"→"投影曲线"命令，或者单击"曲线"工具栏中的"投影曲线"按钮🔲，此时系统弹出"投影曲线"属性管理器。

（10）设置投影曲线。在属性管理器的"投影类型"一栏中，选中"面上草图"单选按钮；在"要投影的草图"一栏中，选择图13-7中的样条曲线1；在"投影面"一栏中，选择图13-7中的曲面2；在视图中观测投影曲线的方向是否投影到曲面，选中"反转投影"复选框，使曲线投影到曲面上。设置好的属性管理器如图13-8所示。

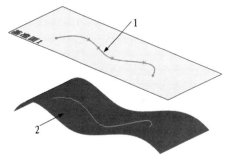

图13-7　等轴测视图　　　　　　　　　图13-8　"投影曲线"属性管理器

（11）确认设置。单击属性管理器中的"确定"按钮✔，生成所需的投影曲线。投影曲线及其FeatureManager设计树如图13-9所示。

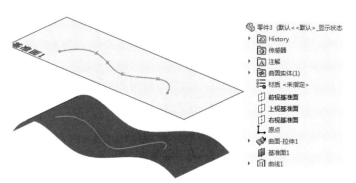

图 13-9　投影曲线及 FeatureManager 设计树

现在介绍如何利用两个相交基准面上的曲线投影得到曲线，如图 13-10 所示。

（1）在两个相交的基准面上各绘制一个草图，这两个草图轮廓所隐含的拉伸曲面必须相交，才能生成投影曲线。完成后关闭每个草图。

（2）按住 Ctrl 键选取这两个草图。

（3）单击"曲线"工具栏中的"投影曲线"按钮 🖽，或选择菜单栏中的"插入"→"曲线"→"投影曲线"命令。

（4）在弹出的"投影曲线"属性管理器的显示框中显示要投影的两个草图名称，同时在图形区域中显示所得到的投影曲线，如图 13-11 所示。

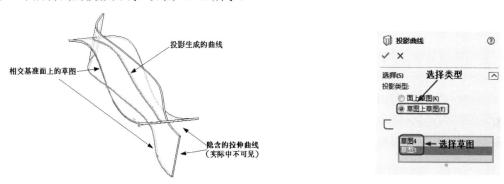

图 13-10　投影曲线　　　　　　　　　　图 13-11　"投影曲线"属性管理器

（5）单击"确定"按钮 ✔，生成投影曲线。投影曲线在特征管理器设计树中以 🖽 按钮表示。

💡提示：如果在执行"投影曲线"命令之前事先选择了生成投影曲线的草图选项，则在执行"投影曲线"命令后，属性管理器中会自动选择合适的投影类型。

13.1.2　三维样条曲线的生成

利用三维样条曲线可以生成任何形状的曲线。SOLIDWORKS 中三维样条曲线的生成方式十分丰富：用户既可以自定义样条曲线通过的点，也可以指定模型中的点作为样条曲线通过的点，还可以利用点坐标文件生成样条曲线。

穿越自定义点的样条曲线经常应用在逆向工程的曲线产生。通常逆向工程是先有一个实体模型，由三维向量床 CMM 或以激光扫描仪取得点资料。每个点包含 3 个数值，分别代表其空间坐标(X,Y,Z)。

1．自定义样条曲线通过的点

（1）单击"曲线"工具栏中的"通过 XYZ 点的曲线"按钮 ፞ ，或选择菜单栏中的"插入"→"曲线"→"通过 XYZ 点的曲线"命令。

（2）在弹出的"曲线文件"对话框（见图 13-12）中输入自由点的空间坐标，同时在图形区域中可以预览生成的样条曲线。

（3）当在最后一行的单元格中双击时，系统会自动增加一行。如果要在一行的上面再插入一个新的行，只要单击该行，然后单击"插入"按钮即可。

（4）如果要保存曲线文件，单击"保存"或"另存为"按钮，然后指定文件的名称（扩展名为.sldcrv）即可。

（5）单击"确定"按钮，即可生成三维样条曲线。

除了在"曲线文件"对话框中输入坐标来定义曲线外，SOLIDWORKS 还可以将在文本编辑器、Excel 等应用程序中生成的坐标文件（后缀名为.sldcrv 或.txt）导入系统，从而生成样条曲线。

坐标文件应该为 X、Y、Z 这 3 列清单，并用制表符（Tab）或空格分隔。

2．导入坐标文件以生成样条曲线

（1）单击"曲线"工具栏中的"通过 XYZ 点的曲线"按钮，或选择菜单栏中的"插入"→"曲线"→"通过 XYZ 点的曲线"命令。

（2）在弹出的"曲线文件"对话框中单击"浏览"按钮查找坐标文件（曲线.sldcrv），然后单击"打开"按钮。

（3）坐标文件显示在"曲线文件"对话框中，同时在图形区域中可以预览曲线效果。

（4）可以根据需要编辑坐标直到满意为止。

（5）单击"确定"按钮，生成曲线。

3．指定模型中的点作为样条曲线通过的点来生成曲线

（1）打开源文件"通过参考点的曲线"，单击"曲线"工具栏中的"通过参考点的曲线"按钮，或选择菜单栏中的"插入"→"曲线"→"通过参考点的曲线"命令。

（2）在弹出的"通过参考点的曲线"属性管理器中单击"通过点"栏下的显示框，然后在图形区域按照要生成曲线的次序选择通过的模型点。此时模型点在该显示框中显示，如图 13-13 所示。

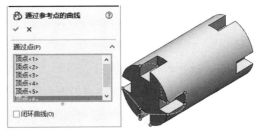

图 13-12　"曲线文件"对话框　　　图 13-13　"通过参考点的曲线"属性管理器

（3）如果想要将曲线封闭，选中"闭环曲线"复选框。

（4）单击"确定"按钮，生成通过模型点的曲线。

13.1.3　组合曲线

SOLIDWORKS 可以将多段相互连接的曲线或模型边线组合成为一条曲线。

（1）打开源文件"法兰盘"，单击"曲线"工具栏中的"组合曲线"按钮，或选择菜单栏中的"插入"→"曲线"→"组合曲线"命令。

（2）此时弹出"组合曲线"属性管理器，在图形区域中选择要组合的曲线、直线或模型边线（这些线段必须连续），则所选项目将在"组合曲线"属性管理器"要连接的实体"选项组的显示框中显

示出来，如图 13-14 所示。

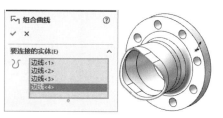

图 13-14　"组合曲线"属性管理器

（3）单击"确定"按钮 ✔，生成组合曲线。

13.1.4　螺旋线和涡状线

螺旋线和涡状线通常用在绘制螺纹、弹簧、发条等零部件中。图 13-15 显示了这两种曲线的状态。

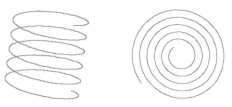

图 13-15　螺旋线（左）和涡状线（右）

1．生成一条螺旋线

（1）单击"草图"控制面板中的"草图绘制"按钮 ▭，打开一个草图并绘制一个圆。此圆的直径控制螺旋线的直径。

（2）单击"曲线"工具栏中的"螺旋线"按钮 ▨，或选择菜单栏中的"插入"→"曲线"→"螺旋线/涡状线"命令。

（3）在弹出的"螺旋线/涡状线"属性管理器中，选择"定义方式"下拉列表框中的一种螺旋线定义方式，如图 13-16 所示。

- ☑　螺距和圈数：指定螺距和圈数。
- ☑　高度和圈数：指定螺旋线的总高度和圈数。
- ☑　高度和螺距：指定螺旋线的总高度和螺距。

（4）根据步骤（3）中指定的螺旋线定义方式指定螺旋线的参数。

（5）如果要制作锥形螺旋线，则选中"锥形螺纹线"复选框并指定锥形角度以及锥度方向（向外扩张或向内扩张）。

（6）在"起始角度"文本框中指定第一圈的螺旋线的起始角度。

（7）如果选中"反向"复选框，则螺旋线将由原来的点向另一个方向延伸。

（8）选中"顺时针"或"逆时针"单选按钮，以决定螺旋线的旋转方向。

（9）单击"确定"按钮 ✔，生成螺旋线。

2．生成一条涡状线

（1）单击"草图"控制面板中的"草图绘制"按钮 ▭，打开一个草图并绘制一个圆。此圆的直径作为起点处涡状线的直径。

（2）单击"曲线"工具栏中的"螺旋线"按钮 ▨，或选择菜单栏中的"插入"→"曲线"→"螺旋线/涡状线"命令。

（3）在弹出的"螺旋线/涡状线"属性管理器中，选择"定义方式"下拉列表框中的"涡状线"，如图 13-17 所示。

图 13-16　"螺旋线/涡状线"属性管理器　　　　图 13-17　定义涡状线

（4）在对应的"螺距"和"圈数"文本框中指定螺距和圈数。

（5）如果选中"反向"复选框，则生成一个内张的涡状线。

（6）在"起始角度"文本框中指定涡状线的起始位置。

（7）选中"顺时针"或"逆时针"单选按钮，以决定涡状线的旋转方向。

（8）单击"确定"按钮✓，生成涡状线。

13.1.5　分割线

分割线工具将草图投影到曲面或平面上，可以将所选的面分割为多个分离的面，从而选择操作其中一个分离面，也可将草图投影到曲面实体生成分割线，下面是操作步骤。

（1）添加基准面。选择菜单栏中的"插入"→"参考几何体"→"基准面"命令，或者单击"特征"控制面板"参考几何体"下拉列表中的"基准面"按钮■，系统弹出如图 13-18 所示的"基准面"属性管理器。在"选择"一栏中，选择图 13-19 中的面 1；在"偏移距离"文本框⇖中输入值为 30mm，并调整基准面的方向。单击属性管理器中的"确定"按钮✓，添加一个新的基准面，结果如图 13-20 所示。

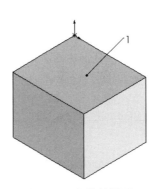

图 13-18　"基准面"属性管理器　　　图 13-19　拉伸的图形　　　图 13-20　添加基准面后的图形

（2）设置基准面。单击步骤（1）中添加的基准面，然后单击"前导视图"工具栏中的"正视于"

按钮，将该基准面作为绘制图形的基准面。

（3）绘制样条曲线。选择菜单栏中的"工具"→"草图绘制实体"→"样条曲线"命令，在步骤（2）中设置的基准面上绘制一个样条曲线，结果如图 13-21 所示，然后退出草图绘制状态。

（4）设置视图方向。单击"前导视图"工具栏中的"等轴测"按钮，将视图以等轴测方向显示，结果如图 13-22 所示。

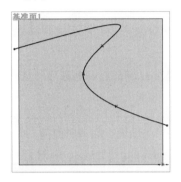

图 13-21　绘制的样条曲线

图 13-22　等轴测视图

（5）执行"分割线"命令。选择菜单栏中的"插入"→"曲线"→"分割线"命令，或者单击"曲线"工具栏中的"分割线"按钮，此时系统弹出"分割线"属性管理器。

（6）设置属性管理器。在属性管理器的"分割类型"选项组中，选中"投影"单选按钮；在"要投影的草图"一栏中，选择图 13-22 中的草图 2；在"要分割的面"一栏中，选择图 13-22 中的面 1，其他设置如图 13-23 所示。

（7）确认设置。单击属性管理器中的"确定"按钮，生成所需的分割线。

生成的分割线及其 FeatureManager 设计树如图 13-24 所示。

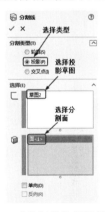

图 13-23　"分割线"属性管理器

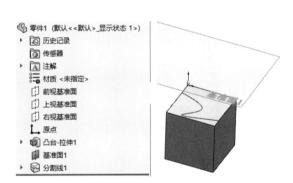

图 13-24　分割线及其 FeatureManager 设计树

提示：在使用投影方式绘制投影草图时，绘制的草图在投影面上的投影必须穿过要投影的面，否则系统会提示错误，而不能生成分割线。

13.2　曲面的生成方式

在 SOLIDWORKS 2020 中，建立曲面后，可以用很多方式对曲面进行延伸。用户既可以将曲面

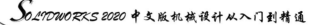

延伸到某个已有的曲面，与其缝合或延伸到指定的实体表面；也可以输入固定的延伸长度，或者直接拖动其红色箭头手柄，实时地将边界拖到想要的位置。

另外，现在的版本可以对曲面进行修剪，可以用实体修剪，也可以用另一个复杂的曲面进行修剪。此外还可以将两个曲面或一个曲面一个实体进行弯曲操作，SOLIDWORKS 2020 将保持其相关性，即当其中一个发生改变时，另一个会同时相应改变。

SOLIDWORKS 2020 可以使用下列方法生成多种类型的曲面。

☑ 由草图拉伸、旋转、扫描或放样生成曲面。

☑ 从现有的面或曲面等距生成曲面。

☑ 从其他应用程序（如 Pro/ENGINEER、MDT、Unigraphics、SolidEdge、Autodesk Inventor 等）导入曲面文件。

☑ 由多个曲面组合成曲面。

☑ 曲面实体用来描述相连的零厚度的几何体，如单一曲面、圆角曲面等。一个零件中可以有多个曲面实体。SOLIDWORKS 2020 提供了专门的曲面控制面板，如图 13-25 所示，可用于控制曲面的生成和修改。要打开或关闭"曲面"控制面板，只要选择控制面板上的任意命令图标（如"特征"），单击鼠标右键，在弹出的快捷菜单中选择"选项卡"→"曲面"命令，如图 13-26 所示，即可显示如图 13-25 所示的"曲面"控制面板。

图 13-25　"曲面"控制面板

图 13-26　打开"曲面"控制面板

13.2.1　拉伸曲面

下面介绍该方式的操作步骤。

（1）单击"草图"控制面板中的"草图绘制"按钮，打开一个草图并绘制曲面轮廓。

（2）单击"曲面"控制面板中的"拉伸曲面"按钮，或选择菜单栏中的"插入"→"曲面"→"拉伸曲面"命令。

（3）此时弹出"曲面-拉伸"属性管理器，如图 13-27 所示。

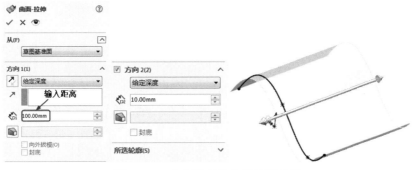

图 13-27　"曲面-拉伸"属性管理器

（4）在"方向1"选项组的"终止条件"下拉列表框中选择拉伸的终止条件。

（5）在右面的图形区域中检查预览。单击"反向"按钮，可向另一个方向拉伸。

（6）在文本框中设置拉伸的深度。

（7）如有必要，选中"方向2"复选框，将拉伸应用到第二个方向。

（8）单击"确定"按钮，完成拉伸曲面的生成。

13.2.2　旋转曲面

下面介绍该方式的操作步骤。

（1）单击"草图"控制面板中的"草图绘制"按钮，打开一个草图并绘制曲面轮廓以及将要绕其旋转的中心线。

（2）单击"曲面"控制面板中的"旋转曲面"按钮，或选择菜单栏中的"插入"→"曲面"→"旋转曲面"命令。

（3）此时弹出"曲面-旋转"属性管理器，同时在右面的图形区域中显示生成的旋转曲面，如图 13-28 所示。

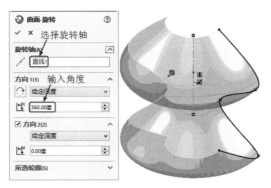

图 13-28　"曲面-旋转"属性管理器

（4）在"旋转类型"下拉列表框中选择旋转类型。

（5）在文本框中指定旋转角度。

（6）单击"确定"按钮，生成旋转曲面。

13.2.3　扫描曲面

扫描曲面的方法同扫描特征的生成方法十分类似，也可以通过引导线扫描。在扫描曲面中最重要的一点，就是引导线的端点必须贯穿轮廓图元。通常必须产生一个几何关系，强迫引导线贯穿轮廓曲线。下面介绍该方式的操作步骤。

（1）根据需要建立基准面，并绘制扫描轮廓和扫描路径。如果需要沿引导线扫描曲面，还要绘制引导线。

（2）如果要沿引导线扫描曲面，需要在引导线与轮廓之间建立重合或穿透几何关系。

（3）单击"曲面"控制面板中的"扫描曲面"按钮，或选择菜单栏中的"插入"→"曲面"→"扫描"命令。

（4）在弹出的"曲面-扫描"属性管理器中，单击 按钮（最上面的）右侧的显示框，然后在图形区域中选择轮廓草图，则所选草图将出现在该显示框中。

（5）单击 按钮右侧的显示框，然后在图形区域中选择路径草图，则所选路径草图出现在该显示框中。此时，在图形区域中可以预览扫描曲面的效果，如图 13-29 所示。

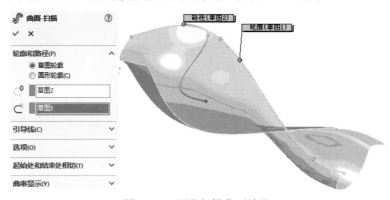

图 13-29　预览扫描曲面效果

（6）在"轮廓方位/扭转"下拉列表框中，选择以下选项。

☑　随路径变化：截面相对于路径时刻处于同一角度。

☑　保持法线不变：截面时刻与开始截面平行，而与路径相切向量无关。

☑　无：（仅限于 2D 路径）将轮廓的法线方向与路径对齐，不进行纠正。

☑　最小扭转：（仅限于 3D 路径）应用纠正以沿路径最小轮廓扭转。

☑　随路径和第一条引导线变化：如果引导线不止一条，选择该项将使扫描随第一条引导线变化。

☑　随第一条和第二条引导线变化：如果引导线不止一条，选择该项将使扫描随第一条和第二条引导线同时变化。

☑　指定扭转角度：沿路径定义轮廓扭转。选择度、弧度或圈数。

☑　指定方向向量：选择一基准面、平面、直线、边线、圆柱、轴、特征上顶点组等来设定方向向量。不可用于"保持法线不变"。

☑　与相邻面相切：将扫描附加到现有几何体时可用。使相邻面在轮廓上相切。可用于"随路径变化"。

☑　自然：（仅限于 3D 路径）当轮廓沿路径扫描时，在路径中其可绕轴转动以相对于曲率保持统一角度。

☑　合并相切面：如果扫描轮廓具有相切线段，可使所产生的扫描中的相应曲面相切。

☑　显示预览：显示扫描的上色预览。消除选择以只显示轮廓和路径。

（7）如果需要沿引导线扫描曲面，则激活"引导线"选项组。然后在图形区域中选择引导线。

（8）单击"确定"按钮，生成扫描曲面。

13.2.4　放样曲面

放样曲面是通过曲线之间进行过渡而生成曲面的方法，下面介绍该方式的操作步骤。

（1）在一个基准面上绘制放样的轮廓。

（2）建立另一个基准面，并在上面绘制另一个放样轮廓。这两个基准面不一定平行。

（3）如有必要还可以生成引导线来控制放样曲面的形状。

（4）单击"曲面"控制面板中的"放样曲面"按钮，或选择菜单栏中的"插入"→"曲面"→"放样曲面"命令。

（5）在弹出的"曲面-放样"属性管理器中，单击 按钮右侧的显示框，然后在图形区域中按顺序选择轮廓草图，则所选草图出现在该显示框中。在右面的图形区域中显示生成的放样曲面，如图 13-30 所示。

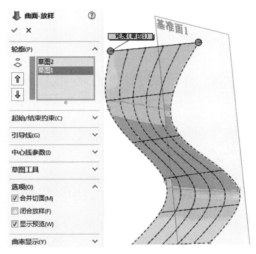

图 13-30　"曲面-放样"属性管理器

（6）单击"上移"按钮 或"下移"按钮 来改变轮廓的顺序。此项操作只针对两个轮廓以上的放样特征。

（7）如果要在放样的开始和结束处控制相切，则设置"起始/结束约束"选项组。

☑　无：不应用相切。

☑　垂直于轮廓：放样在起始和终止处与轮廓的草图基准面垂直。

☑　方向向量：放样与所选的边线或轴相切，或与所选基准面的法线相切。

（8）如果要使用引导线控制放样曲面，在"引导线"选项组中单击 按钮右侧的显示框，然后在图形区域中选择引导线。

（9）单击"确定"按钮，完成放样。

13.2.5　等距曲面

对于已经存在的曲面（不论是模型的轮廓面还是生成的曲面），都可以像等距曲线一样生成等距曲面。下面介绍该方式的操作步骤。

（1）打开源文件"等距曲面"，单击"曲面"控制面板中的"等距曲面"按钮，或选择菜单栏中的"插入"→"曲面"→"等距曲面"命令。

（2）在弹出的"等距曲面"属性管理器中，单击 按钮右侧的显示框，然后在右面的图形区域选择要等距的模型面或生成的曲面。

（3）在"等距参数"选项组的文本框中指定等距面之间的距离。此时在右面的图形区域中显示等距曲面的效果，如图 13-31 所示。

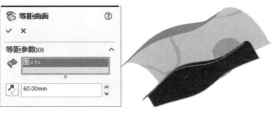

图 13-31　等距曲面效果

（4）如果等距面的方向有误，单击"反向"按钮⚹，反转等距方向。

（5）单击"确定"按钮✓，完成等距曲面的生成。

13.2.6　延展曲面

用户可以通过延展分割线、边线，并平行于所选基准面来生成曲面，如图 13-32 所示。延伸曲面在拆模时最常用。当零件进行模塑，产生公母模之前，必须先生成模块与分模面，延展曲面就用来生成分模面。下面介绍该方式的操作步骤。

（1）打开源文件"延展曲面"，选择菜单栏中的"插入"→"曲面"→"延展曲面"命令。

（2）在弹出的"延展曲面"属性管理器中，单击◎按钮右侧的显示框，然后在右面的图形区域中选择要延展的边线。

（3）单击"延展参数"栏中的第一个显示框，然后在图形区域中选择模型面作为与延展曲面方向，如图 13-33 所示。延展方向将平行于模型面。

图 13-32　延展曲面效果

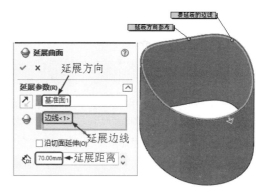

图 13-33　延展曲面

（4）注意图形区域中的箭头方向（指示延展方向），如有错误，单击"反向"按钮⚹。

（5）在◎按钮右侧的文本框中指定曲面的宽度。

（6）如果希望曲面继续沿零件的切面延伸，则选中"沿切面延伸"复选框。

（7）单击"确定"按钮✓，完成曲面的延展。

13.2.7　边界曲面

边界曲面特征可用于生成在两个方向上（曲面所有边）相切或曲率连续的曲面。下面介绍该方式的操作步骤。

（1）在一个基准面上绘制放样的轮廓。

（2）建立另一个基准面，并在上面绘制另一个放样轮廓。这两个基准面不一定平行。

（3）如有必要还可以生成引导线来控制放样曲面的形状。

（4）单击"曲面"控制面板中的"边界曲面"按钮◈，或选择菜单栏中的"插入"→"曲面"→
"边界曲面"命令。

（5）弹出"边界-曲面"属性管理器，在图形区域中按顺序选择轮廓草图，则所选草图出现在该
显示框中。在右面的图形区域中将显示生成的边界曲面，如图 13-34 所示。

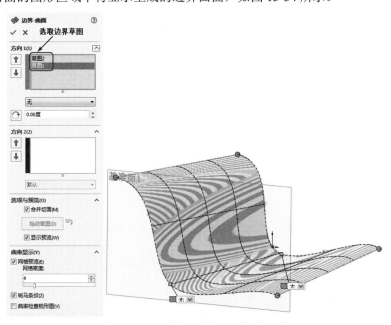

图 13-34 "边界-曲面"属性管理器

（6）单击"上移"按钮↑或"下移"按钮↓改变轮廓的顺序。此项操作只针对两个轮廓以上的
边界方向。

（7）如果要在边界的开始和结束处控制相切，则设置"起始处/结束处相切"选项组。

☑ 无：不应用相切约束，此时曲率为 0。

☑ 方向向量：根据需要为方向向量所选的实体应用相切
约束。

☑ 垂直于轮廓：垂直曲线应用相切约束。

☑ 与面相切：使相邻面在所选曲线上相切。

☑ 与面的曲率：在所选曲线处应用平滑、具有美感的曲
率连续曲面。

（8）单击"确定"按钮✔，完成边界曲面的创建，如
图 13-35 所示。

图 13-35 创建的曲面

"边界-曲面"属性管理器选项说明如下。

1. "选项与预览"选项组

☑ 合并切面：如果对应的线段相切，则会使所生成的边界特征中的曲面保持相切。

☑ 拖动草图：单击此按钮，撤销先前的草图拖动并将预览返回到其先前状态。

2. "曲率显示"选项组

☑ 网格预览：选中此复选框，显示网格，并在网格密度中调整网格行数。

☑ 曲率检查梳形图：沿方向 1 或方向 2 的曲率检查梳形图显示。在比例选项中调整曲率检查梳形图的大小。在密度选项中调整曲率检查梳形图的显示行数。

13.2.8　自由形特征

自由形特征与圆顶特征类似，也是针对模型表面进行变形操作，但是具有更多的控制选项。自由形特征通过展开、约束或拉紧所选曲面在模型上生成一个变形曲面。变形曲面灵活可变，很像一层膜。下面介绍该方式的操作步骤。

（1）执行特型特征。打开源文件"自由形特征"，选择菜单栏中的"插入"→"特征"→"自由形"命令，此时系统弹出如图 13-36 所示的"自由形"属性管理器。

（2）设置属性管理器。在"面设置"选项组中，选择图 13-37 中的表面 1，进行设置。

（3）确认特型特征。单击属性管理器中的"确定"按钮 ✔，结果如图 13-38 所示。

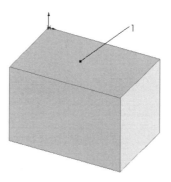

图 13-36　"自由形"属性管理器　　　图 13-37　拉伸的图形　　　图 13-38　特型的图形

13.2.9　实例——轮毂

本例创建的轮毂如图 13-39 所示。

图 13-39　轮毂

首先绘制轮毂主体曲面，然后利用旋转曲面、分割线以及放样曲面创建一个减重孔，阵列其他减重孔后裁剪曲面；最后切割曲面生成安装孔，绘制的流程如图 13-40 所示。

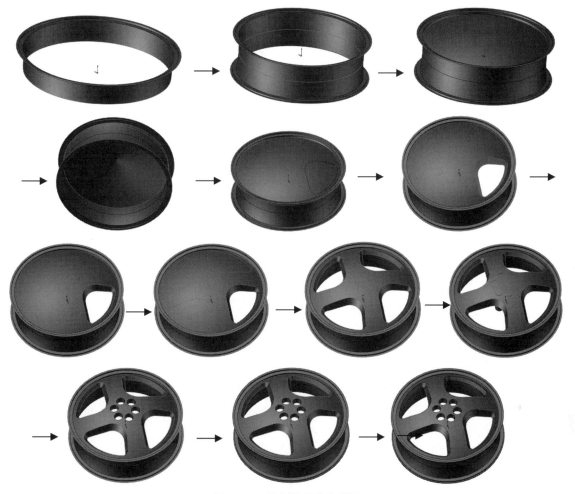

图 13-40　绘制轮毂的流程图

操作步骤如下：

1. 绘制轮毂主体

（1）新建文件。启动 SOLIDWORKS 2020，单击"快速访问"工具栏中的"新建"按钮，或选择菜单栏中的"文件"→"新建"命令，在弹出的"新建 SOLIDWORKS 文件"对话框中单击"零件"按钮，然后单击"确定"按钮，新建一个零件文件。

（2）设置基准面。在左侧 FeatureManager 设计树中选择"前视基准面"，然后单击"前导视图"工具栏中的"正视于"按钮，将该基准面作为绘制图形的基准面。单击"草图"控制面板中的"草图绘制"按钮，进入草图绘制状态。

（3）绘制草图。单击"草图"控制面板中的"中心线"按钮、"三点圆弧"按钮和"直线"按钮，绘制如图 13-41 所示的草图并标注尺寸。

（4）旋转曲面。选择菜单栏中的"插入"→"曲面"→"旋转曲面"命令，或者单击"曲面"控制面板中的"旋转曲面"按钮，此时系统弹出如图 13-42 所示的"曲面-旋转"属性管理器。选择步骤（3）中创建的草图中心线为旋转轴，其他采用默认设置，单击属性管理器中的"确定"按钮✔，结果如图 13-43 所示。

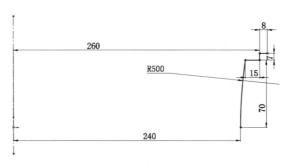

图 13-41　绘制草图

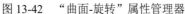

图 13-42　"曲面-旋转"属性管理器

图 13-43　旋转曲面

（5）镜向旋转面。选择菜单栏中的"插入"→"阵列/镜向"→"镜向"命令，或者单击"特征"控制面板中的"镜向"按钮🗖，此时系统弹出如图 13-44 所示的"镜向"属性管理器。选择"上视基准面"为镜向基准面，在视图中选择步骤（4）中创建的旋转曲面为要镜向的实体，单击属性管理器中的"确定"按钮✔，结果如图 13-45 所示。

（6）缝合曲面。选择菜单栏中的"插入"→"曲面"→"缝合曲面"命令，或者单击"曲面"控制面板中的"缝合曲面"按钮🗗，此时系统弹出如图 13-46 所示的"曲面-缝合"属性管理器。选择视图中所有的曲面，单击属性管理器中的"确定"按钮✔。

图 13-44　"镜向"属性管理器　　　图 13-45　镜向曲面　　　图 13-46　"曲面-缝合"属性管理器

2. 绘制减重孔

（1）设置基准面。在左侧 FeatureManager 设计树中选择"前视基准面"，然后单击"前导视图"

工具栏中的"正视于"按钮↓，将该基准面作为绘制图形的基准面。单击"草图"控制面板中的"草图绘制"按钮℃，进入草图绘制状态。

（2）绘制草图。单击"草图"控制面板中的"中心线"按钮╱和"三点圆弧"按钮△，绘制如图13-47所示的草图并标注尺寸。

（3）旋转曲面。选择菜单栏中的"插入"→"曲面"→"旋转曲面"命令，或者单击"曲面"控制面板中的"旋转曲面"按钮❀，此时系统弹出"曲面-旋转"属性管理器。选择步骤（2）中创建的草图中心线为旋转轴，其他采用默认设置，单击属性管理器中的"确定"按钮✔，结果如图13-48所示。

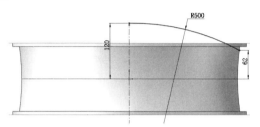

图13-47 绘制草图

图13-48 旋转曲面

（4）设置基准面。在左侧FeatureManager设计树中选择"前视基准面"，然后单击"前导视图"工具栏中的"正视于"按钮↓，将该基准面作为绘制图形的基准面。单击"草图"控制面板中的"草图绘制"按钮℃，进入草图绘制状态。

（5）绘制草图。单击"草图"控制面板中的"中心线"按钮╱和"直线"按钮╱，绘制如图13-49所示的草图并标注尺寸。

（6）旋转曲面。选择菜单栏中的"插入"→"曲面"→"旋转曲面"命令，或者单击"曲面"控制面板中的"旋转曲面"按钮❀，此时系统弹出"曲面-旋转"属性管理器。选择步骤（5）中创建的草图中心线为旋转轴，其他采用默认设置，单击属性管理器中的"确定"按钮✔，结果如图13-50所示。

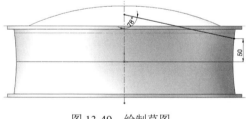

图13-49 绘制草图

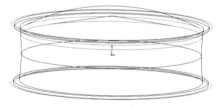

图13-50 旋转曲面

（7）设置基准面。在左侧FeatureManager设计树中选择"上视基准面"，然后单击"前导视图"工具栏中的"正视于"按钮↓，将该基准面作为绘制图形的基准面。单击"草图"控制面板中的"草图绘制"按钮℃，进入草图绘制状态。

（8）绘制草图。单击"草图"控制面板中的"中心线"按钮╱、"直线"按钮╱、圆心/起/终点画弧按钮❀和"绘制圆角"按钮□，绘制如图13-51所示的草图并标注尺寸。

（9）分割线。选择菜单栏中的"插入"→"曲线"→"分割线"命令，或者单击"曲线"工具栏中的"分割线"按钮◙，此时系统弹出如图13-52所示的"分割线"属性管理器。选择分割类型为"投影"，选择步骤（7）中绘制的草图为要投影的草图，选择步骤（3）中创建的旋转曲面为分割的面，单击属性管理器中的"确定"按钮✔，结果如图 13-53 所示。

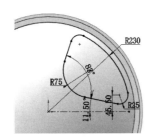

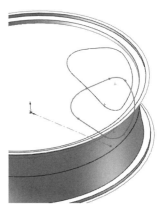

图 13-51　绘制草图　　　　图 13-52　"分割线"属性管理器　　　　图 13-53　分割曲面

（10）设置基准面。在左侧 FeatureManager 设计树中选择"上视基准面"，然后单击"前导视图"工具栏中的"正视于"按钮↓，将该基准面作为绘制图形的基准面。单击"草图"控制面板中的"草图绘制"按钮匚，进入草图绘制状态。

（11）绘制草图。单击"草图"控制面板中的"转换实体引用"按钮⬭，将步骤（5）中创建的草图转换为图素，然后单击"草图"控制面板中的"等距实体"按钮匚，将转换的图素向内偏移，偏移距离为 14，如图 13-54 所示。

（12）分割线。选择菜单栏中的"插入"→"曲线"→"分割线"命令，或者单击"曲线"工具栏中的"分割线"按钮⬭，此时系统弹出"分割线"属性管理器。选择分割类型为"投影"，选择步骤（11）中绘制的草图为要投影的草图，选择步骤（6）中创建的旋转曲面为分割的面，单击属性管理器中的"确定"按钮✔，结果如图 13-55 所示。

（13）删除面。选择菜单栏中的"插入"→"面"→"删除"命令，或者单击"曲面"控制面板中的"删除面"按钮⬭，此时系统弹出如图 13-56 所示的"删除面"属性管理器。选择创建的分割面为要删除的面，选中"删除"单选按钮，单击属性管理器中的"确定"按钮✔，结果如图 13-57 所示。

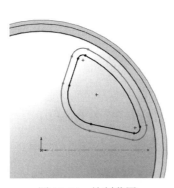

图 13-54　绘制草图　　　　图 13-55　分割曲面　　　　图 13-56　"删除面"属性管理器

（14）放样曲面。选择菜单栏中的"插入"→"曲面"→"放样曲面"命令，或者单击"曲面"控制面板中的"放样曲面"按钮⬇，系统弹出"曲面-放样"属性管理器，如图 13-58 所示。在"轮廓"

选项组中，选择删除面后的上下对应两个边线，单击"确定"按钮✓，生成放样曲面。重复"放样曲面"命令，选择其他边线进行放样，结果如图 13-59 所示。

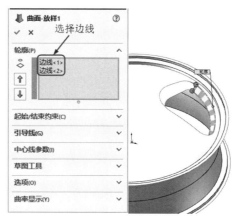

图 13-57　删除面　　　　　　　图 13-58　"曲面-放样"属性管理器

（15）缝合曲面。选择菜单栏中的"插入"→"曲面"→"缝合曲面"命令，或者单击"曲面"控制面板中的"缝合曲面"按钮，此时系统弹出如图 13-60 所示的"曲面-缝合"属性管理器。选择步骤（14）中创建的所有放样曲面，单击属性管理器中的"确定"按钮✓。

图 13-59　放样曲面　　　　　　图 13-60　"曲面-缝合"属性管理器

（16）圆周阵列实体。选择菜单栏中的"视图"→"隐藏/显示"→"临时轴"命令，显示临时轴。选择"插入"→"阵列/镜向"→"圆周阵列"命令，或者单击"特征"控制面板中的"圆周阵列"按钮，系统弹出"阵列（圆周）"属性管理器。在"阵列轴"选项组中选择基准轴，在"要阵列的特征"列表框中选择步骤（15）中创建的缝合曲面，选中"等间距"复选框，在"实例数"文本框中输入"4"，如图 13-61 所示。单击"确定"按钮✓，完成圆周阵列实体操作，效果如图 13-62 所示。

（17）剪裁曲面。选择菜单栏中的"插入"→"曲面"→"剪裁曲面"命令，或者单击"曲面"控制面板中的"剪裁曲面"按钮，此时系统弹出如图 13-63 所示的"曲面-剪裁"属性管理器。选中"相互"单选按钮，选择视图中所有的曲面为裁剪曲面，选中"移除选择"单选按钮，选择图 13-63 所示的上下 6 个曲面为要移除的面，单击属性管理器中的"确定"按钮✓，结果如图 13-64 所示。

图 13-61　"阵列（圆周）"属性管理器

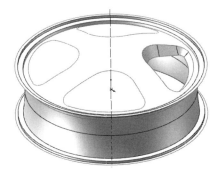

图 13-62　阵列放样曲面

图 13-63　"曲面-剪裁"属性管理器

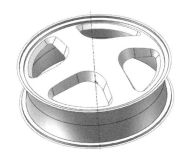

图 13-64　剪裁曲面

3. 绘制安装孔

（1）设置基准面。在左侧 FeatureManager 设计树中选择"上视基准面"，然后单击"前导视图"工具栏中的"正视于"按钮 ↓，将该基准面作为绘制图形的基准面。单击"草图"控制面板中的"草图绘制"按钮 □，进入草图绘制状态。

（2）绘制草图。单击"草图"控制面板中的"圆"按钮 ⊙，绘制如图 13-65 所示的草图并标注尺寸。

（3）拉伸曲面。选择菜单栏中的"插入"→"曲面"→"拉伸曲面"命令，或者单击"曲面"

控制面板中的"拉伸曲面"按钮 ，此时系统弹出如图 13-66 所示的"曲面-拉伸"属性管理器。选择步骤（2）中创建的草图，设置终止条件为"给定深度"，输入拉伸距离为 120mm，单击属性管理器中的"确定"按钮 ✓，结果如图 13-67 所示。

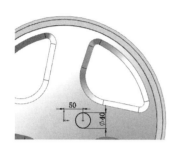

图 13-65 绘制草图   图 13-66 "曲面-拉伸"属性管理器   图 13-67 拉伸曲面

（4）圆周阵列实体。选择菜单栏中的"插入"→"阵列/镜向"→"圆周阵列"命令，或者单击"特征"控制面板中的"圆周阵列"按钮 ，系统弹出"阵列（圆周）"属性管理器；在"阵列轴"选项组中选择基准轴，在"要阵列的特征"列表框中选择步骤（3）中创建的拉伸曲面，选中"等间距"复选框，在"实例数"文本框 中输入"6"，如图 13-68 所示。单击"确定"按钮 ✓，完成圆周阵列实体操作。选择菜单栏中的"视图"→"隐藏/显示"→"临时轴"命令，不显示临时轴，效果如图 13-69 所示。

图 13-68 "阵列（圆周）"属性管理器   图 13-69 阵列拉伸曲面

（5）剪裁曲面。选择菜单栏中的"插入"→"曲面"→"剪裁曲面"命令，或者单击"曲面"控制面板中的"剪裁曲面"按钮 ，此时系统弹出如图 13-70 所示的"曲面-剪裁"属性管理器。选中"相互"单选按钮，选择最上面的曲面和圆周阵列的拉伸曲面，选中"移除选择"单选按钮，选择如图 13-70 所示的面为要移除的面，单击属性管理器中的"确定"按钮 ✓，隐藏基准面 1，结果如图 13-71 所示。

（6）加厚曲面。选择菜单栏中的"插入"→"凸台/基体"→"加厚"命令，此时系统弹出如图 13-72 所示的"加厚"属性管理器。选择视图中的缝合曲面，选择"加厚侧面 2"选项 ，输入厚度为 4mm，单击属性管理器中的"确定"按钮 ✅，结果如图 13-73 所示。

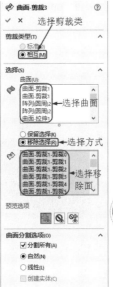

图 13-70 "曲面-剪裁"属性管理器   图 13-71 剪裁曲面

图 13-72 "加厚"属性管理器   图 13-73 加厚曲面

（7）缝合曲面。选择菜单栏中的"插入"→"曲面"→"缝合曲面"命令，或者单击"曲面"控制面板中的"缝合曲面"按钮 🗐，此时系统弹出如图 13-74 所示的"曲面-缝合"属性管理器。选择视图中所有的曲面，选中"合并实体"复选框，单击属性管理器中的"确定"按钮 ✅，结果如图 13-75 所示。

图 13-74 "曲面-缝合"属性管理器   图 13-75 缝合曲面

13.3　曲　面　编　辑

SOLIDWORKS 还提供了填充曲面、缝合曲面、延伸曲面、剪裁曲面、移动/复制/旋转曲面、删除曲面、替换面、中面、曲面切除等多种曲面编辑方式，相应的曲面编辑按钮在"曲面"控制面板中。接下来对各个曲面编辑功能进行介绍。

视频讲解

13.3.1　填充曲面

填充曲面是指在现有模型边线、草图或者曲线定义的边界内构成带任何边数的曲面修补。

下面介绍该方式的操作步骤。

（1）打开源文件"填充曲面"，单击"曲面"控制面板中的"填充曲面"按钮◈，或选择菜单栏中的"插入"→"曲面"→"填充曲面"命令。

（2）在弹出的"填充曲面"属性管理器中单击"修补边界"选项组中的第一个显示框，然后在右面的图形区域中选择边线。此时被选项目将出现在该显示框中，如图 13-76 所示。

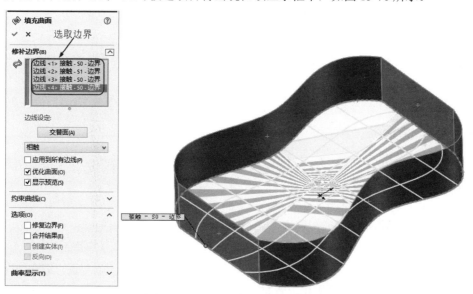

图 13-76　"填充曲面"属性管理器

（3）单击"交替面"按钮，可为修补的曲率控制反转边界面。

（4）单击"确定"按钮✔，完成填充曲面的创建，如图 13-77 所示。

"填充曲面"属性管理器选项说明如下。

1. "修补边界"选项组

☑　交替面：可为修补的曲率控制反转边界面。只在实体模型上生成修补时使用。

☑　曲率控制：定义在所生成的修补上进行控制的类型。

图 13-77　创建的曲面

> ➤ 相触：在所选边界内生成曲面。
> ➤ 相切：在所选边界内生成曲面，但保持修补边线的相切。
> ➤ 曲率：在与相邻曲面交界的边界边线上，生成与所选曲面的曲率相配套的曲面。

- ☑ 应用到所有边线：选中此复选框，将相同的曲率控制应用到所有边线。如果在将接触以及相切应用到不同边线后选中此复选框，将应用当前选择的所有边线。
- ☑ 优化曲面：优化曲面与放样的曲面相类似的简化曲面修补。优化的曲面修补的潜在优势包括重建时间加快以及当与模型中的其他特征一起使用时增强了稳定性。
- ☑ 显示预览：在修补上显示网格线以帮助直观地查看曲率。

2. "选项"选项组

- ☑ 修复边界：通过自动建造遗失部分或裁剪过大部分来构造有效边界。
- ☑ 合并结果：当所有边界都属于同一实体时，可以使用曲面填充来修补实体。如果至少有一个边线是开环薄边，选中"合并结果"复选框，那么曲面填充会用边线所属的曲面缝合。如果所有边界实体都是开环边线，那么可以选择生成实体。
- ☑ 创建实体：如果所有边界实体都是开环曲面边线，那么形成实体是有可能的。默认情况下，不选中"创建实体"复选框。
- ☑ 反向：当用填充曲面修补实体时，如果填充曲面显示的方向不符合需要，则选中"反向"复选框更改方向。

> 💡提示：使用边线进行曲面填充时，所选择的边线必须是封闭的曲线。如果选中属性管理器中的"合并结果"复选框，则填充的曲面将和边线的曲面组成一个实体，否则填充的曲面为一个独立的曲面。

13.3.2 缝合曲面

缝合曲面是将相连的两个或多个面和曲面连接成一体，缝合曲面需要注意以下方面。

- ☑ 曲面的边线必须相邻并且不重叠。
- ☑ 要缝合的曲面不必处于同一基准面上。
- ☑ 可以选择整个曲面实体或选择一个或多个相邻曲面实体。
- ☑ 缝合曲面不吸收用于生成它们的曲面。
- ☑ 空间曲面经过剪裁、拉伸和圆角等操作后，可以自动缝合，而不需要进行缝合曲面操作。

将多个曲面缝合为一个曲面的操作步骤如下。

（1）打开源文件"缝合曲面"，单击"曲面"控制面板中的"缝合曲面"按钮，或选择菜单栏中的"插入"→"曲面"→"缝合曲面"命令，此时会出现如图 13-78 所示的"缝合曲面"属性管理器。在其中单击"选择"选项组中◆按钮右侧的显示框，然后在图形区域中选择要缝合的面，所选项目将列举在该显示框中。

（2）单击"确定"按钮，完成曲面的缝合工作，缝合后的曲面外观没有任何变化，但是多个曲面已经可以作为一个实体来选择和操作了，如图 13-79 所示。

"缝合曲面"属性管理器选项说明如下。

- ☑ 缝合公差：控制哪些缝隙缝合在一起，哪些保持打开。大小低于公差的缝隙会缝合。
- ☑ 显示范围中的缝隙：只显示范围中的缝隙。拖动滑竿可更改缝隙范围。

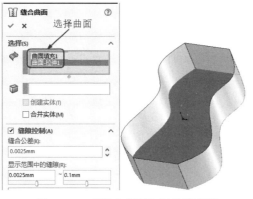

图 13-78　"缝合曲面"属性管理器

图 13-79　曲面缝合工作

Note

13.3.3　延伸曲面

延伸曲面可以在现有曲面的边缘沿着切线方向，以直线或随曲面的弧度产生附加的曲面。下面介绍该方式的操作步骤。

（1）打开源文件"延伸曲面"，单击"曲面"控制面板中的"延伸曲面"按钮，或选择菜单栏中的"插入"→"曲面"→"延伸曲面"命令。

（2）弹出"延伸曲面"属性管理器，单击"拉伸的边线/面"选项组中的第一个显示框，然后在右面的图形区域中选择曲面边线或面。此时被选项目出现在该显示框中，如图 13-80 所示。

（3）在"终止条件"选项组的单选按钮组中选择一种延伸结束条件。

☑　距离：在 文本框中指定延伸曲面的距离。

☑　成形到某一点：延伸曲面到图形区域中选择的某一点。

☑　成形到某一面：延伸曲面到图形区域中选择的面。

（4）在"延伸类型"选项组的单选按钮组中选择延伸类型。

☑　同一曲面：沿曲面的几何体延伸曲面，如图 13-81（a）所示。

☑　线性：沿边线相切于原来曲面来延伸曲面，如图 13-81（b）所示。

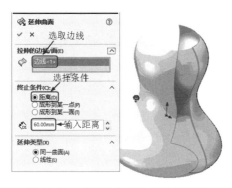

图 13-80　"延伸曲面"属性管理器

（a）延伸类型为"同一曲面"

（b）延伸类型为"线性"

图 13-81　延伸类型

（5）单击"确定"按钮，完成曲面的延伸。如果在步骤（2）中选择的是曲面的边线，则系统会延伸这些边线形成的曲面；如果选择的是曲面，则曲面上所有的边线相等地延伸整个曲面。

13.3.4 剪裁曲面

剪裁曲面主要有两种方式，第一种是将两个曲面互相剪裁，第二种是以线性图元修剪曲面。下面介绍该方式的操作步骤。

（1）打开源文件"剪裁曲面"，单击"曲面"控制面板中的"剪裁曲面"按钮 ，或选择菜单栏中的"插入"→"曲面"→"剪裁"命令。

（2）弹出"剪裁曲面"属性管理器，在"剪裁类型"单选按钮组中选择剪裁类型。

☑ 标准：使用曲面作为剪裁工具，在曲面相交处剪裁其他曲面。

☑ 相互：将两个曲面作为互相剪裁的工具。

（3）如果在步骤（2）中选择了"裁剪工具"，则在"选择"选项组中单击"剪裁工具"项目中 按钮右侧的显示框，然后在图形区域中选择一个曲面作为剪裁工具；单击"保留部分"项目中 按钮右侧的显示框，然后在图形区域中选择曲面作为保留部分。所选项目会在对应的显示框中显示，如图 13-82 所示。

（4）如果在步骤（2）中设置为相互剪裁，则在"选择"选项组中单击"剪裁曲面"项目中 按钮右侧的显示框，然后在图形区域中选择作为剪裁曲面的至少两个相交曲面；单击"保留部分"项目中 按钮右侧的显示框，然后在图形区域中选择需要的区域作为保留部分（可以是多个部分），则所选项目会在对应的显示框中显示，如图 13-83 所示。

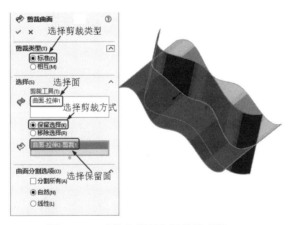
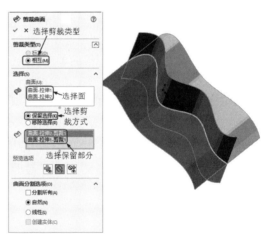

图 13-82　"剪裁曲面"属性管理器　　　　图 13-83　"剪裁类型"为相互剪裁

（5）单击"确定"按钮 ，完成曲面的剪裁，如图 13-84 所示。

图 13-84　剪裁效果

13.3.5　移动/复制/旋转曲面

用户可以像拉伸特征、旋转特征那样对曲面特征进行移动、复制、旋转等操作。

1. 要移动/复制曲面

（1）打开源文件"移动复制曲面"，选择"插入"→"曲面"→"移动/复制"命令。

（2）弹出"移动/复制实体"属性管理器，单击最下面的"平移/旋转"按钮，切换到"平移/旋转"模式。

（3）单击"要移动/复制的实体"选项组中🧊按钮右侧的显示框，然后在图形区域或特征管理器设计树中选择要移动/复制的实体。

（4）如果要复制曲面，则选中"复制"复选框，然后在🔢文本框中指定复制的数目。

（5）单击"平移"选项组中🔘按钮右侧的显示框，然后在图形区域中选择一条边线来定义平移方向；或者在图形区域中选择两个顶点来定义曲面移动或复制体之间的方向和距离。

（6）也可以在 **ΔX**、**ΔY**、**ΔZ** 文本框中指定移动的距离或复制体之间的距离。此时在右面的图形区域中可以预览曲面移动或复制的效果，如图 13-85 所示。

图 13-85　"移动/复制实体"属性管理器

（7）单击"确定"按钮✔，完成曲面的移动/复制。

2. 要旋转/复制曲面

（1）打开源文件"旋转复制曲面"，选择"插入"→"曲面"→"移动/复制"命令。

（2）弹出"移动/复制实体"属性管理器，单击"要移动/复制的实体"选项组中🧊按钮右侧的显示框，然后在图形区域或特征管理器设计树中选择要旋转/复制的曲面。

（3）如果要复制曲面，则选中"复制"复选框，然后在🔢文本框中指定复制的数目。

（4）激活"旋转"选项，单击🔘按钮右侧的显示框，在图形区域中选择一条边线定义旋转方向。

（5）在🔘ₓ、🔘ᵧ、🔘ᵤ文本框中指定原点在 X 轴、Y 轴、Z 轴方向移动的距离，然后在文本框中指定曲面绕 X、Y、Z 轴旋转的角度。此时在右面的图形区域中可以预览曲面复制/旋转的效果，如图 13-86 所示。

（6）单击"确定"按钮✔，完成曲面的旋转/复制。

图 13-86　旋转曲面

13.3.6　删除曲面

用户可以从曲面实体中删除一个面，并能对实体中的面进行删除和自动修补，下面介绍该方式的操作步骤。

（1）打开源文件"删除曲面"，单击"曲面"控制面板中的"删除面"按钮，或选择菜单栏中的"插入"→"面"→"删除"命令。

（2）弹出"删除面"属性管理器，单击"选择"选项组中按钮右侧的显示框，然后在图形区域或特征管理器中选择要删除的面。此时要删除的曲面在该显示框中显示，如图 13-87 所示。

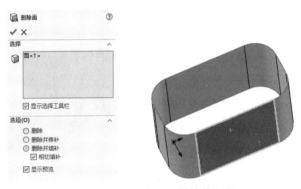

图 13-87　"删除面"属性管理器

（3）如果选中"删除"单选按钮，将删除所选曲面；如果选中"删除并修补"单选按钮，则在删除曲面的同时，对删除曲面后的曲面进行自动修补；如果选中"删除并填补"单选按钮，则在删除曲面的同时，对删除曲面后的曲面进行自动填充。

（4）单击"确定"按钮，完成曲面的删除。

13.3.7　替换面

替换面是指以新曲面实体来替换曲面或者实体中的面。替换曲面实体不必与旧的面具有相同的边界。在替换面时，原来实体中的相邻面自动延伸并剪裁到替换曲面实体。

在上面的几种情况中，比较常用的是用一曲面实体替换另一个曲面实体中的一个面。

选择菜单栏中的"插入"→"面"→"替换"命令，或者单击"曲面"控制面板中的"替换面"按钮，此时系统弹出"替换面"属性管理器，如图 13-88 所示。

替换曲面实体可以是以下类型之一。

☑ 任何类型的曲面特征，如拉伸、放样等。

☑ 缝合曲面实体，或复杂的输入曲面实体。

☑ 通常比正替换的面要宽和长。然而在某些情况下，当替换曲面实体比要替换的面小时，替换
曲面实体延伸以与相邻面相遇。

下面将以图 13-80 为例说明替换面的操作步骤。

（1）执行"替换面"命令。打开源文件"替换面"，选择菜单栏中的"插入"→"面"→"替换"
命令，或者单击"曲面"控制面板中的"替换面"按钮，此时系统弹出"替换面"属性管理器。

（2）设置属性管理器。在属性管理器的"替换的目标面"列表框中，选择图 13-89 中的面 2；在
"替换参数"列表框中，选择图 13-89 中的曲面 1，此时属性管理器如图 13-90 所示。

图 13-88   "替换面"属性管理器   图 13-89   待生成替换的图形   图 13-90   "替换面"属性管理器

（3）确认替换面。单击属性管理器中的"确定"按钮，生成替换面，结果如图 13-91 所示。

（4）隐藏替换的目标面。右击图 13-91 中的曲面 1，在弹出的快捷菜单中单击"隐藏"按钮，如
图 13-92 所示。

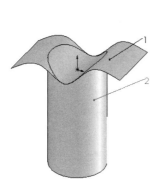

图 13-91   生成的替换面   图 13-92   快捷菜单

（5）隐藏面后的图形及其 FeatureManager 设计树如图 13-93 所示。

（6）在替换面中，替换的面有两个特点：一是必须替换，必须相连；二是不必相切。替换曲面
实体可以是以下几种类型之一。

☑ 可以是任何类型的曲面特征，如拉伸、放样等。

☑ 可以是缝合曲面实体或者复杂的输入曲面实体。

☑ 通常比正替换的面要宽和长。然而在某些情况下，当替换曲面实体比要替换的面小时，替换
曲面实体会自动延伸以与相邻面相遇。

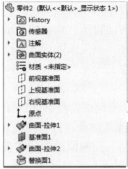

图 13-93　隐藏目标面后的图形及其 FeatureManager 设计树

💡提示：确认你的替换曲面实体比正替换的面要宽和长。

13.3.8　中面

中面工具可让在实体上合适的所选双对面之间生成中面。合适的双对面应该处处等距，并且必须属于同一实体。

与任何在 SOLIDWORKS 中生成的曲面相同，中面包括所有曲面的属性，中面通常有以下几种情况。

☑　单个：从视图区域中选择单个等距面生成中面。

☑　多个：从视图区域中选择多个等距面生成中面。

☑　所有：单击"中面"属性管理器中的"查找双对面"按钮，让系统选择模型上所有合适的等距面，用于生成所有等距面的中面。

（1）执行"中面"命令。打开源文件"中面"，选择菜单栏中的"插入"→"曲面"→"中面"命令，此时系统弹出"中面"属性管理器。

（2）设置"中面"属性管理器。在属性管理器的"面 1"一栏中选择图 13-94 中的面 1；在"面 2"一栏中选择图 13-94 中的面 2；在"定位"数值框中输入值为 50%，其他设置如图 13-95 所示。

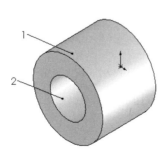

图 13-94　待生成中面的图形

图 13-95　"中面"属性管理器

（3）确认中面。单击属性管理器中的"确定"按钮✔，生成中面。

💡提示：生成中面的定位值是从面 1 的位置开始，位于面 1 和面 2 之间。

生成中面后的图形及其 FeatureManager 设计树如图 13-96 所示。

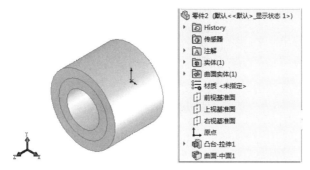

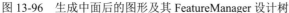

图 13-96 生成中面后的图形及其 FeatureManager 设计树

提示：生成中面的定位值，是从面 1 的位置开始，位于面 1 和面 2 之间。

13.3.9 曲面切除

SOLIDWORKS 还可以利用曲面生成对实体的切除，下面介绍该方式的操作步骤。

（1）打开源文件"曲面切除"，选择"插入"→"切除"→"使用曲面"命令，此时弹出"使用曲面切除"属性管理器。

（2）在图形区域或特征管理器设计树中选择切除要使用的曲面，所选曲面出现在"曲面切除参数"选项组的显示框中，如图 13-97（a）所示。

（3）图形区域中箭头指示实体切除的方向。如有必要，单击"反向"按钮改变切除方向。

（4）单击"确定"按钮，则实体被切除，如图 13-97（b）所示。

（5）使用"剪裁曲面"工具对曲面进行剪裁，得到实体切除效果，如图 13-97（c）所示。

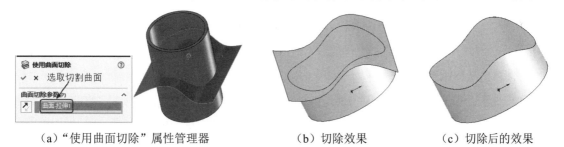

（a）"使用曲面切除"属性管理器　　　　（b）切除效果　　　（c）切除后的效果

图 13-97 曲面切除

除了这几种常用的曲面编辑方法，还有圆角曲面、加厚曲面、填充曲面等多种编辑方法，各方法的操作基本与特征的编辑类似，这里不再赘述。

13.4 综合实例——风叶建模

本例创建的风叶模型如图 13-98 所示。

风叶模型主要由扇叶和扇叶轴构成。在创建该模型的过程中，应用到的命令主要有"放样曲面""分割曲面""删除曲面""加厚曲面""拉伸切除实体""凸台放样"，其创建流程如图 13-99 所示。

视 频 讲 解

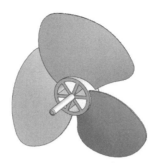

图 13-98 风叶模型

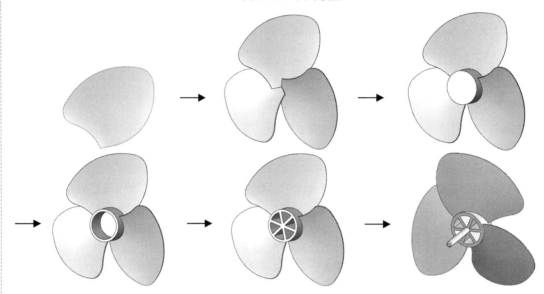

图 13-99 风叶模型创建流程

操作步骤如下：

1．创建扇叶基体

（1）新建文件。启动 SOLIDWORKS 2020，选择菜单栏中的"文件"→"新建"命令，或单击"快速访问"工具栏中的"新建"按钮，在弹出的"新建 SOLIDWORKS 文件"对话框中单击"零件"按钮，然后单击"确定"按钮，创建一个新的零件文件。

（2）创建基准面 1。选择菜单栏中的"插入"→"参考几何体"→"基准面"命令，或单击"特征"控制面板"参考几何体"下拉列表中的"基准面"按钮，系统弹出"基准面"属性管理器，如图 13-100 所示，在"参考实体"选项框中选择 FeatureManager 设计树中的"右视基准面"，在"偏移距离"文本框中输入"155"，注意添加基准面的方向，单击"确定"按钮，创建基准面 1。单击"前导视图"工具栏中的"等轴测"按钮，将视图以等轴测方式显示，如图 13-101 所示。

（3）设置基准面。在 FeatureManager 设计树中选择"基准面 1"，然后单击"前导视图"工具栏中的"正视于"按钮，将该基准面转为正视方向。

（4）绘制圆弧。选择菜单栏中的"工具"→"草图绘制实体"→"三点圆弧"命令，或单击"草图"控制面板中的"三点圆弧"按钮，绘制如图 13-102 所示的圆弧并标注尺寸，然后退出草图绘制状态。

（5）设置基准面。在 FeatureManager 设计树中选择"右视基准面"，然后单击"前导视图"工具栏中的"正视于"按钮↥，将该基准面转为正视方向。

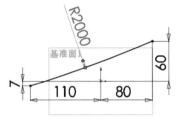

图 13-100　"基准面"属性管理器 1　　图 13-101　创建基准面 1　　　图 13-102　绘制圆弧

（6）绘制切线弧。单击"草图"控制面板中的"三点圆弧"按钮🗃，绘制如图 13-103 所示的切线弧。

（7）添加几何关系。选择菜单栏中的"工具"→"关系"→"添加"命令，或单击"草图"控制面板中的"显示/删除几何关系"下拉列表中的"添加几何关系"按钮⊥，系统弹出"添加几何关系"属性管理器，如图 13-104 所示。在"所选实体"选项组中，选择如图 13-103 所示的点 1 和点 2，单击"添加几何关系"选项组中的"竖直"按钮｜，将点 1 和点 2 设置为"竖直"几何关系，单击"确定"按钮✔。继续添加几何关系，将 3 条圆弧添加"相切"几何关系，完成几何关系的添加，效果如图 13-105 所示。

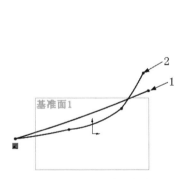

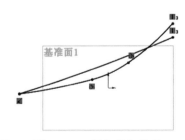

图 13-103　绘制切线弧　　图 13-104　"添加几何关系"属性管理器　　图 13-105　添加几何关系

（8）标注尺寸。选择菜单栏中的"工具"→"尺寸"→"智能尺寸"命令，或单击"草图"控制面板"显示/删除几何关系"下拉列表中的"智能尺寸"按钮❮，标注图 13-105 中绘制的草图，标注尺寸后的图形如图 13-106 所示，退出草图绘制状态。

（9）创建基准面 2。选择菜单栏中的"插入"→"参考几何体"→"基准面"命令，或单击"特征"控制面板"参考几何体"下拉列表中的"基准面"按钮▦，系统弹出"基准面"属性管理器。在

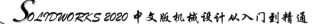

"第一参考"选项组中选择 FeatureManager 设计树中的"前视基准面",在"偏移距离"文本框 中输入"80",如图 13-107 所示,注意添加基准面的方向,单击"确定"按钮 ,完成基准面 2 的创建,如图 13-108 所示。

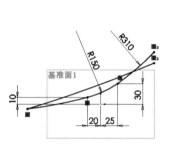

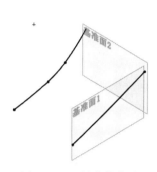

图 13-106 标注尺寸   图 13-107 "基准面"属性管理器 2   图 13-108 创建基准面 2

(10)设置基准面。在 FeatureManager 设计树中选择"基准面 2",然后单击"前导视图"工具栏中的"正视于"按钮 ,将该基准面转为正视方向。

(11)绘制 R300 圆弧。单击"草图"控制面板中的"三点圆弧"按钮 ,绘制如图 13-109 所示的圆弧并标注尺寸,然后退出草图绘制状态。

(12)创建基准面 3。选择菜单栏中的"插入"→"参考几何体"→"基准面"命令,或单击"特征"控制面板"参考几何体"下拉列表中的"基准面"按钮 ,系统弹出"基准面"属性管理器,如图 13-110 所示。在"第一参考"选项组中,选择 FeatureManager 设计树中的"前视基准面",在"偏移距离"文本框 中输入"110",注意基准面的方向,单击"确定"按钮 ,完成基准面的创建,如图 13-111 所示。

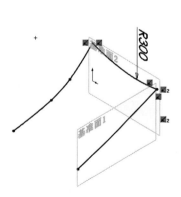

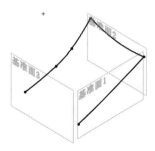

图 13-109 绘制 R300 圆弧   图 13-110 "基准面"属性管理器 3   图 13-111 创建基准面 3

(13)设置基准面。在 FeatureManager 设计树中选择"基准面 3",然后单击"前导视图"工具栏中的"正视于"按钮 ,将该基准面转为正视方向。

（14）绘制 R2500 圆弧。单击"草图"控制面板中的"三点圆弧"按钮，绘制如图 13-112 所示的圆弧并标注尺寸，然后退出草图绘制状态。

（15）隐藏基准面。依次右击基准面 1、基准面 2 和基准面 3，在弹出的快捷菜单中单击"隐藏"按钮，将基准面隐藏，结果如图 13-113 所示。

Note

（16）放样曲面。选择菜单栏中的"插入"→"曲面"→"放样曲面"命令，或单击"曲面"控制面板中的"放样曲面"按钮，系统弹出"曲面-放样"属性管理器，如图 13-114 所示。在"轮廓"选项组中，依次选择图 13-113 中的曲线 3 和曲线 4，在"引导线"选项组中，依次选择图 13-113 中的曲线 1 和曲线 2，单击"确定"按钮，生成放样曲面，效果如图 13-115 所示。

2. 创建扇叶

（1）设置基准面。在 FeatureManager 设计树中选择"上视基准面"作为草图绘制平面，然后单击"前导视图"工具栏中的"正视于"按钮，将该基准面转为正视方向。

（2）绘制草图。单击"草图"控制面板中的"直线"按钮和"三点圆弧"按钮，绘制如图 13-116 所示的草图并标注尺寸。

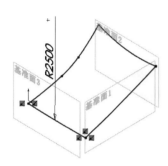

图 13-112 绘制 R2500 圆弧

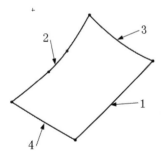

图 13-113 隐藏基准面

图 13-114 "曲面-放样"属性管理器

图 13-115 放样曲面

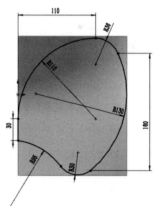

图 13-116 绘制草图

（3）插入分割线。选择菜单栏中的"插入"→"曲线"→"分割线"命令，或单击"曲线"工具栏中的"分割线"按钮，系统弹出"分割线"属性管理器，如图 13-117 所示。在"分割类型"选项组中选中"投影"单选按钮，在"要投影的草图"列表框中选择图 13-118 中的曲线 2，在"要分割的面"列表框中选择面 1，单击"确定"按钮，生成所需的分割线，如图 13-119 所示。

（4）删除曲面。单击"曲面"控制面板中的"删除面"按钮，或选择菜单栏中的"插入"→"面"→"删除面"命令，弹出"删除面"属性管理器。选中"删除"单选按钮，单击"参考实体"

选项框，选择要删除的面，如图 13-120 所示，单击"确定"按钮 ✓，完成曲面的删除。

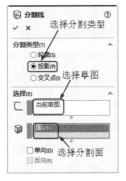

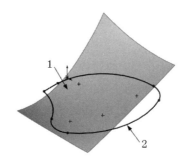

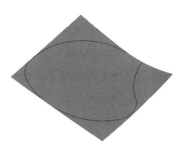

图 13-117　"分割线"属性管理器　　图 13-118　选择草图曲线和面　　图 13-119　插入分割线

（5）设置视图方向 1。单击"前导视图"工具栏中的"旋转视图"按钮 ⟳，将视图以合适的方向显示，如图 13-121 所示。

（6）移动复制实体。选择菜单栏中的"插入"→"曲面"→"移动/复制"命令，弹出"实体-移动/复制"属性管理器，单击最下面的"旋转"按钮，切换到"旋转"模式。在"要移动/复制的实体"选项组绘图区选择步骤（5）中生成的扇叶，选中"复制"复选框，在"份数"文本框 ⁂ 中输入"2"，在"旋转"选项组的 C_x、C_y 和 C_z 文本框中指定距离均为 0；在"Y 旋转角度"文本框 ↧ 中输入"120"，此时在绘图区可以预览曲面移动或复制的效果，如图 13-122 所示。单击"确定"按钮 ✓，完成曲面的移动复制。

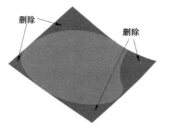

图 13-120　选择要删除的面

图 13-121　设置视图方向 1

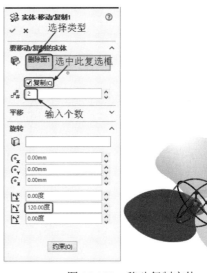

图 13-122　移动复制实体

（7）加厚曲面实体。选择菜单栏中的"插入"→"凸台/基体"→"加厚"命令，或单击"曲面"控制面板中的"加厚"按钮 ◈，系统弹出"加厚"属性管理器。在"要加厚的曲面"选项框中，选择 FeatureManager 设计树中的"删除面 1"，在"厚度"文本框 ⟨ 中输入"2"，设置如图 13-123 所示。单击"确定"按钮 ✓，将曲面实体加厚。重复上述操作，将另外两个扇叶同样加厚 2mm，加厚结果如图 13-124 所示。

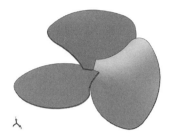

图 13-123 "加厚"属性管理器　　　　图 13-124 加厚曲面实体

3. 创建扇叶轴

（1）创建基准面。单击"特征"控制面板"参考几何体"下拉列表中的"基准面"按钮 📄，系统弹出如图 13-125 所示的"基准面"属性管理器。单击"第一参考"选项组中的列表框，在 FeatureManager 设计树中选择"上视基准面"，在"偏移距离"文本框 中输入"46"，如图 13-125 所示，注意添加基准面的方向，单击"确定"按钮 ✔，完成基准面的创建。

（2）设置视图方向 2。单击"前导视图"工具栏中的"等轴测"按钮 🔷，将视图以等轴测方式显示，如图 13-126 所示。

（3）设置基准面。在 FeatureManager 设计树中选择"基准面 4"，然后单击"前导视图"工具栏中的"正视于"按钮 🔄，将该基准面转为正视方向。

（4）绘制放样草图 1。单击"草图"控制面板中的"圆"按钮 ⊙，以原点为圆心绘制直径为 74mm 的圆，如图 13-127 所示，然后退出草图绘制状态。

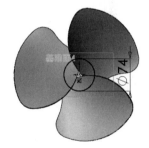

图 13-125 "基准面"属性管理器　　图 13-126 设置视图方向 2　　图 13-127 绘制放样草图 1

（5）设置基准面。在 FeatureManager 设计树中选择"上视基准面"作为草图绘制平面，然后单击"前导视图"工具栏中的"正视于"按钮 🔄，将该基准面转为正视方向。

（6）绘制放样草图 2。单击"草图"控制面板中的"圆"按钮 ⊙，以原点为圆心绘制直径为 78mm 的圆，然后退出草图绘制状态。

（7）设置视图方向 3。单击"前导视图"工具栏中的"等轴测"按钮 🔷，将视图以等轴测方式显示，如图 13-128 所示（图中曲线 1 为直径 74mm 的圆，曲线 2 为直径 78mm 的圆）。

（8）放样实体。选择菜单栏中的"插入"→"凸台/基体"→"放样"命令，或单击"特征"控制面板中的"放样凸台/基体"按钮 🔲，系统弹出"放样"属性管理器。单击"轮廓"列表框，依次选择图 13-128 中的曲线 1 和曲线 2 作为放样轮廓，单击"确定"按钮 ✔，完成实体放样，效果如

图 13-129 所示。

（9）设置基准面。在 FeatureManager 设计树中选择"基准面 4"，然后单击"前导视图"工具栏中的"正视于"按钮⊥，将该基准面转为正视方向。

（10）等距实体。单击"草图"控制面板中的"草图绘制"按钮⊏，进入草图绘制状态。选择图 13-129 中的边线 1，然后单击"草图"控制面板中的"等距实体"按钮⊏，系统弹出"等距实体"属性管理器，如图 13-130 所示。在"等距离"文本框中输入"5"，选中"反向"复选框，在边线内侧等距一个圆，如图 13-131 所示。

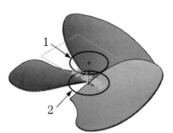
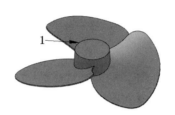

图 13-128　设置视图方向 3　　　图 13-129　放样实体　　　图 13-130　"等距实体"属性管理器

（11）切除拉伸实体。选择菜单栏中的"插入"→"切除"→"拉伸"命令，或单击"特征"控制面板中的"拉伸切除"按钮⊡，系统弹出"切除-拉伸"属性管理器，设置切除终止条件为"完全贯穿"，如图 13-132 所示。单击"确定"按钮✓，完成拉伸切除实体操作，效果如图 13-133 所示。

图 13-131　等距实体　　　图 13-132　"切除-拉伸"属性管理器　　　图 13-133　切除拉伸实体

（12）设置基准面。在 FeatureManager 设计树中选择"上视基准面"作为草图绘制平面，然后单击"前导视图"工具栏中的"正视于"按钮⊥，将该基准面转为正视方向。

（13）绘制凸台拉伸草图 1。单击"草图"控制面板中的"中心线"按钮，绘制过原点的竖直中心线。单击"草图"控制面板中的"边角矩形"按钮▢，绘制一个矩形并标注尺寸，如图 13-134 所示，添加几何关系使矩形左、右两边线关于中心线对称，矩形的下边线和原点为"重合"几何关系。

（14）凸台拉伸实体 1。选择菜单栏中的"插入"→"凸台/基体"→"拉伸"命令，或单击"特征"控制面板中的"拉伸凸台/基体"按钮，系统弹出"凸台-拉伸"属性管理器，如图 13-135 所示。设置拉伸终止条件为"给定深度"，在"深度"文本框中输入"46"，即与轴高度相同，选中"合并结果"复选框，单击"确定"按钮✓，完成凸台拉伸操作，效果如图 13-136 所示。

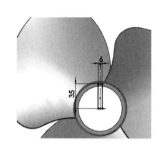

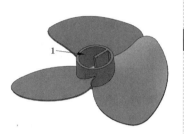

图 13-134　绘制凸台拉伸草图 1　　图 13-135　"凸台-拉伸"属性管理器 1　　图 13-136　凸台拉伸实体 1

（15）添加基准轴。选择菜单栏中的"插入"→"参考几何体"→"基准轴"命令，或单击"特征"控制面板"参考几何体"下拉列表中的"基准轴"按钮，系统弹出"基准轴"属性管理器。在"参考实体"列表框中选择图 13-136 中的面 1，此时系统会自动判断添加基准轴的类型，如图 13-137 所示，单击"确定"按钮，添加一个基准轴，如图 13-138 所示。

（16）圆周阵列实体。选择菜单栏中的"插入"→"阵列/镜向"→"圆周阵列"命令，或单击"特征"控制面板中的"圆周阵列"按钮，系统弹出"阵列（圆周）"属性管理器。在"阵列轴"选项框中选择步骤（15）中添加的基准轴，在"要阵列的特征"列表框中选择步骤（14）中的凸台拉伸实体 1，选中"等间距"复选框，在"实例数"文本框中输入"6"，如图 13-139 所示。单击"确定"按钮，完成圆周阵列实体操作，效果如图 13-140 所示。

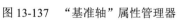

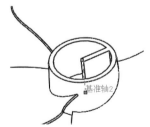

图 13-137　"基准轴"属性管理器　　图 13-138　添加基准轴　　图 13-139　"阵列（圆周）"属性管理器

（17）边线倒圆角。选择菜单栏中的"插入"→"特征"→"圆角"命令，或单击"特征"控制面板中的"圆角"按钮，系统弹出"圆角"属性管理器，如图 13-141 所示。在"圆角类型"选项组中选中"恒定大小圆角"按钮，在"半径"文本框中输入"6"，在"边线、面、特征和环"列表框中选择图 13-140 中的边线 1，单击"确定"按钮，完成倒圆角操作，效果如图 13-142 所示。

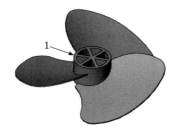

图 13-140　圆周阵列实体　　　　图 13-141　"圆角"属性管理器　　　　图 13-142　边线倒圆角

4. 创建与转子连接的轴

（1）设置基准面。在 FeatureManager 设计树中选择"上视基准面"作为草图绘制平面，然后单击"前导视图"工具栏中的"正视于"按钮，将该基准面转为正视方向。

（2）绘制凸台拉伸草图 2。单击"草图"控制面板中的"圆"按钮，以原点为圆心绘制直径为 12mm 的圆，如图 13-143 所示。

（3）凸台拉伸实体 2。单击"特征"控制面板中的"拉伸凸台/基体"按钮，系统弹出如图 13-144 所示的"凸台-拉伸"属性管理器。设置拉伸终止条件为"给定深度"，在"深度"文本框中输入"80"，注意拉伸实体的方向，单击"确定"按钮，完成凸台拉伸操作。单击"前导视图"工具栏中的"旋转视图"按钮，将视图以合适的方向显示，如图 13-145 所示。

图 13-143　绘制凸台拉伸草图 2　　　　图 13-144　"凸台-拉伸"属性管理器 2

（4）轴倒圆角。单击"特征"控制面板中的"圆角"按钮，系统弹出"圆角"属性管理器，如图 13-146 所示。在"圆角类型"选项组中选中"恒定大小圆角"按钮，在"半径"文本框中输入"2"，在"边线、面、特征和环"列表框中选择图 13-145 中的边线 1，单击"确定"按钮，完成倒圆角操作，效果如图 13-147 所示。

图 13-145　凸台拉伸实体 2

图 13-146　"圆角"属性管理器

至此完成扇叶的建模，最终得到的扇叶模型及其 FeatureManager 设计树如图 13-148 所示。

图 13-147　轴倒圆角

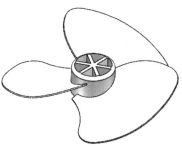

图 13-148　扇叶模型及其 FeatureManager 设计树

13.5　实践与操作

绘制如图 13-149 所示的铣刀。

操作提示：

（1）选择前视基准面，利用"草图"控制面板中的"圆"按钮⊙、"直线"按钮∠和"圆周阵列"按钮❖，绘制如图 13-150 所示的草图并标注尺寸。

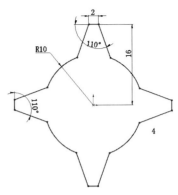

图 13-149　铣刀　　　　　　　　　　　　　　图 13-150　绘制草图

（2）以"前视基准面"为"第一参考"，设置偏移距离为 30mm，基准面数为 5，创建基准面。利用"转换实体引用"命令，将步骤（1）草图依次投影到所创建的基准面上，如图 13-151 所示。

（3）利用"边界曲面"命令，选择前面创建的 6 个草图为边界曲面，如图 13-152 所示。生成铣刀刀刃，如图 13-153 所示。

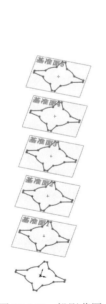

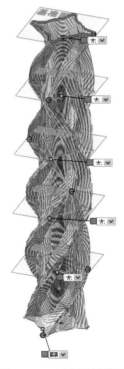

图 13-151　投影草图　　　　　图 13-152　选择边界曲面　　　　　图 13-153　创建刀刃

（4）利用"填充曲面"命令，选择边界曲面的边线，重复此命令，在另一侧创建填充曲面，如图 13-154 所示。

（5）选择基准面 5 作为草图绘制平面，在坐标原点处绘制直径为 10 的圆，利用"拉伸曲面"命令，在"方向 1"中输入深度为 20mm，在"方向 2"中输入深度为 170mm，选中"封底"复选框；完成铣刀的创建，如图 13-155 所示。

图 13-154　创建填充曲面　　　　　　　图 13-155　铣刀

13.6　思考练习

1. 比较曲面的生成方式与实体的生成方式异同。
2. 比较平面区域与填充曲面的区别。
3. 绘制如图 13-156 所示的吹风机模型。
4. 绘制如图 13-157 所示的熨斗模型。

图 13-156　吹风机模型　　　　　　　图 13-157　熨斗模型

第14章

钣金设计基础

本章简要介绍了 SOLIDWORKS 钣金设计的一些基本操作，是用户进行钣金操作必须要掌握的基础知识。主要目的是使读者了解钣金基础的概况，熟练钣金设计编辑的操作。

- ☑ "钣金"控制面板与"钣金"菜单
- ☑ 转换钣金特征
- ☑ 钣金特征
- ☑ 钣金成形

任务驱动&项目案例

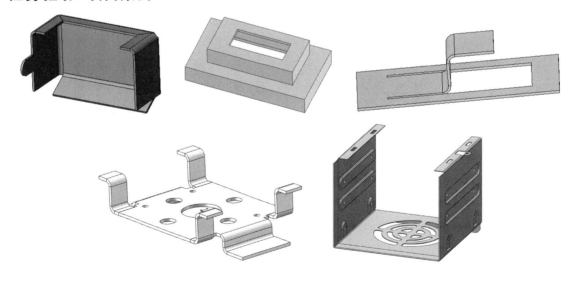

14.1　概　　述

14.1.1　折弯系数

零件要生成折弯时，可以指定一个折弯系数给一个钣金折弯，但指定的折弯系数必须介于折弯内侧边线的长度与外侧边线的长度之间。

折弯系数可以由钣金原材料的总展开长度减去非折弯长度来计算，如图 14-1 所示。

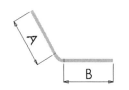

图 14-1　折弯系数示意图

用来决定使用折弯系数值时，总平展长度的计算公式如下：

$$Lt = A + B + BA$$

式中：Lt——总展开长度。

　　　A、B——非折弯长度。

　　　BA——折弯系数。

14.1.2　折弯扣除

当生成折弯时，用户可以通过输入数值来给任何一个钣金折弯指定一个明确的折弯扣除。折弯扣除由虚拟非折弯长度减去钣金原材料的总展开长度来计算，如图 14-2 所示。

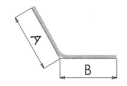

图 14-2　折弯扣除示意图

用来决定使用折弯扣除值时，总平展长度的计算公式如下：

$$Lt = A + B - BD$$

式中：Lt——总展开长度。

　　　A、B——虚拟非折弯长度。

　　　BD——折弯扣除。

14.1.3　K-因子

K-因子表示钣金中性面的位置，以钣金零件的厚度作为计算基准，如图 14-3 所示。K-因子即为钣金内表面到中性面的距离 t 与钣金厚度 T 的比值，即等于 t/T。

当选择 K-因子作为折弯系数时，可以指定 K-因子折弯系数表。SOLIDWORKS 应用程序随附 Microsoft Excel 格式的 K-因子折弯系数表格，位于<安装目录>\lang\Chinese-Simplified\SheetmetalBendTables\kfactor base bend table.xls。

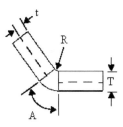

图 14-3　K-因子示意图

使用 K-因子也可以确定折弯系数，计算公式如下：

$$BA = \pi(R + KT)A/180$$

式中：BA——折弯系数。

　　　R——内侧折弯半径。

　　　K——K-因子，即 t/T。

　　　T——材料厚度。

t——内表面到中性面的距离。

A——折弯角度（经过折弯材料的角度）。

由上面的计算公式可知，折弯系数即为钣金中性面上的折弯圆弧长。因此，指定的折弯系数的大小必须介于钣金的内侧圆弧长和外侧弧长之间，以便与折弯半径和折弯角度的数值相一致。

14.1.4 折弯系数表

除直接指定和由 K-因子来确定折弯系数之外，还可以利用折弯系数表来确定，在折弯系数表中可以指定钣金零件的折弯系数或折弯扣除数值等，折弯系数表还包括折弯半径、折弯角度以及零件厚度的数值。

在 SOLIDWORKS 中有两种折弯系数表可供使用：一是带有".btl"扩展名的文本文件，二是嵌入的 Excel 电子表格。

1. 带有".btl"扩展名的文本文件

在 SOLIDWORKS 的<安装目录>\lang\chinese-simplified\SheermetalBendTables\sample.btl 中提供了一个钣金操作的折弯系数表样例。如果要生成自己的折弯系数表，可使用任何文字编辑程序复制并编辑此折弯系数表。

在使用折弯系数表文本文件时，只允许包括折弯系数值，不包括折弯扣除值。折弯系数表的单位必须用米制单位指定。

如果要编辑拥有多个折弯厚度表的折弯系数表，半径和角度必须相同。例如，将一新的折弯半径值插入有多个折弯厚度表的折弯系数表，必须在所有表中插入新数值。

> 提示：折弯系数表范例仅供参考使用，此表中的数值不代表任何实际折弯系数值。如果零件或折弯角度的厚度介于表中的数值之间，那么系统会插入数值并计算折弯系数。

2. 嵌入的 Excel 电子表格

SOLIDWORKS 生成的新折弯系数表保存在嵌入的 Excel 电子表格程序内，根据需要可以将折弯系数表的数值添加到电子表格程序中的单元格内。

电子表格的折弯系数表只包括 90°折弯的数值，其他角度折弯的折弯系数或折弯扣除值由 SOLIDWORKS 计算得到。

生成折弯系数表的方法如下。

（1）在零件文件中，选择菜单栏中的"插入"→"钣金"→"折弯系数表"→"新建"命令，弹出如图 14-4 所示的"折弯系数表"对话框。

图 14-4 "折弯系数表"对话框

（2）在"折弯系数表"对话框中设置单位，输入文件名，单击"确定"按钮，则包含折弯系数表电子表格的嵌置 Excel 窗口出现在 SOLIDWORKS 窗口中，如图 14-5 所示。折弯系数表电子表格包含默认半径和厚度值。

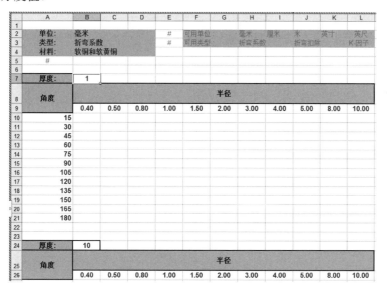

图 14-5　折弯系数表电子表格

（3）在表格外但在 SOLIDWORKS 图形区内单击，以关闭电子表格。

14.2　"钣金"控制面板与"钣金"菜单

本节主要讲解"钣金"控制面板和"钣金"菜单。

14.2.1　启用"钣金"控制面板

启动 SOLIDWORKS 2020 软件，新建一个零件文件，右击"控制面板"中的任意命令图标（如"特征"），在弹出的如图 14-6 所示的菜单中选择"钣金"命令，则视图中会显示如图 14-7 所示的"钣金"控制面板。

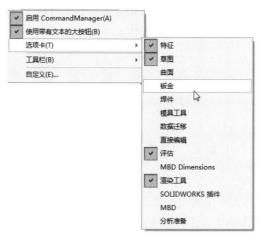

图 14-6　选择"钣金"命令

图 14-7 "钣金"控制面板

14.2.2 "钣金"菜单

选择菜单栏中的"插入"→"钣金"命令,将可以找到"钣金"菜单,如图 14-8 所示。

图 14-8 "钣金"菜单

14.3 转换钣金特征

使用 SOLIDWORKS 2020 软件进行钣金零件设计,常用的方法基本上可以分为以下两种。

(1)使用钣金特有的特征来生成钣金零件。

这种设计方法将直接考虑作为钣金零件来开始建模:从最初的基体法兰特征开始,利用了钣金设计软件的所有功能和特殊工具、命令和选项。对于几乎所有的钣金零件而言，这是最佳的方法。因为用户从最初设计阶段开始就生成零件作为钣金零件，所以消除了多余步骤。

（2）将实体零件转换成钣金零件。

在设计钣金零件的过程中，也可以按照常见的设计方法设计零件实体，然后将其转换为钣金零件。也可以在设计过程中，先将零件展开，以便于应用钣金零件的特定特征。由此可见，将一个已有的零件实体转换成钣金零件是本方法的典型应用。

14.3.1 使用基体-法兰特征

利用"基体-法兰"按钮 生成一个钣金零件后，钣金特征将出现在如图14-9所示的设计树中。

在该属性管理器中包含3个特征，分别代表钣金的3个基本操作。

☑ "钣金"特征 ：包含了钣金零件的定义。此特征保存了整个零件的默认折弯参数信息，如折弯半径、折弯系数、自动切释放槽（预切槽）比例等。

☑ "基体-法兰"特征 ：该项是此钣金零件的第一个实体特征，包括深度和厚度等信息。

图 14-9 钣金特征

☑ "平板型式"特征 ：在默认情况下，当零件处于折弯状态时，平板型式特征是被压缩的，将该特征解除压缩即展开钣金零件。

在属性管理器中，当平板型式特征被压缩时，添加到零件的所有新特征均自动插入平板型式特征上方。

在属性管理器中，当平板型式特征解除压缩后，新特征插入平板型式特征下方，并且不在折叠零件中显示。

14.3.2 用零件转换为钣金的特征

利用已经生成的零件转换为钣金特征时，首先在 SOLIDWORKS 中生成一个零件，通过"转换到钣金"按钮 生成钣金零件，这时设计树中的特征如图14-10所示。

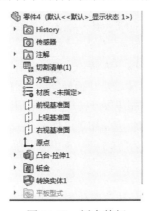

图 14-10 钣金特征

"钣金"特征 ：包含了钣金零件的定义。此特征保存了整个零件的默认折弯参数信息，如折弯半径、折弯系数、自动切释放槽（预切槽）比例等。

14.4 钣 金 特 征

在 SOLIDWORKS 软件系统中，钣金零件是实体模型中结构比较特殊的一种，其具有带圆角的薄壁特征，整个零件的壁厚都相同，折弯半径都是选定的半径值；在设计过程中需要释放槽，软件能够加上。SOLIDWORKS 为满足这类需求定制了特殊的钣金工具用于钣金设计。

14.4.1 法兰特征

SOLIDWORKS 具有 4 种不同的法兰特征工具来生成钣金零件，使用这些法兰特征可以按预定的厚度给零件增加材料。

这 4 种法兰特征依次是基体法兰、薄片（凸起法兰）、边线法兰、斜线法兰。

1. 基体法兰

基体法兰是新钣金零件的第一个特征。基体法兰被添加到 SOLIDWORKS 零件后，系统就会将该零件标记为钣金零件。折弯添加到适当位置，并且特定的钣金特征被添加到 FeatureManager 设计树中。

基体法兰特征是从草图生成的。草图可以是单一开环轮廓、单一闭环轮廓或多重封闭轮廓，如图 14-11 所示。

单一开环草图生成基体法兰　　　　单一闭环草图生成基体法兰　　　　多重封闭轮廓生成基体法兰

图 14-11　基体法兰图例

- ☑　单一开环草图轮廓：可用于拉伸、旋转、剖面、路径、引导线以及钣金。典型的开环轮廓以直线或其草图实体绘制。
- ☑　单一闭环草图轮廓：可用于拉伸、旋转、剖面、路径、引导线以及钣金。典型的单一闭环轮廓是用圆、方形、闭环样条曲线以及其他封闭的几何形状绘制的。
- ☑　多重封闭轮廓：可用于拉伸、旋转以及钣金。如果有一个以上的轮廓，其中一个轮廓必须包含其他轮廓。典型的多重封闭轮廓是用圆、矩形以及其他封闭的几何形状绘制的。

💡提示：在一个 SOLIDWORKS 零件中，只能有一个基体法兰特征，且样条曲线对于包含开环轮廓的钣金为无效的草图实体。

在进行基体法兰特征设计过程中，开环草图作为拉伸薄壁特征来处理，封闭的草图则作为展开的轮廓来处理。如果用户需要从钣金零件的展开状态开始设计钣金零件，可以使用封闭的草图来建立基体法兰特征。

（1）打开源文件"基体法兰"，选择菜单栏中的"插入"→"钣金"→"基体法兰"命令，或者单击"钣金"控制面板中的"基体-法兰/薄片"按钮🗹。

（2）绘制草图。在左侧的 FeatureManager 设计树中选择"前视基准面"作为绘图基准面，绘制草图，然后单击"退出草图"按钮↳，结果如图 14-12 所示。

（3）修改基体法兰参数。在"基体法兰"属性管理器中，修改"深度"文本框中的数值为 30mm，"厚度"文本框中的数值为 5mm，"折弯半径"文本框中的数值为 10mm，然后单击"确定"按钮✔，生成基体法兰实体，如图 14-13 所示。

基体法兰在 FeatureManager 设计树中显示为基体-法兰，注意同时添加了其他两种特征：钣金和平板型式，如图 14-14 所示。

图 14-13　生成的基体法兰实体

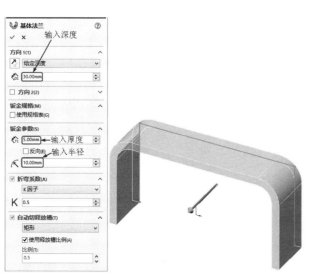

图 14-12　绘制基体法兰草图

图 14-14　FeatureManager 设计树

2. 钣金特征

在生成基体-法兰特征时，同时生成钣金特征。通过对钣金特征的编辑，可以设置钣金零件的参数。

在 FeatureManager 设计树中右击"钣金"特征，在弹出的快捷菜单中单击"编辑特征"按钮⬢，如图 14-15 所示，弹出"钣金"属性管理器，如图 14-16 所示。钣金特征中包含用来设计钣金零件的参数，这些参数可以在其他法兰特征生成的过程中设置，也可以在钣金特征中编辑定义来改变。

（1）折弯参数。

☑　固定的面和边：该选项被选中的面或边在展开时保持不变。在使用基体法兰特征建立钣金零件时，该选项不可选。

☑　折弯半径：该选项定义了建立其他钣金特征时默认的折弯半径，也可以针对不同的折弯给定不同的半径值。

（2）折弯系数。

在"折弯系数"下拉列表框中，用户可以选择 4 种类型的折弯系数表，如图 14-17 所示。

☑　折弯系数表：折弯系数表是一种指定材料（如钢、铝等）的表格，包含基于板厚和折弯半径的折弯运算，折弯系数表是 Excel 表格文件，其扩展名为"*.xls"。可以通过选择菜单栏中的"插入"→"钣金"→"折弯系数表"→"从文件"命令在当前的钣金零件中添加折弯系数表。也可以在钣金特征 PropertyManager 属性管理器中的"折弯系数"下拉列表框中选择"折弯系数表"选项，并选择指定的折弯系数表，或单击"浏览"按钮使用其他的折弯系数表，如图 14-18 所示。

图 14-15 右键快捷菜单

图 14-16 "钣金"属性管理器

图 14-17 "折弯系数"类型

图 14-18 选择"折弯系数表"

☑ K 因子：K 因子在折弯计算中是一个常数，是内表面到中性面的距离与材料厚度的比率。

☑ 折弯系数和折弯扣除：可以根据用户的经验和工厂实际情况给定一个实际的数值。

（3）自动切释放槽。

在"自动切释放槽"下拉列表框中可以选择 3 种不同的释放槽类型。

☑ 矩形：在需要进行折弯释放的边上生成一个矩形切除，如图 14-19（a）所示。

☑ 撕裂形：在需要撕裂的边和面之间生成一个撕裂口，而不是切除，如图 14-19（b）所示。

☑ 矩圆形：在需要进行折弯释放的边上生成一个矩圆形切除，如图 14-19（c）所示。

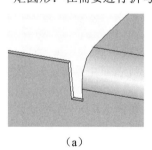
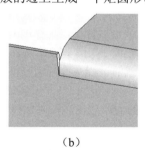
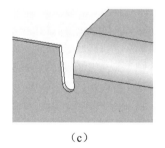

（a） （b） （c）

图 14-19 释放槽类型

14.4.2 边线法兰

使用"边线法兰"特征工具可以将法兰添加到一条或多条边线。添加边线法兰时，所选边线必须为线性。系统自动将褶边厚度链接到钣金零件的厚度上。轮廓的一条草图直线必须位于所选边线上。

（1）打开源文件"边线法兰"，选择菜单栏中的"插入"→"钣金"→"边线法兰"命令，或者单击"钣金"控制面板中的"边线-法兰"按钮 ，弹出"边线-法兰"属性管理器，如图 14-20 所示。选择钣金零件的一条边，在属性管理器的选择边线栏中将显示所选择边线，如图 14-20 所示。

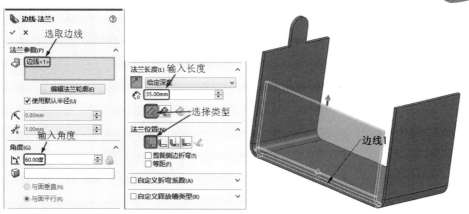

图 14-20　添加边线法兰

（2）设定法兰角度和长度。在"角度"文本框中输入角度值为 60。在"法兰长度"输入栏中选择"给定深度"选项，同时设置深度为 35。确定法兰长度有 3 种方式，即"外部虚拟交点" 、"内部虚拟交点" 和"双弯曲" ，从而决定长度开始测量的位置，如图 14-21 和图 14-22 所示。

图 14-21　采用"外部虚拟交点"确定法兰长度

图 14-22　采用"内部虚拟交点"确定法兰长度

（3）设定法兰位置。在法兰位置选择中有 5 种选项可供选择，即"材料在内" 、"材料在外" 、"折弯在外" 、"虚拟交点的折弯" 和"与折弯相切" ，不同的选项产生的法兰位置不同，如图 14-23～图 14-26 所示。在本实例中，选择"材料在外"选项，最后结果如图 14-27 所示。

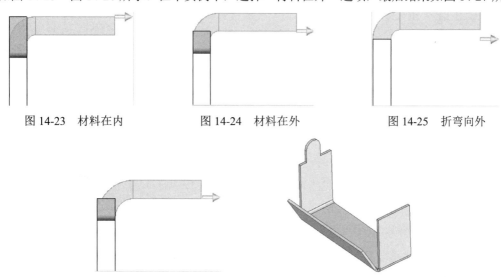

图 14-23　材料在内　　　　　　图 14-24　材料在外　　　　　　图 14-25　折弯向外

图 14-26　虚拟交点中的折弯　　　　图 14-27　生成边线法兰

在生成边线法兰时，如果要切除邻近折弯的多余材料，在属性管理器中选择"剪裁侧边折弯"选项，结果如图 14-28 所示。欲从钣金实体等距法兰，选择"等距"选项，然后设定等距终止条件及其相应参数，如图 14-29 所示。

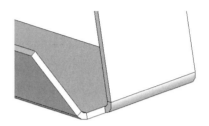

图 14-28　生成边线法兰时剪裁侧边折弯　　　　图 14-29　生成边线法兰时生成等距法兰

14.4.3　斜接法兰

斜接法兰特征可将一系列法兰添加到钣金零件的一条或多条边线上。生成斜接法兰特征之前首先要绘制法兰草图，斜接法兰的草图可以是直线或圆弧。使用圆弧绘制草图生成斜接法兰，圆弧不能与钣金零件厚度边线相切，如图 14-30 所示，此圆弧不能生成斜接法兰；圆弧可与长边线相切，或通过在圆弧和厚度边线之间放置一小段的草图直线，如图 14-31 和图 14-32 所示，这样可以生成斜接法兰。

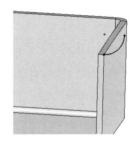
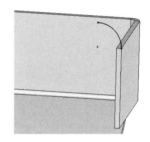

图 14-30　圆弧与厚度边线相切　　　　　　　图 14-31　圆弧与长度边线相切

斜接法兰轮廓可以包括一个以上的连续直线。例如，它可以是 L 形轮廓。草图基准面必须垂直于生成斜接法兰的第一条边线。系统自动将褶边厚度链接到钣金零件的厚度上。可以在一系列相切或非相切边线上生成斜接法兰特征。可以指定法兰的等距，而不是在钣金零件的整条边线上生成斜接法兰。

（1）打开源文件"斜接法兰"，选择如图 14-33 所示零件表面作为绘制草图基准面，绘制直线草图，直线长度为 20mm。

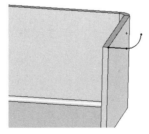
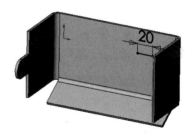

图 14-32　圆弧通过直线与厚度边相接　　　　图 14-33　绘制直线草图

（2）选择菜单栏中的"插入"→"钣金"→"斜接法兰"命令，或者单击"钣金"控制面板中的"斜接法兰"按钮▣，弹出"斜接法兰"属性管理器，如图 14-34 所示。系统随即会选定斜接法兰特征的第一条边线，且图形区域中出现斜接法兰的预览。

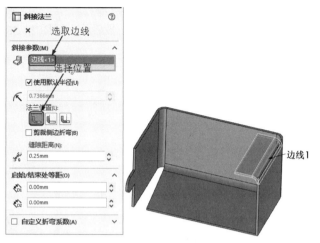

图 14-34　添加"斜接法兰"特征

（3）单击拾取钣金零件的其他边线，结果如图 14-35 所示，然后单击"确定"按钮 ✔，最后结果如图 14-36 所示。

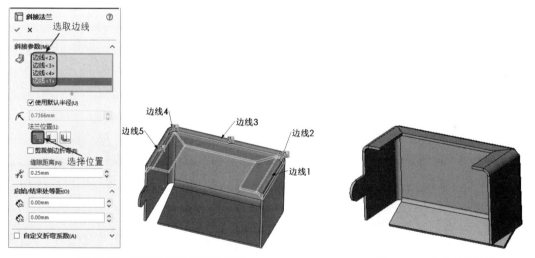

图 14-35　拾取斜接法兰其他边线　　　　　　图 14-36　生成斜接法兰

💡提示：如有必要，可以为部分斜接法兰指定等距距离。在"斜接法兰"属性管理器的"启始/结束处等距"选项组中输入"开始等距距离"和"结束等距距离"数值（如果想使斜接法兰跨越模型的整个边线，将这些数值设置为 0）。其他参数设置可以参考前文中边线法兰的讲解。

14.4.4　褶边特征

褶边工具可将褶边添加到钣金零件的所选边线上。生成褶边特征时所选边线必须为直线。斜接边角被自动添加到交叉褶边上。如果选择多个要添加褶边的边线，则这些边线必须在同一个面上。

（1）打开源文件"褶边特征"，选择菜单栏中的"插入"→"钣金"→"褶边"命令，或者单击"钣金"控制面板中的"褶边"按钮 🗑，弹出"褶边"属性管理器。在图形区域中，选择想添加褶边的边线，如图 14-37 所示。

（2）在"褶边"属性管理器中，选择"材料在内"选项 ，在"类型和大小"选项组中，选择"打开"选项 ，其他设置默认。单击"确定"按钮 ，最后结果如图 14-38 所示。

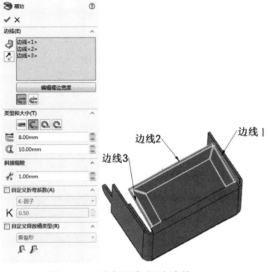

图 14-37　选择添加褶边边线

图 14-38　生成褶边

（3）褶边类型共有 4 种，分别是"闭合" （见图 14-39）、"打开" （见图 14-40）、"撕裂形" （见图 14-41）和"滚轧" （见图 14-42）。每种类型褶边都有其对应的尺寸设置参数。长度参数只应用于闭合和开环褶边，间隙距离参数只应用于开环褶边，角度参数只应用于撕裂形和滚轧褶边，半径参数只应用于撕裂形和滚轧褶边。

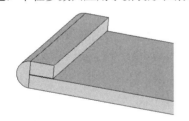

图 14-39　"闭合"类型褶边

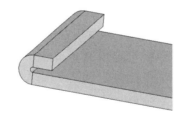

图 14-40　"打开"类型褶边

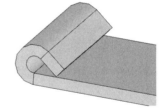

图 14-41　"撕裂形"类型褶边

（4）选择多条边线添加褶边时，在属性管理器中可以通过设置"斜接缝隙"的"切口缝隙"数值来设定这些褶边之间的缝隙，斜接边角被自动添加到交叉褶边上。例如，输入数值"3"，上述实例将更改为如图 14-43 所示。

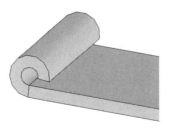

图 14-42　"滚轧"类型褶边

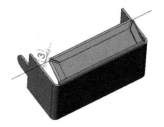

图 14-43　更改褶边之间的间隙

14.4.5　绘制的折弯特征

绘制的折弯特征可以在钣金零件处于折叠状态时绘制草图，将折弯线添加到零件。草图中只允许使用直线，可为每个草图添加多条直线。折弯线长度不一定与被折弯的面的长度相同。

（1）打开源文件"折弯特征"，选择菜单栏中的"插入"→"钣金"→"绘制的折弯"命令，或者单击"钣金"控制面板中的"绘制的折弯"按钮 ，系统提示选择平面来生成折弯线和选择现有草图为特征所用，如图 14-44 所示。如果没有绘制好草图，可以首先选择基准面，绘制一条直线；如果已经绘制好了草图，可以选择绘制好的直线，弹出"绘制的折弯"属性管理器，如图 14-45 所示。

图 14-44　绘制的折弯提示信息

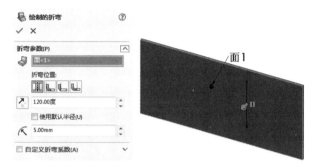

图 14-45　"绘制的折弯"属性管理器

（2）在图形区域中，选择如图 14-45 所示所选的面作为固定面，选择折弯位置选项中的"折弯中心线" ，输入角度值为 120，折弯半径值为 5，单击"确定"按钮 。

（3）右击 FeatureManager 设计树中绘制的折弯 1 特征的草图，单击"显示"按钮 ，如图 14-46 所示。绘制的直线将可以显示出来，直观观察到以"折弯中心线"选项 生成的折弯特征的效果，如图 14-47 所示。其他选项生成的折弯特征效果可以参考前文中的讲解。

图 14-46　显示草图

图 14-47　生成绘制的折弯

14.4.6　闭合角特征

使用闭合角特征工具可以在钣金法兰之间添加闭合角，即钣金特征之间添加材料。

通过闭合角特征工具可以完成以下功能：通过选择面为钣金零件同时闭合多个边角；关闭非垂直边角；将闭合边角应用到带有 90°以外折弯的法兰；调整缝隙距离，由边界角特征所添加的两个材料截面之间的距离；调整重叠/欠重叠比率（重叠的材料与欠重叠材料之间的比率，数值 1 表示重叠和欠重叠相等）；闭合或打开折弯区域。

（1）打开源文件"闭合角特征"，选择菜单栏中的"插入"→"钣金"→"闭合角"命令，或者单击"钣金"控制面板中的"闭合角"按钮🔲，弹出"闭合角"属性管理器，选择需要延伸的面，如图 14-48 所示。

（2）选择边角类型中的"重叠"按钮🔲，单击"确定"按钮✔。系统提示错误，不能生成闭合角，原因有可能是缝隙距离太小。单击"确定"按钮，关闭错误提示框。

（3）在缝隙距离输入栏中，更改缝隙距离数值为 0.6，单击"确定"按钮✔，生成重叠闭合角，结果如图 14-49 所示。

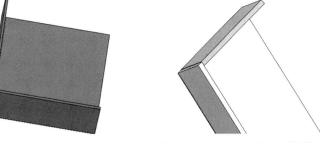

图 14-48　选择需要延伸的面　　　　　　图 14-49　生成"重叠"类型闭合角

（4）使用其他边角类型选项可以生成不同形式的闭合角。如图 14-50 所示是使用边角类型中"对接"类型🔲生成的闭合角；如图 14-51 所示是使用边角类型中"欠重叠"类型🔲生成的闭合角。

图 14-50　"对接"类型闭合角　　　　　　图 14-51　"欠重叠"类型闭合角

14.4.7　转折特征

使用转折特征工具可以在钣金零件上通过从草图直线生成两个折弯。生成转折特征的草图必须只包含一条直线。直线不需要是水平和垂直直线。折弯线长度不一定必须与正折弯的面的长度相同。

（1）打开源文件"转折特征"，在生成转折特征之前首先绘制草图，选择钣金零件的上表面作为绘图基准面，绘制一条直线，如图 14-52 所示。

（2）在绘制的草图被打开状态下，选择菜单栏中的"插入"→"钣金"→"转折"命令，或者单击"钣金"控制面板中的"转折"按钮🦶，弹出"转折"属性管理器，选择箭头所指的面作为固定面，如图 14-53 所示。

图 14-52　绘制直线草图　　　　　　　　图 14-53　"转折"属性管理器

（3）取消选中"使用默认半径"复选框，输入半径值为 5。在"转折等距"选项组中输入等距距离值为 30。选择"尺寸位置"栏中的"外部等距"类型 ，并且选中"固定投影长度"复选框。在"转折位置"选项组中选择"折弯中心线"类型 。其他设置为默认，单击"确定"按钮 ，结果如图 14-54 所示。

（4）生成转折特征时，在"转折"属性管理器中选择不同的尺寸位置选项以及是否选中"固定投影长度"复选框都将生成不同的转折特征。例如，上述实例中使用"外部等距"类型 生成的转折特征尺寸如图 14-55 所示。使用"内部等距"类型 生成的转折特征尺寸如图 14-56 所示。使用"总尺寸"类型 生成的转折特征尺寸如图 14-57 所示。取消选中"固定投影长度"复选框生成的转折投影长度将减小，如图 14-58 所示。

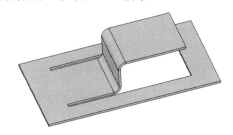

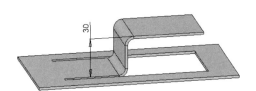

图 14-54　生成转折特征　　　　　　　　图 14-55　使用"外部等距"生成的转折

（5）在转折位置栏中还有不同的选项可供选择，在前面的特征工具中已经讲解过，这里不再重复。

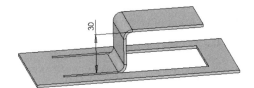

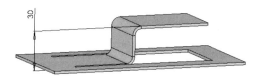

图 14-56　使用"内部等距"生成的转折　　　　图 14-57　使用"总尺寸"生成的转折

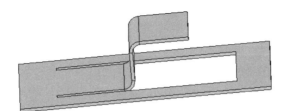

图 14-58　取消选中"固定投影长度"复选框生成的转折

14.4.8　放样折弯特征

使用放样折弯特征工具可以在钣金零件中生成放样的折弯。放样的折弯和零件实体设计中的放样特征相似，需要两个草图才可以进行放样操作。草图必须为开环轮廓，轮廓开口应同向对齐，以使平板型式更精确。草图不能有尖锐边线。

（1）首先绘制第一个草图。在左侧的 FeatureManager 设计树中选择"上视基准面"作为绘图基准面，然后选择菜单栏中的"工具"→"草图绘制实体"→"多边形"命令或者单击"草图"控制面板中的"多边形"按钮⊙绘制一个六边形，标注六边形内接圆直径值为 80。将六边形尖角进行圆角操作，半径值为 10，如图 14-59 所示。绘制一条竖直的构造线，然后绘制两条与构造线平行的直线，单击"添加几何关系"按钮⊥，选择两条竖直直线和构造线，添加"对称"几何关系，然后标注两条竖直直线距离值为 0.1，如图 14-60 所示。

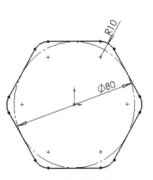

图 14-59　绘制六边形

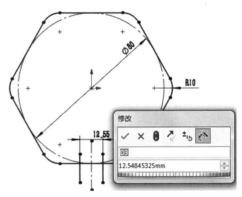

图 14-60　绘制两条竖直直线

（2）单击"草图"控制面板中的"剪裁实体"按钮✄，对竖直直线和六边形进行剪裁，最后使六边形具有 0.1mm 宽的缺口，从而使草图为开环，如图 14-61 所示，然后单击"退出草图"按钮↳。

（3）绘制第二个草图。选择菜单栏中的"插入"→"参考几何体"→"基准面"命令或者单击"特征"控制面板"参考几何体"下拉列表中的"基准面"按钮▦，弹出"基准面"属性管理器，在"第一参考"选项组中选择"上视基准面"，输入距离值为 80，生成与上视基准面平行的基准面，如图 14-62 所示。使用上述相似的操作方法，在圆草图上绘制一个 0.1mm 宽的缺口，使圆草图为开环，如图 14-63 所示，然后单击"退出草图"按钮↳。

（4）选择菜单栏中的"插入"→"钣金"→"放样的折弯"命令，或者单击"钣金"控制面板中的"放样折弯"按钮▦，弹出"放样折弯"属性管理器，在图形区域中选择两个草图，起点位置要对齐。输入厚度值为 1，单击"确定"按钮✔，结果如图 14-64 所示。

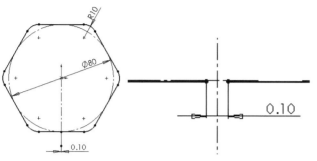

图 14-61　绘制缺口使草图为开环

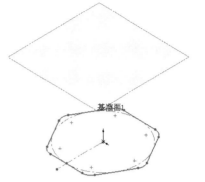

图 14-62　生成基准面

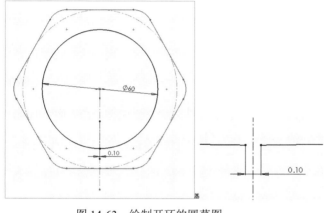

图 14-63　绘制开环的圆草图

图 14-64　生成的放样折弯特征

> **提示**：基体-法兰特征不与放样的折弯特征一起使用。放样折弯使用 K-因子和折弯系数来计算折弯。放样的折弯不能被镜向。在选择两个草图时，起点位置要对齐，即要在草图的相同位置，否则将不能生成放样折弯。如图 14-65 所示，箭头所选起点则不能生成放样折弯。

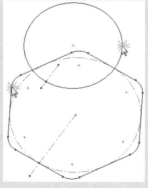

图 14-65　错误地选择草图起点

14.4.9　切口特征

使用切口特征工具可以在钣金零件或者其他任意的实体零件上生成切口特征。能够生成切口特征的零件，应该具有一个相邻平面且厚度一致，这些相邻平面形成一条或多条线性边线或一组连续的线性边线，而且是通过平面的单一线性实体。

在零件上生成切口特征时，可以沿所选内部或外部模型边线生成，或者从线性草图实体生成，也可以通过组合模型边线和单一线性草图实体生成切口特征。下面在如图 14-66 所示的壳体零件中生成切口特征。

（1）打开源文件"壳体零件"，选择壳体零件的上表面作为绘图基准面。然后单击"前导视图"工具栏中的"正视于"按钮↓，单击"草图"控制面板中的"直线"按钮✓，绘制一条直线，如图 14-67 所示。

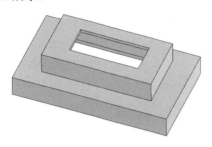

图 14-66　壳体零件

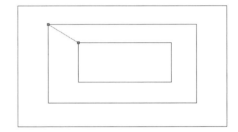

图 14-67　绘制直线

（2）选择菜单栏中的"插入"→"钣金"→"切口"命令，或者单击"钣金"控制面板中的"切口"按钮⬡，弹出"切口"属性管理器，选择绘制的直线和一条边线来生成切口，如图 14-68 所示。

（3）在属性管理器中的切口缝隙输入框中输入"1"。单击"改变方向"按钮，将可以改变切口的方向，每单击一次，切口方向将能切换到一个方向，接着是另外一个方向，然后返回到两个方向。单击"确定"按钮✓，结果如图 14-69 所示。

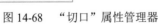

图 14-68　"切口"属性管理器

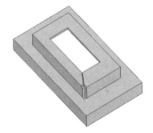

图 14-69　生成切口特征

💡提示：在钣金零件上生成切口特征，操作方法与上文中的讲解相同。

14.4.10　展开钣金折弯

展开钣金零件的折弯有两种方式：一种是将钣金零件整个展开；另外一种是将钣金零件中的部分折弯有选择性地部分展开。下面将分别讲解。

1．整个钣金零件展开

（1）打开源文件"展开钣金折弯"，要展开整个零件，如果钣金零件的 FeatureManager 设计树中的平板型式特征存在，可以右击平板型式 1 特征，在弹出的快捷菜单中单击"解除压缩"按钮↑●，如图 14-70 所示。或者单击"钣金"控制面板中的"展开"按钮🟤，可以将钣金零件整个展开，如图 14-71 所示。

Note

图 14-70 解除平板特征的压缩

图 14-71 展开整个钣金零件

提示：当使用此方法展开整个零件时，将应用边角处理以生成干净、展开的钣金零件，使在制造过程中不会出错。如果不想应用边角处理，可以右击平板型式，在弹出的快捷菜单中选择"编辑特征"命令，在"平板型式"属性管理器中取消选中"边角处理"复选框，如图 14-72 所示。

图 14-72 取消选中"边角处理"复选框

（2）要将整个钣金零件折叠，可以右击钣金零件 FeatureManager 设计树中的平板型式特征，在弹出的快捷菜单中选择"压缩"命令，或者单击"钣金"控制面板中的"展开"按钮，使此按钮弹起，即可将钣金零件折叠。

2. 将钣金零件部分展开

要展开或折叠钣金零件的一个、多个或所有折弯，可使用"展开"特征工具和"折叠"特征工具，可以沿折弯添加切除特征。首先，添加一展开特征来展开折弯，然后添加切除特征，最后，添加一折叠特征将折弯返回到其折叠状态。

（1）打开源文件"展开钣金折弯"，选择菜单栏中的"插入"→"钣金"→"展开"命令，或者单击"钣金"控制面板中的"展开"按钮 🦶，弹出"展开"属性管理器，如图14-73所示。

（2）设置属性管理器。在图形区域中选择箭头所指的面作为固定面，选择箭头所指的折弯作为要展开的折弯，如图14-74所示。单击"确定"按钮 ✔，结果如图14-75所示。

图14-73　"展开"属性管理器　　　　　图14-74　选择固定边和要展开的折弯

（3）绘制草图。选择钣金零件上箭头所指表面作为绘图基准面，如图14-76所示，然后单击"前导视图"工具栏中的"正视于"按钮 ↧，单击"草图"控制面板中的"边角矩形"按钮 ☐，绘制矩形草图，如图14-77所示。

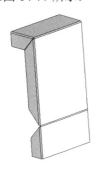

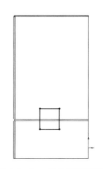

图14-75　展开一个折弯　　　　图14-76　设置基准面　　　　图14-77　绘制矩形草图

（4）切除实体。选择菜单栏中的"插入"→"切除"→"拉伸"命令，或者单击"特征"控制面板中的"切除拉伸"按钮 ▣，弹出"切除-拉伸"属性管理器，在"终止条件"栏中选择"完全贯穿"，然后单击"确定"按钮 ✔，生成切除拉伸特征，如图14-78所示。

（5）选择菜单栏中的"插入"→"钣金"→"折叠"命令，或者单击"钣金"控制面板中的"折叠"按钮 🦶，弹出"折叠"属性管理器。

（6）折叠折弯操作。在图形区域中选择在展开操作中选择的面作为固定面，选择展开的折弯作为要折叠的折弯，单击"确定"按钮 ✔，结果如图14-79所示。

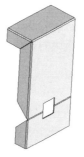
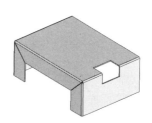

图14-78　生成切除特征　　　　　图14-79　将钣金零件重新折叠

> 提示：在设计过程中，为使系统性能更快，只展开和折叠正在操作项目的折弯。在"展开"属性管理器和"折叠"属性管理器中，选择"收集所有折弯"选项，将可以把钣金零件所有折弯展开或折叠。

14.4.11　断开边角/边角剪裁特征

使用断开边角特征工具可以从折叠的钣金零件的边线或面切除材料。使用边角剪裁特征工具可以从展开的钣金零件的边线或面切除材料。

1. 断开边角

断开边角操作只能在折叠的钣金零件中操作。

（1）打开源文件"断开边角"，选择菜单栏中的"插入"→"钣金"→"断裂边角"命令，或者单击"钣金"控制面板中的"断开边角/边角剪裁"按钮，弹出"断开边角"属性管理器。

（2）选择边角线。在图形区域中，单击要断开的边角边线或法兰面，如图 14-80 所示。

（3）设置属性管理器。在"折断类型"栏中选择"倒角"类型，输入距离值为 5，单击 "确定"按钮，结果如图 14-81 所示。

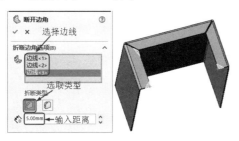

图 14-80　选择要断开边角的边线和面

图 14-81　生成断开边角特征

2. 边角剪裁

边角剪裁操作只能在展开的钣金零件中操作，在零件被折叠时边角剪裁特征将被压缩。

（1）展开图形。打开源文件"断开边角"，单击"钣金"控制面板中的"展开"按钮，将钣金零件整个展开，如图 14-82 所示。

（2）选择菜单栏中的"插入"→"钣金"→"断裂边角"命令，或者单击"钣金"控制面板中的"断开边角/边角剪裁"按钮，弹出"断开边角"属性管理器。

（3）选择边角线。在图形区域中，选择要折断边角的边线或法兰面，如图 14-83 所示。

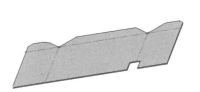

图 14-82　展开钣金零件

图 14-83　选择要折断边角的边线和面

（4）设置属性管理器。在"折断类型"栏中选择"倒角"类型，输入距离值为 10，单击"确定"按钮，结果如图 14-84 所示。

（5）右击钣金零件 FeatureManager 设计树中的平板型式特征，在弹出的快捷菜单中选择"压缩"

命令，或者单击"钣金"控制面板中的"展开"按钮，使此按钮弹起，将钣金零件折叠。边角剪裁特征将被压缩，如图 14-85 所示。

图 14-84　生成边角剪裁特征　　　　　图 14-85　折叠钣金零件

14.4.12　通风口

使用通风口特征工具可以在钣金零件上添加通风口。在生成通风口特征之前与生成其他钣金特征相似，也要首先绘制生成通风口的草图，然后在"通风口"属性管理器中设定各种选项，从而生成通风口。

（1）首先在钣金零件的表面绘制如图 14-86 所示的通风口草图。为了使草图清晰，可以选择菜单栏中的"视图"→"隐藏/显示"→"草图几何关系"命令，使草图几何关系不显示，如图 14-87 所示，结果如图 14-88 所示，然后单击"退出草图"按钮。

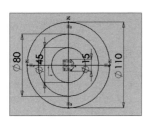

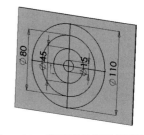

图 14-86　通风口草图　　　　　图 14-87　"视图"菜单　　　　　图 14-88　使草图几何关系不显示

（2）单击"钣金"控制面板中的"通风口"按钮，弹出"通风口"属性管理器，首先选择草图的最大直径的圆草图作为通风口的边界轮廓，如图 14-89 所示。同时，在"几何体属性"选项组的"放置面"栏中自动输入绘制草图的基准面作为放置通风口的表面。

（3）在"圆角半径"文本框中输入相应的圆角半径数值，本实例输入"5"。这些值将应用于边界、筋、翼梁和填充边界之间的所有相交处，产生圆角，如图 14-90 所示。

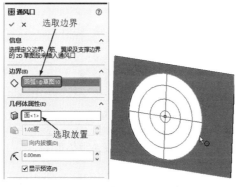

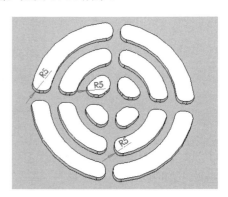

图 14-89　选择通风口的边界　　　　　图 14-90　通风口圆角

（4）在"筋"选项组中选择通风口草图中的两个互相垂直的直线作为筋轮廓，在"筋宽度"文本框中输入"5"，如图 14-91 所示。

（5）在"翼梁"选项组中选择通风口草图中的两个同心圆作为翼梁轮廓，在"翼梁宽度"文本框中输入"5"，如图 14-92 所示。

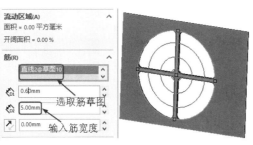

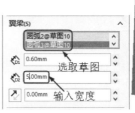

图 14-91　选择筋草图　　　　　　　　　　　图 14-92　选择翼梁草图

（6）在"填充边界"选项组中选择通风口草图中的最小圆作为填充边界轮廓，如图 14-93 所示。最后单击"确定"按钮✔，结果如图 14-94 所示。

图 14-93　选择填充边界草图　　　　　　　　　图 14-94　生成通风口特征

14.4.13　实例——校准架

本例创建的校准架如图 14-95 所示。

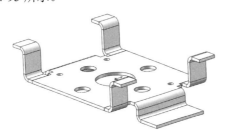

图 14-95　校准架

首先绘制草图创建基体法兰，然后通过转折创建折弯，最后通过基体法兰创建支架，绘制的流程图如图 14-96 所示。

操作步骤如下：

（1）启动 SOLIDWORKS 2020，单击"快速访问"工具栏中的"新建"按钮🗋，或选择菜单栏中的"文件"→"新建"命令，在弹出的"新建 SOLIDWORKS 文件"对话框中单击"零件"按钮🖾，然后单击"确定"按钮，创建一个新的零件文件。

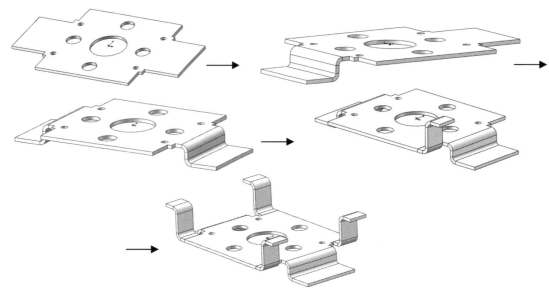

图 14-96   绘制校准架的流程图

（2）设置基准面。在左侧 FeatureManager 设计树中选择"前视基准面"，然后单击"前导视图"工具栏中的"正视于"按钮↓，将该基准面作为绘制图形的基准面。单击"草图"控制面板中的"草图绘制"按钮匚，进入草图绘制状态。

（3）绘制草图。利用"草图"控制面板中的"直线"按钮╱、"中心矩形"按钮回、"圆"按钮⊙、"镜向"按钮呷等绘制草图，标注智能尺寸，如图 14-97 所示。

（4）创建基体法兰。单击"钣金"控制面板中的"基体法兰"按钮♨，或选择菜单栏中的"插入"→"钣金"→"基体法兰"命令，在弹出的"基体法兰"属性管理器中，输入厚度值为 1.5mm，其他参数取默认值，如图 14-98 所示。然后单击"确定"按钮✔，结果如图 14-99 所示。

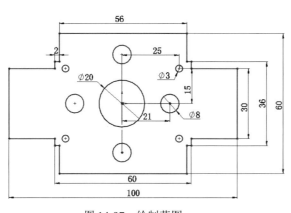

图 14-97   绘制草图

图 14-98   "基体法兰"属性管理器

（5）设置基准面。选择如图 14-99 所示的面 1，然后单击"前导视图"工具栏中的"正视于"按钮↓，将该基准面作为绘制图形的基准面。单击"草图"控制面板中的"草图绘制"按钮匚，进入草图绘制状态。

（6）绘制草图。单击"草图"控制面板中的"直线"按钮╱，绘制草图，标注智能尺寸，如

图 14-100 所示。

图 14-99 创建基体法兰

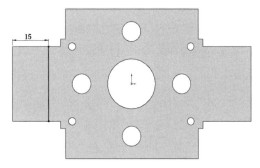

图 14-100 绘制草图

（7）转折。单击"钣金"控制面板中的"转折"按钮 ，或选择菜单栏中的"插入"→"钣金"→
"转折"命令，在弹出的如图 14-101 所示的"转折"属性管理器中，输入高度为 9mm，选择尺寸位
置为"总尺寸" ，转折位置为"折弯中心线" ，取消选中"使用默认半径"复选框，输入半径为
"1.5"，单击"确定"按钮 ，结果如图 14-102 所示。

（8）重复步骤（5）～（7），在另一侧进行参数相同的转折，如图 14-103 所示。

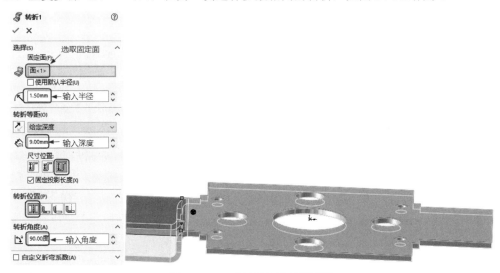

图 14-101 "转折"属性管理器

图 14-102 转折后的图形

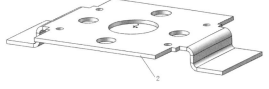

图 14-103 转折后的图形

（9）设置基准面。选择如图 14-103 所示的面 2，然后单击"前导视图"工具栏中的"正视于"
按钮 ，将该基准面作为绘制图形的基准面。单击"草图"控制面板中的"草图绘制"按钮 ，进入
草图绘制状态。

（10）绘制草图。单击"草图"控制面板中的"直线"按钮 ，绘制草图，标注智能尺寸，如

SOLIDWORKS 2020 中文版机械设计从入门到精通

（11）创建基体法兰。单击"钣金"控制面板中的"基体法兰"按钮，或选择菜单栏中的"插入"→"钣金"→"基体法兰"命令，在弹出的"基体法兰"属性管理器中，输入厚度值为"1.5"，其他参数取默认值，如图 14-105 所示。单击"确定"按钮，结果如图 14-106 所示。

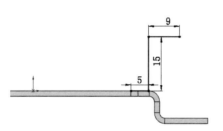

图 14-104　绘制草图　　　　　　图 14-105　"基体法兰"属性管理器

（12）镜向特征。单击"特征"控制面板中的"镜向"按钮，或选择菜单栏中的"插入"→"阵列/镜向"→"镜向"命令，弹出"镜向"属性管理器，在视图中选取"上视基准面"为镜向面，选取步骤（11）中创建的基体法兰特征，如图 14-107 所示。单击"确定"按钮，结果如图 14-108 所示。重复"镜向"命令，将步骤（11）中创建基体法兰和镜向后的基体法兰以"右视基准面"为镜向面进行镜向，如图 14-109 所示。

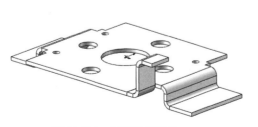

图 14-106　创建基体法兰　　　　　　图 14-107　"镜向"属性管理器

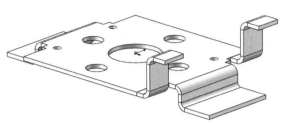

图 14-108　镜向基体法兰

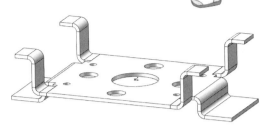

图 14-109　完成校准架创建

14.5　钣　金　成　形

利用 SOLIDWORKS 软件中的钣金成形工具可以生成各种钣金成形特征,软件系统中已有的成形工具有 5 种,分别是 embosses（凸起）、extruded flanges（冲孔）、louvers（百叶窗板）、ribs（筋）和 lances（切开）。

用户也可以在设计过程中自己创建新的成形工具或者对已有的成形工具进行修改。

14.5.1　使用成形工具

（1）首先创建或者打开一个钣金零件文件（打开源文件"使用成形工具"）。单击"设计库"按钮 🖼,弹出"设计库"对话框,在对话框中选择 Design Library 文件下的 forming tools 文件夹,右击将其设置成"成形工具文件夹",如图 14-110 所示,然后在该文件夹下可以找到 5 种成形工具的文件夹,在每一个文件夹中都有若干种成形工具。

（2）在设计库中单击"embosses（凸起）"工具中的 circular emboss 成形按钮,按下鼠标左键,将其拖入钣金零件需要放置成形特征的表面,如图 14-111 所示。

（3）随意拖放的成形特征可能位置并不合适,右击如图 14-112 所示的编辑草图,然后为图形标注尺寸,如图 14-113 所示。最后退出草图,如图 14-114 所示。

视频讲解

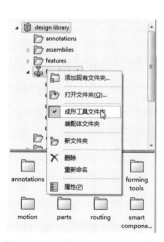

图 14-110　成形工具存在位置

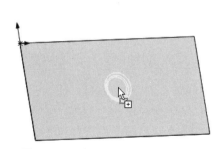

图 14-111　将成形工具拖入放置表面

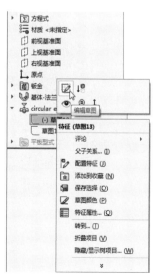

图 14-112　编辑草图

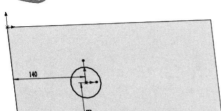

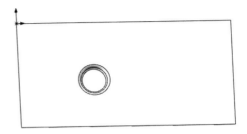

图 14-113 标注成形特征位置尺寸　　　　　　　图 14-114　生成的成形特征

💡提示：使用成形工具时，默认情况下成形工具向下行进，即形成的特征方向是"凹"，如果要使其方向变为"凸"，则需要在拖入成形特征的同时按一下 Tab 键。

14.5.2 修改成形工具

SOLIDWORKS 软件自带的成形工具形成的特征在尺寸上不能满足用户的使用要求，用户可以自行进行修改。

（1）单击"设计库"按钮🕮，在属性管理器中按照路径 Design Library\forming tools\找到需要修改的成形工具，双击成形工具按钮。例如，双击"embosses（凸起）"工具中的 circular emboss 成形按钮，系统将进入 circular emboss 成形特征的设计界面。

（2）在左侧的 FeatureManager 设计树中右击 Boss-Extrude1 特征，在弹出的快捷菜单中单击"编辑草图"按钮🗹，如图 14-115 所示。

（3）双击草图中的圆直径尺寸，将其数值更改为 70，然后单击"退出草图"按钮↳，成形特征的尺寸将变大。

（4）在左侧的 FeatureManager 设计树中右击 Fillet2 特征，在弹出的快捷菜单中单击"编辑特征"按钮🗊，如图 14-116 所示。

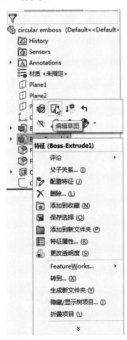

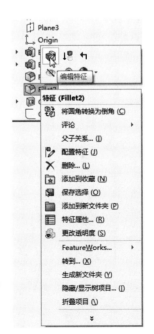

图 14-115　编辑 Boss-Extrude 特征草图　　　　图 14-116　编辑 Fillet2 特征

（5）在 Fillet2 属性管理器中更改圆角半径数值为 10，如图 14-117 所示。单击"确定"按钮✔，结果如图 14-118 所示，选择菜单栏中的"文件"→"保存"命令将成形工具保存。

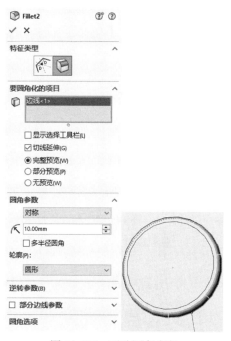

图 14-117　更改圆角半径

图 14-118　修改后的 Boss-Extrudel 特征

14.5.3　创建新成形工具

用户可以自己创建新的成形工具，然后将其添加到"设计库"中，以备后用。创建新的成形工具和创建其他实体零件的方法一样。下面举例创建一个新的成形工具。

（1）创建一个新的文件，在操作界面左侧的 FeatureManager 设计树中选择"前视基准面"作为绘图基准面，然后单击"草图"控制面板中的"边角矩形"按钮▢，绘制一个矩形，如图 14-119 所示。

（2）选择菜单栏中的"插入"→"凸台/基体"→"拉伸"命令，或者单击"特征"控制面板中的"拉伸凸台/基体"按钮▨，弹出"凸台-拉伸"属性管理器，在"深度"一栏中输入值为"80"，然后单击"确定"按钮✔，结果如图 14-120 所示。

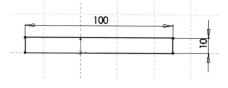

图 14-119　绘制矩形草图

（3）单击图 14-120 中的上表面，然后单击"前导视图"工具栏中的"正视于"按钮↧，将该表面作为绘制图形的基准面。在此表面上绘制一个"矩形"草图，如图 14-121 所示。

（4）选择菜单栏中的"插入"→"凸台/基体"→"拉伸"命令，或者单击"特征"控制面板中的"拉伸凸台/基体"按钮▨，弹出"凸台-拉伸"属性管理器，输入拉伸距离为 15mm，数值拔模角度为 10mm，拉伸生成特征如图 14-122 所示。

（5）选择菜单栏中的"插入"→"特征"→"圆角"命令，或者单击"特征"控制面板中的"圆角"按钮▨，弹出"圆角"属性管理器，输入圆角半径值为 6mm，按住 Shift 键，依次选择拉伸特征的各个边线，如图 14-123 所示，然后单击"确定"按钮✔，结果如图 14-124 所示。

Note

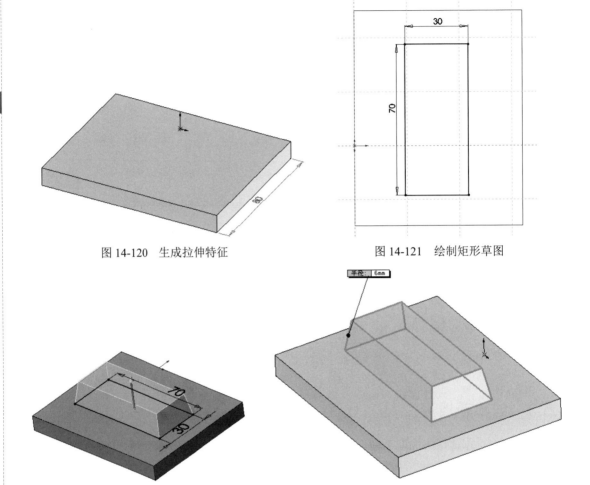

图 14-120　生成拉伸特征

图 14-121　绘制矩形草图

图 14-122　生成拉伸特征

图 14-123　选择圆角边线

（6）单击图 14-124 中矩形实体的一个侧面，然后单击"草图"控制面板中的"草图绘制"按钮，接着单击"转换实体引用"按钮，生成矩形草图，如图 14-125 所示。

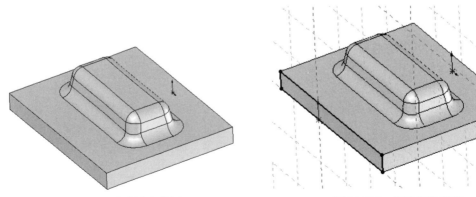

图 14-124　生成圆角特征

图 14-125　转换实体引用

（7）选择菜单栏中的"插入"→"切除"→"拉伸"命令，或者单击"特征"控制面板中的"切除拉伸"按钮⬛，在弹出的"切除-拉伸"属性管理器中，设置终止条件为"完全贯穿"，如图 14-126 所示，然后单击"确定"按钮✔。

（8）单击图 14-127 中的底面，然后单击"前导视图"工具栏中的"正视于"按钮⬆，将该表面作为绘制图形的基准面。单击"草图"控制面板中的"圆"按钮⊙和"直线"按钮✐，以基准面的中心为圆心绘制一个圆和两条互相垂直的直线，如图 14-128 所示，单击"退出草图"按钮⤷。

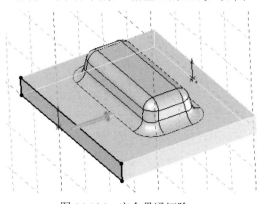

图 14-126　完全贯通切除

图 14-127　选择草图基准面

💡提示：在步骤（8）中绘制的草图是成形工具的定位草图，必须要绘制，否则成形工具将不能放置到钣金零件上。

（9）将零件文件保存，然后在操作界面左边成形工具零件的 FeatureManager 设计树中右击零件名称，在弹出的快捷菜单中选择"添加到库"命令，如图 14-129 所示，系统弹出"另存为"属性管理器，在属性管理器中选择保存路径 design Library\forming tools\embosses\，如图 14-130 所示。将此成形工具命名为"矩形凸台"，单击"保存"按钮，可以把新生成的成形工具保存在设计库中，如图 14-131 所示。

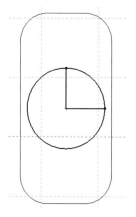

图 14-128　绘制定位草图

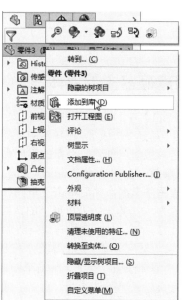

图 14-129　选择"添加到库"命令

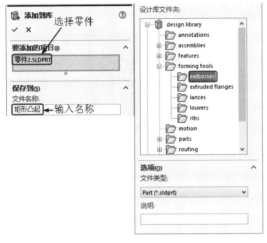

图 14-130　保存成形工具到设计库

图 14-131　添加到设计库中的"矩形凸台"成形工具

14.6　综合实例——硬盘支架

本节将介绍硬盘支架（见图 14-132）的设计过程，在设计过程中运用基体法兰、边线法兰、褶边、自定义成形工具、添加成形工具及通风口等钣金设计工具。此钣金件是一个较复杂的钣金零件，在设计过程中，综合运用了钣金的各项设计功能。

操作步骤如下：

14.6.1　创建硬盘支架主体

图 14-132　硬盘支架

（1）启动 SOLIDWORKS 2020，选择菜单栏中的"文件"→"新建"命令，或者单击"快速访问"工具栏中的"新建"按钮□，在弹出的"新建 SOLIDWORKS 文件"对话框中单击"零件"按钮，然后单击"确定"按钮，创建一个新的零件文件。

（2）绘制草图。在左侧的 FeatureManager 设计树中选择"前视基准面"作为绘图基准面，然后单击"草图"控制面板中的"边角矩形"按钮□，绘制一个矩形，将矩形上的直线删除，标注相应的智能尺寸，如图 14-133 所示。对水平线与原点添加"中点"约束几何关系，如图 14-134 所示，然后单击"退出草图"按钮。

（3）生成"基体法兰"特征。单击草图 1，然后选择菜单栏中的"插入"→"钣金"→"基体法兰"命令，或者单击"钣金"控制面

图 14-133　绘制草图

板中的"基体法兰/薄片"按钮，在属性管理器中"方向 1"选项组的"终止条件"栏中选择"两侧对称"，在"深度"栏中输入"110"，在"厚度"文本框中输入"0.5"，圆角半径值为"1"，其他设

置如图 14-135 所示,最后单击"确定"按钮✓。

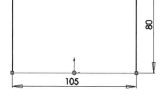

图 14-134 添加"中点"约束

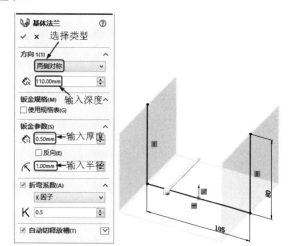

图 14-135 生成"基体法兰"特征操作

（4）生成"褶边"特征。选择菜单栏中的"插入"→"钣金"→"褶边"命令,或者单击"钣金"控制面板中的"褶边"按钮。在属性管理器中单击"材料在内"按钮,在"类型和大小"选项组中单击"闭合"按钮,其他设置如图 14-136 所示。单击鼠标拾取图 14-136 中所示的 3 条边线,生成"褶边"特征,最后单击"确定"按钮✓。

（5）生成"边线法兰"特征。选择菜单栏中的"插入"→"钣金"→"边线法兰"命令,或者单击"钣金"控制面板中的"边线法兰"按钮。在属性管理器的"法兰长度"选项组中设置长度为10mm,单击"外部虚拟交点"按钮,在"法兰位置"选项组中单击"折弯在外"按钮,其他设置如图 14-137 所示。

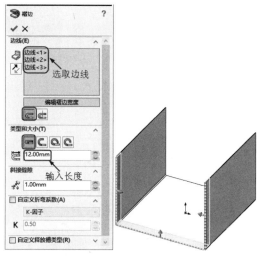

图 14-136 生成"褶边"特征操作

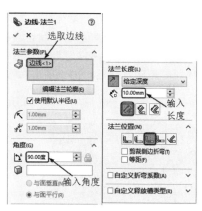

图 14-137 生成"边线法兰"特征操作

（6）单击鼠标拾取如图 14-138 所示的边线,然后单击属性管理器中的"编辑法兰轮廓"按钮,进入编辑法兰轮廓状态,如图 14-139 所示。单击如图 14-140 所示的边线,删除其"在边线上"的约束,然后通过标注智能尺寸,编辑法兰轮廓,如图 14-141 所示。最后单击"完成"按钮,结束对法兰轮廓的编辑。

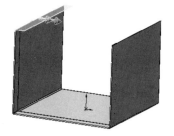

图 14-138　拾取边线

图 14-139　编辑法兰轮廓

（7）同理，生成钣金件的另一侧面上的"边线法兰"特征，如图 14-142 所示。

图 14-140　选择边线

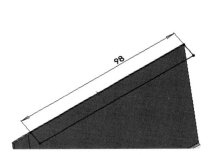

图 14-141　编辑尺寸

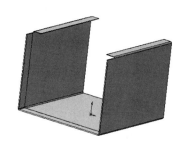

图 14-142　生成的另一侧"边线法兰"特征

14.6.2　创建硬盘支架卡口

（1）选择绘图基准面。单击钣金件的面 A，单击"前导视图"工具栏中的"正视于"按钮，将该基准面作为绘制图形的基准面，如图 14-143 所示。

（2）绘制草图。在基准面上绘图如图 14-144 所示的草图，标注其智能尺寸。

（3）生成"拉伸切除"特征。选择菜单栏中的"插入"→"切除"→"拉伸"命令，或者单击"特征"控制面板中的"拉伸切除"按钮，在属性管理器的"深度"文本框中输入数值"1.5"，其他设置如图 14-145 所示，最后单击"确定"按钮。

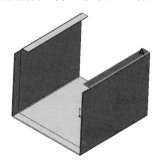

图 14-143　选择绘图基准面

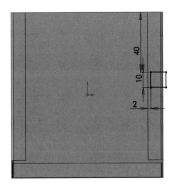

图 14-144　绘制草图

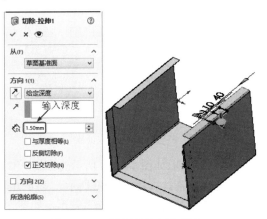

图 14-145　进行拉伸切除操作

（4）生成"边线法兰"特征。选择菜单栏中的"插入"→"钣金"→"边线法兰"命令，或者单击"钣金"控制面板中的"边线法兰"按钮🔖。在属性管理器的"法兰长度"选项组中设置长度为6mm，单击"外部虚拟交点"按钮🗹，在"法兰位置"选项组中单击"折弯在外"按钮🖳，其他设置如图 14-146 所示。

单击拾取如图 14-147 所示的边线，然后单击属性管理器中的"编辑法兰轮廓"按钮，进入编辑法兰轮廓状态，通过标注智能尺寸，编辑法兰轮廓，如图 14-148 所示。最后单击"完成"按钮，结束对法兰轮廓的编辑。

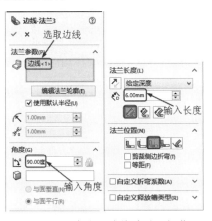

图 14-146　生成"边线法兰"操作

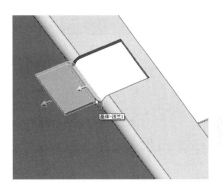

图 14-147　拾取边线

（5）生成"边线法兰"上的孔。在如图 14-149 所示的边线法兰面上绘制一个直径为 3mm 的圆，进行拉伸切除操作，生成一个通孔，如图 14-150 所示，单击"确定"按钮✅。

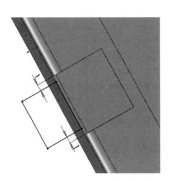

图 14-148　编辑法兰轮廓

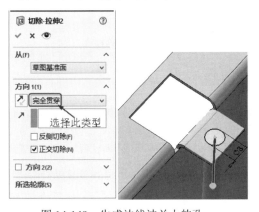

图 14-149　生成边线法兰上的孔

（6）选择绘图基准面。单击如图 14-150 所示的钣金件面 A，单击"前导视图"工具栏中的"正视于"按钮🔩，将该面作为绘制图形的基准面。

（7）绘制草图。在如图 14-150 所示的基准面上，单击"草图"控制面板中的"边角矩形"按钮🔲，绘制 4 个矩形，标注其智能尺寸，如图 14-151 所示。

（8）生成"拉伸切除"特征。选择菜单栏中的"插入"→"切除"→"拉伸"命令，或者单击"特征"控制面板中的"拉伸切除"按钮🔳，弹出"切除-拉伸"属性管理器，在"深度"文本框中输入数值"0.5"，其他设置如图 14-152 所示，最后单击"确定"按钮✅，生成拉伸切除特征，如图 14-153 所示。

图 14-150　选择基准面

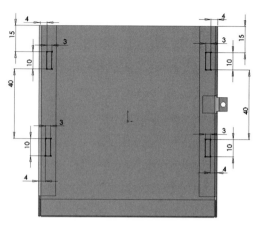

图 14-151　绘制操作

图 14-152　进行拉伸切除操作

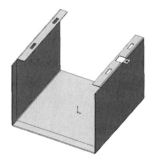

图 14-153　生成的"拉伸切除"特征

14.6.3　创建成形工具 1

在进行钣金设计过程中，如果软件设计库中没有需要的成形特征，就要求用户自己创建。下面介绍本钣金件中创建成形工具的过程。

（1）建立新文件。选择菜单栏中的"文件"→"新建"命令，或者单击"快速访问"工具栏中的"新建"按钮，在弹出的"新建 SOLIDWORKS 文件"对话框中单击"零件"按钮，然后单击"确定"按钮，创建一个新的零件文件。

（2）绘制草图。在左侧的 FeatureManager 设计树中选择"前视基准面"作为绘图基准面，然后单击"草图"控制面板中的"圆"按钮，绘制一个圆，将圆心落在原点上；单击"草图"控制面板中的"边角矩形"按钮，绘制一个矩形，如图 14-154 所示。

❶ 单击"草图"控制面板"显示/删除几何关系"下拉列表中的"添加几何关系"按钮，添加矩形左边竖边线与圆的"相切"约束，如图 14-155 所示，然后添加矩形另外一条竖边与圆的"相切"约束。

❷ 单击"草图"控制面板中的"剪裁实体"按钮，将矩形上边线和圆的部分线条剪裁掉，如图 14-156 所示。标注智能尺寸，如图 14-157 所示。

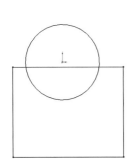

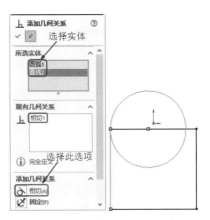

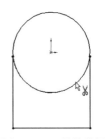

图 14-154　绘制草图　　　　　　图 14-155　添加"相切"约束　　　　　图 14-156　剪裁草图

（3）生成"拉伸"特征。选择菜单栏中的"插入"→"凸台/基体"→"拉伸"命令，或者单击"特征"控制面板中的"拉伸凸台/基体"按钮，系统弹出"凸台-拉伸"属性管理器，在"方向1"选项组的"深度"文本框中输入"2"，如图 14-158 所示，单击"确定"按钮。

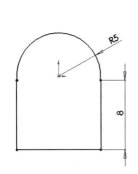

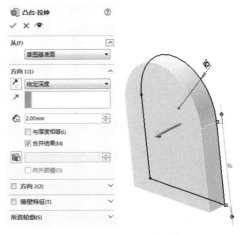

图 14-157　标注智能尺寸　　　　　　　　　　图 14-158　进行拉伸操作

（4）绘制另一个草图。单击如图 14-158 所示的拉伸实体的一个面作为基准面，然后单击"草图"控制面板中的"边角矩形"按钮，绘制一个矩形，矩形要大于拉伸实体的投影面积，如图 14-159 所示。

（5）生成"拉伸"特征。选择菜单栏中的"插入"→"凸台/基体"→"拉伸"命令，或者单击"特征"控制面板中的"拉伸凸台/基体"按钮，系统弹出"凸台-拉伸"属性管理器，在"方向1"选项组的"深度"文本框中输入"5"，如图 14-160 所示，单击"确定"按钮。

（6）生成"圆角"特征。选择菜单栏中的"插入"→"特征"→"圆角"命令，或者单击"特征"控制面板中的"圆角"按钮，系统弹出"圆角"属性管理器，选择"圆角类型"为"恒定大小圆角"，在"圆角半径"文本框中输入"1.5"，单击拾取实体的边线，如图 14-161 所示，单击"确定"按钮生成圆角。

（7）继续单击"特征"控制面板中的"圆角"按钮，选择"圆角类型"为"恒定大小圆角"，在"圆角半径"文本框中输入"0.5"，单击拾取实体的另一条边线，如图 14-162 所示，单击"确定"按钮生成另一个圆角。

图 14-159 绘制矩形

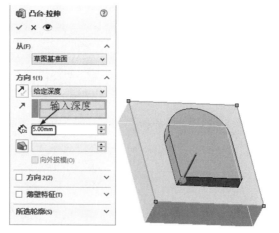

图 14-160 进行拉伸操作

图 14-161 进行圆角 1 操作

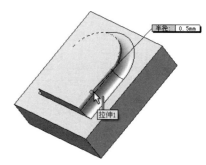

图 14-162 进行圆角 2 操作

（8）绘制草图。在实体上选择如图 14-163 所示的面作为绘图的基准面，单击"草图"控制面板中的"草图绘制"按钮，然后单击"草图"控制面板中的"转换实体引用"按钮，将选择的矩形表面转换成矩形图素，如图 14-164 所示。

（9）生成"拉伸切除"特征。选择菜单栏中的"插入"→"切除"→"拉伸"命令，或者单击"特征"控制面板中的"拉伸切除"按钮，弹出"切除-拉伸"属性管理器，将"方向 1"选项组的终止条件设置为"完全贯穿"，如图 14-165 所示，单击"确定"按钮，完成拉伸切除操作。

（10）绘制草图。在实体上选择如图 14-166（a）所示的面作为基准面，单击"草图"控制面板中的"圆"按钮，在基准面上绘制一个圆，圆心与原点重合，标注直径智能尺寸，如图 14-166（b）所示，单击"退出草图"按钮。

图 14-163　选择基准面

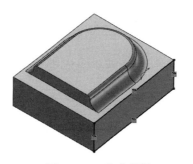

图 14-164　生成草图

图 14-165　进行拉伸切除操作

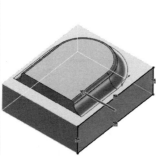

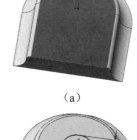

（a）

（b）

图 14-166　选择基准面

Note

（11）生成"分割线"特征。选择菜单栏中的"插入"→"曲线"→"分割线"命令，或者单击"特征"控制面板中的"分割线"按钮，弹出"分割线"属性管理器，在"分割类型"选项组中选中"投影"单选按钮，在"要投影的草图"列表框中选择"圆"草图，在"要分割的面"列表框中选择实体的上表面，如图 14-167 所示，单击"确定"按钮，完成分割线操作。

（12）更改成形工具切穿部位的颜色。在使用成形工具时，如果遇到成形工具中红色的表面，软件系统将对钣金零件做切穿处理。所以，在生成成形工具时，需要切穿的部位要将其颜色更改为红色。拾取成形工具的两个表面，单击"前导视图"工具栏中的"编辑外观"按钮，弹出"颜色"属性管理器，选择"红色"RGB 标准颜色，即 R=255，G=0，B=0，其他设置默认，如图 14-168 所示，单击"确定"按钮。

（13）绘制成形工具定位草图。单击成形工具如图 14-169 所示的表面为草图绘制的基准面，单击"草图"控制面板中的"草图绘制"按钮，然后单击"草图"控制面板中的"转换实体引用"按钮，将选择表面转换成图素。然后，单击"草图"控制面板中的"中心线"按钮，绘制两条互相垂直的中心线，中心线交点与圆心重合，终点都与圆重合，如图 14-170 所示，单击"退出草图"按钮。

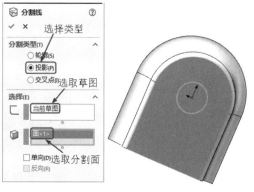

图 14-167　进行分割线操作

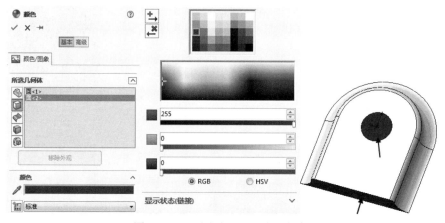

图 14-168　更改成形工具表面颜色

图 14-169　选择基准面

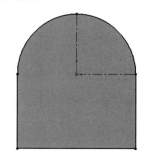

图 14-170　绘制定位草图

💡提示：*在设计成形工具的过程中定位草图必须绘制，如果没有定位草图，这个成形工具将不能够使用。*

　　（14）保存成形工具。保存零件。然后在 FeatureManager 设计树中右击成形工具零件名称，在弹出的快捷菜单中选择"添加到库"命令，如图 14-171 所示。这时，将弹出"添加到库"属性管理器，在"设计库文件夹"栏中选择 lances 文件夹作为成形工具的保存位置，如图 14-172 所示。将此成形工具命名为"硬盘成形工具 1"，如图 14-173 所示，保存类型为".sldprt"，单击"确定"按钮✔，完成对成形工具的保存。

　　（15）单击系统右边的"设计库"按钮🗔，根据如图 14-174 所示的路径可以找到保存的成形工具。

图 14-172　选择保存位置

图 14-171　添加到库　　　　图 14-173　将成形工具命名　　　　图 14-174　已保存成形工具

14.6.4　添加成形工具 1

（1）单击系统右边的"设计库"按钮 ，根据如图 14-174 所示的路径可以找到成形工具的文件夹 lances，找到需要添加的成形工具"硬盘成形工具 1"，将其拖放到钣金零件的侧面上。单击"确定"按钮 ✔，完成对成形工具的添加。

（2）在设计树中右击新添加的成形工具中的草图，对草图进行编辑，单击"草图"控制面板中的"智能尺寸"按钮 ✦，标注出成形工具在钣金件上的位置尺寸，如图 14-175 所示，最后，单击"放置成形特征"对话框中的"完成"按钮，完成对成形工具的添加。

> 💡提示：在添加成形工具时，系统默认成形工具所放置的面是凹面，拖放成形工具的过程中，如果按下 Tab 键，系统将会在凹面和凸面间进行切换，从而可以更改成形工具在钣金件上所放置的面。

（3）线性阵列成形工具。选择菜单栏中的"插入"→"阵列/镜向"→"线性阵列"命令，或者单击"特征"控制面板中的"线性阵列"按钮 🔢，弹出"线性阵列"属性管理器，在"方向 1"选项组的"阵列方向"栏中单击，拾取钣金件的一条边线，单击 🔁 按钮切换阵列方向，如图 14-176 所示，在"间距"文本框中输入"70"，然后在 FeatureManager 设计树中单击"硬盘成形工具 1"，如图 14-177 所示，单击"确定"按钮 ✔，完成对成形工具的线性阵列，结果如图 14-178 所示。

（4）镜向成形工具。选择菜单栏中的"插入"→"阵列/镜向"→"镜向"命令，或者单击"特征"控制面板中的"镜向"按钮 ◫，弹出"镜向"属性管理器，在"镜向面/基准面"选项组中单击，在 FeatureManager 设计树中单击"右视基准面"作为镜向面，单击"要镜向的特征"栏，在 FeatureManager 设计树中单击"硬盘成形工具 1"和"阵列（线性）1"作为要镜向的特征，其他设置默认，如图 14-179 所示，单击"确定"按钮 ✔，完成对成形工具的镜向。

图 14-175　标注成形工具的位置尺寸

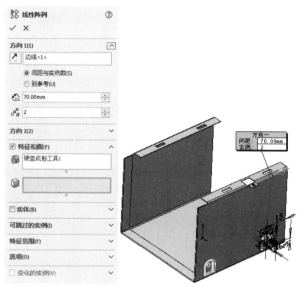

图 14-176　选择阵列方向　　　　　　　　图 14-177　线性阵列"硬盘成形工具 1"

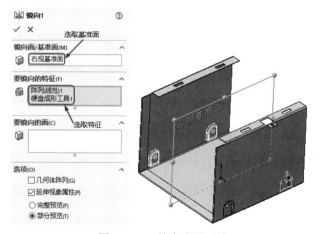

图 14-178　线性阵列生成的特征　　　　　　　图 14-179　镜向成形工具

14.6.5　创建成形工具 2

在此钣金件设计过程中，需要自定义两个成形工具，下面介绍第二个成形工具的创建过程。

（1）建立新文件。选择菜单栏中的"文件"→"新建"命令，或者单击"快速访问"工具栏中的"新建"按钮，在弹出的"新建 SOLIDWORKS 文件"对话框中单击"零件"按钮，然后单击"确定"按钮，创建一个新的零件文件。

（2）绘制草图。在左侧的 FeatureManager 设计树中选择"前视基准面"作为绘图基准面，然后单击"草图"控制面板中的"中心矩形"按钮，绘制一个矩形，如图 14-180 所示。标注矩形的智能尺寸，如图 14-181 所示。

（3）生成"拉伸"特征。选择菜单栏中的"插入"→"凸台/基体"→"拉伸"命令，或者单击

"特征"控制面板中的"拉伸凸台/基体"按钮 ，系统弹出"凸台-拉伸"属性管理器，在"方向 1"选项组的"深度"文本框中输入"2"，如图 14-182 所示，单击"确定"按钮 。

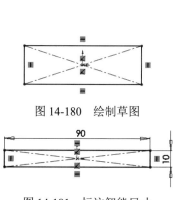

图 14-180　绘制草图

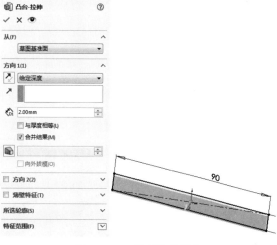

图 14-181　标注智能尺寸

图 14-182　进行拉伸操作

（4）绘制另一个草图。单击如图 14-183 所示的拉伸实体的一个面作为基准面，然后单击"草图"控制面板中的"边角矩形"按钮 ，绘制一个矩形，矩形要大于拉伸实体的投影面积，如图 14-183 所示。

（5）生成"拉伸"特征。选择菜单栏中的"插入"→"凸台/基体"→"拉伸"命令，或者单击"特征"控制面板中的"拉伸凸台/基体"按钮 ，系统弹出"凸台-拉伸"属性管理器，在"方向 1"选项组的"深度"文本框中输入"5"，如图 14-184 所示，单击"确定"按钮 。

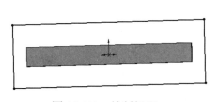

图 14-183　绘制矩形

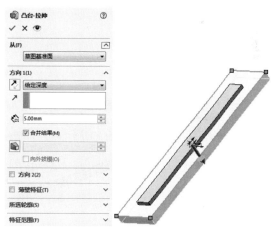

图 14-184　进行拉伸操作

（6）生成"圆角"特征。选择菜单栏中的"插入"→"特征"→"圆角"命令，或者单击"特征"控制面板中的"圆角"按钮 ，系统弹出"圆角"属性管理器，选择"圆角类型"为"恒定大小圆角"，在"圆角半径"文本框中输入"4"，单击拾取实体的边线，如图 14-185 所示，单击"确定"按钮 生成圆角。

❶ 单击"特征"控制面板中的"圆角"按钮 ，系统弹出"圆角"属性管理器，选择"圆角类型"为"恒定大小圆角"，在"圆角半径"文本框中输入"1.5"，单击拾取实体的另一条边线，如

图 14-186 所示，单击"确定"按钮✔，生成另一个圆角。

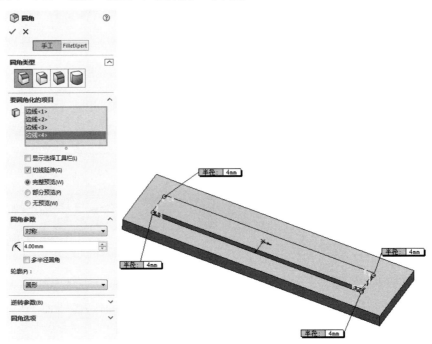

图 14-185　进行圆角 1 操作

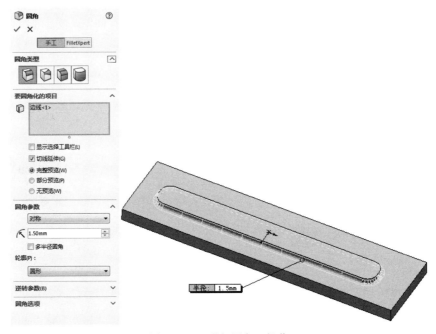

图 14-186　进行圆角 2 操作

❷　单击"特征"控制面板中的"圆角"按钮⬤，系统弹出"圆角"属性管理器，选择"圆角类型"为"恒定大小圆角"，在"圆角半径"文本框中输入"0.5"，单击拾取实体的另一条边线，如图 14-187 所示，单击"确定"按钮✔，生成另一个圆角。

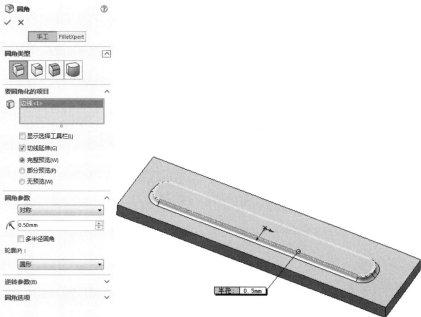

图 14-187　进行圆角 3 操作

（7）绘制草图。在实体上选择如图 14-188 所示的面作为绘图的基准面，单击"草图"控制面板中的"草图绘制"按钮□，然后单击"草图"控制面板中的"转换实体引用"按钮⑦，将选择的矩形表面转换成矩形图素，如图 14-189 所示。

（8）生成"拉伸切除"特征。选择菜单栏中的"插入"→"切除"→"拉伸"命令，或者单击"特征"控制面板中的"拉伸切除"按钮⑩，系统弹出"切除-拉伸"属性管理器，在"方向 1"选项组的终止条件中选择"完全贯穿"，如图 14-190 所示，单击"确定"按钮✓，完成拉伸切除操作。

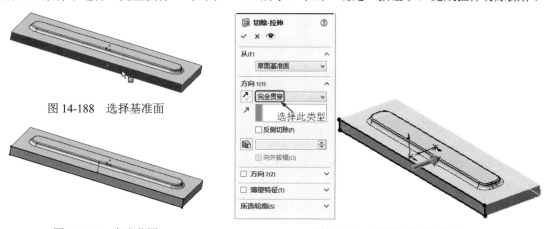

图 14-188　选择基准面

图 14-189　生成草图　　　　　图 14-190　进行拉伸切除操作

（9）绘制成形工具定位草图。单击如图 14-191 所示的表面作为基准面，单击"草图"控制面板中的"草图绘制"按钮□，然后单击"草图"控制面板中的"转换实体引用"按钮⑦，将选择表面转换成图素。然后单击"草图"控制面板中的"中心线"按钮✔，绘制两条互相垂直的中心线，中心线交点与圆心重合，如图 14-192 所示，单击"退出草图"按钮↳。

（10）保存成形工具。在 FeatureManager 设计树中右击成形工具零件名称，在弹出的快捷菜单中选择"添加到库"命令，将会弹出"添加到库"属性管理器，在"设计库文件夹"栏中选择 lances 文件夹作为成形工具的保存位置，将此成形工具命名为"硬盘成形工具 2"，保存类型为".sldprt"，如图 14-193 所示，单击"确定"按钮✔，完成对成形工具 2 的保存。

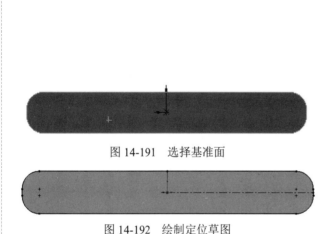

图 14-191　选择基准面

图 14-192　绘制定位草图

图 14-193　保存成形工具

14.6.6　添加成形工具 2

（1）向硬盘支架钣金件添加成形工具 2。单击系统右边的"设计库"按钮🔖，找到需要添加的成形工具"硬盘成形工具 2"，将其拖放到钣金零件的侧面上。单击"确定"按钮✔，完成对成形工具的添加。

（2）在设计树中右击新添加的成形工具中的草图，对草图进行编辑，单击"草图"控制面板中的"智能尺寸"按钮❖，标注出成形工具在钣金件上的位置尺寸，如图 14-194 所示，最后单击"放置成形特征"对话框中的"完成"按钮，完成对成形工具的添加。

（3）镜向成形工具。选择菜单栏中的"插入"→"阵列/镜向"→"镜向"命令，或者单击"特征"控制面板中的"镜向"按钮🔁，弹出"镜向"属性管理器，在"镜向面/基准面"选项组中单击鼠标，在 FeatureManager 设计树中选择"右视基准面"作为镜向面，单击"要镜向的特征"选项组，在 FeatureManager 设计树中选择"硬盘成形工具 2"作为要镜向的特征，其他设置默认，如图 14-195 所示，单击"确定"按钮✔，完成对成形工具的镜向。

（4）绘制草图。单击如图 14-196 所示的面作为基准面，单击"草图"控制面板中的"中心线"按钮🖉，绘制 3 条构造线，即一条水平构造线和两条竖直构造线，两条竖直构造线通过箭头所指圆的圆心，如图 14-197 所示。

（5）单击"草图"控制面板中的"显示/删除几何关系"下拉列表中的"添加几何关系"按钮📐，添加水平构造线与图 14-198 中箭头所指两边线"对称"约束，单击"退出草图"按钮🔚。

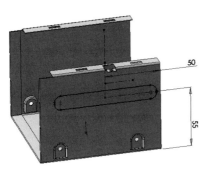

图 14-194　标注成形工具的位置尺寸

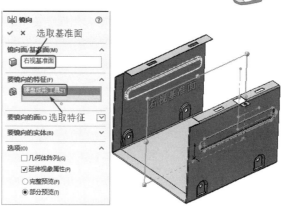

图 14-195　镜向成形工具

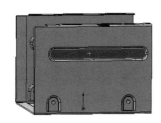

图 14-196　选择绘图基准面

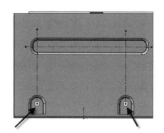

图 14-197　选择构造线

（6）生成"孔"特征。选择菜单栏中的"插入"→"特征"→"孔向导"命令，或者单击"特征"控制面板中的"异型孔向导"按钮⬛，系统弹出"孔规格"属性管理器。在"孔规格"选项组中单击"孔"按钮⬛，选择 GB 标准，类型为"钻孔大小"，选择孔大小为 Φ3.5，"给定深度"为 120mm，如图 14-199 所示。

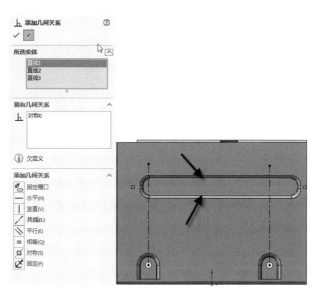

图 14-198　添加"对称"约束

图 14-199　"孔规格"属性管理器

（7）将对话框切换到位置选项下，然后单击拾取如图 14-200 所示两竖直构造线与水平构造线的交点，确定孔的位置，单击"确定"按钮，生成孔特征，如图 14-201 所示。

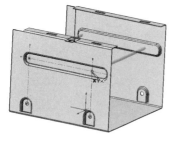
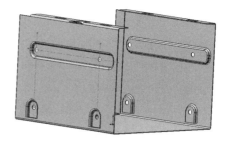

图 14-200　拾取孔位置点　　　　　　　　　图 14-201　生成的孔特征

（8）线性阵列成形工具。选择菜单栏中的"插入"→"阵列/镜向"→"线性阵列"命令，或者单击"特征"控制面板中的"线性阵列"按钮，弹出"线性阵列"属性管理器，在"方向 1"选项组的"阵列方向"列表框中单击，拾取钣金件的一条边线，如图 14-202 所示，在"间距"文本框中输入"20"，然后在 FeatureManager 设计树中选择"硬盘成形工具 2""镜向 2""Φ3.5（3.5）直径孔 1"，如图 14-203 所示，单击"确定"按钮，完成对成形工具的线性阵列，结果如图 14-204 所示。

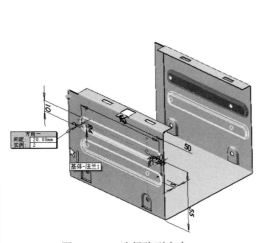

图 14-202　选择阵列方向　　　　　图 14-203　选择阵列特征　　　图 14-204　阵列后的结果

14.6.7　创建排风扇以及细节处理

（1）选择基准面。单击钣金件的底面，单击"前导视图"工具栏中的"正视于"按钮，将该基准面作为绘制图形的基准面，如图 14-205 所示。

（2）绘制草图。单击"草图"控制面板中的"圆"按钮，绘制 4 个同心圆，标注其直径尺寸，如图 14-206 所示。单击"草图"控制面板中的"直线"按钮，绘制两条互相垂直的直线，直线均过圆心，如图 14-207 所示，单击"退出草图"按钮。

（3）生成"通风口"特征。选择菜单栏中的"插入"→"扣合特征"→"通风口"命令，弹出

"通风口"属性管理器，选择通风口草图中的最大直径圆作为边界，设置"圆角半径"为2，如图14-208所示。

图 14-205　选择绘图基准面

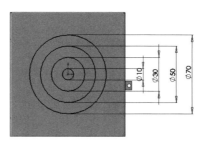

图 14-206　绘制同心圆

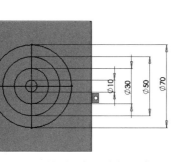

图 14-207　绘制互相垂直的直线

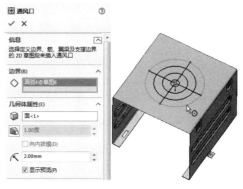

图 14-208　选择通风口边界

（4）在草图中选择两条互相垂直的直线作为通风口的筋，输入"筋的宽度"数值为5，如图14-209所示。在草图中选择中间的两个圆作为通风口的翼梁，输入"翼梁的宽度"数值为 5，如图 14-210所示。在草图中选择最小直径的圆作为通风口的填充边界，如图14-211所示。设置结束后，单击"确定"按钮，生成的通风口如图14-212所示。

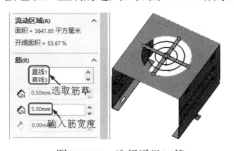

图 14-209　选择通风口筋

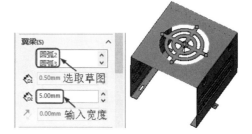

图 14-210　选择通风口翼梁

图 14-211　选择通风口填充边界

图 14-212　生成的通风口

（5）生成"边线法兰"特征。选择菜单栏中的"插入"→"钣金"→"边线法兰"命令，或者单击"钣金"控制面板中的"边线法兰"按钮 。系统弹出"边线法兰"属性管理器，在"法兰长度"选项组中输入"10"，单击"外部虚拟交点"按钮 ，在"法兰位置"选项组中单击"材料在内"按钮 ，选中"剪裁侧边折弯"复选框，其他设置如图 14-213 所示。

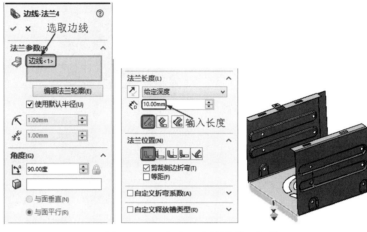

图 14-213　生成"边线法兰"操作

（6）编辑边线法兰的草图。在 FeatureManager 设计树中右击"边线法兰"，在弹出的快捷菜单中单击"编辑草图"按钮 ，如图 14-214 所示。这时将进入边线法兰的草图编辑状态，如图 14-215 所示。

　　单击"草图"控制面板中的"圆角"按钮 ，在对话框中输入"圆角半径"数值为 5，在草图中添加圆角，如图 14-216 所示，单击"退出草图"按钮 。

（7）选择基准面。单击如图 14-217 所示的面，单击"前导视图"工具栏中的"正视于"按钮 ，将该面作为绘制图形的基准面。

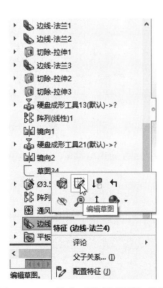

图 14-214　单击"编辑草图"按钮

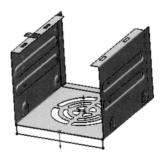

图 14-215　进入草图编辑状态

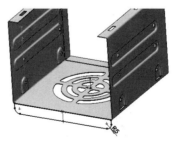

图 14-216　进行圆角编辑

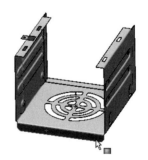

图 14-217　选择基准面

（8）生成"简单直孔"特征。单击"钣金"控制面板中的"简单直孔"按钮，在"孔"属性管理器中选中"与厚度相等"复选框，输入"孔直径尺寸"数值为3.5，如图14-218所示，单击"确定"按钮，生成简单直孔特征。

（9）编辑简单直孔的位置。在生成简单直孔时，有可能孔位置并不是很合适，这样就需要重新进行定位。在 FeatureManager 设计树中右击"孔1"下的草图，如图14-219所示，在弹出的快捷菜单中单击"编辑草图"按钮，进入草图编辑状态，标注智能尺寸，如图 14-220 所示，单击"退出草图"按钮。

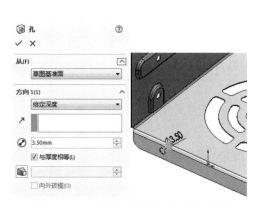

图 14-218　生成"简单直孔"特征操作

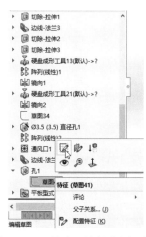

图 14-219　单击"编辑草图"按钮

（10）生成另一个简单直孔。重复上述的操作，在同一个表面上生成另一个简单直孔，直孔的位置如图14-221所示。

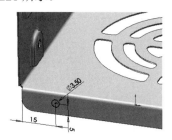

图 14-220　标注智能尺寸

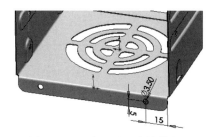

图 14-221　生成另一个简单直孔

（11）展开硬盘支架。右击 FeatureManager 设计树中的"平板型式"，在弹出的快捷菜单中选择"解除压缩"命令，将钣金零件展开，如图14-222所示。

图 14-222　展开的钣金件

14.7 实践与操作

绘制如图 14-223 所示的板卡固定座。

操作提示：

（1）利用"草图绘制"命令绘制如图 14-224 所示的草图，利用"基体法兰"命令，设置厚度为 1mm，创建基体。

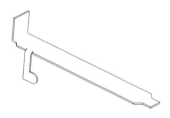

图 14-223 板卡固定座

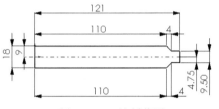

图 14-224 绘制草图

（2）利用"边线法兰"命令选择如图 14-225 所示的边线，选择"双弯曲""材料在外"，设置法兰深度为 16mm，其余采用默认值。

（3）利用"边线法兰"命令选择如图 14-226 所示的边线，选择"双弯曲""材料在外"，其余采用默认值，生成边线法兰 2。

图 14-225 绘制边线

图 14-226 绘制草图

（4）对法兰 2 的轮廓进行编辑，如图 14-227 所示。确认完成。

（5）展开钣金，以如图 14-228 所示的面为固定面，选择边线法兰 1 生成的折弯，将其展开，绘制如图 14-229 所示的草图。

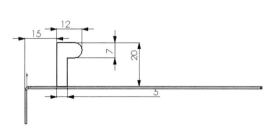

图 14-227 编辑法兰轮廓草图

图 14-228 展开折弯

（6）折叠钣金，选取展开时的固定面作为折叠的固定面，折叠边线法兰1，如图 14-230 所示。

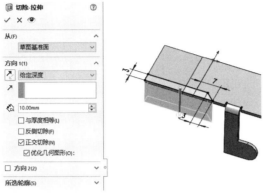

图 14-229　设置"切除-拉伸"参数　　　　　图 14-230　折叠钣金

14.8　思考练习

1. 在 SOLIDWORKS 中设计钣金零件的方式有哪些？
2. 带圆柱面的零件遵循哪些准则才可以由钣金构成？
3. 添加薄壁到钣金零件中应注意什么？
4. 生成切口特征的方法有哪些？
5. 放样的折弯和放样有哪些异同？
6. 绘制如图 14-231 所示的六角盒。
7. 绘制如图 14-232 所示的裤型三通。

图 14-231　六角盒　　　　　　　　　图 14-232　裤型三通

第15章

焊接基础知识

本章简要介绍了 SOLIDWORKS 焊接的一些基本操作，是用户绘制焊件时必须要掌握的基础知识。主要目的是使读者了解焊接件的基本概念，以及绘制焊接件的操作步骤及注意事项，同时通过实例巩固焊接知识。

- ☑ "焊件"控制面板与"焊件"菜单
- ☑ 焊件特征工具使用方法
- ☑ 焊件切割清单
- ☑ 装配体中焊缝的创建

任务驱动&项目案例

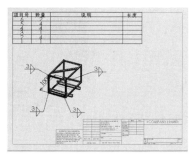

Note

15.1　概　　述

使用 SOLIDWORKS 2020 软件的焊件功能可以进行焊接零件设计。选择菜单栏中焊件功能中的焊接结构构件可以设计出各种焊接框架结构件，如图 15-1 所示。也可以选择菜单栏中焊件工具栏中的剪裁和延伸特征功能设计各种焊接箱体、支架类零件，如图 15-2 所示。在实体焊件设计过程中都能够设计出相应的焊缝，真实地体现焊接件的焊接方式。

设计好实体焊接件后，还可以生成焊件的工程图，在工程图中生成焊件的切割清单，如图 15-3 所示。

图 15-1　焊件框架

图 15-2　H 形轴承支架

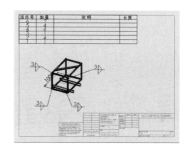

图 15-3　焊件工程图

15.2　"焊件"控制面板与"焊件"菜单

15.2.1　启用"焊件"控制面板

启动 SOLIDWORKS 2020 软件后，新建一个零件文件，右击控制面板中的任意命令图标，在弹出的如图 15-4 所示的菜单中单击焊件，则视图中会显示如图 15-5 所示的"焊件"控制面板。

图 15-4　快捷菜单

图 15-5　"焊件"控制面板

15.2.2　"焊件"菜单

选择菜单栏中的"插入"→"焊件"命令，将可以找到"焊件"菜单，如图 15-6 所示。

图 15-6 "焊件"菜单

15.3 焊件特征工具使用方法

SOLIDWORKS 软件系统中，焊件功能主要提供了"焊件"特征工具、"结构构件"特征工具、"角撑板"特征工具、"顶端盖"特征工具、"圆角焊缝"特征工具、"剪裁/延伸"特征工具。"焊件"工具栏如图 15-7 所示，工具栏中还包括"拉伸凸台/基体""拉伸切除""倒角""异型孔"等特征工具，其使用方法与常见实体设计相同。在本节中主要介绍焊件所特有的特征工具的使用方法。

在进行焊件设计时，单击"焊件"工具栏中的"焊件"按钮，或选择菜单栏中的"插入"→"焊件"→"焊件"命令，可以将实体零件标记为焊接件。同时，焊件特征将被添加到 FeatureManager 设计树中，如图 15-8 所示。

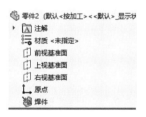

图 15-7 "焊件"工具栏

图 15-8 将零件标记为焊件

如果使用焊件功能的"结构构件"特征工具来生成焊件，系统将自动将零件标记为焊接件，自动将"焊件"按钮添加到 FeatureManager 设计树中。

15.3.1 结构构件特征

在 SOLIDWORKS 中具有包含多种焊接结构件（如角铁、方型管、矩形管等）的特征库，可供设计者选择使用。这些焊接结构件在形状及尺寸上具有两种标准，即 ANSI 和 ISO。每一种类型的结构构件都具有多种尺寸大小可供选择使用，如图 15-9 所示。

在使用结构构件生成焊件时，首先要绘制草图，即使用线性或弯曲草图实体生成多个带基准面的

2D 草图，或生成 3D 草图，或 2D 和 3D 相组合的草图。

（1）绘制草图。单击"草图"控制面板中的"边角矩形"按钮▢，或选择菜单栏中的"工具"→"草图绘制实体"→"边角矩形"命令，在绘图区域绘制一个矩形，如图 15-10 所示，然后单击"退出草图"按钮↵。

图 15-9　结构构件选项栏　　　　　　　　　图 15-10　绘制矩形草图

（2）添加结构构件。单击"焊件"控制面板中的"结构构件"按钮◉，或选择菜单栏中的"插入"→"焊件"→"结构构件"命令，弹出"结构构件"属性管理器。在"标准"下拉列表框中选择 iso，在 Type 下拉列表框中选择"方形管"，在"大小"下拉列表框中选择 40×40×4，然后用鼠标在草图中依次拾取需要插入结构构件的路径线段，结构构件将被插入绘图区域，如图 15-11 所示。

图 15-11　插入件

（3）应用边角处理。在对话框中选中"应用边角处理"复选框，可以对结构构件进行边角处理，如图 15-12 所示。常用的边角处理方式有 4 种：未应用边角处理，如图 15-13 所示；终端斜接，如图 15-14 所示；终端对接 1，如图 15-15 所示；终端对接 2，如图 15-16 所示。

（4）更改旋转角度。在"旋转角度"文本框中输入相应角度值，将可以使结构构件按一固定度数旋转。如果输入数值为 60，结构构件将旋转 60°，如图 15-17 所示。

图 15-12　应用边角处理　　图 15-13　未应用边角处理效果　　图 15-14　终端斜接效果

图 15-15　终端对接 1 效果　　图 15-16　终端对接 2 效果　　图 15-17　方形管旋转 60°

15.3.2　生成自定义结构构件轮廓

SOLIDWORKS 软件系统中的结构构件特征库中可供选择使用的结构构件的种类、大小是有限的。设计者可以将自己设计的结构构件的截面轮廓保存到特征库中，供以后选择使用。

下面以生成大小为 100×100×2 的方形管轮廓为例，介绍生成自定义结构构件轮廓的操作步骤。

1. 绘制草图

（1）单击"草图"控制面板中的"边角矩形"按钮，或选择菜单栏中的"工具"→"草图绘制实体"→"边角矩形"命令，在绘图区域绘制一个矩形，通过标注智能尺寸，使原点在矩形的中心。

（2）单击"草图"控制面板中的"绘制圆角"按钮，绘制圆角，如图 15-18 所示。

（3）单击"草图"控制面板中的"等距实体"按钮，输入"等距距离"数值为 2，如图 15-19 所示，生成等距实体草图，单击"退出草图"按钮。

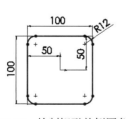 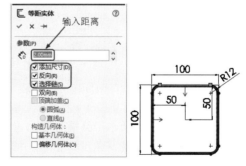

图 15-18　绘制矩形并倒圆角　　　　　　　图 15-19　生成等距实体

2. 保存自定义结构构件轮廓

在 FeatureManager 设计树中，选择菜单栏中的选择草图，然后选择菜单栏中的"文件"→"另存为"命令将自定义结构构件轮廓保存。

焊件结构件的轮廓草图文件的默认位置为：安装目录/SOLIDWORKS/lang/chinese-simplified/weldment profiles（焊件轮廓）文件夹中的子文件夹。选择菜单栏中的"保存"命令，将所绘制的草图保存为文件名 100×100×2，文件类型为"*.sldlfp"。保存在 square tube 文件夹中，如图 15-20 所示。

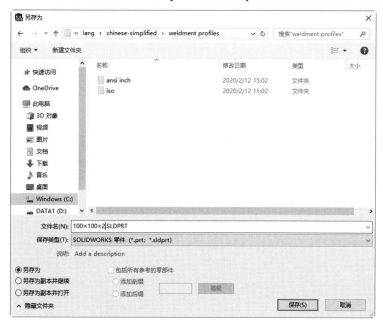

图 15-20　保存自定义结构构件轮廓

15.3.3　剪裁/延伸特征

在生成焊件时，可以使用剪裁/延伸特征工具来剪裁或延伸结构构件，使之在焊件零件中正确对接。此特征工具适用于：① 两个处于在拐角处汇合的结构构件；② 一个或多个相对于结构构件与另一实体相汇合。

（1）绘制草图。单击"草图"控制面板中的"直线"按钮，或选择菜单栏中的"工具"→"草图绘制实体"→"直线"命令，在绘图区域绘制一条水平直线，然后单击"退出草图"按钮。重复"直线"命令，绘制一条竖直直线。

（2）创建结构构件。单击"焊件"控制面板中的"结构构件"按钮，或选择菜单栏中的"插入"→"焊件"→"结构构件"命令，弹出如图 15-21 所示的"结构构件"属性管理器。在"标准"下拉列表框中选择 iso，在 Type 下拉列表框中选择"方形管"，在"大小"下拉列表框中选择 40×40×4，然后拾取水平直线为路径线段，单击"确定"按钮，结果如图 15-22 所示。重复"结构构件"命令，选择竖直直线为路径线段，创建竖直管，结果如图 15-23 所示。

（3）剪裁延伸构件。单击"焊件"控制面板中的"剪裁/延伸"按钮，或选择菜单栏中的"插入"→"焊件"→"剪裁/延伸"命令，弹出"剪裁/延伸"属性管理器，如图 15-24 所示。选择"终端斜接"类型，选择横管为要裁剪的实体，并选中"允许延伸"复选框，选择竖直管件为剪裁边界，单击"确定"按钮，结果如图 15-25 所示。

图 15-21　"结构构件"属性管理器

图 15-22　创建横管

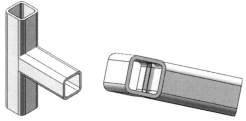

图 15-23　构件

图 15-24　"剪裁/延伸"属性管理器

图 15-25　裁剪实体

其他边角类型包括"终端裁剪"、"终端对接 1"和"终端对接 2"，如图 15-26 所示。

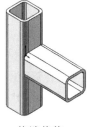

终端裁剪

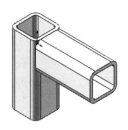

终端对接 1

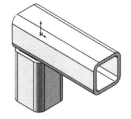

终端对接 2

图 15-26　边角类型

提示：选择平面为剪裁边界通常更有效且性能更好。只在相当于诸如圆形管道或阶梯式曲面之类的非平面实体剪裁时选择实体。

15.3.4 顶端盖特征

顶端盖特征工具用于闭合敞开的结构构件，如图 15-27 所示。

（1）打开源文件"顶端盖特征"，单击"焊件"控制面板中的"顶端盖"按钮，或选择菜单栏中的"插入"→"焊件"→"顶端盖"命令，然后单击，拾取需要添加端盖的结构构件的断面，并且设置厚度参数，如图 15-28 所示。

（2）进行等距设置。在生成顶端盖特征过程中的顶端盖等距是指结构构件边线到顶端盖边线之间的距离，如图 15-29 所示。在进行等距设置时，可以选择使用厚度比率来进行设置，或者不使用厚度比率来设置。如果选择使用厚度比率，指定的厚度比率值应介于 0 和 1 之间。等距则等于结构构件的壁厚乘以指定的厚度比率。

（3）进行倒角设置。在"倒角距离"文本框中可以输入合适的倒角尺寸数值。生成顶端盖后的效果如图 15-30 所示。

图 15-27　顶端盖预览

图 15-28　"顶端盖"属性管理器

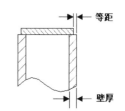

图 15-29　顶端盖等距示意图

图 15-30　生成的顶端盖

提示：生成顶端盖时只能在有线性边线的轮廓上生成。

15.3.5 角撑板特征

使用"角撑板"特征工具可加固两个交叉带平面的结构构件之间的区域。系统提供了两种类型的角撑板，即如图 15-31 所示的三角形支撑板和如图 15-32 所示的多边形支撑板。

（1）打开 15.3.4 节的结果文件，单击"焊件"控制面板中的"角撑板"按钮，或选择菜单栏中的"插入"→"焊件"→"角撑板"命令，弹出"角撑板"属性管理器，然后选择生成角撑板的支撑面，如图 15-33 所示。

（2）选择轮廓。在"轮廓"选项组中选择菜单栏中需要添加的支撑板轮廓，并且设置相应的边长数值。

（3）设置厚度参数。支撑板的厚度有 3 种设置方式，分别是使用支撑板的"内边"、"两边"或"外边"来作为基准设置其厚度，如图 15-34 所示。

图 15-31　三角形支撑板

图 15-33　"角撑板"属性管理器

图 15-32　多边形支撑板

图 15-34　支撑板厚度的内边、两边及外边设置方式

（4）设置支撑板位置。支撑板的位置设置也有 3 种方式，分别为"轮廓定位于起点" 🖻，如图 15-35 所示；"轮廓定位于中点" 🖻，如图 15-36 所示；"轮廓定位于端点" 🖻，如图 15-37 所示。如果想等距支撑板位置，可以指定一等距值。

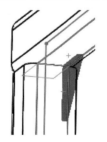　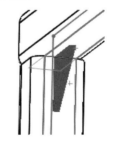　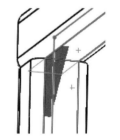

图 15-35　轮廓定位于起点　　图 15-36　轮廓定位于中点　　图 15-37　轮廓定位于端点

15.3.6　圆角焊缝特征

使用圆角焊缝特征工具可以在任何交叉的焊件实体（如结构构件、平板焊件或角撑板）之间添加全长、间歇或交错圆角焊缝。

（1）打开 15.3.5 节的结果文件，选择菜单栏中的"插入"→"焊件"→"圆角焊缝"命令，弹出"圆角焊缝"属性管理器，首先可以选择焊缝的类型，如图 15-38 所示。焊缝的类型有如图 15-39 所示的全长，如图 15-40 所示的间歇与如图 15-41 所示的交错 3 种。

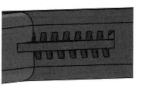

图 15-40　间歇焊缝

图 15-38　选择焊缝的类型　　图 15-39　全长焊缝　　图 15-41　交错焊缝

（2）选择了合适的焊缝类型后，可以输入焊缝圆角、焊缝长度数值及节距数值，分别拾取需要添加焊缝的两相交面，然后单击"确定"按钮。

15.3.7　实例——鞋架

本例创建的鞋架如图 15-42 所示。

首先绘制草图创建结构构件，然后通过线性阵列创建两侧主构件，再创建横结构构件。最后创建顶端盖，绘制的流程如图 15-43 所示。

图 15-42　鞋架

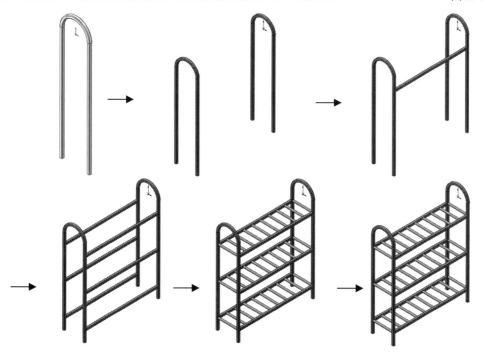

图 15-43　绘制鞋架的流程图

操作步骤如下：

（1）启动 SOLIDWORKS 2020 软件，单击"快速访问"工具栏中的"新建"按钮，或选择菜单栏中的"文件"→"新建"命令，在弹出的"新建 SOLIDWORKS 文件"对话框中单击"零件"按钮，然后单击"确定"按钮，创建一个新的零件文件。

（2）设置基准面。在左侧的 FeatureManager 设计树中选择"前视基准面"，然后单击"前导视图"工具栏中的"正视于"按钮，将该基准面作为绘制图形的基准面。单击"草图"控制面板中的"草图绘制"按钮，进入草图绘制状态。

（3）绘制草图。单击"草图"控制面板中的"直线"按钮和"圆心/起/终点画弧"按钮，绘制如图 15-44 所示的草图并标注尺寸。

（4）单击"焊件"控制面板中的"结构构件"按钮，或选择菜单栏中的"插入"→"焊件"→"结构构件"命令，弹出"结构构件"属性管理器，在"标准"下拉列表框中选择 iso，在 Type 下拉列表框中选择"方形管"，在"大小"下拉列表框中选择 20×20×2，然后在视图中拾取步骤（3）中绘制的草图，如图 15-45 所示。单击"确定"按钮，添加结构构件，如图 15-46 所示。

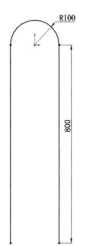

图 15-44　绘制草图　　　　　图 15-45　"结构构件"属性管理器　　　　图 15-46　添加结构构件

（5）单击"特征"控制面板中的"线性阵列"按钮，或选择菜单栏中的"插入"→"阵列/镜像"→"线性阵列"命令，弹出"阵列（线性）"属性管理器，选择如图 15-47 所示的边线为阵列方向，选择步骤（4）中创建的结构构件为要阵列的实体。单击"确定"按钮，结果如图 15-48 所示。

（6）创建基准面。选择菜单栏中的"插入"→"参考几何体"→"基准面"命令，或者单击"特征"控制面板"参考几何体"下拉列表中的"基准面"按钮，弹出如图 15-49 所示的"基准面"属性管理器。选择"右视基准面"为参考面，输入"偏移距离"为 100，单击"确定"按钮，完成基准面 1 的创建。

（7）设置基准面。在左侧的 FeatureManager 设计树中选择"基准面 1"，然后单击"前导视图"工具栏中的"正视于"按钮，将该基准面作为绘制图形的基准面。单击"草图"控制面板中的"草图绘制"按钮，进入草图绘制状态。

（8）绘制草图。单击"草图"控制面板中的"直线"按钮，绘制如图 15-50 所示的草图并标注尺寸。

（9）添加结构构件。单击"焊件"控制面板中的"结构构件"按钮，或选择菜单栏中的"插入"→"焊件"→"结构构件"命令，弹出"结构构件"属性管理器，在"标准"下拉列表框中选择 iso，在 Type 下拉列表框中选择"方形管"，在"大小"下拉列表框中选择 20×20×2，然后在视图中拾取步骤（8）中绘制的草图，如图 15-51 所示。单击"确定"按钮，添加结构构件，如图 15-52 所示。

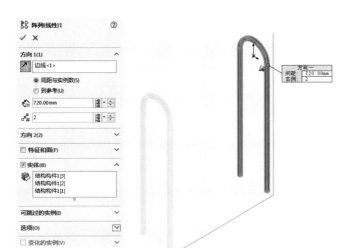

图 15-47　"阵列（线性）"属性管理器

图 15-48　阵列结构构件

图 15-49　"基准面"属性管理器

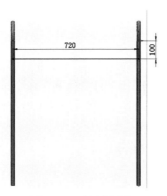

图 15-50　绘制草图

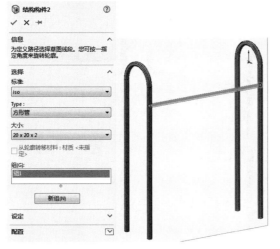

图 15-51　"结构构件"属性管理器

图 15-52　添加结构构件

（10）剪裁构件。单击"焊件"控制面板中的"剪裁/延伸"按钮，或选择菜单栏中的"插入"→"焊件"→"剪裁/延伸"命令，弹出"剪裁/延伸"属性管理器，选择"结构构件2"为要剪裁的实体，选择"结构构件1"和"阵列（线性）1"为剪裁边界，如图15-53所示。单击"确定"按钮。

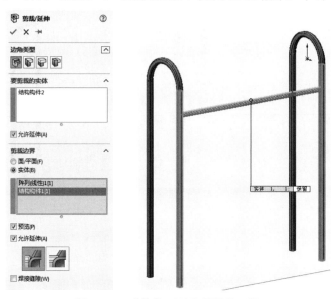

图15-53　"剪裁/延伸"属性管理器

（11）线性阵列构件。单击"特征"控制面板中的"线性阵列"按钮，或选择菜单栏中的"插入"→"阵列/镜向"→"线性阵列"命令，弹出"阵列（线性）"属性管理器，选择如图15-54所示的竖直边线为阵列方向1，选择步骤（10）中创建的结构构件为要阵列的实体。单击"确定"按钮，结果如图15-55所示。

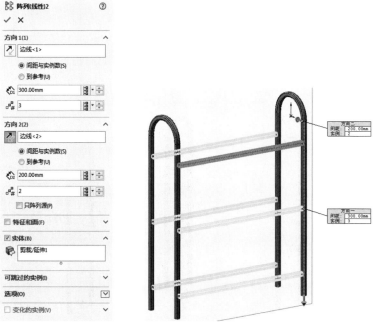

图15-54　"阵列（线性）"属性管理器

（12）设置基准面。在左侧的 FeatureManager 设计树中选择"前视基准面"，然后单击"前导视图"工具栏中的"正视于"按钮↓，将该基准面作为绘制图形的基准面。单击"草图"控制面板中的"草图绘制"按钮，进入草图绘制状态。

（13）绘制草图。单击"草图"控制面板中的"直线"按钮／，绘制如图 15-56 所示的草图并标注尺寸。

（14）生成自定义结构构件轮廓。由于 SOLIDWORKS 软件系统中的结构构件特征库中没有需要的结构构件轮廓，因此需要自己设计，其设计过程如下。

❶ 启动 SOLIDWORKS 2020 软件，单击"快速访问"工具栏中的"新建"按钮，或选择菜单栏中的"文件"→"新建"命令，在弹出的"新建 SOLIDWORKS 文件"对话框中单击"零件"按钮，然后单击"确定"按钮，创建一个新的零件文件。

❷ 设置基准面。在左侧的 FeatureManager 设计树中选择"前视基准面"，然后单击"前导视图"工具栏中的"正视于"按钮↓，将该基准面作为绘制图形的基准面。单击"草图"控制面板中的"草图绘制"按钮，进入草图绘制状态。

❸ 绘制草图。单击"草图"控制面板中的"圆"按钮⊙，或选择菜单栏中的"工具"→"草图绘制实体"→"圆"命令，在绘图区域以原点为圆心绘制两个同心圆，标注智能尺寸，如图 15-57 所示，单击"退出草图"按钮。

图 15-55　线性阵列构件

图 15-56　绘制草图

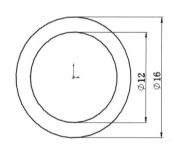

图 15-57　绘制同心圆

❹ 保存自定义结构构件轮廓。在 FeatureManager 设计树中选择草图，选择"文件"→"另存为"命令，将轮廓文件保存。焊件结构件的轮廓草图文件的默认位置为：安装目录/SOLIDWORKS/lang/chinese-simplified/weldment profiles（焊件轮廓）文件夹的子文件夹。单击"保存"按钮，将所绘制的草图保存为文件名"16×2"，文件类型为"*.sldlfp"。保存在安装目录/SOLIDWORKS/lang/chinese-simplified/weldment profiles（焊件轮廓）/iso/pipe 中，如图 15-58 所示。

（15）添加结构构件。单击"焊件"控制面板中的"结构构件"按钮，或选择菜单栏中的"插入"→"焊件"→"结构构件"命令，弹出"结构构件"属性管理器，在"标准"下拉列表框中选择 iso，在 Type 下拉列表框中选择"管道"，在"大小"下拉列表框中选择 16×2，然后在视图中拾取步骤（14）中绘制的草图，如图 15-59 所示。单击"确定"按钮，添加结构构件，如图 15-60 所示。

（16）剪裁构件。单击"焊件"控制面板中的"剪裁/延伸"按钮，或选择菜单栏中的"插入"→"焊件"→"剪裁/延伸"命令，弹出"剪裁/延伸"属性管理器，选择"结构构件 3"为要剪裁的实体，选择"结构构件 1[1]"和"结构构件 1[3]"，如图 15-61 所示。单击"确定"按钮。

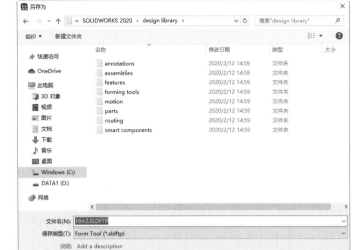

图 15-58 保存结构构件轮廓　　　　　　图 15-59 "结构构件"属性管理器

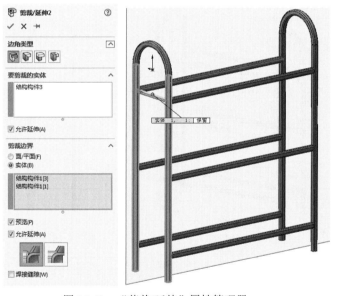

图 15-60 添加结构构件　　　　　　图 15-61 "剪裁/延伸"属性管理器

（17）线性阵列构件。单击"特征"控制面板中的"线性阵列"按钮，或选择菜单栏中的"插入"→"阵列/镜向"→"线性阵列"命令，弹出"阵列（线性）"属性管理器，选择如图 15-62 所示的竖直边线为阵列方向 1，阵列距离为 80，个数为 10；选择如图 15-62 所示的水平边线为阵列方向 2，阵列距离为 300，个数为 3，选择步骤（15）中创建的结构构件为要阵列的实体。单击"确定"按钮，结果如图 15-63 所示。

（18）创建顶端盖。单击"焊件"控制面板中的"顶端盖"按钮，或选择菜单栏中的"插入"→"焊件"→"顶端盖"命令，弹出"顶端盖"属性管理器，选择如图 15-64 所示的 4 个底面，单击"向外"按钮，输入厚度值为 5mm，单击"确定"按钮，结果如图 15-65 所示。

（19）隐藏基准面和草图。选择菜单栏中的"视图"→"隐藏/显示"→"基准面"命令和"草图"命令，不显示草图和基准面，结果如图 15-66 所示。

Note

图 15-62 "阵列（线性）"属性管理器

图 15-63 阵列结构构件

图 15-64 "顶端盖"属性管理器

图 15-65 创建顶端盖

图 15-66 隐藏基准面和草图

Note

15.4　焊件切割清单

在进行焊件设计过程中，当第一个焊件特征插入零件中时，实体文件夹重新命名为"切割清单"以表示要包括在切割清单中的项目。按钮表示切割清单需要更新。按钮表示切割清单已更新。如图 15-67 所示，此零件的切割清单中包括各个焊件特征。

图 15-67　焊件切割清单

15.4.1　更新焊件切割清单

在焊件零件文档的 FeatureManager 设计树中右击菜单栏中的"切割清单"按钮，然后更新。"切割清单"按钮变为。相同项目在切割清单项目子文件夹中列组在一起。

> **提示**：焊缝不包括在切割清单中。

15.4.2　将特征排除在切割清单之外

在设计过程中，如果要将焊接特征排除在切割清单之外，可以右击焊件特征，在弹出的快捷菜单中选择"制作焊缝"命令，如图 15-68 所示，更新切割清单后，此焊件特征将被排斥在外。若想将先前排斥在外的特征包括在内，右击焊件特征，在弹出的快捷菜单中选择"制作非焊缝"命令。

15.4.3　自定义焊件切割清单属性

用户在设计过程中可以自定义焊件切割清单属性，在 FeatureManager 设计树中右击"切割清单项目"，在弹出的快捷菜单中选择"属性"命令，如图 15-69 所示，将会弹出"切割清单属性"对话框，如图 15-70 所示。

在对话框中可以对其每一项内容进行自定义，如图 15-71 所示，最后单击"确定"按钮。

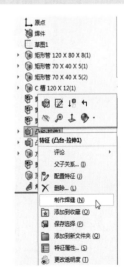

图 15-68　制作焊缝

图 15-69　快捷菜单

图 15-70　"切割清单属性"对话框

图 15-71　自定义切割清单属性

15.4.4 焊件工程图

生成焊件的工程图一般需要以下操作步骤。

（1）进入软件安装路径下，找到 weldment_box2.sldprt 文件，其路径是/samples/tutorial/weldments/weldment_box2.sldprt，并且打开 weldment_box2.sldprt 零件文件。

（2）单击"文件"下拉列表中的"从零件/装配体制作工程图"按钮，系统打开如图 15-72 所示的"图纸格式/大小"对话框，对图纸格式进行设置后单击"确定"按钮，进入工程图设计界面。

（3）单击"工程图"控制面板中的"模型视图"按钮，弹出"模型视图"属性管理器，选择零件 weldment_box2.sldprt 作为要插入的零件，如图 15-73 所示，单击按钮，进入选择"视图"和"方向"界面，如图 15-74 所示。选择"单一视图"，在"方向"选项组的更多视图中选择"上下二等角轴测"视图，自定义比例为 1∶10，在"尺寸类型"选项组中选中"真实"单选按钮，单击"确定"按钮，结果如图 15-75 所示。

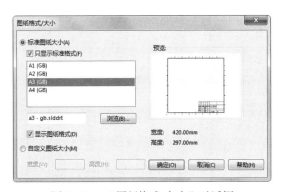

图 15-72　"图纸格式/大小"对话框

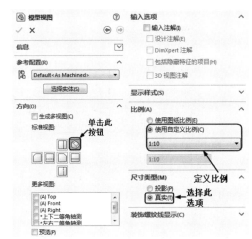

图 15-74　确定工程图视图方向及比例

图 15-73　"模型视图"属性管理器

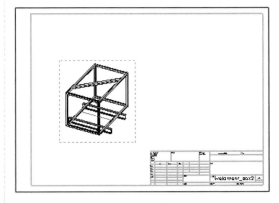

图 15-75　生成的工程图

（4）添加焊接符号。单击"注解"控制面板中的"模型项目"按钮，弹出"模型项目"属性管理器，在"来源/目标"选项组中选择"整个模型"，在"尺寸"选项组中单击"为工程标注"按钮，在"注解"选项组中单击"焊接符号"按钮，其他设置默认，如图 15-76 所示，单击"确定"按钮，拖动焊接注解将之定位，如图 15-77 所示。

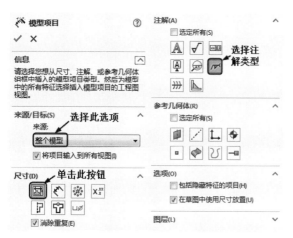

图 15-76 "模型项目"属性管理器

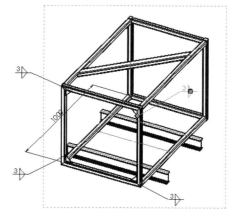

图 15-77 生成的焊接注解

15.4.5 在焊件工程图中生成切割清单

在生成的焊件工程图中可以添加切割清单，如图 15-78 所示，添加切割清单的操作步骤如下。

在工程图文件中，选择菜单栏中的"插入"→"表格"→"焊件切割清单"命令，在系统的提示下，在绘图区域选择菜单栏中的工程图视图，弹出"焊件切割清单"属性管理器，进行如图 15-79 所示的设置，单击"确定"按钮✔，将切割清单放置于工程图的合适位置。

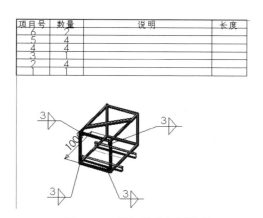

图 15-78 添加焊件切割清单

图 15-79 "焊件切割清单"属性管理器

15.4.6 编辑切割清单

对添加的焊件切割清单可以进行编辑，修改文字内容、字体、表格尺寸等操作，其操作步骤如下。

（1）右击切割清单表格中的任何地方，在弹出的快捷菜单中选择"属性"命令，如图 15-80 所示，弹出"焊件切割清单"属性管理器，如图 15-81 所示，在属性管理器中可以选择"表格定位点"和更改项目"起始号"。

（2）在边界栏中可以更改表格边界和边界线条的粗细，如图 15-82 所示。

（3）单击切割清单表格，将弹出"表格"对话框，如图 15-83 所示，在此对话框中单击菜单栏中的"表格标题在上"按钮⊞和"表格标题在下"按钮⊞，可以更改表格标题的位置。

Note

图 15-80　快捷菜单

图 15-81　"焊件切割清单"属性管理器

图 15-82　更改表格边界

图 15-83　"表格"对话框

（4）在"文字对齐方式"栏中可以更改文本在表格中的对齐方式，取消选择"使用文档文字"，单击菜单栏中的"文字"按钮，弹出"选择文字"对话框，如图 15-84 所示，在对话框中可以选择字体、字体样式，也可更改字体的高度和字号。

（5）双击"切割清单"表格的注释部分表格，弹出内容输入框，可以输入要添加的注释，如图 15-85 所示。

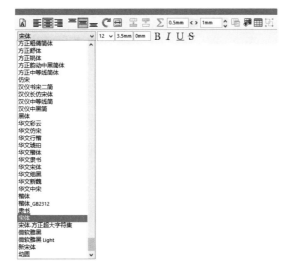

图 15-84　"选择文字"对话框

图 15-85　添加文字注释

提示：若想调整列和行宽度，可以拖动列和行边界完成操作。

15.4.7　添加零件序号

在焊件工程图中需要添加零件的序号，添加零件序号的操作步骤如下。

（1）单击"注解"控制面板中的"自动零件序号"按钮，或选择需要添加零件序号的工程图，选择菜单栏中的"插入"→"注解"→"自动零件序号"命令，弹出"自动零件序号"属性管理器，在"零件序号布局"选项组中单击"布置零件序号到方形"按钮，如图 15-86 所示。

（2）在"自动零件序号"属性管理器的"零件序号设定"选项组中选择"圆形"样式，选择"紧密配合"大小设置，选择"项目数"作为零件序号文字，如图 15-87 所示，单击"确定"按钮，添加零件序号，如图 15-88 所示。

图 15-87　选择零件序号布局

图 15-86　选择零件序号布局

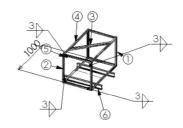

图 15-88　添加零件序号

提示：每个零件序号的项目号与切割清单中的项目号相同。

15.4.8　生成焊件实体的视图

在生成工程图时，可以生成焊件零件的单一实体工程图视图，其操作步骤如下。

（1）选择菜单栏中的"插入"→"工程图视图"→"相对于模型"命令，弹出提示框，要求在另一窗口中选择实体。

（2）选择菜单栏中的"窗口"命令，选择焊件的实体零件文件，弹出"相对视图"属性管理器，选中"所选实体"单选按钮，并且在焊件实体中选择相应的实体，如图 15-89 所示。

（3）在"相对视图"属性管理器的"第一方向"下拉列表框中选择"前视"视图方向，在实体上选择相应的面，确定前视方向；在"第二方向"下拉列表框中选择"右视"视图方向，在实体上选择相应的面，确定右视方向，如图 15-90 所示，单击"确定"按钮，切换到工程图界面，将零件实体的工程视图放置在合适的位置，如图 15-91 所示。

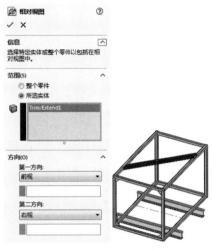

图 15-89 选择实体

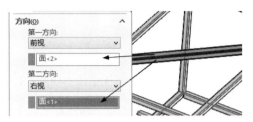

图 15-90 选择视图方向

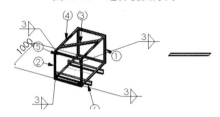

图 15-91 生成焊件实体的工程视图

15.5 装配体中焊缝的创建

前面介绍了多实体零件生成的焊件中圆角焊缝的创建方法,在使用关联设计进行装配体设计过程中,也可以在装配体焊接零件中添加多种类型的焊缝。本节将介绍在装配体的零件之间创建焊缝零部件和编辑焊缝零部件的方法,以及相关的焊缝形状、参数、标注等方面的知识。

15.5.1 焊接类型

在 SOLIDWORKS 装配体中,运用"焊缝"命令可以将多种焊接类型的焊缝零部件添加到装配体中,生成的焊缝属于装配体特征,是关联装配体中生成的新装配体零部件。可以在零部件之间添加 ANSI、ISO 标准支持的焊接类型,常用的 ISO 标准支持的焊接类型如表 15-1 所示。

表 15-1 ISO 标准焊接类型

ANSI			ISO		
焊 接 类 型	符 号	图 示	焊 接 类 型	符 号	图 示
两凸缘对接	⋀		U 形对接	⊍	
无坡口 I 形对接	‖		J 形对接	⊬	
单面 V 形对接	⋁		背后焊接	⌒	
单面斜面 K 形对接	⊬		填角焊接	⊾	
单面 V 形根部对接	⋎		沿缝焊接	⊖	
单面根部斜面/K 形根部对接	⊭				

15.5.2 焊缝的顶面高度和半径

当焊缝的表面形状为凸起或凹陷时,必须指定顶面焊接高度。对于背后焊接,还要指定底面焊接高度。如果表面形状是平面,则没有表面高度。

1. 焊缝的顶面高度

对于凸起的焊接，顶面高度是指焊缝最高点与接触面之间的距离 H，如图 15-92 所示。

对于凹陷的焊接，顶面高度是指由顶面向下测量的距离 h，如图 15-93 所示。

2. 填角焊接缝隙的半径

可以将焊缝半径想象为一个沿着焊缝滚动的球，如图 15-94 所示，此球的半径即为所测量的焊缝的半径，在此填角焊接中，指定的半径是 10mm，顶面焊接高度是 2mm。焊缝的边线位于球与接触面的相切点。

<table>
<tr><td>图 15-92　凸起焊缝的顶面高度</td><td>图 15-93　凹陷焊缝的顶面高度</td><td>图 15-94　填角焊接焊缝的半径</td></tr>
</table>

15.5.3　焊缝结合面

在 SOLIDWORKS 装配体中，焊缝的结合面分为顶面、结合面和接触面。所有焊接类型都必须要选择接触面，除此以外，某些焊接类型还需要选择结束面和顶面。

单击"焊件"控制面板中的"焊缝"按钮 📷，或选择菜单栏中的"插入"→"焊件"→"焊缝"命令，弹出"焊缝"属性管理器，如图 15-95 所示。

图 15-95　"焊缝"属性管理器

1. 焊接路径

（1）"智能焊接选择工具" 📷：在要应用焊缝的位置绘制路径。

（2）"新焊接路径"按钮：定义新的焊接路径。生成新的新焊接路径与先前创建的焊接路径脱节。

2. 设定

（1）焊接选择：选择要应用焊缝的面或边线。

视频讲解

（2）焊缝大小：设置焊缝厚度，在 ⊼ 文本框中输入焊缝大小。

（3）切线延伸：选中此复选框，将焊缝应用到与所选面或边线相切的所有边线。

（4）选择：选中此单选按钮，将焊缝应用到所选面或边线，如图 15-96（a）所示。

（5）两边：选中此单选按钮，将焊缝应用到所选面或边线以及相对的面或边线，如图 15-96（b）所示。

（6）全周：将焊缝应用到所选面或边线以及所有相邻的面和边线，如图 15-96（c）所示。

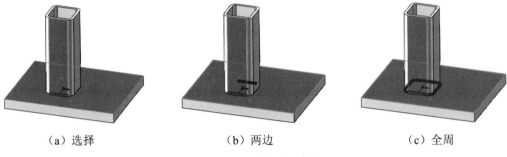

（a）选择 　　　　　　　　（b）两边 　　　　　　　　（c）全周

图 15-96　焊缝类型示意图

（7）"定义焊接符号"按钮：单击此按钮，弹出如图 15-97 所示的"ISO 焊接符号"对话框，在该对话框中可定义焊接符号设置。

图 15-97　"ISO 焊接符号"对话框

3．"从/到"长度

（1）起点：焊缝从第一端的起始位置。单击"反向"按钮 ↗，焊缝从对侧端开始，在文本框中输入起点距离。

（2）焊接长度：在文本框中输入焊缝长度。

4．断续焊接

（1）缝隙与焊接长度：选中此单选按钮，通过缝隙和焊接长度设定断续焊缝。

（2）节距与焊接长度：选中此单选按钮，通过节距和焊接长度设定断续焊缝。节距是指焊接长度加上缝隙，是通过计算一条焊缝的中心到下一条焊缝的中心之间的距离而得出的。

15.5.4　创建焊缝

在 SOLIDWORKS 装配体中，可以将多种焊接类型添加到装配体中，焊缝成为在关联装配体中生成的新装配体零部件，属于装配体特征。下面以关联装配体——连接板为例，介绍创建焊缝的步骤。

（1）打开装配体文件"连接板.sldasm"，如图 15-98 所示。

（2）选择菜单栏中的"插入"→"装配体特征"→"焊缝"命令，弹出"焊缝"属性管理器，如图 15-99 所示。

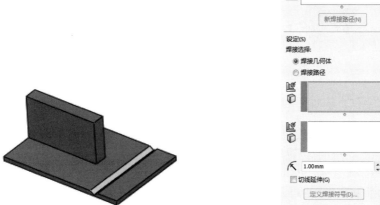

图 15-98　打开要添加焊缝的装配体文件　　　　图 15-99　"焊缝"属性管理器

（3）选择如图 15-100 所示装配体的两个零件的上表面。

（4）在属性管理中设置焊缝厚度为 10mm，选中"选择"单选按钮，如图 15-101 所示。单击"确定"按钮 ✓ ，创建的焊缝如图 15-102 所示。

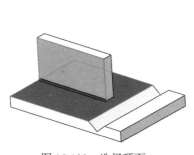

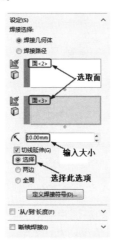

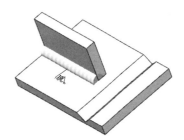

图 15-100　选择顶面　　　　图 15-101　选择结束面　　　　图 15-102　创建的焊缝

15.6 综合实例——轴承支架

轴承支架的设计过程较简单，主要运用了"拉伸实体""拉伸切除""结构构件""角撑板""圆角焊缝"等特征工具，绘制流程如图 15-103 所示。

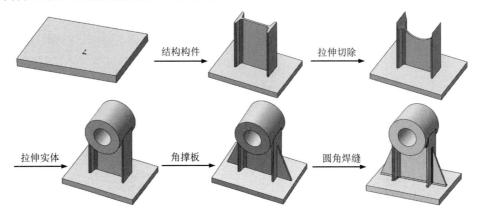

图 15-103 轴承支架流程图

操作步骤如下：

（1）新建文件。单击"快速访问"工具栏中的"新建"按钮，在弹出的"新建 SOLIDWORKS 文件"对话框中单击"零件"按钮，然后单击"确定"按钮，创建一个新的零件文件。

（2）绘制草图。在左侧的 FeatureManager 设计树中选择"前视基准面"作为绘图基准面，然后单击"草图"控制面板中的"中心矩形"按钮，绘制一个矩形，标注其智能尺寸，如图 15-104 所示。

（3）生成"拉伸"特征。单击"特征"控制面板中的"拉伸凸台/基体"按钮，弹出如图 15-105 所示的"凸台-拉伸"属性管理器，在"深度"文本框中输入"15"，单击"确定"按钮，生成拉伸特征，如图 15-106 所示。

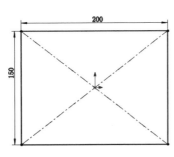

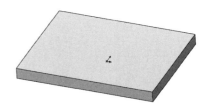

图 15-104 绘制草图　　图 15-105 "凸台-拉伸"属性管理器　　图 15-106 生成的拉伸实体

（4）绘制 3D 草图。单击"草图"控制面板中的"3D 草图"按钮，单击"直线"按钮，按一下 Tab 键，切换坐标系到 YZ 平面上，如图 15-107 所示，沿 Z 轴绘制一条直线，标注其智能尺寸，如图 15-108 所示。

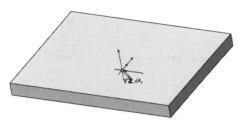

图 15-107　切换 3D 绘图坐标系

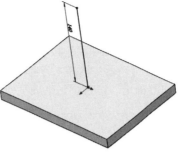

图 15-108　绘制直线

（5）添加结构构件。单击"焊件"控制面板中的"结构构件"按钮，弹出"结构构件"属性管理器，在"标准"下拉列表框中选择 iso，在 Type 下拉列表框中选择"sb 横梁"，在"大小"下拉列表框中选择 100×8，然后在草图区域拾取直线，如图 15-109 所示，添加结构构件。输入结构构件的旋转角度数值为 90，将结构构件旋转 90°，如图 15-110 所示，单击"确定"按钮，结果如图 15-111 所示。

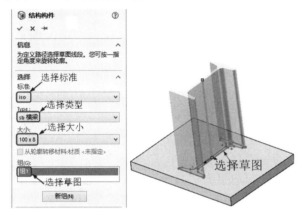

图 15-109　添加结构构件

图 15-110　旋转结构构件

（6）剪裁构件。单击"焊件"控制面板中的"剪裁/延伸"按钮，在弹出的"剪裁/延伸"属性管理器中选择"终端剪裁"类型，选取步骤（5）中创建的构件为要剪裁的实体，选取拉伸体的上表面为剪裁边界，如图 15-112 所示，单击"确定"按钮。

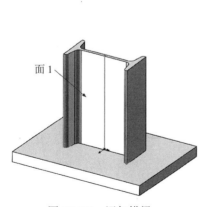

图 15-111　添加横梁

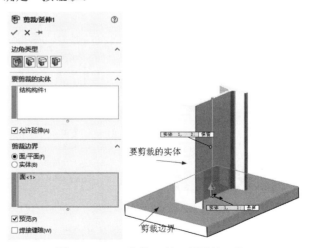

图 15-112　"剪裁/延伸"属性管理器

（7）绘制草图。选取如图 15-111 所示结构构件的面 1 作为绘制基准面，单击"草图"控制面板中的"圆"按钮⊙，绘制一个圆，圆的直径与结构构件的宽度相同，如图 15-113 所示。

（8）生成"拉伸切除"特征。单击"特征"控制面板中的"拉伸切除"按钮⬚，在弹出的"切除-拉伸"属性管理器中选择"方向 1"和"方向 2"选项，终止条件均为"完全贯穿"，如图 15-114 所示，单击"确定"按钮✔，生成拉伸切除特征，结果如图 15-115 所示。

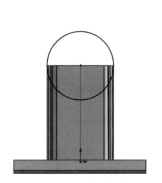

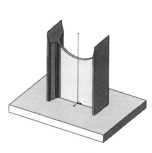

图 15-113　绘制圆草图　　　图 15-114　"切除-拉伸"属性管理器　　　图 15-115　切除实体后的图形

（9）绘制草图。在左侧的 FeatureManager 设计树中选择"上视基准面"作为绘图基准面，单击"草图"控制面板中的"圆"按钮⊙，以如图 15-115 所示的圆草图的圆心作为圆心绘制两个同心圆，大圆直径与结构构件宽度相同，小圆直径尺寸如图 15-116 所示。

（10）生成"拉伸"特征。单击"特征"控制面板中的"拉伸凸台/基体"按钮🗐，在弹出的"凸台-拉伸"属性管理器中设置"方向 1"和"方向 2"选项组，在两个方向的"深度"文本框中均输入"45"，如图 15-117 所示，单击"确定"按钮✔，结果如图 15-118 所示。

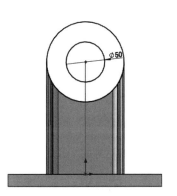

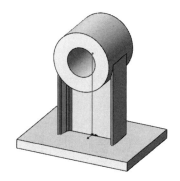

图 15-116　绘制同心圆草图　　　图 15-117　"凸台-拉伸"属性管理器　　　图 15-118　生成拉伸特征

（11）添加"角撑板"特征。单击"焊件"控制面板中的"角撑板"按钮◢，弹出"角撑板"属性管理器，选择如图 15-119 所示的两个面作为支撑面，单击"三角形轮廓"按钮🖾，输入"轮廓距离 1"数值为 100，输入"轮廓距离 2"数值为 40，单击"两边厚度"按钮▤，输入"角撑板厚度"
数值为 10，单击"轮廓定位于中点"按钮▣，然后单击"确定"按钮✔。重复上述操作，在焊件的
另一侧添加相同的角撑板，如图 15-120 所示。

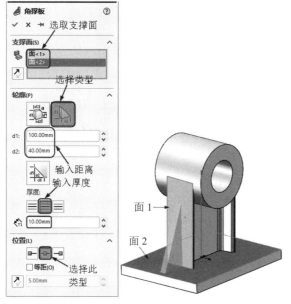

图 15-119　进行添加角撑板操作　　　　　　　　图 15-120　添加"角撑板"特征

（12）添加圆柱体与结构构件的"圆角焊缝"特征。单击"焊件"控制面板中的"圆角焊缝"按
钮🔧，弹出"圆角焊缝"属性管理器，选择"全长"焊缝类型，输入"圆角大小"数值为 3，选中"切
线延伸"复选框，分别选择如图 15-121 所示的面；选中"对边"复选框，设置与上述相同，选取另
一侧面，单击"确定"按钮✔。

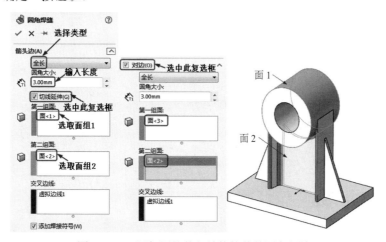

图 15-121　添加圆柱体与结构构件的圆角焊缝

（13）添加结构构件与基座的"圆角焊缝"特征。单击"焊件"控制面板中的"圆角焊缝"按
钮🔧，按如图 15-122 所示选择面，选择"全长"焊缝类型，输入"圆角大小"数值为 3，选中"切线
延伸"和"对边"复选框，选择对应的面，设置与上述相同，单击"确定"按钮✔，完成结构构件与
基座的圆角焊缝的添加，如图 15-123 所示。

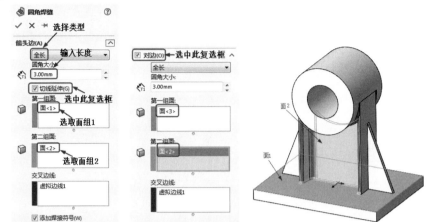

图 15-122　添加结构构件与基座一侧圆角焊缝

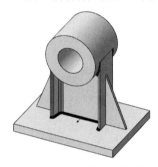

图 15-123　添加结构构件与基座的圆角焊缝

（14）添加一个角撑板的"圆角焊缝"特征。单击"焊件"控制面板中的"圆角焊缝"按钮，弹出"圆角焊缝"属性管理器，按如图 15-124 所示选择面，选择"全长"焊缝类型，输入"圆角大小"数值为 3，选中"切线延伸"和"对边"复选框，选择对应的面，设置与上述相同，单击"确定"按钮，完成一个角撑板的圆角焊缝的添加。

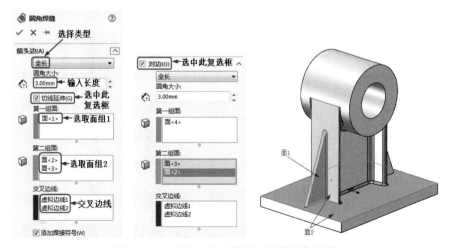

图 15-124　添加一个角撑板一侧的圆角焊缝

（15）添加另一个角撑板的"圆角焊缝"特征。重复上述操作，在另一个角撑板与结构构件、基座之间添加圆角焊缝，如图 15-125 所示。

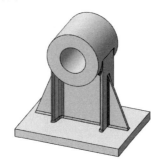

图 15-125　添加角撑板的圆角焊缝

15.7　实践与操作

绘制如图 15-126 所示的吧台椅。

操作提示：

（1）利用"草图绘制"命令绘制草图，如图 15-127 所示。利用"拉伸"曲面命令创建椅面，结果如图 15-128 所示。

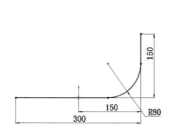

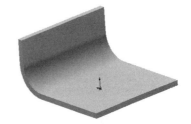

图 15-126　吧台椅　　　　图 15-127　绘制草图　　　　图 15-128　拉伸曲面

（2）利用"圆角"命令对椅面四角进行圆角操作，如图 15-129 所示。

（3）利用"草图绘制"命令绘制草图，如图 15-130 所示。利用"旋转"命令创建支撑架，如图 15-131 所示。

（4）利用"圆角"命令选择边线，圆角结果如图 15-132 所示。

（5）利用"草图绘制"命令绘制草图，如图 15-133 所示。利用"结构构件"命令选择不同的类型创建主体，结果如图 15-134 所示。

（6）用同样的方法创建结构构件 2，如图 15-135 所示。

（7）利用"剪裁/延伸"命令，选择相应的剪裁实体及剪裁平面边界，剪裁构件，结果如图 15-136 所示。

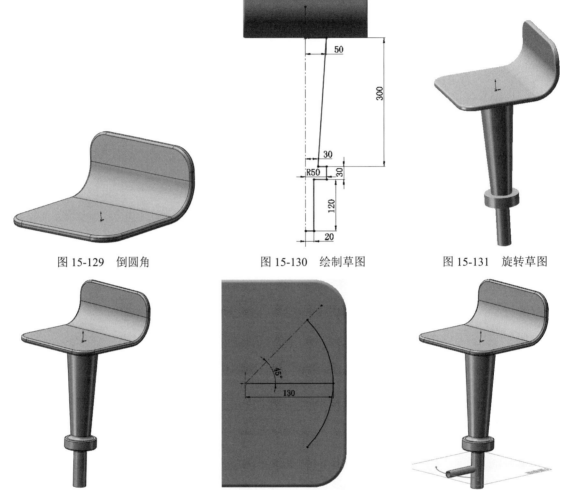

图 15-129 倒圆角　　　　　　图 15-130 绘制草图　　　　　　图 15-131 旋转草图

图 15-132 圆角操作　　　　　　图 15-133 绘制草图　　　　　　图 15-134 添加结构构件 1

（8）利用"顶端盖"命令，选择"向外"方向，设置厚度为 2，比率值为 0.5，创建如图 15-137 所示的图形。

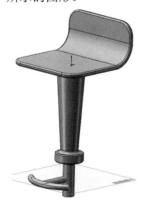

图 15-135 添加结构构件 2　　　　图 15-136 剪裁构件　　　　图 15-137 创建顶端盖

（9）利用"线"命令绘制草图，如图 15-138 所示。利用"旋转"命令旋转底座，如图 15-139 所示。

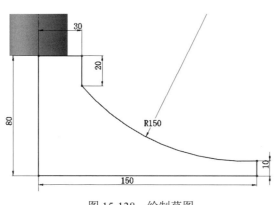

图 15-138　绘制草图

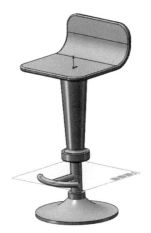

图 15-139　旋转草图

（10）利用"圆角"命令，对底座进行倒角操作。

15.8　思 考 练 习

1．如何启用焊接控制面板？
2．生成结构构件特征的条件有哪些？
3．详细介绍焊接类型。
4．绘制如图 15-140 所示的健身器材。

图 15-140　健身器材

第16章

有限元分析

本章首先介绍有限元法和自带的有限元分析工具SOLIDWORKS SimulationXpress，利用一个手轮的应力分析说明该工具的具体使用方法。然后简要说明 SOLIDWORKS Simulation 的具体使用方法。最后根据不同学科和工程应用，分别采用实例说明 SOLIDWORKS Simulation 2020 的应用。

- ☑ 有限元法
- ☑ 有限无分析法（FEA）的基本概念
- ☑ SOLIDWORKS SimulationXpress 应用
- ☑ SOLIDWORKS Simulation 2020 功能和特点

- ☑ SOLIDWORKS Simulation 2020 的启动
- ☑ SOLIDWORKS Simulation 2020 的使用

任务驱动&项目案例

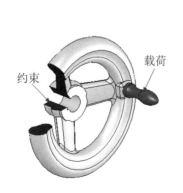
约束　载荷

16.1　有　限　元　法

有限元法是随着电子计算机的发展而迅速发展起来的一种现代计算方法。它是 20 世纪 50 年代首先在连续体力学领域——飞机结构静、动态特性分析中应用的一种有效的数值分析方法，随后很快广泛应用于求解热传导、电磁场、流体力学等连续性问题。

有限元法简单地说，就是将一个连续的求解域（连续体）离散化，即分割成彼此用节点（离散点）互相联系的有限个单元，在单元体内假设近似解的模式，用有限个结点上的未知参数表征单元的特性，然后用适当的方法将各个单元的关系式组合成包含这些未知参数的代数方程，得出各结点的未知参数，再利用插值函数求出近似解，是一种有限的单元离散某连续体然后进行求解的一种数值计算的近似方法。

由于单元可以被分割成各种形状和大小不同的尺寸，所以能很好地适应复杂的几何形状，复杂的材料特性和复杂的边界条件，再加上有成熟的大型软件系统支持，使有限元法成为一种非常受欢迎的、应用极广的数值计算方法。

有限单元法发展到今天，已成为工程数值分析的有力工具。特别是在固体力学和结构分析的领域内，有限单元法取得了巨大的进展，利用该法已经成功地解决了一大批有重大意义的问题，很多通用程序和专用程序投入了实际应用。同时有限单元法又是仍在快速发展的一个科学领域，其理论，特别是应用方面的文献，经常出现在各种刊物和文献中。

16.2　有限元分析法（FEA）的基本概念

有限元模型是真实系统理想化的数学抽象。如图 16-1 所示说明了有限元模型对真实模型的理想化后的数学抽象。

真实系统　　　　　　　　有限元模型

图 16-1　对真实系统理想化后的有限元模型

在有限元分析中，如何对模型进行网格划分以及网格的大小，都直接关系到有限元求解结果的正确性和精度。进行有限元分析时，应该注意以下事项。

1. 制定合理的分析方案

☑　对分析问题力学概念的理解。

☑ 结构简化的原则。

☑ 网格疏密与形状的控制。

☑ 分步实施的方案。

2. 目的与目标明确

☑ 初步分析还是精确分析。

☑ 分析精度的要求。

☑ 最终需要获得的是什么。

3. 不断地学习与积累经验

利用有限元分析问题时的简化方法与原则：划分网格时主要考虑结构中对结果影响不大、但建模又十分复杂的特殊区域的简化处理。同时需要明确进行简化对计算结果带来的影响是有利的还是不利的。对于装配体的有限元分析中，首先明确装配关系。对于装配后不出现较大装配应力同时结构变形时装配处不发生相对位移的连接，可采用两者之间连为一体的处理方法，但连接处的应力是不准确的，这一结果并不影响远处的应力与位移。如果装配后出现较大应力或结构变形时装配处发生相对位移的连接，需要按接触问题处理。如图 16-2 所示说明了有限元法与其他课程之间的关系。

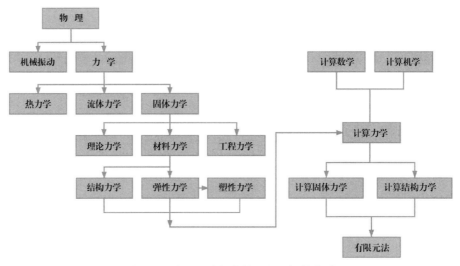

图 16-2　有限元法与其他课程之间的关系

16.3　SOLIDWORKS SimulationXpress 应用

SOLIDWORKS 为用户提供了初步的应力分析工具——SOLIDWORKS SimulationXpress，利用此工具可以帮助用户判断目前设计的零件是否能够承受实际工作环境下的载荷，是 SOLIDWORKS Simulation 产品的一部分。

16.3.1　SOLIDWORKS SimulationXpress 向导

SOLIDWORKS SimulationXpress 利用设计分析向导为用户提供了一个易用的、逐步的设计分析方法。向导要求用户提供用于零件分析的信息，如材料、约束和载荷，这些信息代表了零件的实际应

Note

用情况。

选择"工具"→SimulationXpress 命令，或者单击"评估"控制面板中的"SimulationXpress 分析向导"按钮 。SimulationXpress 向导随即开启。

SOLIDWORKS SimulationXpress 设计分析向导可以指导用户一步一步地完成分析步骤，这些步骤包括以下几项。

- ☑ 选项设置：设置通用的材料、负载和结果的单位体系，还可以设置用于存放分析结果的文件位置。
- ☑ 夹具设置：选择面，指定分析过程中零件的约束信息——零件固定的位置。
- ☑ 载荷设置：指定导致零件应力或变形的外部载荷，如力或压力。
- ☑ 材料设置：从标准的材料库或用户自定义的材料库中选择零件所采用的材料。
- ☑ 分析：开始运行分析程序，可以设置零件网格的划分程度。
- ☑ 查看结果：显示分析结果，包括最小安全系数（FOS）、应力情况和变形情况，这个步骤有时也称为"后处理"。

16.3.2　实例——手轮应力分析

手轮应力分析如图 16-3 所示。在安装座的位置安装轮轴，形成一个对手轮的"约束"。当转动摇把旋转手轮时，有一个作用力作用在手轮轮辐的摇把安装孔上，这就是"负载"。这种情况下，会对轮辐造成什么影响呢？轮辐是否弯曲？轮辐是否会折断？这个问题不仅依赖于手轮零件所采用的材料，而且还依赖于轮辐的形状、大小以及负载的大小。

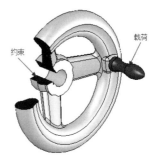

图 16-3　手轮应力分析

视频讲解

操作步骤如下：

1.　启动 SOLIDWORKS SimulationXpress

（1）打开源文件"手轮"零件。选择菜单栏中的"工具"→"Xpress 产品"→SimulationXpress 命令，如图 16-4 所示，或单击"评估"控制面板中的"SimulationXpress 分析向导"按钮 ，SimulationXpress 向导随即开启，如图 16-5 所示。

图 16-4　选择 SimulationXpress 命令

（2）单击 选项 按钮，弹出"SimulationXpress 选项"对话框，如图 16-6 所示。在"单位系统"下拉列表框中选择"公制"，并单击 按钮，打开"浏览文件夹"对话框，设置分析结果的存储位置，单击"确定"按钮完成选项的设置。

图 16-5　设计分析向导

图 16-6　设置选项

（3）单击 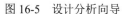 按钮，进入"夹具"标签。

2．设置夹具

（1）"夹具"标签如图 16-7 所示，用来设置约束面。零件在分析过程中保持不动，夹具约束就是用于"固定"零件的表面。在分析中可以有多组夹具约束，每组约束中也可以有多个约束面，但至少有一个约束面，以防由于刚性实体运动而导致分析失败。

（2）单击 添加夹具 按钮，弹出"夹具"属性管理器。在图形区域中选择手轮安装座上的轴孔的 4个面，单击"确定"按钮 ，完成夹具约束，如图 16-8 所示。系统会自动创建一个夹具约束的名称为"固定 1"。添加完夹具约束后的"SimulationXpress 算例树"如图 16-9 所示。

图 16-7　"夹具"标签

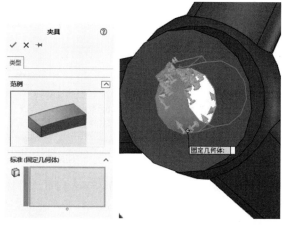

图 16-8　设置约束面

（3）"夹具"标签显示界面如图 16-10 所示。在这里可以添加、编辑或删除约束。尽管 SOLIDWORKS SimulationXpress 允许用户建立多个约束组，但这样做没有太大意义，因为分析过程中，这些约束组将被组合到一起进行分析。

（4）单击 ➡下一步 按钮，进入"载荷"标签。如果正确完成了上一步骤，设计分析向导的相应标签中会显示一个"通过"符号 ✔。

3. 设置载荷

（1）"载荷"标签如图 16-11 所示，用户可以在零件的表面上添加外部力和压力。SOLIDWORKS SimulationXpress 中指定的作用力值将分别应用于每一个表面，例如，如果选择了 3 个面，并指定作用力的值为 500N，那么总的作用力大小将为 1500N，也就是说每一个表面都受到 500N 的作用力。

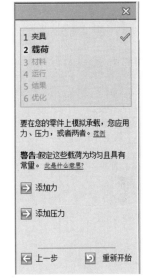

图 16-9　SimulationXpress 算例树　　　　图 16-10　管理夹具约束　　　　图 16-11　设置载荷

（2）选择作用于手轮上的载荷类型为 ➡ 添加力，在图形区域中选择圆轮上手柄的安装孔面。选中"选定的方向"单选按钮，然后从 FeatureManager 设计树中选择"前视基准面"作为选择的参考基准面；在"载荷"文本框中输入力的大小为 300N；选中"反向"复选框，如图 16-12 所示。此时"载荷"标签显示界面如图 16-13 所示。在这可以添加、编辑或删除载荷。

4. 设置材料

（1）当完成前一个步骤设定后，单击 ➡下一步 按钮后分析向导会进入下一标签，如图 16-14 所示。

（2）"材料"标签用来设置零件所采用的材料，可以从系统提供的标准材料库中选择材料。在材料库文件中选择手轮的材料为"铁"→"可锻铸铁"，单击"应用"按钮，将材质应用于被分析零件，如图 16-15 所示。

图 16-12 设置载荷

图 16-13 管理载荷

图 16-14 设置材料

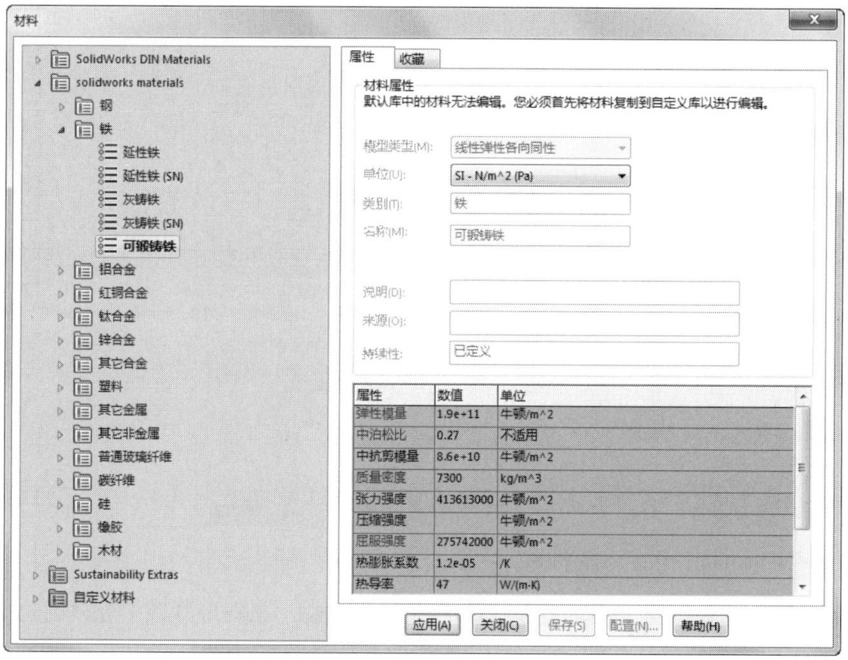

图 16-15 设置零件材料

（3）经过以上步骤后，SOLIDWORKS SimulationXpress 已经收集到了进行零件分析的所必备信息，现在可以计算位移、应变和应力。单击 → 下一步 按钮，界面提示可以进行分析，如图 16-16 所示。

5. 运行分析

在"运行"标签中单击 → 运行模拟 按钮开始零件分析。这时将出现一个状态窗口，显示出分析过程和利用的时间，如图 16-17 所示。

6. 查看结果

（1）可以通过"结果"标签显示零件分析的结果，如图 16-18 所示。在此标签中可以播放、停止动画。观察后单击 → 是，继续 按钮，弹出如图 16-19 所示的对话框。默认的分析结果显示是安全系数（FOS），该系数是材料的屈服强度与实际应力的对比值。SOLIDWORKS SimulationXpress 使用最大等量应力标准来计算安全系数分布。此标准表明，当等量应力（von Mises 应力）达到材料的屈服强度时，材料开始屈服。屈服强度（σb）是材料的力学属性。SOLIDWORKS SimulationXpress 对某一点安全系数的计算是屈服强度除以该点的等量应力。

图 16-16 可以进行分析

图 16-17 分析过程

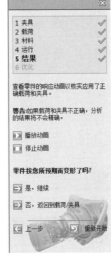

图 16-18 结果

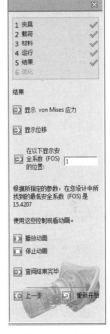

图 16-19 结果

（2）可以通过安全系数检查零件设计是否合理。

☑ 某位置的安全系数小于 1.0，表示该位置的材料已屈服，设计不安全。

☑ 某位置的安全系数为 1.0，表示该位置的材料刚开始屈服。

☑ 某位置的安全系数大于 1.0，表示该位置的材料尚未屈服。

（3）显示应力分布。单击 → 显示 von Mises 应力 按钮，零件的应力分布云图显示在图形区域中。单击"播放"按钮，可以以动画的形式播放零件的应力分布情况；单击"停止"按钮，停止动画播放，如图 16-20 所示。

图 16-20 应力结果

（4）显示位移。显示零件的变形云图。同样可以播放、停止零件的变形云图。

（5）生成报告结果。单击 查阅结果完毕 按钮，进入报告结果部分，如图 16-21 所示。可以保存一份结果的报表来进行存档。

☑ 生成报表：生成 Word 格式的分析报告，生成的报告可以在最初设置的结果存放文件夹下找到，如图 16-22 所示。

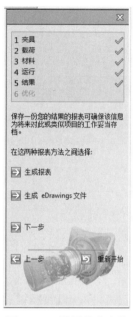

图 16-21　设置报告参数

图 16-22　Word 格式的分析报告

☑ eDrawing 分析结果：可以通过 SOLIDWORKS eDrawings 打开的报告，如图 16-23 所示。单击 生成 eDrawings 文件 按钮，弹出"另存为"对话框，选择要保存的路径，并保存 SOLIDWORKS SimulationXpress 分析数据。

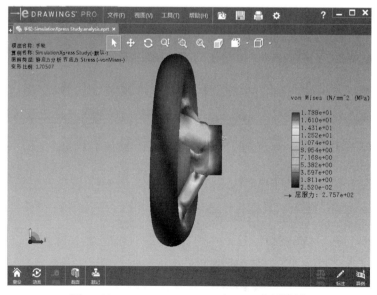

图 16-23　SOLIDWORKS eDrawings 分析结果

16.4 SOLIDWORKS Simulation 2020 功能和特点

Structurral Research and Analysis Corporation（简称 SRAC）创建于 1982 年，是一个全力发展有限元分析软件的公司，公司成立的宗旨是为工程界提供一套高品质并且具有最新技术、价格低廉并能为大众所接受的有限元软件。

1998 年，SRAC 公司着手对有限元分析软件进行以 Parasolid 为几何核心，重新写起。以 Windows 视窗界面为平台，给使用者提供操作简便的友好界面，包含实体建构能力的前、后处理器的有限元分析软件——GEOSTAR。GEOSTAR 根据用户的需要可以单独存在，也可以与所有基于 Windows 平台的 CAD 软体达到无缝集成。这项全新标准的出台，最终的结果就是 SRAC 公司开发出了为计算机三维 CAD 软件的领导者——SOLIDWORKS 服务的，全新嵌入式有限元分析软件 SOLIDWORKS Simulation。

SOLIDWORKS Simulation 使用 SRAC 公司开发的当今世上最快的有限元分析算法——快速有限元算法（FFE），完全集成在 Windows 环境并与 SOLIDWORKS 软件无缝集成。最近的测试表明，快速有限元算法（FFE）提升了传统算法 50～100 倍的解题速度，并降低了磁盘存储空间，只需原来的 5%；更重要的是，它在计算机上就可以解决复杂的分析问题，节省使用者在硬件上的投资。

SRAC 公司的快速有限元算法（FFE）比较突出的原因如下。

（1）参考以往的有限元求解算法的经验，以 C++语言重新编写程序，程序代码中尽量减少循环语句，并且引入当今世界范围内软件程序设计新技术的精华，因此极大提高了求解器的速度。

（2）使用新的技术开发、管理其资料库，使程序在读、写、打开、保存资料及文件时，能够大幅提升速度。

（3）按独家数值分析经验，搜索所有可能的预设条件组合（经大型复杂运算测试无误者）来解题，所以在求解时快速而能收敛。

SRAC 公司为 SOLIDWORKS 提供了 3 个插件，分别是 SOLIDWORKS Motion、COSMOSFloWorks 和 SOLIDWORKS Simulation。

☑ SOLIDWORKS Motion：是一个全功能运动仿真软件，可以对复杂机械系统进行完整的运动学和动力学仿真，得到系统中各零部件的运动情况，包括位移、速度、加速度和作用力及反作用力等，并以动画、图形、表格等多种形式输出结果，还可将零部件在复杂运动情况下的复杂载荷情况直接输出到主流有限元分析软件中以做出正确的强度和结构分析。

☑ COSMOSFloWorks：是一个流体动力学和热传导分析软件，可以在不同雷诺数范围上建立跨音速、超音速和压音速的可压缩和不可压缩的气体和流体的模型，以确保获得真实的计算结果。

☑ SOLIDWORKS Simulation：为设计工程师在 SOLIDWORKS 的环境下提供比较完整的分析手段。凭借先进的快速有限元技术（FFE），工程师能非常迅速地实现对大规模的复杂设计的分析和验证，并且获得修正和优化设计所需的必要信息。

通过 SOLIDWORKS Simulation 的基本模块可以对零件或装配体进行静力学分析、固有频率和模态分析、失稳分析和热应力分析等。

☑ 静力学分析：算例零件在只受静力情况下，零组件的应力、应变分布。

☑ 固有频率和模态分析：确定零件或装配的造型与其固有频率的关系，在需要共振效果的场合，如超声波焊接喇叭、音叉，获得最佳设计效果。

☑ 失稳分析：当压应力没有超过材料的屈服极限时，薄壁结构件发生的失稳情况。

☑ 热应力分析：在存在温度梯度情况下，零件的热应力分布情况，以及算例热量在零件和装配中的传播。

☑ 疲劳分析：预测疲劳对产品全生命周期的影响，确定可能发生疲劳破坏的区域。

☑ 非线性分析：用于分析橡胶类或者塑料类的零件或装配体的行为，还用于分析金属结构在达到屈服极限后的力学行为。也可以用于考虑大扭转和大变形，如突然失稳。

☑ 间隙/接触分析：在特定载荷下，两个或者更多运动零件相互作用。例如，在传动链或其他机械系统中接触间隙未知的情况下分析应力和载荷传递。

☑ 优化：在保持满足其他性能判据（如应力失效）的前提下，自动定义最小体积设计。

视频讲解

16.5　SOLIDWORKS Simulation 2020 的启动

（1）选择菜单栏中的"工具"→"插件"命令，在弹出的"插件"对话框中选择 SOLIDWORKS Simulation，并单击"确定"按钮，如图 16-24 所示。

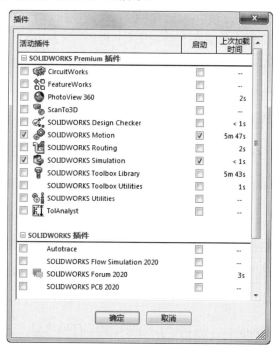

图 16-24　"插件"对话框

（2）在 SOLIDWORKS 的主菜单中添加了一个新的菜单 SOLIDWORKS Simulation，如图 16-25 所示。当 SOLIDWORKS Simulation 生成新算例后在管理程序窗口的下方会出现 SOLIDWORKS Simulation 的模型树，绘图区的下方出现新算例的标签栏。

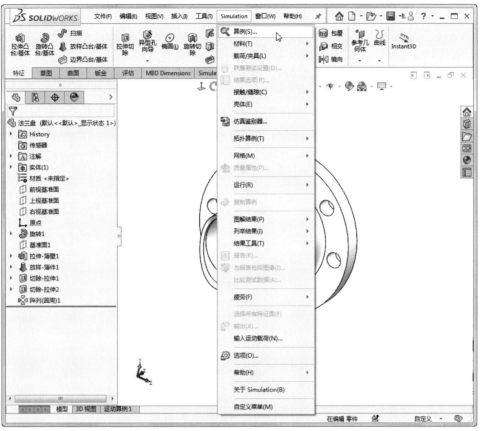

图 16-25　加载 SOLIDWORKS Simulation 后的 SOLIDWORKS

16.6　SOLIDWORKS Simulation 2020 的使用

前面两节主要讲解了 SOLIDWORKS Simulation 2020 的功能、特点及启动，本节将结合实例讲解 SOLIDWORKS Simulation 2020 的使用，主要包括创建算例、定义材料属性、加载载荷及约束、网格划分及运动分析等。

16.6.1　算例专题

用 SOLIDWORKS 设计完几何模型后，就可以使用 SOLIDWORKS Simulation 对其进行分析。分析模型的第一步是建立一个算例专题。算例专题由一系列参数定义，这些参数完整地表述了该物理问题的有限元模型。

当对一个零件或装配体进行分析时，典型的问题就是要研究零件或装配体在不同工作条件下的不同反应。这就要求运行不同类型的分析，实验不同的材料，或指定不同的工作条件。每个算例专题都描述其中的一种情况。

一个算例专题的完整定义包括以下几方面。

☑　分析类型和选项。

视频讲解

Note

☑ 材料。

☑ 载荷和约束。

☑ 网格。

单击 Simulation 控制面板中的"新算例"按钮，或者单击 Simulation 工具栏中的"新算例"按钮，或者选择菜单栏中的 Simulation→"算例"命令。

在弹出的"算例"属性管理器中，定义"名称"和"类型"，如图 16-26 所示。在 SOLIDWORKS Simulation 模型树中新建的"算例"上右击，在弹出的快捷菜单中选择"属性"命令，打开"静应力分析"对话框，在弹出的对应属性对话框中进一步定义其属性，如图 16-27 所示。每一种"分析类型"都对应不同的属性。定义完算例专题后，单击"确定"按钮。

图 16-26　定义算例专题

图 16-27　定义算例专题的属性

SOLIDWORKS Simulation 的基本模块提供多种分析类型。

☑ 静应力分析：可以计算模型的应力、应变和变形。

☑ 热力：计算由于温度、温度梯度和热流影响产生的应力。

☑ 频率：可以计算模型的固有频率和模态。

☑ 屈曲：计算危险的屈曲载荷，即屈曲载荷分析。

☑ 跌落测试：模拟零部件掉落后的变形和应力分布。

☑ 疲劳：计算材料在交变载荷作用下产生的疲劳破坏情况。

☑ 压力容器设计：在压力容器设计算例中，将静应力分析算例的结果与所需因素组合。每个静应力分析算例都具有不同的一组可以生成相应结果的载荷。

☑ 设计算例：生成设计算例以优化或评估设计的特定情形。

☑ 子模型：不可能获取大型装配体或多实体模型的精确结果，因为使用足够小的元素大小可能会使问题难以解决。使用粗糙网格或拔模网格解决装配体或多实体模型后，子模型算例允许用户使用高品质网格或更精细的网格增加选定实体的求解精确度。

☑ 非线性：为带有诸如橡胶之类非线性材料的零部件研究应变、位移、应力。

☑ 线性动力：使用频率和模式形状来研究对动态载荷的线性响应。

在定义完算例专题后，就可以进行下一步的工作了，此时在 SOLIDWORKS Simulation 的模型树中可以看到定义好的算例专题，如图 16-28 所示。

图 16-28　定义好的算例专题

16.6.2　定义材料属性

在运行一个算例专题前，必须要定义好指定的分析类型所对应需要的材料属性。在装配体中，每一个零件可以是不同的材料。对于网格类型是"使用曲面的外壳网格"的算例专题，每一个壳体可以具有不同的材料和厚度。

单击 Simulation 控制面板中的"应用材料"按钮，或者单击 Simulation 工具栏中的"应用材料"按钮，或者选择菜单栏中的 Simulation→"材料"→"应用材料到所有"命令。在 SOLIDWORKS Simulation 的管理设计树中选择要定义材料属性的算例专题，并选择要定义材料属性的零件或装配体。选择菜单栏中的上述方式后，在弹出的"材料"对话框的"材料属性"选项组中，可以定义材料的类型和单位，如图 16-29 所示。其中，在"模型类型"下拉列表框中可以选择"线性弹性各向同性"，即各向同性材料，也可以选择"线性弹性各向异性"，即各向异性材料。在"单位"下拉列表框中可选择 SI（即国际单位）、"英制"和"公制"单位体系。单击"应用"按钮即可将材料属性应用于算例专题。

图 16-29　定义材料属性

在"材料"对话框中，选择一种方式定义材料属性。

☑ 使用 SOLIDWORKS 中定义的材质：如果在建模过程中已经定义了材质，此时在"材料"对话框中会显示该材料的属性。如果选择了该选项，则定义的所有算例专题都将选择这种材料属性。

☑ 自定义材料：可以自定义材料的属性，用户只要单击要修改的属性，然后输入新的属性值。对于各向同性材料，弹性模量和泊松比是必须被定义的变量。如果材料的应力产生是因为温度变化引起的，则材料的传热系数必须被定义。如果在分析中，要考虑重力或者离心力的影响，则必须定义材料的密度。对于各向异性材料，则必须要定义各个方向的弹性模量和泊松比等材料属性。

16.6.3　载荷和约束

在进行有限元分析中，必须模拟具体的工作环境对零件或装配体规定边界条件（位移约束）和施加对应的载荷。也就是说实际的载荷环境必须在有限元模型上定义出来。

如果给定了模型的边界条件，则可以模拟模型的物理运动。如果没有指定模型的边界条件，则模型可以自由变形。边界条件必须给予足够的重视，有限元模型的边界既不能欠约束，也不能过约束。加载的位移边界条件可以是零位移，也可以是非零位移。

每个约束或载荷条件都以图标的方式在载荷/制约文件夹中显示。SOLIDWORKS Simulation 提供一个智能的 PropertyManager 来定义负荷和约束。只有被选中的模型具有的选项才被显示，其不具有的选项则为灰色不可选项。例如，如果选择的面是圆柱面或轴，PropertyManager 允许定义半径、圆周、轴向抑制和压力。载荷和约束是和几何体相关联的，当几何体改变时，它们自动调节。

在运行分析前，可以在任意时候指定负荷和约束。运用拖动（或复制粘贴）功能，SOLIDWORKS Simulation 允许在管理树中将条目或文件夹复制到另一个兼容的算例专题中。

选择一个面、边线或顶点，作为要加载或约束的几何元素。如果需要，可以按住 Ctrl 键选择更多的顶点、边线或面。选择菜单栏中 Simulation→"载荷/夹具"中的一种加载或约束类型，如图 16-30 所示。在对应的载荷或约束属性管理器中设置相应的选项、数值和单位。单击"确定"按钮✔，完成加载或约束。

图 16-30　"载荷/夹具"菜单栏

16.6.4　网格的划分和控制

有限元分析提供了一个可靠的数字工具进行工程设计分析。首先建立几何模型。然后，程序将模型划分为许多具有简单形状的小的块（elements），这些小块通过节点（node）连接，这个过程称为网格划分。有限元分析程序将集合模型视为一个网状物，这个网是由离散的互相连接在一起的单元构成的。精确的有限元结果很大程度上依赖于网格的质量，通常来说，优质的网格决定优秀的有限元结果。

网格质量主要靠以下几点保证。

- ☑ 网格类型：在定义算例专题时，针对不同的模型和环境，选择一种适当的网格类型。
- ☑ 适当的网格参数：选择适当的网格大小和公差，可以做到节约计算资源和时间与提高精度的完美结合。
- ☑ 局部的网格控制：对于需要精确计算的局部位置，采用加密网格可以得到比较好的结果。

在定义完材料属性和载荷/约束后，就可以划分网格了。要划分网格，可按如下步骤操作。

1. 划分网格

单击 Simulation 控制面板中的"生成网格"按钮🐚，或者单击 Simulation 工具栏中的"生成网格"按钮🐚，或者选择菜单栏中的 Simulation→"网格"→"生成"命令。

在弹出的"网格"属性管理器中，设置网格的大小和公差，如图 16-31 所示。拖动"网格参数"栏中的滚轮，从而设置网格的大小和公差。如果要精确指定网格，可以在⬆图标右侧的输入框中指定网格大小，在🔺图标右侧的输入框中指定网格的公差。如果选中"运行（求解）分析"复选框，则在划分完网格后自动运行分析，计算出结果。单击✔按钮，程序会自动划分网格。

2. 细化网格

如果需要对零部件局部应力集中的地方或者对结构比较重要的部分进行精确的计算，就要对这个部分进行网格的细分。SOLIDWORKS Simulation 本身会对局部几何形状变化较大的地方进行网格的细化，但有时用户需要手动控制网格的细化程度。单击 Simulation 工具栏中的"应用控制"按钮🖼，或者选择菜单栏中的 Simulation→"网格"→"应用控制"命令。选择要手动控制网格的几何实体（可以是线或面），此时所选几何实体会出现在"网格控制"属性管理器的"所选实体"选项组中，如图 16-32 所示。在"网格参数"栏中⬆图标右侧的文本框中输入网格的大小。这个参数是指前面所选几何实体最近一层网格的大小。在🍥图标右侧的文本框中输入网格梯度，即相邻两层网格的放大比例。单击✔按钮后，在 SOLIDWORKS Simulation 的模型树中的网格文件夹🐚下会出现控制图标🖼。

图 16-31　划分网格

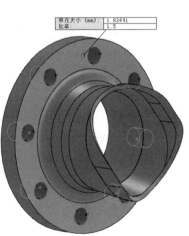

图 16-32　"网格控制"属性管理器

如果在手动控制网格前已经自动划分了网格，需要重新对网格进行划分。

16.6.5　运行分析与观察结果

（1）在 SOLIDWORKS Simulation 的管理设计树中选择要求解的有限元算例专题。

（2）单击 Simulation 控制面板中的"运行此算例"按钮 ，系统会自动弹出调用的解算器对话框。对话框中显示解算器的求解进度、时间、内存使用情况等，如图 16-33 所示。

（3）如果要中途停止计算，则单击"取消"按钮；如果要暂停计算，则单击"暂停"按钮。

图 16-33　解算器对话框

运行分析后，系统自动为每种类型的分析生成一个标准的结果报告。用户可以通过在管理树上单击相应的输出项观察分析的结果。例如，程序为静力学分析产生 5 个标准的输出项，在 SOLIDWORKS Simulation 的管理设计树对应的算例专题中会出现对应的 5 个文件夹，分别为应力、位移、应变、变形和设计检查。单击这些文件夹下对应的图解图标，就会以图的形式显示分析结果，如图 16-34 所示。

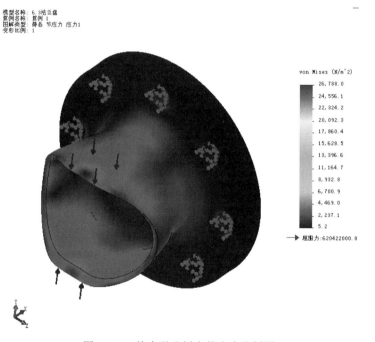

图 16-34　静力学分析中的应力分析图

在显示结果中的左上角会显示模型名称、算例名称、图解类型和变形比例。模型也会以不同的颜色表示应力、应变等的分布情况。

为了更好地表达出模型的有限元结果，SOLIDWORKS Simulation 会以不同的比例显示模型的变形情况。

用户也可以自定义模型的变形比例，可按如下步骤操作。

（1）在 Simulation 的管理设计树中右击要改变变形比例的输出项，如应力、应变等，在弹出的快捷菜单中选择"编辑定义"命令，或者选择菜单栏中的 Simulation→"图解结果"命令，在下一级子菜单中选择要更改变形比例的输出项。

（2）在出现的对应对话框中选择更改应力图解结果，如图 16-35 所示。

（3）在"变形形状"选项组中选中"用户定义"单选按钮，然后在下面的文本框中输入变形比例。

（4）单击"确定"按钮 ✔，关闭对话框。

对于每一种输出项，根据物理结果可以有多个对应的物理量显示。图 16-34 所示的应力结果中显示的是 von Mises 应力，还可以显示其他类型的应力，如不同方向的正应力、切应力等。在图 16-35 的"显示"选项组中 图标右侧的下拉菜单中可以选择更改应力的显示物理量。

Simulation 除了可以以图解的形式表达有限元结果，还可以将结果以数值的形式表示，可按如下步骤操作。

（1）在 Simulation 的模型树中选择算例专题。

（2）选择菜单栏中的 Simulation→"列举结果"命令，在下一级子菜单中选择要显示的输出项。子菜单共有 5 项，分别为"位移""应力""应变""模式""热力"。

（3）在弹出的对应列表对话框中设置要显示的数值属性，这里选择"应力"，如图 16-36 所示。

（4）每一种输出项都对应不同的设置，这里不再赘述。

（5）单击"确定"按钮后，会自动出现结果的数值列表，如图 16-37 所示。

图 16-35　设定变形比例

图 16-36　列表应力

图 16-37　数值列表

（6）单击"保存"按钮，可以将数值结果保存到文件中。在弹出的"另存为"对话框中可以选择将数值结果保存为文本文件或者 Excel 列表文件。

16.6.6　实例——压力容器的应力分析设计

如图 16-38 所示为一台直径为 700mm 的立式储存罐，其法兰出口直径为 88mm，材料为不锈钢。设计压力为 16.5MPa，工作压力为 12.3MPa，弹性模量为 $2.01×10^{10}$Pa，泊松比为 0.3，要求对此压力容器进行应力分析设计。

考虑到立式罐是一个 360° 的旋转体，是一个对称结构，建模时只要考虑其中的几分之一即可，这里选择六分之一结构进行分析，如图 16-39 所示。

图 16-38　立式储存罐结构图

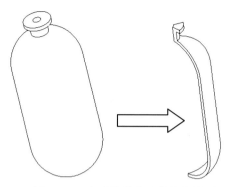

图 16-39　立式储罐的计算简化模型

操作步骤如下：

（1）新建文件。单击"快速访问"工具栏中的"新建"按钮🗋，在打开的"新建 SOLIDWORKS 文件"对话框中单击"零件"按钮，然后单击"确定"按钮。

（2）绘制草图。在 FeatureManager 设计树中选择"前视基准面"作为草绘平面。单击"草图"控制面板中的"中心线"按钮⟋，绘制一条通过原点的竖直中心线。单击"草图"控制面板中的"直线"按钮⟋、"圆"按钮⊙、"等距实体"按钮⊑和"剪裁实体"按钮⊾绘制立式储罐的旋转草图轮廓。单击"草图"控制面板中的"智能尺寸"按钮⟪，标注草图轮廓的尺寸，如图 16-40 所示。

（3）创建实体。单击"特征"控制面板中的"旋转凸台/基体"按钮🍥，打开"旋转"属性管理器。选择中心线作为旋转轴，设置旋转角度为 60°，如图 16-41 所示。单击"确定"按钮✔，完成立式储罐的建模。

（4）保存文件。单击"快速访问"工具栏中的"保存"按钮🖫，将模型保存为"立式储罐.sldprt"。

（5）新建算例。单击 Simulation 控制面板中的"新算例"按钮🔍，打开"算例"属性管理器。定义名称为"压力分析"，分析类型为"静应力分析"，如图 16-42 所示。单击"确定"按钮，关闭对话框。

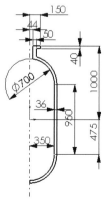

图 16-40　立式储存罐的旋转轮廓草图

图 16-41　旋转参数

图 16-42　定义算例

（6）定义外壳。在 SOLIDWORKS Simulation 模型树中右击"立式储罐"图标，在弹出的快捷菜单中选择"按所选面定义壳体"命令，如图 16-43 所示。在打开的"壳体定义"属性管理器中选中"细"单选按钮，从而设置外壳类型为"细"；单击 🔲 图标右侧的显示栏，在图形区域中选择储罐的内侧面，如图 16-44 所示，设置抽壳的厚度为 36mm。单击"确定"按钮 ✓ ，完成外壳的定义。

图 16-43　选择命令

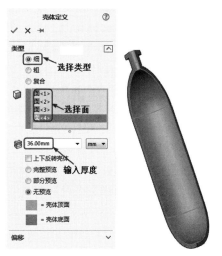

图 16-44　设置外壳定义参数

（7）定义材料。选择菜单栏中的 Simulation→"材料"→"应用材料到所有"命令，打开如图 16-45 所示的"材料"对话框。选择"选择材料来源"为"自定义"，在右侧的材料属性栏目中定义弹性模量 $E=2.01×10^{10}$Pa，泊松比为 0.3。单击"应用"按钮，关闭对话框。

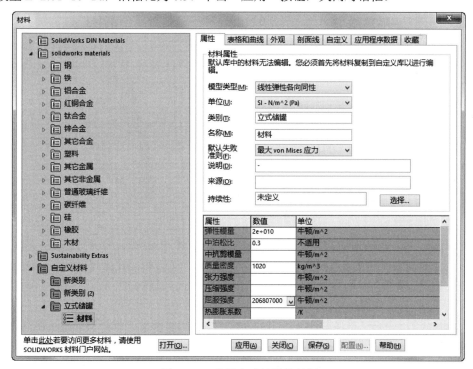

图 16-45　设置立式储罐的材料

（8）创建基准轴。选择菜单栏中的"插入"→"参考几何体"→"基准轴"命令，打开"基准轴"属性管理器。单击"圆柱/圆锥面"按钮⊞，在图形区域中选择立式储罐模型中的圆柱段面，如图 16-46 所示。单击"确定"按钮✔，完成"基准轴 1"的创建。

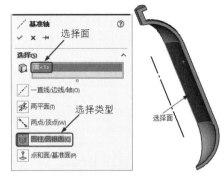

图 16-46　创建基准轴 1

（9）添加约束 1。单击 Simulation 控制面板中的"夹具顾问"按钮🏠，弹出"Simulation 顾问"栏，在栏中单击 ➡添加夹具. 按钮，打开"夹具"属性管理器。选择夹具类型为"使用参考几何体"；单击🏠图标右侧的显示栏，在图形区域中选择外壳的 10 条边线作为约束的边线；单击🏠图标右侧的列表框，在图形区域的模型树中选择"基准轴 1"作为参考几何体；单击"平移"选项组中的"圆周"按钮🏠，在右侧的文本框中设置为 0°；在"旋转"选项组中单击"径向"按钮🏠，设置径向约束为 0；单击"轴向"按钮🏠，设置轴向约束为 0；具体选项设置如图 16-47 所示。单击"确定"按钮✔，创建"夹具 1"。

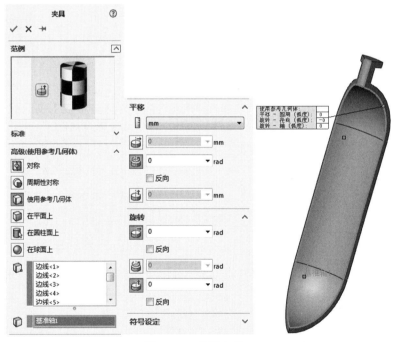

图 16-47　设置夹具 1

（10）添加压力。单击 Simulation 控制面板中的"压力"按钮⬓，打开"压力"属性管理器。选择施加压力的类型为"垂直于所选面"；单击🏠图标右侧的列表框，在图形区域中选择立式储罐的内侧受压面；在"压强值"栏目中设置压力为 13500000N/m^2，具体如图 16-48 所示。单击"确定"按钮✔，完成"压力-1"载荷的创建。

（11）添加约束 2。为了使模型稳定，还需要添加一个固定约束。单击 Simulation 控制面板中的"夹具顾问"按钮🏠，弹出"Simulation 顾问"栏，在此栏中单击 ➡添加夹具. 按钮，打开"夹具"属性管理器。选择夹具类型为"固定几何体"，在图形区域中选择立式储罐的法兰的内边线作为固定约束位置，如图 16-49 所示。单击"确定"按钮 ✔，完成"夹具 2"约束。

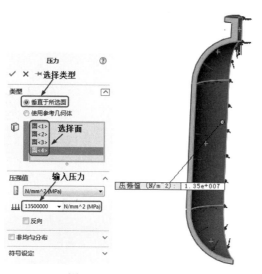

图 16-48　设置压力参数

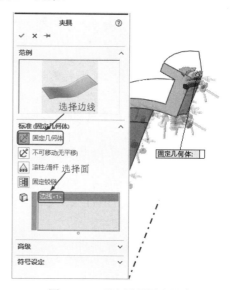

图 16-49　顶点设置固定约束

（12）划分网格。单击 Simulation 控制面板中的"生成网格"按钮 ，打开"网格"属性管理器。保持网格的默认粗细程度。单击"确定"按钮 ✔，开始划分网格。划分网格后的转轮模型如图 16-50 所示。

（13）进行分析。单击 Simulation 控制面板中的"运行此算例"按钮 ，Simulation 则调用解算器进行有限元分析。

（14）观察结果。双击 SOLIDWORKS Simulation 模型树中结果文件夹下的"应力 1"图标 ，则可以观察立式储罐在给定约束和加载下的应力分布图解，如图 16-51 所示。

图 16-50　划分网格的立式储罐模型

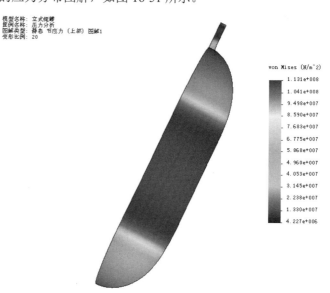

图 16-51　立式储罐的应力分布云图

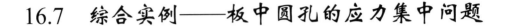

16.7　综合实例——板中圆孔的应力集中问题

如图 16-52 所示为一个承受单向拉伸的板，在其中有一个小圆孔。弹性模量 E=2×108Pa，泊松比为 0.3，拉伸载荷 Q=1000Pa，平板厚度 t=1mm。针对模型是一个对称结构，为了减小计算量，这里通过计算平板的四分之一来确定带孔平板的应力分布。

操作步骤如下：

（1）新建文件。单击"快速访问"工具栏中的"新建"按钮 □，在打开的"新建 SOLIDWORKS 文件"对话框中单击"零件"按钮，然后单击"确定"按钮。

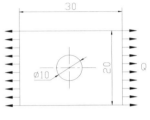

图 16-52　平板结构图

（2）绘制草图。在 FeatureManager 设计树中选择"前视基准面"作为草绘平面，绘制草图。单击"草图"控制面板中的"矩形"按钮 □，以坐标原点为矩形的一个顶点绘制一矩形。单击"草图"控制面板中的"智能尺寸"按钮 ✎，标注矩形的长宽尺寸为 15mm 和 10mm。单击"草图"控制面板中的"圆"按钮 ⊙，以坐标原点为圆心绘制一个圆。单击"草图"控制面板中的"智能尺寸"按钮 ✎，标注圆的直径为 10mm。单击"草图"控制面板中的"剪裁实体"按钮 ✂，裁剪掉多余线条。最后草图绘制结果如图 16-53 所示。

（3）创建拉伸体。单击"特征"控制面板中的"拉伸凸台/基体"按钮 ⑩，系统弹出"凸台-拉伸"属性管理器，设置终止条件为"给定深度"；设置拉伸深度为 1mm，如图 16-54 所示。单击"确定"按钮 ✔，生成模型。

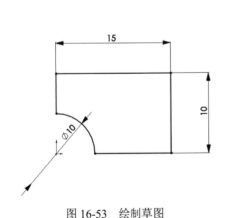

图 16-53　绘制草图

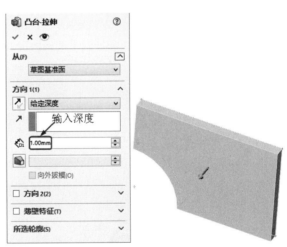

图 16-54　设置拉伸参数

（4）保存文件。单击"快速访问"工具栏中的"保存"按钮 📄，将模型保存为"板.sldprt"

（5）新建算例。单击 Simulation 控制面板中的"新算例"按钮 🔍，打开"算例"属性管理器。定义名称为"应力集中分析"，分析类型为"静应力分析"，如图 16-55 所示。在 SOLIDWORKS Simulation 模型树中新建的"应力集中分析"处右击，在弹出的快捷菜单中选择"属性"命令，打开"静应力分析"对话框，设置解算器为 FFEPlus，并选中"使用软弹簧使模型稳定"复选框，如图 16-56 所示。单击"确定"按钮，关闭对话框。

图 16-55　定义算例

图 16-56　设置静态研究属性

（6）添加材料。在 Simulation 模型树中单击"板"按钮，单击 Simulation 工具栏中的"应用材料"按钮，打开"材料"对话框。选择"选择材料来源"为"自定义"，在右侧的材料属性栏目中定义弹性模量 E=2e+011Pa，中泊松比为 0.3，如图 16-57 所示。单击"应用"按钮，关闭对话框。

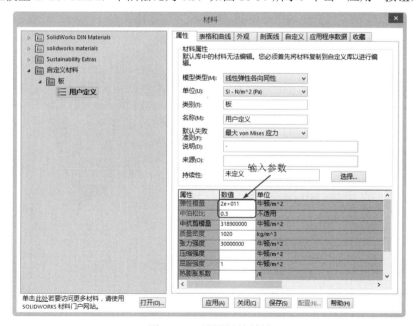

图 16-57　设置板的材料

（7）添加压力。单击 Simulation 控制面板"外部载荷顾问"下拉列表中的"压力"按钮 ⏸，打开"压力"属性管理器。选择施加压力的类型为"垂直于所选面"；单击 🔲图标右侧的显示栏，在图形区域中选择板外侧面；在"压强值"选项组中设置压力为 1000N/m²，选中"反向"复选框改变压力方向，具体设置如图 16-58 所示。单击"确定"按钮 ✔，完成压力的施加。

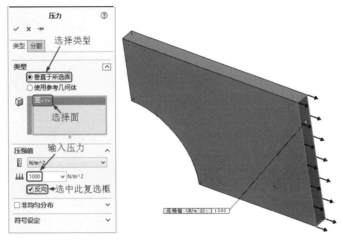

图 16-58　设置压力参数

（8）添加约束。单击 Simulation 控制面板中的"夹具顾问"按钮 🔖，弹出"Simulation 顾问"并单击 ➡ 添加夹具。按钮，打开"高级"选项组。选择夹具类型为"对称"，在图形区域中选择如图 16-59 所示的两个面作为对称约束面。单击"确定"按钮 ✔，完成对称约束的施加。

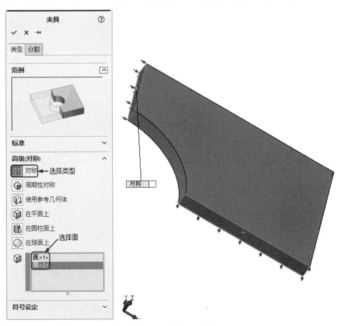

图 16-59　设置对称约束

（9）划分网格。选择 Simulation→"网格"→"应用控制"命令，打开"网格控制"属性管理器。选择孔的圆柱面作为要控制的实体；在"网络参数"选项组中 ☁图标右侧的"要素大小"文本框中设置要素最初大小为 0.15mm；在"比率"图标 ✗ 右侧的文本框中设置网格的尺寸递增比率为 1.5，如图 16-60 所示。单击"确定"按钮✔，完成网格的控制。

（10）生成网格。单击 Simulation 控制面板中的"生成网格"按钮🕸，打开"网格"属性管理器，单击"确定"按钮✔，系统开始划分网格，划分网格后的模型如图 16-61 所示。

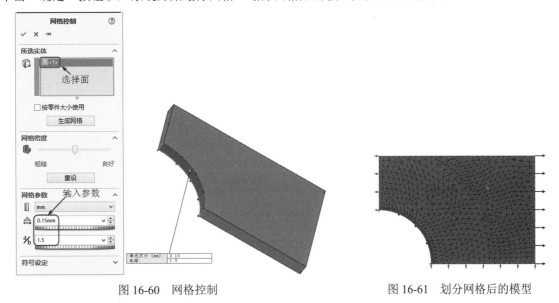

图 16-60　网格控制　　　　　　　　　　　　　图 16-61　划分网格后的模型

从网格模型上可以看到孔内侧圆柱面的网格划分得很密，网格的大小逐步变大。这样划分网格的好处在于可以在不大量增加运算量的前提下更准确地分析局部的受力情况。

（11）有限元分析。单击 Simulation 控制面板中的"运行此算例"按钮🍃，SOLIDWORKS Simulation 则调用解算器进行有限元分析。

（12）观察结果。双击"结果"文件夹下的"应力 1"图标🍃 应力1，在图形区域中观察板的应力分布，如图 16-62 所示。

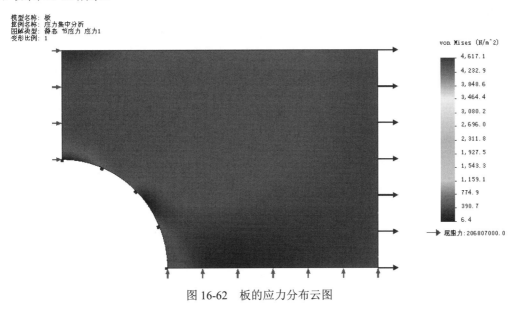

图 16-62　板的应力分布云图

从图 16-62 中可以看出孔边缘的应力最大，大约为 4600Pa。

SOLIDWORKS 2020 中文版机械设计从入门到精通

右击"结果"文件夹下的"应力 1"图标，在弹出的快捷菜单中选择"探测"命令，打开"探测
结果"属性管理器。在图形区域中沿板的左侧边线依次选择几个点，这些点对应的应力都会显示在"探
测结果"属性管理器中，如图 16-63 所示。

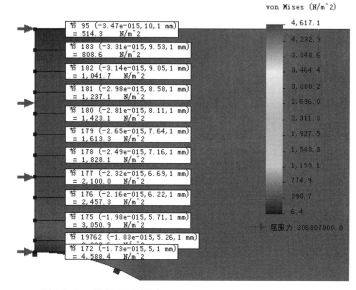

图 16-63 选择节点应力

单击"图解"按钮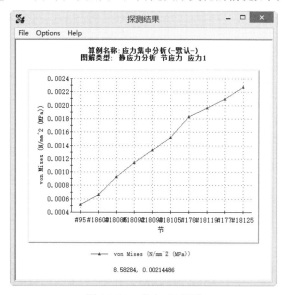，显示应力-节点图，应力随图形变化的情况如图 16-64 所示。

图 16-64 应力-节点图

16.8　实践与操作

16.8.1　分析受压失稳问题

本实践将分析如图 16-65 所示的杆系结构中二力杆的受压失稳问题。

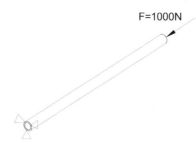

图 16-65　二力杆受压情况

操作提示：

（1）利用"算例"命令，定义名称为"屈服分析"，类型为"屈曲"；利用"应用材料"命令选择材料为 ABS 塑料。

（2）利用"力"命令，设置加载力类型为"力"，选取空心杆端面为加载面，设置力大小为 1000N。利用夹具顾问，在空心杆的另一端添加固定几何约束。

（3）利用生成网格命令，划分网格。双击 SOLIDWORKS Simulation 模型树中结果文件夹下的"位移 1"按钮 ，观察梁在给定约束和弯扭组合加载下的位移分布云图。

（4）利用"算例"命令，定义名称为应力分析，类型为静态，复制"屈曲分析"模型树中的"夹具"和"外部载荷"到应力分析中，修改力的大小为 21N。利用运行命令进行稳定性计算。

16.8.2　计算疲劳寿命问题

本实践将计算一个高速旋转的轴在工作载荷下的疲劳寿命问题。高速轴的受力情况如图 16-66 所示，以 10rad/s 的速度旋转。

操作提示：

（1）利用"算例"命令，定义名称为"静力分析"，类型为"静态"；利用"应用材料"命令，选择材料为"锻制不锈钢"。

（2）利用"力"命令，设置施加力类型为扭矩，选择划分曲面和参考轴，设置扭矩为 3900N・m。

图 16-66　高速旋转轴

（3）利用"离心力"命令，设置基准轴 1 为参考轴，旋转角速度为 628rad/s。

（4）利用"生成网格"命令，采用默认设置划分网格。

（5）利用"算例"命令，定义名称为"疲劳分析"，类型为"疲劳"；利用"添加事件"命令，设置循环次数为 1000000，负载类型为完全反转。

（6）利用"应用/编辑材料"命令，选择疲劳 S-N 曲线，定义材料的疲劳曲线。在 COMOSWorks

设计树中右击"疲劳分析"研究，在弹出的快捷菜单中选择"属性"命令，设置疲劳缩减因子为0.9。利用"运行"命令，进行疲劳计算。

16.9 思 考 练 习

1．如何安装有限元分析插件？

2．使用 SOLIDWORKS SimulationXpress 分析向导和 SOLIDWORKS Simulation 进行有限元分析的差异是什么？

3．一个算例专题的完整定义包括几方面？

4．对如图 16-67 所示的轴承系统中的轴承座进行综合分析。先要计算出轴承座的应力分布情况和轴承座的固有频率，从而为轴承座的进一步优化设计提供科学依据。

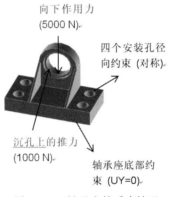

图 16-67 轴承座的受力情况

第 **17** 章

运动仿真

本章介绍了虚拟样机技术和运动仿真的关系,并给出了 SOLIDWORKS Motion 2020 运动仿真的实例。通过对工程实例的分析,读者将进一步理解和掌握 SOLIDWORKS Motion 2020 工具。

☑ 虚拟样机技术及运动仿真 ☑ Motion 分析运动算例

☑ SOLIDWORKS Motion 启动

任务驱动&项目案例

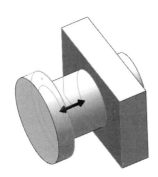

按552牛顿加载

17.1 虚拟样机技术及运动仿真

17.1.1 虚拟样机技术

如图 17-1 所示表明了虚拟样机技术在企业开展新产品设计以及生产活动中的地位。进行产品三维结构设计的同时，运用分析仿真软件（CAE）对产品工作性能进行模拟仿真，发现设计缺陷。根据分析仿真结果，用三维设计软件对产品设计结构进行修改。重复上述仿真、找错、修改的过程，不断对产品设计结构进行优化，直至达到一定的设计要求。

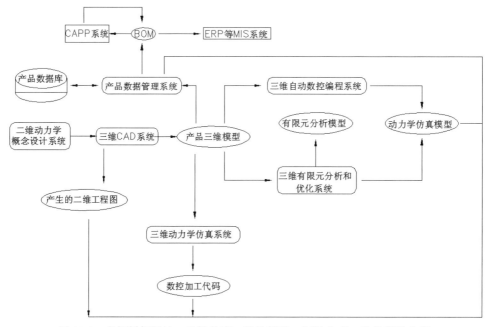

图 17-1 虚拟样机设计、分析仿真、设计管理、制造生产一体化解决方案

虚拟产品开发有如下 3 个特点。
- ☑ 以数字化方式进行新产品的开发。
- ☑ 开发过程涉及新产品开发的全生命周期。
- ☑ 虚拟产品的开发是开发网络协同工作的结果。

为了实现上述 3 个特点，虚拟样机的开发工具一般实现如下 4 个技术功能。
- ☑ 采用数字化的手段对新产品进行建模。
- ☑ 以产品数据管理（PDM）/产品全生命周期（PLM）的方式控制产品信息的表示、存储和操作。
- ☑ 产品模型的本地/异地协同技术。
- ☑ 开发过程的业务流程重组。

传统的仿真一般是针对单个子系统的仿真，而虚拟样机技术则是强调整体的优化，它通过虚拟整机与虚拟环境的耦合，对产品进行多种设计方案的测试、评估，并不断改进设计方案，直到获得最优的整机性能。而且，传统的产品设计方法是一个串行的过程，各子系统（如整机结构、液压系统、控制系统等）的设计都是独立的，忽略了各子系统之间的动态交互与协同求解，因此设计的不足往往到产品开发的后期才被发现，造成严重浪费。运用虚拟样机技术可以快速地建立包括控制系统、液压系统、气动系统在内的多体动力学虚拟样机，实现产品的并行设计，可在产品设计初期及时发现问题、解决问题，把系统的测试分析作为整个产品设计过程的驱动。

17.1.2 数字化功能样机及机械系统动力学分析

在虚拟样机的基础上，又提出了数字化功能样机（Functional Digital Prototyping）的概念，这是在 CAD/CAM/CAE 技术和一般虚拟样机技术的基础之上发展起来的。其理论基础为计算多体系动力学、结构有限元理论、其他物理系统的建模与仿真理论，以及多领域物理系统的混合建模与仿真理论。该技术侧重于在系统层次上的性能分析与优化设计，并通过虚拟试验技术，预测产品性能。基于多体系统动力学和有限元理论，解决产品的运动学、动力学、变形、结构、强度和寿命等问题。而基于多领域的物理系统理论，解决较复杂产品的机—电—液—控等系统的能量流和信息流的耦合问题。

数字化功能样机的内容如图 17-2 所示，包括计算多体系统动力学的运动/动力特性分析，有限元疲劳理论的应力疲劳分析，有限元非线性理论的非线性变形分析，有限元模态理论的振动和噪声分析，有限元热传导理论的热传导分析，基于有限元大变形理论的碰撞和冲击的仿真，计算流体动力学分析，液压/气动的控制仿真，以及多领域混合模型系统的仿真等。

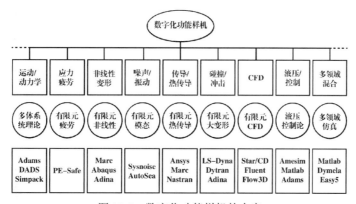

图 17-2 数字化功能样机的内容

多个物体通过运动副的连接便组成了机械系统，系统内部有弹簧、阻尼器、制动器等力学元件的作用，系统外部受到外力和外力矩的作用，以及驱动和约束。物体分柔性和刚性之分，而实际上的工程研究对象多为混合系统。机械系统动力学分析和仿真主要是为了解决系统的运动学、动力学和静力学问题，其过程主要包括以下方面。

☑ 物理建模：用标准运动副、驱动/约束、力元和外力等要素抽象出同实际机械系统具有一致性的物理模型。

☑ 数学建模：通过调用专用的求解器生成数学模型。

☑ 问题求解：迭代求出计算解。

实际上，在软件操作过程中数学建模和问题求解过程都是软件自动完成的，内部过程并不可见，最后系统会给出曲线显示、曲线运算和动画显示过程。

美国 MDI（Mechanical Dynamics Inc）最早开发了 ADAMS（Automatic Dynamic Analysis of Mechanical System）软件应用于虚拟仿真领域，后被美国的 MSC 公司收购为 MSC.ADAMS。SOLIDWORKS Motion 正是基于 ADAMS 解决方案引擎创建的。通过 SOLIDWORKS Motion 可以在 CAD 系统构建的原型机上查看其工作情况，从而检测设计的结果，例如，电动机尺寸、连接方式、压力过载、凸轮轮廓、齿轮传动率、运动零件干涉等设计中可能出现的问题，进而修改设计，得到了

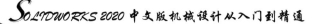

进一步优化后的结果。同时，SOLIDWORKS Motion 用户界面是 SOLIDWORKS 界面的无缝扩展，使用 SOLIDWORKS 数据存储库，不需要 SOLIDWORKS 数据的复制/导出，给用户带来了方便性和安全性。

17.2　SOLIDWORKS Motion 启动

SOLIDWORKS Motion 启动步骤如下。

（1）选择菜单栏中的"工具"→"插件"命令。

（2）在弹出的"插件"对话框中选中 SOLIDWORKS Motion 复选框，并单击"确定"按钮，如图 17-3 所示。

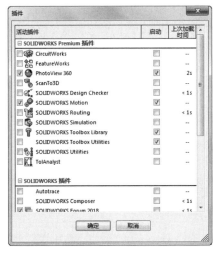

图 17-3　"插件"对话框

17.3　Motion 分析运动算例

在 SOLIDWORKS 2020 中，SOLIDWORKS Motion 比之前版本的 Cosmos Motion 大大简化了操作步骤，所建装配体的约束关系不用再重新添加，只需使用建立装配体时的约束即可，新的 SOLIDWORKS Motion 是集成在运动算例中的。运动算例是 SOLIDWORKS 中对装配体模拟运动的统称，运动算例不更改装配体模型或其属性运动算例，包括动画、基本运动与 Motion 分析，在这里重点讲解 Motion 分析的内容。

17.3.1　马达

运动算例马达模拟作用于实体上的运动，马达在动画制作章节中已有讲解，这里不再赘述。

17.3.2　阻尼

如果对动态系统应用了初始条件，系统会以不断减小的振幅振动，直到最终停止，这种现象称为阻尼效应。阻尼效应是一种复杂的现象，它以多种机制（例如内摩擦和外摩擦、轮转的弹性应变材料的微观热效应以及空气阻力）消耗能量，要在装配体中添加阻尼的关系，可按如下步骤操作。

（1）执行"阻尼"命令：单击 MotionManager 工具栏上的"阻尼"按钮，弹出如图 17-4 所示的"阻尼"属性管理器。

（2）在"阻尼"属性管理器中选择"线性阻尼"，然后在绘图区域选取零件上弹簧或阻尼一端所附加到的面或边线。此时在绘图区域中被选中的特征将高亮显示。

（3）在"阻尼力表达式指数"和"阻尼常数"中可以选择和输入基于阻尼的函数表达式，单击"确定"按钮，完成接触的创建。

图 17-4　"阻尼"属性管理器

17.3.3　接触

接触仅限基本运动和运动分析，如果零部件碰撞、滚动或滑动，可以在运动算例中建模零部件接触，还可以使用接触来约束零件在整个运动分析过程中保持接触。默认情况下零部件之间的接触将被忽略，除非在运动算例中配置了"接触"。如果不使用"接触"指定接触，零部件将彼此穿越。要在装配体中添加接触的关系，可按如下步骤操作。

（1）执行"接触"命令：单击 MotionManager 工具栏上的"接触"按钮，弹出如图 17-5 所示的"接触"属性管理器。

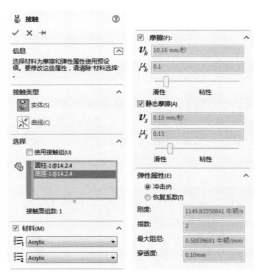

图 17-5　"接触"属性管理器

（2）在"接触"属性管理器中选择"实体"，然后在绘图区域选择两个相互接触的零件，添加它们的配合关系。

（3）在"材料"选项组中更改两个材料类型分别为 Steel（Dry）与 Aluminum（Dry），设置其他参数，单击"确定"按钮，完成接触的创建。

17.3.4　力

力/扭矩对任何方向的面、边线、参考点、顶点和横梁应用均匀分布的力、力矩或扭矩，以供在结构算例中使用，操作步骤如下。

（1）打开源文件"底座装配"，执行"力"命令：单击 MotionManager 工具栏中的"力"按钮，弹出如图 17-6 所示的"力/扭矩"属性管理器。

（2）在"力/扭矩"属性管理器中选择"力"类型，单击"作用力与反作用力"按钮，在视图中选择作用力面和反作用力面，如图 17-7 所示。

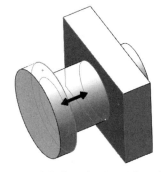

图 17-6　"力/扭矩"属性管理器　　　　图 17-7　选择作用力面和反作用力面

（3）在"力/扭矩"属性管理器中设置其他参数，如图 17-8 所示，单击"确定"按钮，完成力的创建。

（4）在时间线视图中设置时间点为 0.1 秒，设置播放速度为 5 秒。

（5）单击 MotionManager 工具栏中的"计算"按钮，计算模拟。单击"从头播放"按钮，动画如图 17-9 所示；MotionManager 界面如图 17-10 所示。

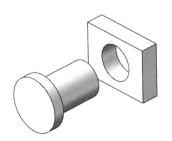

图 17-8　设置参数　　　　图 17-9　动画

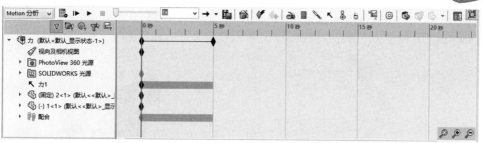

图 17-10 MotionManager 界面

17.3.5 引力

引力（仅限基本运动和运动分析）为一通过插入模拟引力而绕装配体移动零部件的模拟单元。要对零件添加引力的关系，可按如下步骤操作。

（1）打开源文件"底座装配"，执行"引力"命令：单击 MotionManager 工具栏上的"引力"按钮，弹出"引力"属性管理器。

（2）在"引力"属性管理器中选择"Z 轴"，可单击"反向"按钮，调节方向，也可以在视图中选择线或者面作为引力参考，如图 17-11 所示。

（3）在"引力"属性管理器中设置其他参数，单击"确定"按钮，完成引力的创建。

（4）单击 MotionManager 工具栏中的"计算"按钮，计算模拟，MotionManager 界面如图 17-12 所示。

图 17-11 "引力"属性管理器

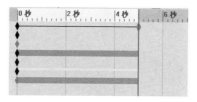

图 17-12 MotionManager 界面

17.3.6 实例——冲压机构

本例说明了用 SOLIDWORKS Motion 求解运动已知条件作用力的问题。已知 Motor 和 Plate 组成运动副的运动参数，求冲压机构的位移，其结构如图 17-13 所示。

操作步骤如下：

（1）打开文件。单击"快速访问"工具栏中的"打开"按钮，在"打开"对话框中选取安装路径：\Documents\SOLIDWORKS\SOLIDWORKS 2020\samples\SimulationExamples\Motion\punch.sldasm 文件，单击"打开"按钮，打开装配体文件，单击绘图区下部的"运动算例 1"标签，切换到运动算例界面。

（2）创建马达。单击 MotionManager 工具栏中的"马达"按钮，系统弹出"马达"属性管理器。单击"旋转马达"按钮，再单击"马达位置"图标右侧的显示栏，然后在绘图区单击 Plate 的圆孔，如图 17-14 所示，单击"反向"按钮，将马达的方向更改为顺时针方向。在"运动"选项组中选择"马达类型"为"振荡"，位移为 20°，频率为 1Hz，相移为 0°，如图 17-15 所示。单击"确定"按钮，生成新的马达。

（3）仿真参数设置及计算。单击 MotionManager 工具栏中的"运动算例属性"按钮，系统弹出如图 17-16 所示的"运动算例属性"属性管理器。设置"每秒帧数"为 50，其余参数采用默认设置，

Note

如图 17-16 所示。在 MotionManager 界面将时间栏的长度拉到 5 秒,如图 17-17 所示。单击 MotionManager 工具栏中的"计算"按钮 ,对冲压机构进行仿真求解的计算。

图 17-13　"冲压机构"的结构组成

图 17-14　添加马达位置

图 17-15　参数设置

图 17-16　"运动算例属性"属性管理器

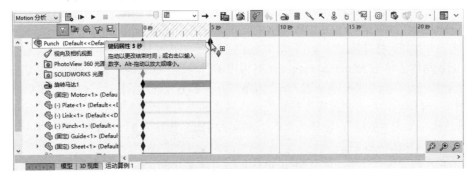

图 17-17　MotionManager 界面

（4）添加结果曲线。单击 MotionManager 工具栏中的"结果和图解"按钮，系统弹出如图 17-18 所示的"结果"属性管理器。在"结果"选项组的"选取类别"下拉列表框中选择分析的类别为"位移/速度/加速度"，在"选取子类别"下拉列表框中选择分析的子类别为"线性位移"，在"选取结果分量"下拉列表框中选择分析的结果分量为"Y 分量"。单击"面"图标右侧的显示栏，然后在绘图区单击 Punch 的任意一个面，如图 17-19 所示。单击"确定"按钮，生成新的图解，如图 17-20 所示。

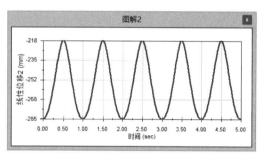

图 17-18　"结果"属性管理器　　图 17-19　选择 Punch

图 17-20　滑块位移-时间曲线

17.4　综合实例——自卸车斗驱动

视频讲解

本例说明了用 SOLIDWORKS Motion 求解自卸车斗的驱动力问题，同时介绍了装配体可动功能和运动副位置控制的问题，最后用 COSMOSWorks 进行了静力和扭曲分析。自卸车斗的结构如图 17-21 所示，其结构尺寸如图 17-22 所示。

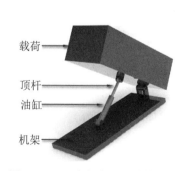

载荷

顶杆

油缸

机架

图 17-21　"自卸车斗"结构组成

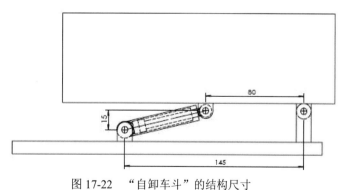

图 17-22　"自卸车斗"的结构尺寸

操作步骤如下：

（1）打开文件。单击"快速访问"工具栏中的"打开"按钮，在"打开"对话框中选取"车

Note

斗.sldasm"文件，单击"打开"按钮，打开装配体文件。

（2）在装配体结构树的"油缸顶杆"装配体上右击，如图 17-23 所示，在弹出的快捷菜单中单击"零部件属性"按钮，弹出"零部件属性"对话框，如图 17-24 所示，注意右下角的"求解为"选项组，有"刚性"和"柔性"两个选项。如图 17-25 和图 17-26 所示，"柔性"选项意味着"顶杆"和"油缸"零件在"油缸顶杆"装配体中独立存在，即可以相对运动，产生运动副。否则，选择"刚性"，会导致系统自由度数为 0，系统无法运动，仿真无法运行。

图 17-23 零部件属性

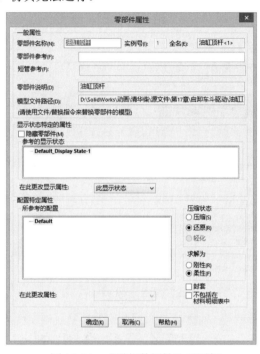

图 17-24 "零部件属性"对话框

图 17-25 "刚性"选项零部件节点

图 17-26 "柔性"选项零部件节点

（3）进入运动算例。为了在设计阶段保证"载荷"零件在装配体中保持水平，设置了"平行"配合，在此需要将其取消，如图 17-27 所示，将此配合压缩。单击绘图区下部的"运动算例 1"标签，切换到运动算例界面。

（4）定义运动参数。单击 MotionManager 工具栏中的"马达"按钮，系统弹出"马达"属性管理器。单击"线性马达"按钮→，单击"马达位置"图标右侧的显示栏，然后在绘图区选择顶杆的外圆，如图 17-28 所示，在"运动"选项组中选择"马达类型"为"等速"，速度为 5mm/s，如图 17-29 所示。单击"确定"按钮✓，生成新的马达。

Note

图 17-27　"压缩"平行配合　　　图 17-28　添加马达位置　　　图 17-29　"马达"属性管理器

（5）添加引力。单击 MotionManager 工具栏中的"引力"按钮，系统弹出"引力"属性管理器，在"引力参数"选项组中选中 Y 单选按钮，为车斗添加竖直向下的引力。参数设置完成后的"引力"属性管理器如图 17-30 所示。单击"确定"按钮，生成引力。

（6）仿真参数设置。单击 MotionManager 工具栏中的"选项"按钮，系统弹出如图 17-31 所示的"运动算例属性"属性管理器。在"Motion 分析"选项组中设置"每秒帧数"为 50，其余参数采用默认设置。参数设置完成后，在 MotionManager 界面将时间栏的长度拉到 6 秒，如图 17-32 所示。

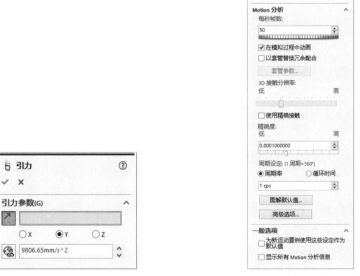

图 17-30　"引力"属性管理器　　　图 17-31　"运动算例属性"属性管理器

Note

图 17-32　MotionManager 界面

（7）计算。单击 MotionManager 工具栏中的"计算"按钮，对车斗进行仿真求解的计算。

（8）添加结果曲线。单击 MotionManager 工具栏中的"结果和图解"按钮，系统弹出如图 17-33 所示的"结果"属性管理器。在"结果"选项组的"选取类别"下拉列表框中选择分析的类别为"力"，在"选取子类别"下拉列表框中选择分析的子类别为"反作用力"，在"选取结果分量"下拉列表框中选择分析的结果分量为"幅值"。单击"面"图标右侧的显示栏，然后在装配体模型树中单击油缸顶杆与载荷的同心配合，如图 17-34 所示。单击"确定"按钮，生成新的图解，如图 17-35 所示。

图 17-33　"结果"属性管理器

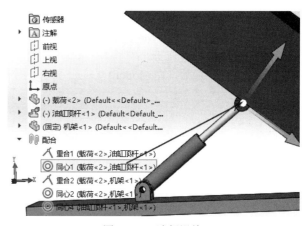

图 17-34　选择滑块

（9）测量。单击"评估"控制面板中的"质量属性"按钮，测量"载荷"的负重大小为 120N。由于该例子具有一定的比例，所以请读者考虑实际的作用效果。

（10）"顶杆"静态分析。打开 Simulation 插件，并在装配体中右击顶杆零件，在弹出的快捷菜单中单击"打开"按钮，将顶杆打开。新建"静应力分析"类型的新算例，分析名称为"静态"。如图 17-36 所示，对该项目的约束和载荷进行处理。注意取端部压力为常量，并按如图 17-36 所示的加载力为"顶杆"所受的最大载荷值。

（11）划分网格。按系统的默认值处理。

（12）运行分析。应力结果如图 17-37 所示，该图位于"应力"节点下，图解表明满足屈服的强度要求。安全系数结果如图 17-38 所示，得到安全系数为 8.5 的计算结果。

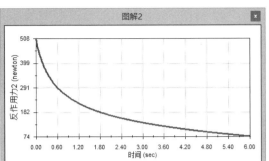

图 17-35 反作用力-时间曲线

按552牛顿加载

图 17-36 静态分析的约束和载荷

图 17-37 应力结果

图 17-38 设计检查结果

（13）"顶杆"扭曲分析。新建"屈曲"类型分析项目，分析名称取为"扭曲"。如图 17-36 所示，对该项目的约束和载荷进行处理。注意取端部压力为常量，并按如图 17-36 所示的"顶杆"所受的最大载荷值。同"静态"分析的处理。

（14）划分网格。按系统的默认值处理。

（15）运行分析。应力结果如图 17-39 所示，该图位于"位移"节点下，图解表明载荷因子为 2.8e+005，远大于 1，不会发生失稳失效。

上述分析表明，原"顶杆"结构满足强度和稳定性的需求，并且余度较大，可以做进一步的优化分析。

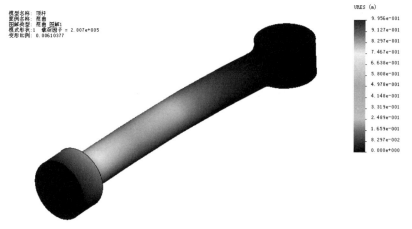

图 17-39　扭曲分析结果

17.5　实践与操作

17.5.1　运动仿真一

本实践将对如图 17-40 所示的阀门凸轮机构进行运动仿真。

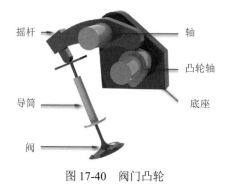

图 17-40　阀门凸轮

操作提示：

（1）利用"马达"命令，为凸轮轴添加马达，设置转速为 1200RPM。

（2）利用"弹簧"命令，在导筒边缘和阀底面添加弹簧，设置弹簧常数为 0.10N/mm，自由长度为 60。输入弹簧圈直径为 10，圈数为 5，直径为 2.5。

（3）利用"接触"命令，为凸轮轴和摇杆添加接触，选择材料为 Steel（Dry）和 Steel（Greasy）。

（4）利用"接触"命令，为阀和摇杆添加接触，选择材料为 Steel（Dry）和 Steel（Greasy）。

（5）利用"选项"命令，设置每秒帧数为 1500，选中"使用精确接触"复选框。在界面上设置时间长度为 10，利用计算命令，对阀门凸轮机构进行仿真求解的计算。

（6）利用"结果"和"图解"命令，选择分析类别为力，选择分析子类别为接触力，选择结果分量为幅值，选取进行接触的摇杆面和凸轮轴面，生成图解。

17.5.2　运动仿真二

本实践将对如图 17-41 所示的挖掘机进行运动仿真。

图 17-41　挖掘机

操作提示：

（1）利用"马达"命令，为 IP2 添加线性马达，插入时间和位移参数，各参数如表 17-1 所示。

表 17-1　IP2 时间-位移参数

	1	2	3	4	5	6	7	8
时间/秒	0.00	1.00	2.00	3.00	4.00	5.00	6.00	7.00
位移/mm	0	3	3	4	−2	−3.8	−3.8	0

（2）利用"马达"命令，为 IP1 添加线性马达，插入时间和位移参数，各参数如表 17-2 所示。

表 17-2　IP1 时间-位移参数

	1	2	3	4	5	6	7	8
时间/秒	0.00	1.00	2.00	3.00	4.00	5.00	6.00	7.00
位移/mm	0	−0.5	−0.5	−1	−3	4	4	0

（3）利用"选项"命令，设置每秒帧数为 50，在界面上设置时间长度为 7，利用"计算"命令，对阀门凸轮机构进行仿真求解的计算。

（4）利用"结果"和"图解"命令，选择分析类别为力，选择分析子类别为反作用力，选择结果分量为幅值，在装配体模型树中单击 IP2 与 main_arm 的同心配合 Concentric55，生成图解。

17.6　思考练习

1. 如何安装运动仿真插件？
2. 运动仿真中的运动算例都有几种，如何添加？
3. 在动画向导中使用从 Motion 分析输入运动，需要什么条件？
4. 对曲柄滑块机构进行运动仿真。

已知某曲柄滑块机构的参数如图 17-42 所示。曲柄长度为 100mm，宽度为 10mm，厚度为 5mm；连杆长度为 200mm，宽度为 10mm，厚度也为 5mm；滑块尺寸为 50mm×30mm×20mm。全部零件的

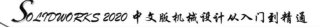

材料为普通碳钢。曲柄以 60rad/s 的速度逆时针旋转。在滑块端部连接有一弹簧，弹簧原长 80mm，其弹性模量为 k=0.1N/mm，阻尼系数为 b=0.5N·s/mm。地面摩擦系数 f=0.25。求：

（1）绘制滑块的位移、速度、加速度和弹簧的受力曲线。

（2）当曲柄与水平正向成 β=90°时滑块的位移、速度和加速，β=180°时弹簧的受力。

（3）弹簧受力最小时的机构参数值。

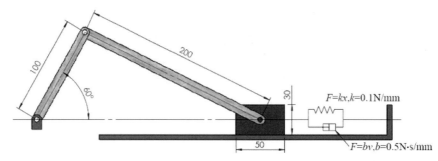

图 17-42　曲柄滑块机构机械原理图

书 目 推 荐（一）

   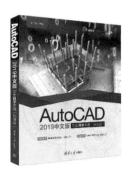

◎ 面向初学者，分为标准版、电子电气设计、CAXA、UG 等不同方向。

◎ 提供 AutoCAD、CAXA、UG 命令合集，工程师案头常备的工具书。根据功能用途分类，即时查询，快速方便。

◎ 资深 3D 打印工程师工作经验总结，产品造型与 3D 打印实操手册。

◎ 选材+建模+打印+处理，快速掌握 3D 打印全过程。

◎ 涵盖小家电、电子、电器、机械装备、航空器材等各类综合案例。

书 目 推 荐（二）

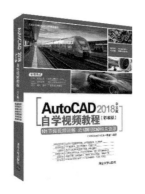

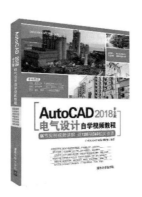

◎ 高清微课+常用图块集+工程案例+1200 项 CAD 学习资源。

◎ Autodesk 认证考试速练。256 项习题精选，快速掌握考试题型和答题思路。

◎ AutoCAD 命令+快捷键+工具按钮速查手册，CAD 制图标准。

◎ 98 个 AutoCAD 应用技巧，178 个 AutoCAD 疑难问题解答。